Torsten F. Schäfer

**Stakeholderorientiertes Integrationsmanagement
bei Fusionen und Akquisitionen**

GABLER EDITION WISSENSCHAFT

Markt- und Unternehmensentwicklung

Herausgegeben von
Professor Dr. Dres. h.c. Arnold Picot,
Professor Dr. Professor h.c. Dr. h.c. Ralf Reichwald,
Professor Dr. Egon Franck und
Professorin Dr. Kathrin Möslein

Der Wandel von Institutionen, Technologie und Wettbewerb prägt in vielfältiger Weise Entwicklungen im Spannungsfeld von Markt und Unternehmung. Die Schriftenreihe greift diese Fragen auf und stellt neue Erkenntnisse aus Theorie und Praxis sowie anwendungsorientierte Konzepte und Modelle zur Diskussion.

Torsten F. Schäfer

Stakeholderorientiertes Integrationsmanagement bei Fusionen und Akquisitionen

Mit einem Geleitwort von Prof. Dr. Egon Franck

GABLER EDITION WISSENSCHAFT

Bibliografische Information Der Deutschen Nationalbibliothek
Die Deutsche Nationalbibliothek verzeichnet diese Publikation in der
Deutschen Nationalbibliografie; detaillierte bibliografische Daten sind im Internet über
<http://dnb.d-nb.de> abrufbar.

Dissertation Universität Zürich, 2007

Die Wirtschaftswissenschaftliche Fakultät der Universität Zürich gestattet hierdurch die Druck-
legung der vorliegenden Dissertation, ohne damit zu den darin ausgesprochenen Anschauungen
Stellung zu nehmen.

Zürich, den 07. Februar 2007
Der Dekan: Prof. Dr. H. P. Wehrli

1. Auflage 2008

Alle Rechte vorbehalten
© Betriebswirtschaftlicher Verlag Dr. Th. Gabler | GWV Fachverlage GmbH, Wiesbaden 2008

Lektorat: Frauke Schindler / Sabine Schöller

Der Gabler Verlag ist ein Unternehmen von Springer Science+Business Media.
www.gabler.de

Umschlaggestaltung: Regine Zimmer, Dipl.-Designerin, Frankfurt/Main
Gedruckt auf säurefreiem und chlorfrei gebleichtem Papier
Printed in Germany

ISBN 978-3-8350-0985-1

Geleitwort

Fusionen und Akquisitionen sind aus unserem täglichen Wirtschaftsleben nicht mehr wegzu-
denken. Die durch sie ausgelösten Veränderungen haben für alle Beteiligten eine große Bedeutung. Zeitgleich kann jedoch festgestellt werden, dass die mit einer Fusion oder Akquisition verbundenen Ziele oftmals nicht erreicht werden. Dem Integrationsmanagement kommt in
diesem Zusammenhang eine wesentliche Bedeutung bei, da es den Prozess der Integration
steuert und damit die Gestaltung des zukünftigen Unternehmensverbundes und der Schnittstellen zu seinen Stakeholdern maßgeblich beeinflusst.

Diese Tatsache verwendet Schäfer als Ausgangspunkt seiner Arbeit. Er transferiert einen der
Grundgedanken der Business & Society-Forschung auf das Integrationsmanagement. Hiernach ist es für den Unternehmenserfolg essentiell, dass sich ein Unternehmen auf seine Stakeholder ausrichtet. Analog ist daher davon auszugehen, dass ein auf die Stakeholder ausgerich-
tetes Integrationsmanagement die Erreichung der Akquisitions- und Integrationsziele und damit den Unternehmenserfolg positiv beeinflusst. Schäfer nimmt hierbei die Sicht der für die
Integration verantwortlichen Führungskräfte ein. Er betrachtet daher die Fragestellung: wie
können die Integrationsverantwortlichen die Integration stakeholderorientiert gestalten, so
dass die mit der Integration verbundenen Ziele auch tatsächlich erreicht werden können?

Schäfer beantwortet in seiner Arbeit diese bedeutende Fragestellung aus der Praxis – anders
als bisherige Arbeiten zum Integrationsmanagement – durch eine Kombination der drei Forschungsrichtungen Business & Society-, Strategische Management- und Akquisitionsforschung, um ein Framework für das Integrationsmanagement zu schaffen.

Dieses theoretisch hergeleitete Framework fundiert und verfeinert Schäfer anhand von zwei
Fallstudien empirisch. Die Fallstudienergebnisse bestätigen zum einen den theoretischen Ansatz der Arbeit, dass die Stakeholder den Integrationserfolg beeinflussen und dass die stakeholderorientierte Ausrichtung der Integration das Erreichen der Akquisitionsziele unterstützt.
Sie bestätigen zum anderen auch, dass das Integrationsmanagement in der Praxis in der Regel
noch nicht systematisch auf die Stakeholder ausgerichtet ist.

Ich halte die von Torsten Schäfer betrachtete und beantwortete Fragestellung für äußerst interessant und wichtig. Die Arbeit stellt für die Praxis einen neuen und viel versprechenden In-
tegrationsmangement-Ansatz dar, der systematisch die wesentlichen Stakeholder einbezieht.
Die Arbeit setzt zudem für die Stakeholdertheorie einen wichtigen Meilenstein, da sie die
Anwendbarkeit und Gültigkeit des Stakeholderansatzes auf den Bereich von Akquisitionen
und Integrationen erweitert und empirisch bestätigt.

Ich kann diese Arbeit daher sowohl Wissenschaftlern, die sich mit der Anwendung der Stakeholdertheorie beschäftigen, als auch Führungskräften, die im Rahmen von Akquisitionen und
Integrationen Steuerungsaufgaben übernehmen, empfehlen. Ich wünsche der Arbeit, dass sie
in Wissenschaft und Praxis die ihr gebührende Aufnahme findet.

Prof. Dr. Egon Franck

Vorwort

Die vorliegende Arbeit wäre nicht ohne die Mitwirkung einer Reihe von Personen möglich gewesen. Stellvertretend möchte ich an dieser Stelle einigen explizit danken.

An erster Stelle möchte ich meinen beiden Betreuern, Herrn Prof. Dr. Egon Franck von der Universität Zürich und Frau Prof. Dr. Sybille Sachs von der Fachhochschule für Wirtschaft in Zürich danken. Herr Prof. Franck gilt besonderer Dank vor allem für seine Bereitschaft, mich als externen Doktoranden aufzunehmen, für seine wegweisenden Hinweise gerade am Anfang meines Promotionsvorhabens, für seinen Einsatz bzgl. der finanziellen Unterstützung durch die Universität Zürich und auch für die Möglichkeit, jederzeit zeitnah die aktuellen Herausforderungen zu besprechen. Frau Prof. Sachs möchte ich vor allem für die wertvollen inhaltlichen Impulse und für die sehr schnellen Korrekturrückläufe danken sowie für die Möglichkeit, mit Ihrem Lehrstuhl einen der wissenschaftlichen Vordenker in der Stakeholdertheorie, Herrn Prof. R. Edward Freeman (The Darden School, University of Virginia), zu besuchen.

Des weiteren möchte ich mich bei den Mitarbeitern der beiden Lehrstühle von Herrn Prof. Franck und Frau Prof. Sachs bedanken, bei denen ich bei Bedarf Rat und Input für die Erstellung der Arbeit erhalten konnte. Ganz herzlich danke ich auch der Universität Zürich für die finanzielle Unterstützung im Rahmen des von ihr gewährten Stipendiums.

Auch außerhalb der direkten wissenschaftlichen Welt haben eine Reihe von Personen einen ganz großen Anteil daran, dass diese Arbeit zustande gekommen ist. Hier ist an erster Stelle meiner wundervollen Frau Katja zu danken, die mich zu jederzeit maximal in meinem Vorhaben unterstützt sowie mir den Rücken freigehalten hat, wenn es mal wieder etwas länger wurde. Ich möchte auch ganz herzlich meinen Eltern und meiner Schwester danken, die mich auch in schwierigeren Abschnitten immer wieder in meinem Vorhaben bestärkt haben. Bei meinem Studienkollegen Thilo Stark möchte ich mich vor allem dafür bedanken, dass er immer ein offenes Ohr für meine Fragestellungen hatte und dafür, dass er mit seinem Erfahrungshintergrund vor allem wertvolle Hinweise für die Verwertbarkeit der Arbeit in der Praxis gegeben hat. Schließlich möchte ich mich auch bei Herrn Dr. Friedrich Wehking für die Vermittlung einer der beiden Fallstudien und für seine inhaltlichen Impulse bedanken. Ohne diese Personen würde die Arbeit in dieser Form heute nicht vorliegen.

Allen genannten und den unzählig weiteren Personen, die indirekt am Gelingen dieser Arbeit beteiligt waren, danke ich für ihren Einsatz und Unterstützung!

Torsten Schäfer

Inhaltsübersicht

Inhaltsverzeichnis

Abbildungsverzeichnis

Tabellenverzeichnis

1   Einleitung

Unternehmenszusammenschlüsse prägen das aktuelle Wirtschaftsgeschehen: sie finden weltweit täglich statt. Das globale jährliche M&A-Geschehen hat 2005 neue Höchstmarken bzw. sehr hohe Werte erzielt. So stieg die weltweite Anzahl an Transaktionen 2005 auf den bisher höchsten Wert von 29.788. Die vorige Höchstmarke wurde 2004 mit 28.256 Transaktionen erzielt. Das Transaktionsvolumen erreichte 2005 mit 1.962 Mrd. US-Dollar das zweithöchste Volumen nach 2000 mit 2.331 Mrd. US-Dollar (Wilmerhale 2006).

Die Erfolgsrate von Zusammenschlüssen, unabhängig vom Erfolgsmaßstab, ist allerdings gering: übereinstimmend werden Misserfolgsraten um 60% und *„unterdurchschnittliche Renditen für den Aktionär bei jeder zweiten Fusion genannt"* (Jansen 2001: 240; siehe Übersicht bei Hawranek 2004: 2 und Jansen 2004: 115f.).

Die Steigerung der Erfolgswahrscheinlichkeit von Zusammenschlüssen ist aus Unternehmenssicht und aus Sicht der Integrationsverantwortlichen sehr wünschenswert. Hierfür soll diese Arbeit einen Beitrag leisten.

Ausgangslage und Problemstellung in der Praxis

Die Gestaltung des Akquisitions- und Integrationsprozesses wird als ein wesentlicher Erfolgsfaktor für die Erreichung der Akquisitions- und Integrationsziele gesehen (Coley 1988:31f.; Ellis 2004: 114; Epstein 2004: 174f.; Lucks/Meckl 2002: 226). Das Prozessmanagement ist sogar der bedeutendste Erfolgsfaktor gemäß einer Studie von ATKearney (1998, zit. in Picot 2000: 347f.). Ein systematisches und professionelles Integrationsmanagement wirkt sich auch signifikant positiv auf die Erschließung von Wertsteigerungspotenzialen aus (Gerds/Schewe 2004: 4f.).

Die Gestaltung dieses Akquisitions- und Integrationsprozesses wird durch die Aktivitäten der verantwortlichen Akquisitions- und Integrationsmanager beeinflusst. Die Akquisitions- und Integrationsmanager haben daher einen Einfluss auf die Zielerreichung. Es stellt sich deshalb für sie in der Praxis die Frage, wie sie die Integration gestalten, damit die mit der Akquisition erhofften und eventuell kommunizierten Wertsteigerungen realisiert oder übertroffen werden.

Durch eine Akquisition und die folgende Integration können für eine Reihe von unternehmensinternen und -externen Stakeholdern, wie z. B. Mitarbeiter, Kunden, Lieferanten, Outsourcingpartner (siehe Definition in Kapitel 1.1.1), Veränderungen entstehen. Beispielsweise ergeben sich für *Mitarbeiter* gegebenenfalls neue Arbeitsinhalte, für *Kunden* neue Produkt- und Serviceleistungen, für *Lieferanten* vertiefte Geschäftsbeziehungen, für *Softwareprovider* neue Systemanforderungen und für *Kommunen* der Wegfall von Arbeitsplätzen vor Ort und Steuereinnahmen, etc.

Viele dieser Stakeholder haben aufgrund der für ihre Geschäftstätigkeit relevanten Änderungen eine akquisitions- und integrationsbezogene Erwartungshaltung, Interessen und Bedürfnisse (Franck 2002: 55f.). Beispielsweise möchten Outsourcingpartner wissen, welche Veränderungen im operativen Geschäft aufgrund des hinzugekommenen Produktspektrums anstehen, damit sie ihre Prozesse und Strukturen entsprechend rechtzeitig anpassen können bzw. damit sie ihre Anforderungen und Möglichkeiten hinsichtlich der zukünftigen Gestaltung der operativen Schnittstellen mit dem neugebildeten Unternehmensverbund äußern können, um unnötige Kosten oder Enttäuschungen zu vermeiden.

1

Bei der Gestaltung der Integrationsaktivitäten kann eine Beachtung dieser Interessen und Bedürfnisse für den neugebildeten Unternehmensverbund erheblich zur Reduktion stakeholderbezogener Risiken beitragen. Folgende Risikoreduzierungen sind denkbar:

- Das Risiko der Kundenabwanderungen kann aufgrund der Ausrichtung des zukünftigen Produkt- und Dienstleistungsspektrums an den Kundenbedürfnissen verringert werden.
- Das Risiko der Verweigerung von Genehmigungen seitens Kommunen kann durch Gespräche mit den Kommunen während der Integrationsaktivitäten und entsprechendem Commitment zum lokalen Unternehmensstandort vermindert werden.
- Das Risiko des Nichterreichens von eingeplanten Synergien aufgrund fehlender Umsetzungsmöglichkeiten bei Outsourcingpartnern und Lieferanten kann durch Einbeziehung und Abstimmung der Änderungen mit den Outsourcingpartnern und Lieferanten geschmälert werden.

Die Berücksichtigung der Erwartungshaltungen und Interessen der Stakeholder bei der Gestaltung der Integration stellt daher für die Akquisitions- und Integrationsverantwortlichen eine Möglichkeit dar, solche negativen Folgen zu vermeiden.

Eine Berücksichtigung der Stakeholderinteressen bringt zusätzlich erhebliche Chancen mit sich:

- Die aufgrund der Akquisition und Integration notwendigen bzw. (erstmals) möglichen Anpassungen der Geschäftsbeziehungen mit einzelnen Stakeholdern auf operativer und strategischer Ebene eröffnen Chancen für die Erschließung weiterer Wertsteigerungspotenziale, wie z. B. die Definition des zukünftigen erweiterten Leistungsspektrums mit Schlüsselkunden dank veränderter Produktionstechnologien aufgrund gestiegener Produktionsmengen,
- Die Verbesserung der operativen Zusammenarbeit beispielsweise mit Kunden, Lieferanten und Outsourcingpartnern und die weitere Ausrichtung der Organisation, Prozesse und Dienstleistungen des neugebildeten Unternehmensverbundes auf diese Stakeholder vertieft die Beziehungen zu ihnen und erweitert damit die Grundlage für die Erzielung von nachhaltigen Wettbewerbsvorteilen.

Die Nutzung dieser Integrationschancen und Wertsteigerungsmöglichkeiten und die Verringerung der mit der Integration verbundenen Risiken ist Aufgabe der akquisitions- und integrationsverantwortlichen Manager. Aufgrund dieser Situation ergibt sich daher für die Akquisitions- und Integrationsverantwortlichen die Frage: wie können sie die Integration vor dem Abschluss des Kaufvertrags planen und nach Vertragsschluss gestalten, damit die integrationsrelevanten Interessen der strategischrelevanten Stakeholder berücksichtigt, die mit der Akquisition und Integration verbundenen Ziele des Unternehmens erreicht und die Risiken minimiert werden können.

In der Literatur wird die grundsätzliche Bedeutung unterschiedlicher Stakeholder für die Erzielung von Wettbewerbsvorteilen betont (Post/Preston/Sachs 2002: 35f.). Auch die negativen Konsequenzen aufgrund fehlender Berücksichtigung von Kundeninteressen bei Integrationsentscheidungen sind bereits Gegenstand einer wissenschaftlichen Arbeit gewesen (Bucerius/Schulze-Wehninck 2004: 519). Allerdings existiert in den relevanten Forschungssträngen, Strategische Management-Forschung, Business & Society-Forschung sowie Akquisitions- und Integrationsforschung, nach Wissen des Autors keine Untersuchung, die die Mehrzahl der Stakeholder bei Akquisitionen und Integrationen als wertvolle Know-how-Träger betrachtet und die Beziehungen zu ihnen als erschließbare Wertsteigerungspotenziale untersucht. Falls eine Mehrzahl an Stakeholdern bei Arbeiten beachtet werden, dann lediglich um sie als Adressaten für Kommunikationsmaßnahmen zu verwenden (Salecker 1995: 121f.). Des Weiteren ist keine Arbeit bekannt, die aufzeigt, welche Gestaltungsaktivitäten (außer Kommunikationsmaßnahmen) Akquisitions- und Integrationsverantwortliche in der Praxis tatsächlich verwenden, um die Mehrzahl der Stakeholder in die Integration einzubinden, um die Erschließung von Wertsteigerungspotenzialen zu unterstützen. Außerdem ist bisher nicht untersucht worden, welche Gestaltungsaktivitäten Akquisitions- und Integrationsverantwortliche ergreifen, um die operativen und strategischen Interessen der Stakeholder hinsichtlich integrationsrelevanter Sachverhalte zu berücksichtigen.

Aus theoretischer Sicht ergibt sich daher die Frage- und Problemstellung, welches die Gestaltungsdimensionen und -aspekte der Akquisitions- und Integrationsverantwortlichen sind, die durch ihre konkrete Ausprägung helfen, die relevanten Stakeholder einzubinden und damit die Integration auf die Berücksichtigung ihrer Bedürfnisse auszurichten sowie die diesbezüglichen Wertsteigerungspotenziale systematisch zu erschließen. Des Weiteren stellt sich die Frage, welches die stakeholderbezogenen Bezugspunkte sind, die die konkrete Bestimmung der Ausrichtung der Gestaltungsaktivitäten der Akquisitions- und Integrationsverantwortlichen auf die relevanten Stakeholder unterstützen. Außerdem ist aus theoretischer Sicht interessant, wie die Gestaltungsdimensionen und -aspekte sowie ihre Bezugspunkte in einem Framework zusammengefasst und dargestellt werden können, das die relevanten Dimensionen, Aspekte und Bezugspunkte ordnet und dadurch als Strukturierungshilfe für die Akquisitions- und Integrationsverantwortlichen fungiert. Ein solches Framework wird in der Wissenschaft als Strukturierungsinstrument verstanden und verwendet, das Problemstellungen identifiziert und das zur Generierung möglicher Handlungsalternativen beiträgt. Ein Framework beinhaltet keine gesetzesartigen Beziehungen zwischen Variablen und ist daher nicht falsifizierbar. Aus einem Framework können keine Rezepte abgeleitet werden (Osterloh/Grand 1994: 279f.).

Ziele dieser Arbeit

Auf der theoretischen Ebene besteht das Ziel der Arbeit in der Identifikation von Gestaltungsaspekten des Integrationsmanagements und ihrer Bezugspunkte, die für die Erschließung der stakeholderbezogenen Wertsteigerungspotenziale relevant sind. Die ermittelten Gestaltungsaspekte und Bezugspunkte sollen anschließend in einem Framework zusammengefasst werden. Die derzeit existierende Forschungslücke hinsichtlich stakeholderrelevanter Gestaltungsaspekte und eines dazugehörigen Frameworks soll durch diese Arbeit geschlossen werden.

Auf der praktischen Ebene verfolgt die Arbeit das Ziel, konkrete Beispiele aus der Praxis für stakeholderorientierte Gestaltungsaktivitäten der Akquisitions- und Integrationsverantwortlichen aufzuzeigen (Good Practices). Hierdurch sollen Akquisitions- und Integrationsverantwortliche Anregungen für die stakeholderorientierte Gestaltung ihrer Integration erhalten, um stakeholderbezogene Wertsteigerungspotenziale leichter zu erschließen.

Nachfolgend werden in diesem Kapitel wesentliche begriffliche Grundlagen vorgestellt sowie die Forschungsfrage formuliert. Abschließend werden der verwendete Forschungsansatz und das weitere Vorgehen beschrieben.

1.1 Begriffliche Grundlagen

1.1.1 Stakeholder

Dieser Arbeit liegt die Stakeholderdefinition von Post/Preston/Sachs (2002: 19) zugrunde: *„The stakeholders in a corporation are the individuals and constituencies that contribute, either voluntarily or involuntarily, to its wealth-creating capacity and activities, and that are therefore its potential beneficiaries and/or risk bearers".*

Ein Stakeholder definiert sich zum einen dadurch, dass er einen Beitrag leistet, damit das Unternehmen Wohlstand schaffen kann, z. B. leisten Outsourcingpartner einen solchen Beitrag, indem sie Dienstleistungen erbringen, die das Unternehmen benötigt, um seine eigene Dienstleistung anbieten zu können.

Zum anderen zeichnet sich ein Stakeholder dadurch aus, dass er aufgrund seines Wertschöpfungsbeitrags einen Vorteil erfährt und/oder ein Risiko eingeht. So erhalten Lieferanten von ihren Kunden Geld für ihre gelieferten Produkte, können aber bei einem Abbruch der Geschäftsbeziehung durch den Kunden auf produzierten Produkten sitzen bleiben.

Ein weiteres Kennzeichen eines Stakeholders ist seine Bindungsart mit dem Unternehmen: er kann seinen Beitrag freiwillig oder unfreiwillig leisten, z. B. leisten Kommunen unfreiwillig einen Beitrag zur Wertschaffungskapazität lokaler Unternehmen, indem sie diesen Unternehmen notwendige Genehmigungen erteilen, auch wenn sie am lokalen Standort Arbeitsplätze abbauen und der Standort dadurch an Attraktivität verliert.

Wertschöpfungsbeiträge der Stakeholder

Die Definition von Post/Preston/Sachs beinhaltet, dass Stakeholder verschiedene Beiträge für die Wertschöpfung bzw. Wertsteigerung leisten. Die Begriffe *Wertschöpfungsbeitrag* und *Wertsteigerungsbeitrag* werden in dieser Arbeit synonym verwendet.

Stakeholder können ein Unternehmen und seine Wohlstandsschaffungskapazität positiv beeinflussen und diesem dadurch einen Vorteil verschaffen *(Benefit Provider/Nutzenproduzent)*, z. B. durch die Bereitstellung von exklusiven finanziellen Ressourcen, Know-how, Technologie, etc. Stakeholder stellen aber auch einen Risikofaktor aus Unternehmenssicht dar: sie können dem Unternehmen exklusive Ressourcen entziehen oder eine negative Meinung über das Unternehmen verbreiten *(Risk Provider/Risikoproduzent)*.

Damit die Stakeholder in der Lage sind, dem Unternehmen einen Vorteil zu verschaffen, müssen sie beispielsweise beziehungsspezifische Investitionen in Anlagen tätigen, die gegebenenfalls wertlos werden. Dieser Fall kann eintreten, falls die Kunden, die der Stakeholder mit Hilfe der auf diesen Anlagen gefertigten Produkten beliefert hat, abspringen und die Produktion eingestellt werden muss (Speckbacher 2004: 1325; Williamson 1984: 1212). Ihr Beitrag zur Wertschaffung ist in diesem Fall, ein Risiko zu tragen *(Risk bearer/Risikoträger)*.
Die Stakeholder sind jedoch bereit, ein solches Risiko einzugehen, da sie sich aus der Geschäftsbeziehung mit dem Unternehmen einen Vorteil erhoffen *(Benefit Receiver/Nutzen-*

empfänger), z. B. durch den Erhalt von Aufträgen und der Aneignung von Know-how, das auch bei der Zusammenarbeit mit anderen Unternehmen eingesetzt werden kann.

Die vier genannten Wertschöpfungsbeiträge der Stakeholder verdeutlichen die gegenseitige Abhängigkeit zwischen Unternehmen und Stakeholdern. Beide Seiten teilen aufgrund der eingegangenen Geschäftsbeziehung ein gemeinsames Risiko und die Möglichkeit, einen Gewinn oder Verlust aufgrund der operativen Unternehmenstätigkeit des Unternehmens zu erzielen (Post/Preston/Sachs 2002: 19). Dieses Risiko bzw. dieser Anteil am Erfolg der Wertschaffungskapazität des Unternehmens wird als „Stake" bezeichnet (Haksever/Chaganti/Cook 2004: 294f.).

Folgende Tabelle veranschaulicht die unterschiedlichen Wertschöpfungsbeiträge der Stakeholder.

Beziehungsaspekte	Wertschöpfungsbeitrag des Stakeholders aus Unternehmenssicht	Wertschöpfungsbeitrag des Stakeholders aus Stakeholdersicht
Vorteile einer Beziehung	Benefit Provider/ Nutzenproduzent	Benefit Receiver/ Nutzenempfänger
Risiken einer Beziehung	Risk Provider/ Risikoproduzent	Risk Bearer/Risikoträger

Tab. 1-1:   Wertschöpfungsbeiträge der Stakeholder gemäß Post/Preston/Sachs (2002: 19f.)

Stakeholder-Bindungsarten

Gemäß der verwendeten Stakeholderdefinition von Post/Preston/Sachs (2002: 19) werden Stakeholder unterschieden nach der Art, mit der sie eine Bindung zum Unternehmen eingehen und ihren Wertschöpfungsbeitrag leisten. Die Bindung kann freiwillig oder unfreiwillig erfolgen.

Zu den Stakeholdern, die sich freiwillig mit einem Unternehmen assoziieren, zählen vor allem Investoren, Mitarbeiter und Kunden. Diese erwarten einen Vorteil durch die Beziehung zum gewählten Unternehmen. Es gibt jedoch auch Stakeholder, die negativ von den Unternehmensaktivitäten betroffen sind, z. B. Kommunen oder Anwohner durch Umweltverschmutzungen oder Verkehrsüberlastungen aufgrund der Unternehmensaktivitäten. Diese sind unfreiwillig mit dem Unternehmen verbunden und streben danach, die negativen Auswirkungen der Unternehmensaktivitäten auf ihren eigenen Wohlstand zu minimieren. Folgende Abbildung zeigt diesen Zusammenhang auf.

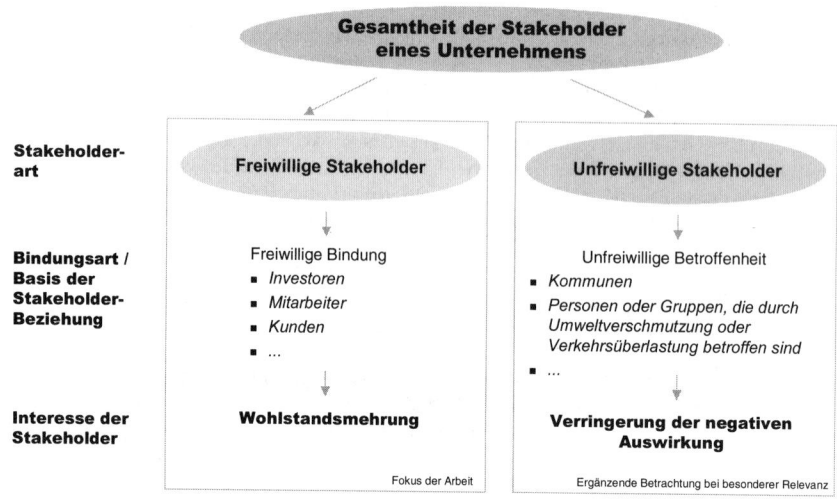

Abb. 1-1: Stakeholder differenziert nach Bindungsarten

Bei den unfreiwillig assoziierten Stakeholdern finden durch die Beziehung mit dem Unternehmen normalerweise keine Wohlstandsmehrungen statt. Es geht den betroffenen Stakeholdern daher um die Verringerung der negativen Auswirkungen bzw. um die Minimierung der Wohlstandsschmälerungen aufgrund der entstandenen Beziehung.

Da diese Arbeit untersucht, wie Integrationsaktivitäten ausgestaltet werden, damit Stakeholder zur Wertsteigerung bzw. Wohlstandsmehrung beitragen, sind beide Stakeholderarten grundsätzlich untersuchungsrelevant. Aus Kapazitätsgründen konzentriert sich diese Arbeit vor allem auf die freiwilligen Stakeholder. Anders als die unfreiwilligen Stakeholder stellen sie Ressourcen bereit, deren Nutzung aufgrund der Akquisition und Integration verändert werden kann. Aufgrund dieser Veränderungsmöglichkeiten wird davon ausgegangen, dass sie eine größere Relevanz für die Erzielung von Wertsteigerungen haben als die Stakeholder, die unfreiwillig eine Bindung eingegangen sind. Die unfreiwilligen Stakeholder werden nur dort erwähnt, wo sie eine besondere Relevanz für die Erschließung der Wertsteigerungspotenziale haben.

Ursprungsebenen der Stakeholder

Die Ebenen, denen Stakeholder entstammen, lassen sich einteilen in (Post/Preston/Sachs et al. 2002: 55): direkte Ressourcenbasis, Branchenstruktur oder sozialpolitisches Umfeld.

Zu den Stakeholdern der *Ressourcenbasis* zählen sämtliche Stakeholder, die Ressourcen bereitstellen, die notwendig sind, damit ein Unternehmen seine Geschäftstätigkeit aufnehmen kann und die für den Unternehmenserfolg kritisch sind, wie z. B. Investoren, Kunden, Mitarbeiter (Post/Preston/Sachs 2002: 54).

Stakeholder, die der *Branchenstruktur* entstammen, sind beispielsweise Lieferanten, Jointventure-Partner und Gewerkschaften. Sie bilden das industrielle Umfeld, in dem ein Unternehmen tätig ist (Post/Preston/Sachs 2002: 54f.).

Ein Unternehmen ist des Weiteren eingebettet in ein soziales und politisches Umfeld, in dem vor allem Regierungen, Kommunen und private Organisationen angesiedelt sind. Diese Gruppen entstammen daher dem *sozialpolitischen Umfeld.*

Die folgende Abbildung veranschaulicht diesen Sachverhalt grafisch:

Abb. 1-2: Mögliche Ursprungsebenen von Stakeholdern (Post/Preston/Sachs 2002: 55)

Abgrenzung für die Arbeit

Diese Arbeit bezieht sämtliche Stakeholder außer Mitarbeiter und Führungskräfte der beteiligten Unternehmen in die Analyse mit ein. Diese Abgrenzung erfolgt, um den Umfang der Arbeit nicht zu sprengen und da die Mitarbeiter bereits Gegenstand vieler Arbeiten waren (Gerpott 1995: 882f.; Jansen 2004: 424f.; Müller-Stewens 1991: 165f.; Sewing 1996: 66f.).

1.1.2 Zusammenschluss

Zur Eingrenzung des Zusammenschlussbegriffs wird das Kriterium der Bindungsintensität verwendet (Pausenberger 1989: 623, 1993: Spalte 4439). Die Bindungsintensität eines Unternehmenszusammenschlusses gibt an, inwieweit ein Unternehmen seine rechtliche und/oder wirtschaftliche Selbständigkeit nach dem Zusammenschluss aufgibt.

Grundsätzlich lassen sich zwei Arten von Unternehmenszusammenschlüssen unterscheiden: Unternehmenskooperationen und Unternehmensverknüpfungen (Pausenberger 1993: Spalte 4441). Bei Unternehmenskooperationen behalten die beteiligten Parteien jeweils ihre wirtschaftliche Selbständigkeit, bei Unternehmensverknüpfungen gibt mindestens einer der beiden diese auf. Die folgende Abbildung stellt diese Unterscheidung und weitere Untergliederungen graphisch dar.

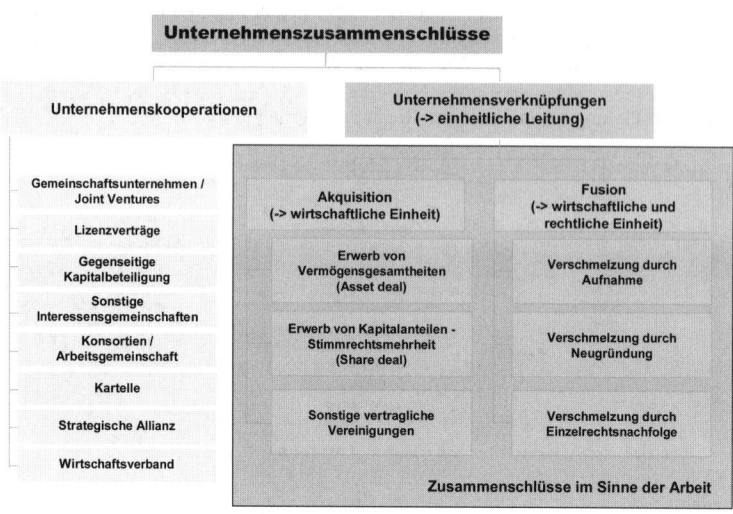

Abb. 1-3: Typologie der Zusammenschlüsse in Anlehnung an Dabui (1998: 13)

Wie aus der Abbildung hervorgeht, lassen sich Unternehmensverknüpfungen wiederum in Akquisitionen und Fusionen unterteilen. Bei Akquisitionen bleiben die beteiligten Akquisitionspartner jeweils rechtlich selbständig, bei Fusionen gibt mindestens einer der an der Fusion involvierten Unternehmen seine rechtliche Existenz auf.

Für diese Arbeit sind lediglich die Unternehmensverknüpfungen relevant, da bei ihnen Integrationsaktivitäten tendenziell eher vorkommen als bei den Unternehmenskooperationen, bei denen beide ihre wirtschaftliche Unabhängigkeit behalten. Ursache hierfür ist, dass die Aufgabe der wirtschaftlichen Selbständigkeit in der Regel mit einem gewissen Integrationsbedarf verbunden ist.

Akquisitionen und Fusionen unterscheiden sich hinsichtlich der Integrationsaktivitäten ceteris paribus lediglich durch das Ausmaß der Integrationsaktivitäten auf juristischer Ebene. Da bei Fusionen einer der beteiligten Unternehmen seine rechtliche Selbständigkeit aufgibt, ist davon auszugehen, dass dieser Teil der Aktivitäten bei Fusionen höher ist. Da jedoch diese Aktivitäten nicht Gegenstand dieser Arbeit sind, ist eine Eingrenzung auf einer der beiden Verknüpfungsformen nicht notwendig. Fusionen und Akquisitionen sind daher beide Fokus dieser Arbeit. Die Begriffe der Fusion und Akquisition werden synonym mit dem Begriff des Zusammenschlusses verwendet.

1.1.3 Integration

Integration leitet sich aus dem Begriff *integratio* ab, der mit *Schaffung einer Identität* oder *Wiederherstellung eines Ganzen* übersetzt werden kann. Diese Übersetzungen verdeutlichen bereits den Prozesscharakter dieses Begriffs. Es soll ein Ganzes wiederhergestellt werden, aus Bestandteilen, die für sich kein Ganzes darstellen (Hartmann 2002: 34).

In der Literatur existiert eine Vielzahl an Definitionen für den Integrationsbegriff (siehe Aufstellung bei Bauch 2004: 44f.; Wirtz 2003: 272). Diese Definitionen lassen sich in folgende Elemente unterteilen (Bauch 2004: 42):

- Objekte: Was wird integriert?
- Akteure: Wer integriert?
- Ziele: Warum wird integriert?
- Eingesetzte Mittel: Womit respektive wodurch wird integriert?

Eine Definition, die sämtliche dieser Elemente enthält, hat Gerpott formuliert (1993: 115; [Ergänzungen durch den Verfasser]): Integration ist

- *„der hauptsächlich von Käuferunternehmen (= Integrationsinitiator [Akteur]) voran-getriebene evolutionäre Prozess,*
- *in dem primär über Interaktionen (= Integrationsmittel [eingesetzte Mittel]) der Mit-arbeiter des Akquisitionssubjektes und -objektes*
- *immaterielle Fähigkeiten/Know-how bei beiden Unternehmen beeinflusst und zwi-schen ihnen übertragen werden (= Integrationsobjekt I [Objekt]) sowie*
- *Veränderungen in der Nutzung materieller Ressourcen zumindest beim Zielunterneh-men herbeigeführt werden (= Integrationsobjekt II [Objekt]),*
- *um durch die Akquisition eröffnete Potenziale zur Steigerung des Gesamtwertes beider Unternehmen zu realisieren (= Integrationsziel [Ziel])"*

Der Integrationsbegriff umfasst also sämtliche für die Zusammenführung der Unternehmen notwendigen Veränderungen und Prozessschritte, wie beispielsweise die Definition des zu-künftigen Produktspektrums und dafür notwendige Verlagerungen von Produktionsanlagen.

1.2 Theoretischer Hintergrund

Für diese Arbeit bilden die *Strategische Management-Forschung*, die *Business & Society-Forschung* und die *Akquisitionsforschung* den theoretischen Hintergrund.

Nachfolgend werden für jeden dieser Forschungsstränge seine wesentlichen Inhalte und für diese Arbeit relevanten Konzepte sowie die relevanten Forschungslücken, die durch diese Ar-beit besetzt werden sollen, vorgestellt.

1.2.1 Strategische Management-Forschung

Die Strategische Management-Forschung beschäftigt sich grundsätzlich mit der Frage, wie Unternehmen einen nachhaltigen Wettbewerbsvorteil erzielen können (Teece/Pisano/Shuen 1997: 509). Bei der Untersuchung dieser Fragestellung existieren zwei Forschungsströme bzw. Konzepte (Müller-Stewens/Lechner 2003: 356f.; Veser 2004: 2):

- Zum einen existiert das Konzept des Resource-Based-Views (RBV, Prahalad/Hamel 1990: 81f.). Dieses Konzept postuliert, dass wertvolle, nicht-imitierbare Ressourcen die Ursache für Wettbewerbsvorteile bilden. Wesentliche Managementaufgabe ist es daher, vorhandene Technologien und Fähigkeiten so zu verknüpfen, dass Ressourcen bzw. Kompetenzen entstehen, die einzigartig sind und sich flexibler und günstiger auf wechselnde Chancen einstellen als die der Wettbewerber.
- Zum anderen besteht das Konzept des Industry-Structure-Views (ISV, Porter 1980: 3f.). Bei diesem Konzept bildet die relative Positionierung eines Unternehmens in sei-ner Industrie die Grundlage für den Unternehmenserfolg. Das Management konzent-riert sich daher auf die Wettbewerber, ihre Produkt- und Dienstleistungsspektren und Strategien sowie auf die Beziehungen mit Kunden und Lieferanten. Das Management

versucht seine Markt- und Verhandlungsmacht gegenüber Kunden und Lieferanten zur Erzielung maximaler Erträge zu verwenden.

In letzter Zeit ist aufbauend auf diesen beiden Konzepten das integrierte Konzept des Stakeholder Views entwickelt worden (Post/Preston/Sachs 2002: 35f.).

Beim Stakeholder View Konzept (SHV-Konzept) entstehen Wettbewerbsvorteile durch ein einzigartiges Stakeholdernetzwerk und die Gestaltung der Beziehungen zu sämtlichen Stakeholdern dieses Netzwerks (Sachs/Rühli 2006: 6). Die Stakeholder dieses Netzwerkes entstammen der Ressourcenbasis (Fokus des RBV), der Branchenstruktur (Fokus des ISV) und der sozialpolitischen Arena (Kapitel 1.1.1). Dieses Konzept erweitert diesbezüglich die Konzepte des RBV und des ISV.

Ein weiterer Unterschied des SHV-Konzepts gegenüber des RBV und des ISV ist der Fokus der Beziehungsgestaltung zu den Stakeholdern: Der Fokus der Beziehungsgestaltung liegt im SHV primär im Aufbau von vertrauensvollen, zum beidseitigen Vorteil ausgerichteten Beziehungen und nicht auf den durchsetzbaren Lieferkonditionen oder Produktpreisen wie im ISV oder auf der Entwicklung von einzigartigen, hoch flexiblen Kompetenzen wie im RBV.

Dieser Fokus der Beziehungsgestaltung wird gewählt, da sich gemäß des SHV-Konzepts die Wirkungen des RBV und des ISV durch vertrauensvolle, zum beidseitigen Vorteil ausgerichtete Stakeholderbeziehungen gegenseitig verstärken, d. h. durch vertrauensvolle Beziehungen entstehen vorteilhafte Fähigkeiten (analog dem RBV) und eine vorteilhaftere Positionierung in der Branchenstruktur (analog dem ISV).

Das SHV-Konzept unterscheidet sich des Weiteren vom RBV und dem ISV dadurch, dass es Stakeholder der sozialpolitischen Arena explizit einbezieht. Diese werden sowohl im RBV als auch im ISV nicht betrachtet. Hierdurch wird erreicht, dass das Management diese Stakeholder bei der Unternehmensführung ebenfalls berücksichtigen. Diese Stakeholder sind für die Existenz eines Unternehmens von zentraler Bedeutung, da die Betriebslizenz von der Gesellschaft abhängt, in der ein Unternehmen tätig ist (Post/Preston/Sachs 2002: 55) und da Nichtregierungsorganisationen einen immer stärkeren Einfluss auf die operativen Tätigkeiten von Unternehmen ausüben (Mattingly/Greening 2002: 267; Waddock/Bodwell/Graves 2002: 36f.).

In der Strategischen Management-Forschung wird das Konzept des Stakeholder Views (Post/ Preston/Sachs 2002: 35f.) zur Erreichung von Wettbewerbsvorteilen vielfach betrachtet (Asher/Mahoney/Mahoney 2005: 5f.; Caldwell 2004: 299f.; Lamont 2004: 145f.; Walsh 2005: 429f.). Allerdings ist seine Implementierung in der Praxis bisher kaum und bei Zusammenschlüssen bisher noch nicht erforscht worden (Sachs/Rühli 2004: 3). Diese Arbeit soll zur Schließung dieser Lücke einen Beitrag leisten.

1.2.2   Business & Society-Forschung

Die Business & Society-Forschung, die sich hauptsächlich mit dem Spannungsfeld zwischen Unternehmen und Gesellschaft beschäftigt (Schuppisser 2002: 5), verfügt über eine Reihe von Konzepten, von denen vor allem das Konzept des Stakeholder Managements wertvolle Hinweise für diese Arbeit liefert. Dieses Konzept beschäftigt sich ebenfalls mit der Gestaltung der Beziehungen zu sämtlichen Stakeholdern. Es zeigt konkrete Möglichkeiten auf, wie ein Unternehmen gleichzeitig eine hohe ökonomische und soziale Leistung erzielen kann. Grundsätzlich wird im Rahmen des Stakeholder Management Konzepts vorgeschlagen, dass Stakeholder zu identifizieren, interne Stakeholder Management Richtlinien und Praktiken zu implementieren und direkte Interaktionen mit Stakeholdern explizit zu gestalten sind (Freeman 1984: 52f.; Schuppisser 2002: 9f.; Veser 2004: 18f.).

Eine umfassende Übertragung des Stakeholder Management Konzepts auf den Umgang mit Stakeholdern bei der Integrationsgestaltung mit dem Ziel, sie systematisch für die Erschließung von Wertsteigerungspotenzialen zu nutzen, hat bisher nicht stattgefunden. Diese Arbeit soll zur Schließung dieser Lücke beitragen.

1.2.3 Akquisitionsforschung

Innerhalb der Akquisitionsforschung existieren vier Forschungsströme, die im Bereich Akquisitionen und Integrationen unterschiedliche Fragestellungen verfolgen sowie unterschiedliche theoretische Wurzeln und zentrale Hypothesen verwenden. Es lassen sich folgende Forschungsströme bzw. Denkschulen unterscheiden (Birkinshaw/Bresman/Hakanson 2000: 396f.; Haspeslagh/Jemison 1991: 292f.):

- *Capital Markets School:* Sie untersucht, welche Auswirkungen Akquisitionen auf die Wertschöpfung auf volkswirtschaftlicher Ebene haben (Jensen/Ruback 1983: 22f.; Karpoff/Wessels 2002: 55f.; Sirower/O'Byrne 1998: 116f.).
- *Strategic Management School:* Sie beschäftigt sich mit der Wertschöpfung auf Unternehmensebene und untersucht Organisationsvariablen, z. B. Ressourcen betreffend, und ihren Einfluss auf den Akquisitionserfolg (Becker 2005: 25f.; Capron 1999: 987f.; Chatterjee 1986: 120f.; Ramaswamy 1997: 697f.; Singh/Zollo 1998: 3f.).
- *Organizational Behaviour School:* Sie konzentriert sich auf die Auswirkungen von Akquisitionen auf das Verhalten von Individuen und Unternehmen. Sie untersucht daher kulturelle Aspekte und ihre Bedeutung für den Akquisitionserfolg und betont die Bedeutung von Prozessmanagement, Kommunikation und die Sensitivität gegenüber den Bedenken und Erwartungen der Individuen auf beiden Seiten der Akquisition (Marks/Mirvis 1997: 34f.; Nahavandi/Malekzadeh 1988: 82f.; Very et al. 1997: 593f.; Weber 1996: 1181f.).
- *Process School:* Sie geht davon aus, dass der Integrationsprozess selbst und die Qualität des für den Integrationsprozess notwendigen Managements den Akquisitions- und Integrationserfolg entscheidend beeinflussen. (Bucerius/Schulze-Wehninck 2004: 518f.; Duncan 2004 : 418f. ; Ellis/Lamont 2004: 81f.; Haspeslagh 1986: 15; Jemison/Sitkin 1986: 145f.). Gegenstand der Betrachtung ist deshalb eine genaue Untersuchung des Integrationsprozesses und der dabei verwendeten Managementaktivitäten (Lindgren 1982: 61f.).

Diese Arbeit baut vor allem auf den Erkenntnissen der *Process School* auf. Das Management der Integration wird als ein wesentlicher Gestaltungsfaktor betrachtet, der den Akquisitions- und Integrationserfolg beeinflusst (Dionne 1988: 13; Nupponen 1995: 52).

Auch die Ergebnisse der *Organizational Behaviour School* werden für diese Arbeit hinzugezogen. Sie betonen die Vorteilhaftigkeit der prozessualen Beteiligung von Stakeholdern. Bei der Organizational Behaviour School werden allerdings lediglich die Mitarbeiter betrachtet. Mitarbeiter, die Entscheidungen im Rahmen des Integrationsprozesses mitbeeinflussen, akzeptieren die Integrationsveränderungen eher und leisten geringeren Widerstand als nicht eingebundene Mitarbeiter (Cartwright/Cooper 1992: 110; Shrivastava 1986: 72).

Auch erste Erkenntnisse der Akquisitionsforschung hinsichtlich der Einbindung weiterer Stakeholder und hinsichtlich der Ausrichtung der Integrationsgestaltung und der Integration auf die Stakeholder werden genutzt. So weist Jansen (2004: 394f.) darauf hin, dass eine Nicht-Beteiligung von Wertschöpfungskettenpartnern am Integrationsprozess einen negativen Einfluss auf den Integrations- und Unternehmenserfolg hat. Bucerius/Schulze-Wehninck (2004:

523) belegen empirisch, dass die Ausrichtung der Integrationsentscheidungen an den Bedürfnissen der Kunden den Akquisitionserfolg positiv beeinflusst.

Dem Autor sind innerhalb der Akquisitionsforschung keine Arbeiten bekannt, die die Berücksichtigung von Stakeholdern bei der Integrationsgestaltung umfassend und mit dem Ziel behandelt, sie für die Erschließung von Wertsteigerungspotenzialen zu nutzen. Diese Arbeit soll helfen, diese Forschungslücke zu schließen.

1.2.4 Zusammenfassung des theoretischen Hintergrunds

Nach der isolierten Betrachtung der Forschungsstränge können bei integrierter Betrachtung folgende relevante Überschneidungen bzw. Lücke festgestellt werden:

- *Schnittmenge Strategische Management-Forschung/Business & Society-Forschung:* Die Überschneidung besteht in der gleichzeitigen Verwendung des Stakeholder Management Konzepts und des Stakeholder View Konzepts. Arbeiten in dieser Schnittmenge beschäftigen sich mit den Beziehungen zwischen einem Unternehmen und seinen Stakeholdern, genauer gesagt mit stakeholderbezogenen Gestaltungsaktivitäten der Manager, um vertrauensvolle Stakeholderbeziehungen und Wettbewerbsvorteile für das Unternehmen zu erzielen. In diesem Bereich existieren Arbeiten, wie z. B. die Untersuchung von Sachs/Rühli (2004) zur Identifikation von Good Practices bei der Implementierung des Stakeholder Views. Sie analysieren mit Hilfe von Fallstudien unter anderem, welche Strategien, Strukturen und Prozesse stakeholderorientierte Unternehmen implementiert haben, um die Entwicklung vertrauensvoller Stakeholderbeziehungen zu fördern.
- *Schnittmenge Strategische Management-Forschung/Akquisitionsforschung:* Die Schnittmenge umfasst Aspekte und Gestaltungsaktivitäten bei Akquisitionen und Integrationen, um Wettbewerbsvorteile zu erzielen. Einen solchen Fokus hat beispielsweise die Arbeit von Becker (2005). Er betrachtet in einer hypothesentestenden Arbeit, wie sich der Ressourcen-Fit zwischen Käufer und Verkäufer auf den Erfolg von M&A-Transaktionen auswirkt (Becker 2005: 25).
- *Schnittmenge Akquisitionsforschung/Business & Society-Forschung:* Die Schnittmenge beinhaltet Stakeholder Management Aktivitäten bei Zusammenschlüssen, d. h. sie behandelt sämtliche Aktivitäten bei Zusammenschlüssen, die sich mit den Stakeholdern beschäftigen. In diesem Bereich ist die Arbeit von Salecker (1995) anzusiedeln, der den Kommunikationsauftrag bei Zusammenschlüssen betrachtet und hierbei nach der Identifikation relevanter Stakeholder entsprechende Kommunikationsstrategien entwickelt und im Rahmen des Zusammenschlusses umsetzt.
- *Schnittmenge aller drei Forschungsstränge:* Diese Schnittmenge beschäftigt sich mit stakeholderbezogenen Gestaltungsaktivitäten bei Zusammenschlüssen mit dem Ziel, Wertsteigerungen zu erzielen. Eine Arbeit in diesem Bereich existiert nach bestem Wissen des Verfassers nicht.

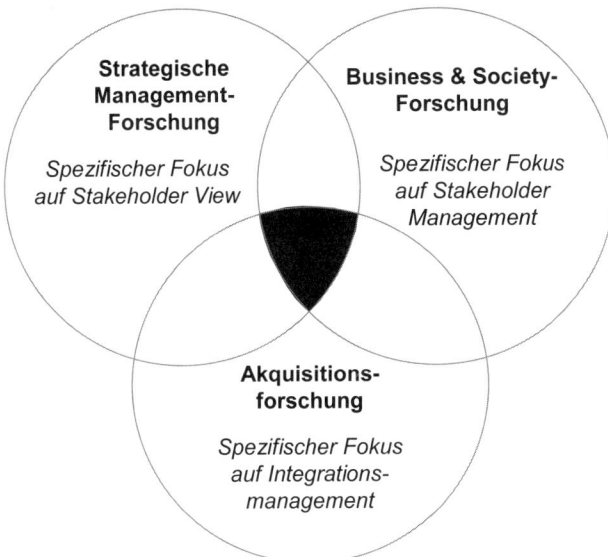

Abb. 1-4:   Positionierung der Arbeit in bestehende Forschungsstränge

Diese Arbeit soll daher einen Beitrag leisten, die Lücke in der Schnittmenge von Strategischer Management-Forschung, Business & Society-Forschung sowie Akquisitionsforschung zu schließen. Diese Lücke ist in obiger Abbildung als Schnittmenge der drei Forschungsstränge dargestellt.

1.2.5   Axiomatische Basis

Diese Arbeit verwendet die axiomatische Basis der Business & Society-Forschung, die zum Teil Annahmen der Neuen Institutionenökonomie verwendet. Folgende Annahmen werden getroffen (Böhi 1995: 46f.):

- Begrenzte Rationalität
- Informationsasymmetrie
- Unsicherheit
- Mensch als Complex Man

Begrenzte Rationalität

Analog der axiomatischen Grundlagen der Neuen Institutionenökonomie (Picot/Dietl/Franck 2002: 55) geht diese Arbeit von der begrenzten Rationalität der Akteure aus. Es wird angenommen, dass sämtliche Akteure nur über begrenztes Wissen und begrenzte Informationsverarbeitungsmöglichkeiten verfügen, so dass sie ihre Entscheidungen in der Regel unter Unsicherheit treffen müssen. Eine umfassende Einschätzung der Konsequenzen solcher Entscheidungen ist für sie daher nicht möglich, so dass sie nur zufällig optimale Anpassungsmaßnahmen ergreifen (Opitz 2000: 12).

Diese Annahme hat bei Integrationen eine Relevanz, da ein Integrationsmanagement nicht notwendig wäre, wenn alle Zustände für die Zusammenführung der beteiligten Unternehmen vorhergesehen werden könnten.

Informationsasymmetrie

Informationsasymmetrien zwischen zwei Akteuren existieren, da angenommen wird, dass Informationen nicht kostenlos zur Verfügung stehen. Es ist daher für Akteure nicht immer ökonomisch sinnvoll, die erforderlichen Informationsbeschaffungskosten aufzuwenden, so dass das Wissen der Akteure meist nicht vollständig und ungleich verteilt ist (Picot/Dietl/Franck 2002: 86). Hierdurch kann es zur Auswahl unerwünschter Vertragspartner (Adverse selection) und zum Ausnutzen der Informationsasymmetrie durch den besser informierten Akteur kommen (Moral Hazard bzw. Hold up; Picot/Dietl/Franck 2002: 88f.).

Gerade im Akquisitionsprozess sind diese Probleme relevant, da der potenzielle Käufer alternative Integrationsszenarien und den Wert des zu kaufenden Unternehmens auf Basis der ihm bekannten Informationen ermittelt. Das Zurückhalten von Informationen kann daher Auswirkung auf die Integrationsszenarien haben und den Kaufpreis wesentlich beeinflussen. Beim Management dieses Prozesses ist daher ein besonderes Augenmerk auf die Verbesserung der Informationsbasis zu legen.

Unsicherheit

Transaktionen zwischen zwei Akteuren zeichnen sich durch Unsicherheit aus. Hierbei wird grundsätzlich unterschieden zwischen der parametrischen Unsicherheit, welche das Eintreten unvorhersehbarer Umwelteinflüsse in der Zukunft beinhaltet (situative Bedingungen der Transaktion), und der Verhaltensunsicherheit, welche auf dem möglichen opportunistischen Verhalten der Vertragspartner basiert (Picot/Dietl/Franck 2002: 70).

Unsicherheit ist bei Integrationen vielfach relevant. Die an der Integration beteiligten Stakeholder treffen teilweise erstmals aufeinander, so dass davon ausgegangen werden kann, dass bei ihnen eine große Verhaltensunsicherheit und daher Vorsicht besteht. Zusätzlich führen mögliche Änderungen der Geschäftstätigkeit zu Konsequenzen in der Umwelt, die die Akteure nicht vorhersehen aufgrund ihrer begrenzten Rationalität, so dass sie zur Vermeidung negativer Konsequenzen Maßnahmen ergreifen.

Für das Integrationsmanagement ergibt sich hieraus die Aufgabe, die Unsicherheit der Akteure durch geeignete Maßnahmen möglichst gering zu halten.

Mensch als Complex Man

Der Mensch wird in dieser Arbeit entsprechend den Axiomen der Business & Society-Forschung (Böhi 1995: 47) als Complex Man gesehen. Dieses Menschenbild gilt als die adäquate Charakterisierung des arbeitenden Menschen in der modernen Industriegesellschaft (Schein 1980: 96f.; Staehle 1994: 180).

Das Menschenbild des Complex Man billigt dem Menschen individuelle Bedürfnisse zu, die sich mit seiner Entwicklung und Erfahrung verändern. Zudem wird angenommen, dass seine Motive in unterschiedlichen Systemen verschieden sein können. Seine Leistung ist damit im Gegensatz zu dem vorherrschenden Menschenbild der Ökonomie, dem homo oeconomicus, nicht vollständig steuerbar.

Aus diesen Annahmen folgt, dass es keine allgemeine Führungsstrategie gibt, die das Denken, Fühlen, Wollen und Handeln aller Beteiligten anspricht und dass die Führung situationsspezifisch zu gestalten ist. Diese Konsequenz ist für diese Arbeit insofern bedeutend, als dass davon ausgegangen werden muss, dass stakeholder*spezifische* Gestaltungsaktivitäten erforderlich sind, um die entsprechenden Wertsteigerungspotenziale zu erschließen.

1.3 Forschungsfrage

Entsprechend der aufgezeigten Forschungslücke als Schnittmenge der Strategischen Management-Forschung, der Business & Society-Forschung und der Akquisitionsforschung soll folgende Frage in dieser Arbeit geklärt werden:

Wie sieht ein theoriegestütztes und empirisch fundiertes Framework aus, das die Stakeholder beim Integrationsmanagement im Rahmen von Zusammenschlüssen berücksichtigt, um die Erreichung der Akquisitions-/Integrationsziele zu gewährleisten?

Im Zusammenhang mit dieser zentralen Forschungsfrage sollen folgende Detailfragen bearbeitet werden:

1. Welches sind die stakeholderbezogenen Gestaltungsaspekte der Akquisitions- und Integrationsverantwortlichen?
2. Was heißt Stakeholderorientierung, damit die Akquisitions- und Integrationsverantwortlichen wissen, wie sie die Stakeholderorientierung ihrer Gestaltungsaktivitäten bewusst beeinflussen können?
3. Welches sind die stakeholderbezogenen Bezugspunkte für die Akquisitions- und Integrationsverantwortlichen, damit sie ihre Gestaltungsaktivitäten systematisch stärker oder schwächer auf die Stakeholder ausrichten können?
4. Welche Hinweise für besonders stakeholderorientierte Gestaltungsaktivitäten der Akquisitions- und Integrationsverantwortlichen leiten sich aus dem Framework und den untersuchten Zusammenschlüssen ab?

Durch die Beantwortung dieser Fragen sollen folgende Beiträge für die Wissenschaft geleistet werden:

- *Bestätigung des Stakeholder View Konzepts:* Diese Bestätigung erfolgt in der Arbeit durch die Entwicklung eines theoriegestützten und empirisch fundierten Frameworks zur Beschreibung der stakeholderrelevanten Gestaltungsaspekte und Bezugspunkte des Integrationsmanagements.
- *Weiterentwicklung des Stakeholder Management Konzepts:* Durch das Aufzeigen stakeholderbezogener Bezugspunkte und Gestaltungsaspekte im theoriegestützten und empirisch fundierten Framework werden die thematischen Aspekte erstmalig identifiziert, die für die Ausrichtung der Gestaltungsaktivitäten auf die Stakeholder und damit für das Stakeholder Management bei Zusammenschlüssen maßgeblich sind.
- *Weiterentwicklung der Ansätze der Akquisitionsforschung:* Durch Verwendung des Stakeholder View Konzepts zur inhaltlichen Gestaltung bzw. zur grundsätzlichen Ausrichtung des Integrationsmanagements wird ein neuer Ansatz in die Akquisitionsforschung eingebracht, um die Erreichung der Integrationsziele zu unterstützen.
- *Erweiterung der empirischen Basis zur Implementierung des Stakeholder Views:* Diese Basis wird in der Arbeit erzeugt durch die Analyse und Zusammenfassung von Fallstudien und Gesprächen mit Integrationsexperten. Stakeholderorientierte Gestal-

tungsaspekte des Integrationsmanagements und ihre konkreten Ausprägungen werden aufgezeigt.

- *Anregung von weiteren empirischen Arbeiten zum Akquisitionsmanagement:* Denkbar ist die Übertragung des Ansatzes und der Methodik der Arbeit auf die Akquisitionsplanung. Beispielsweise kann die Einbeziehung von Gewerkschaften und Verbänden vor einer Akquisition untersucht werden hinsichtlich der Bedeutung der Einbindung dieser Stakeholder für ihre Zustimmung zur Akquisition. Diese und weitere Anregungen werden am Ende der Arbeit auf Basis der ermittelten Erkenntnisse gegeben.

Ebenso möchte diese Arbeit folgende Beiträge für die Praxis liefern:

- *Erhöhung der Erfolgswahrscheinlichkeit von Integrationen* aufgrund der Unterstützung der Erschließung der Wertsteigerungspotenziale durch Implementierung der aufgezeigten stakeholderorientierten Gestaltungsmöglichkeiten des Integrationsmanagements. Konkrete Gestaltungsmöglichkeiten werden am Ende der Arbeit für die einzelnen Gestaltungsdimensionen und -aspekte des Integrationsmanagements dargelegt (Good Practices).
- *Erhöhung der Wert- und Wohlstandssteigerungsmöglichkeiten bei Zusammenschlüssen* durch eine verstärkte Berücksichtigung von Wertschöpfungspotenzialen aus den Stakeholderbeziehungen bei Unternehmensbewertungen. Bisher werden diese meist nicht systematisch in Synergie- bzw. Wertsteigerungsbetrachtung einbezogen. Solche stakeholderbezogenen Potenziale werden im Rahmen der Analyse der untersuchten Integrationen aufgezeigt.
- *Stärkung der Wettbewerbsfähigkeit des integrierten Unternehmensverbundes* aufgrund der Stärkung der Stakeholderbeziehungen durch Einbeziehung und Berücksichtigung der Stakeholderbedürfnisse bei der Integrationsgestaltung. Im Rahmen der untersuchten Integrationen werden konkrete Möglichkeiten der Einbeziehung und Ausprägungen der Berücksichtigung der Stakeholderbedürfnisse dargestellt.
- *Sensibilisierung von Managern und Mitarbeitern hinsichtlich des Umgangs und der Einbeziehung von Stakeholdern bei Integrationen* aufgrund des durch die Arbeit propagierten stakeholderorientierten Managementansatzes.

1.4 Forschungsansatz

Im Rahmen eines qualitativen Forschungsansatzes wird zunächst mit Hilfe einer Literaturanalyse deduktiv ein theoriegestütztes Framework zur Beschreibung und Analyse der Gestaltungsdimensionen und -möglichkeiten des Integrationsmanagements entwickelt. Dieses theoriegestützte Framework wird sequentiell mit Hilfe von zwei Fallstudien und fünf Interviews mit Integrationsexperten vertieft und erweitert.

Zur Durchführung der Fallstudien wird ein qualitativ-explorativer Ansatz verwendet, da dieser besonders geeignet ist, um den Forschungsgegenstand in seiner gesamten Komplexität zu untersuchen und zu begreifen (Yin 1993: 3; 2003: 2). Die erste Fallstudie umfasst die Integration der Fondsservicebank (FSB) in die DAB Bank (in Deutschland, Branche: Finanzdienstleistungen), die zweite Fallstudie beinhaltet die Integration von USI Energy in ISTA North America (in den USA, Branche: Immobilien-Dienstleistungen). Im Rahmen jeder Fallstudie werden Dokumente untersucht und Interviews geführt, um die verwendeten Gestaltungsmaßnahmen zu erheben und ihre Stakeholderorientierung zu bestimmen. Mit Hilfe dieser Erkenntnisse wird das theoriegestützte Framework überprüft und erweitert.

Nach Durchführung der Fallstudien werden zur weiteren Evaluierung und Erweiterung des in den Fallstudien aktualisierten Frameworks Interviews mit Personen geführt, die jeweils eine große Integrationserfahrung haben, wie z. B. integrationserfahrene Unternehmensberater und Führungskräfte, die bei Integrationen ihres Unternehmens beteiligt waren (Integrationsexperten).

Sowohl die Fallstudien als auch die anschließenden Interviews mit Integrationsexperten werden für die Identifikation besonders stakeholderorientierter Gestaltungsaktivitäten verwendet.

1.5   Weiteres Vorgehen

Nach der Einleitung (Kapitel 1) werden in den folgenden zwei Kapiteln die relevanten Konzepte der Strategischen Management-Forschung und Business & Society-Forschung (B&S-Forschung, Kapitel 2) sowie Akquisitionsforschung (Kapitel 3) zusammengefasst. Mit Hilfe dieser Erkenntnisse wird ein theoriegestütztes Framework zum stakeholderorientierten Integrationsmanagement entwickelt (Kapitel 4). Das nächste Kapitel beschreibt die Methodik der Arbeit (Kapitel 5). In den folgenden beiden Kapiteln werden die für die Datengewinnung durchgeführten Fallstudien (Kapitel 6) und Interviews mit Integrationsexperten (Kapitel 7) vorgestellt und ausgewertet. Mit Hilfe dieser Erkenntnisse wird das endgültige Framework zum stakeholderorientierten Integrationsmanagement vervollständigt (Kapitel 8). Für die einzelnen Gestaltungsaspekte des stakeholderorientierten Integrationsmanagements werden im darauffolgenden Kapitel (Kapitel 9) konkrete Ausprägungen dargelegt (Good Practices). Abschließend erfolgt eine Zusammenfassung der Beiträge und Implikationen der Arbeit sowie ein Ausblick (Kapitel 10).

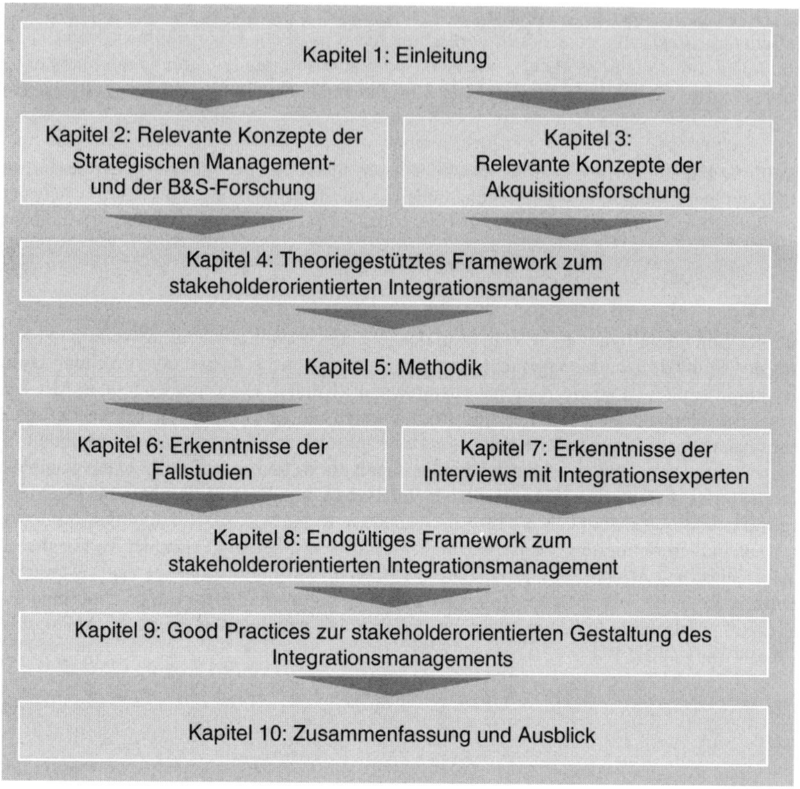

Kapitel 1: Einleitung

Kapitel 2: Relevante Konzepte der Strategischen Management- und der B&S-Forschung

Kapitel 3: Relevante Konzepte der Akquisitionsforschung

Kapitel 4: Theoriegestütztes Framework zum stakeholderorientierten Integrationsmanagement

Kapitel 5: Methodik

Kapitel 6: Erkenntnisse der Fallstudien

Kapitel 7: Erkenntnisse der Interviews mit Integrationsexperten

Kapitel 8: Endgültiges Framework zum stakeholderorientierten Integrationsmanagement

Kapitel 9: Good Practices zur stakeholderorientierten Gestaltung des Integrationsmanagements

Kapitel 10: Zusammenfassung und Ausblick

Abb. 1-5: Aufbau der Arbeit

18

2 Relevante Konzepte der Strategischen Management-Forschung und der Business & Society-Forschung

Für die Entwicklung des theoriegestützten Frameworks zum stakeholderorientierten Integrationsmanagement werden der Zürcher Ansatz (Kapitel 2.1) und der Stakeholder-View (Kapitel 2.2) als relevante Konzepte der Strategischen Management-Forschung sowie das Stakeholder Management Konzept der Business & Society-Forschung (Kapitel 2.3) verwendet und ihre wesentlichen Aspekte in diesem Kapitel erläutert.

2.1 Zürcher Ansatz als Konzept der Strategischen Management-Forschung

Um die Managementaktivitäten der Akquisitions- und Integrationsverantwortlichen zu strukturieren, wird der Zürcher Ansatz zur *„Lehre von der Unternehmensführung"* benutzt (Rühli 1996: 5; Grüter 1991: 70). Er schafft einen Ordnungs- bzw. Bezugsrahmen, um das komplexe Phänomen der Führung systematisch und ganzheitlich zu erfassen (Rühli 1996: 26).

Der Zürcher Ansatz besitzt die *„effiziente Steuerung der multipersonalen Problemlösung in Unternehmungen"* (Rühli 1996: 30; Grüter 1991: 70) als Erkenntnisobjekt. Dieser Problemlösungsprozess wird auch als strategisches Management bezeichnet (Thommen/Achleitner 2003: 887). Der Zürcher Ansatz stellt somit ein Konzept der Strategischen Management-Forschung dar.

Der Zürcher Ansatz eignet sich für die Untersuchung der Integrationsmanagementaktivitäten, da zur Erzielung der Integration eine multipersonale Problemlösung im Unternehmen erforderlich ist und diese das Erkenntnisobjekt des Zürcher Ansatzes bildet. Die Akquisitions- und Integrationsverantwortlichen können nicht sämtliche Entscheidungen zur Problemlösung, d. h. zur Integration, alleine treffen. Sie sind auf weitere Personen bzw. Stakeholder angewiesen.

Der Zürcher Ansatz und seine Elemente bilden eine wichtige Strukturierungsgrundlage für das theoriegestützte Framework zum stakeholderorientierten Integrationsmanagement. Auf die Elemente des Zürcher Ansatzes und die diesbezüglich vorgenommene Abgrenzung wird in den folgenden Abschnitten eingegangen.

2.1.1 Wesentliche Elemente und Abgrenzung

Der Zürcher Ansatz geht davon aus, dass ein Unternehmen und damit auch die Unternehmensführung unter folgenden Gesichtswinkeln bzw. Aspekten *„erfasst, analysiert und beurteilt sowie in den jeweiligen Dimensionen gestaltet werden"* kann (Rühli 1996: 44):

- Strategie: durch diesen Gesichtswinkel werden die Phänomene sichtbar, die durch die *„inhaltlich-materielle Substanz der Geschäftstätigkeit"* bestimmt werden (Rühli 1996: 44). Hinsichtlich der Gestaltungsmöglichkeiten der Führung erfasst der Aspekt der Strategie die Gestaltung der *Führungsinhalte*, d. h. die unternehmungspolitische Gestaltungsdimension der Führung, die sich mit der Entwicklung und Durchsetzung der Unternehmenspolitik beschäftigt (Grundlagen, Ziele, Strategien, Mittel). Beispielsweise zählt hierzu die Formulierung der zukünftigen Organisationsstruktur und Prozessschnittstellen des Unternehmensverbundes.

- Struktur: dieser Gesichtswinkel betrachtet die *„aufbau- und ablauforganisatorischen Phänomene"* (Rühli 1996: 44). Durch ihn tritt die formale Gestaltung der Führung in den Fokus, d. h. vor allem die für die Führung verwendeten Prozesse und involvierten Institutionen. Diese Gestaltungsdimension wird als *Führungstechnik* bezeichnet. Hierunter fällt u. a. die Betrachtung der bei der Integration verwendeten Institutionen[1], z. B. Lenkungsausschuss (Steuerungskreis), Projektleitung/Projektbüro, (Teil-)Projektteams.

- Kultur: die kulturelle Sicht ermöglicht eine Betrachtung der *„gemeinsam getragenen Normen und Werte"* (Rühli 1996: 44). Unter diesem Gesichtswinkel wird die von der Führung beeinflussbare Gestaltungsdimension der *Menschenführung* (Absichtskundgebung, -übertragung und -annahme) erfasst.

Diese drei Gesichtswinkel umfassen damit die Gestaltungsdimensionen der Führung. Zwischen den Gestaltungsdimensionen existiert ein enges Interaktionsverhältnis. Sie bedingen und beeinflussen sich gegenseitig (Rühli 1996: 44).

Um den Rahmen der Arbeit nicht zu sprengen, beschränkt sich diese Arbeit zur Erfassung und Analyse der Führung bei Akquisitionen und Integrationen auf die Gesichtswinkel der Strategie und Struktur. Diese Arbeit konzentriert sich damit auf die Gestaltungsdimensionen der Führungsinhalte und der Führungstechnik (Rühli 1996: 44). Der kulturelle Gesichtswinkel und die durch ihn sichtbaren Gestaltungsaspekte der Menschenführung werden nicht explizit untersucht, da sie bereits Gegenstand anderer Arbeiten sind (Gödecke 2000: 63f.; Sewing 1996: 277f.) und als nicht bedeutende Stellhebel für die Gestaltung des Integrationsmanagements gegenüber den Stakeholdern der Unternehmensumwelt, wie z. B. Kunden, Lieferanten, Outsourcingpartnern, betrachtet werden. Diese Annahme basiert auf dem integrativen Kulturverständnis des Zürcher Ansatzes (Rühli 1995: 340f.; Schäfer 1999: 15; Stark 1999: 14f.). Nach diesem Verständnis können Normen und Werte kurzfristig nicht wesentlich und vor allem nicht direkt verändert werden (Keller/Treichler 1993: 56; Scholz/Hofbauer 1990: 52; Schwarz 1989: 44). Insofern wird angenommen, dass bei der Gestaltung des Integrationsmanagements die Verwendung kultureller Maßnahmen keine signifikante Auswirkung auf die Erschließung der Wertsteigerungspotenziale mit den genannten Stakeholdern der Unternehmensumwelt hat.

Die Gesichtswinkel der Strategie und Struktur bzw. die Gestaltungsdimensionen des Führungsinhalts und der Führungstechnik (Rühli 1996: 30, 43f.) besitzen folgende konstitutiven Elemente (Rühli 1996: 32f.):

- Strategischer Gesichtswinkel/Führungsinhalt (Rühli 1988: 127f.):
  - *Grundlagen*: *Grundlagen* bezeichnen sämtliche Informationen, die für die Formulierung der Unternehmenspolitik verwendet werden. Hierzu zählen beispielsweise die Geschäftsgrundsätze oder die Analyse der Umweltfaktoren des Unternehmens, wie z. B. die Entwicklung neuer Technologien bei Lieferanten.
  - *Ziele*: Wesentlicher Führungsinhalt ist die Wahl und Anpassung der Unternehmensziele, wie z. B. das Ziel, in drei Jahren Marktführer im Marktsegment XY zu sein.

---

[1] Diese Arbeit verwendet den Begriff der Institution wie er im Zürcher Ansatz benutzt wird (Rühli 1988: 120). Dieser fasst hierunter organisatorische Einheiten, die auch temporär eingerichtet werden können, wie z. B. Planungsausschüsse oder -komitees (Rühli 1988: 122). Der in dieser Arbeit benutzte Institutionen-Begriff grenzt sich damit ab von dem in der Organisationstheorie üblichen Verwendung, wonach unter Institutionen sanktionierbare Erwartungen bzw. sämtliche Koordinations- und Motivationsinstrumente, wie z. B. Wahl, Gesetzgebung, Ressourcenzugang, etc., verstanden werden (Picot/Dietl/Franck 2002: 12).

o *Maßnahmen/Strategien*: Zum Führungsinhalt gehören ebenso die Entwicklung, Ausgestaltung und Durchsetzung von Maßnahmen. So kann als Strategie zur Erreichung der Marktführerschaft die Akquisition eines Wettbewerbers entwickelt und durchgesetzt werden.

o *Mittel*: Der Führungsinhalt umfasst auch die Bereitstellung und den Einsatz der erforderlichen Mittel (Ressourcen). Hierzu zählen beispielsweise die Bestimmung der finanziellen Ressourcen zur Durchführung der Transaktion und der personellen Ressourcen, um die Integrationsaktivitäten umsetzen zu können.

- Struktureller Gesichtswinkel/Führungstechnik:

o *Planung*: Sämtliche Aspekte der Erfassung des Problems und der Vorbereitung der Problemlösung zählen zur *Planung*. Hierzu gehört beispielsweise die Ausarbeitung von Konzepten, wie das potenzielle Akquisitionsobjekt integriert werden kann.

o *Entscheidung*: Sämtliche Aspekte hinsichtlich der Selektion zwischen verschiedenen Varianten, wie beispielsweise der Entscheidung, ein Akquisitionsobjekt gegenüber einem anderen Akquisitionsobjekt zu bevorzugen, werden unter dem Element *Entscheidung* zusammengefasst.

o *Anordnung*: *Anordnung* umfasst sämtliche Aspekte der Verwirklichung der gewählten Variante. Hierzu zählt z. B. die Vorgabe des Vorstands, Verhandlungen mit dem bevorzugten Akquisitionsobjekt aufzunehmen.

o *Kontrolle*: Sämtliche Aspekte der Überwachung des Vollzugs und der Resultate werden der *Kontrolle* zugeordnet, wie z. B. sämtliche Aktivitäten, um die tatsächlich erreichten Synergien fortlaufend zu quantifizieren.

Folgende Grafik veranschaulicht die Gestaltungsdimensionen der Zürcher Ansatzes und ihre konstitutiven Elemente sowie der diesbezügliche Fokus der Arbeit:

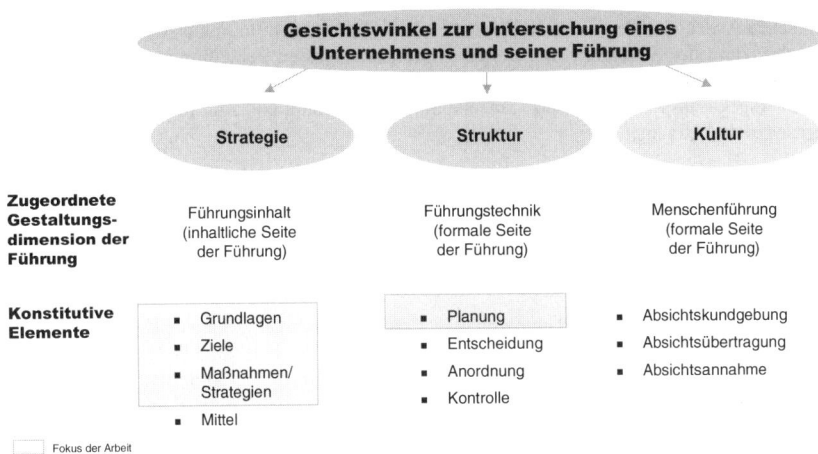

Abb. 2-1: Untersuchungswinkel eines Unternehmens in Anlehnung an Rühli (1996: 32f.)

Wie in der Abbildung dargestellt, erfolgt folgende Abgrenzung:

- Beim strategischen Gesichtswinkel werden die Gestaltungsdimensionen der Grundlagen, Ziele und Strategien analysiert. *Mittel* wird nicht betrachtet, da sich dieses konsti-

21

tutive Element lediglich mit der Festlegung der Ressourcen für die Umsetzung der Strategien beschäftigt. Diese Führungsinhalte sind zwar unerlässlich für die Erschließung der Wertsteigerungspotenziale bei Integrationen, da die notwendigen Aktivitäten zur Erschließung der Wertsteigerungspotenziale nur mit einer entsprechenden Ressourcenausstattung durchgeführt werden können. In den übrigen konstitutiven Elementen *Grundlagen*, *Ziele* und *Strategien* werden jedoch die Anforderungen für die Ressourcenausstattung und damit das Ausmaß der zu erschließenden Wertsteigerungspotenziale festgelegt. Sie sind daher *inhaltlich* wesentlich bedeutender für die Erschließung der Wertsteigerungspotenziale.

- Beim strukturellen Gesichtswinkel, also bei der Führungstechnik, erfolgt eine Beschränkung auf das konstitutive Element *Planung*. Da der Übergang der genannten konstitutiven Elemente in der Realität fließend und nicht streng sequentiell ist, zählen zur *Planung* sämtliche Führungsaktivitäten, um eine Planung zu vollenden (Rühli 1996: 34f.). Zu diesem Element gehören beispielsweise auch sämtliche Entscheidungen, die für die Planungsdetaillierung notwendig sind. Diese Tatsache ist gerade bei Integrationen relevant, da sich die Informationsbasis im Zeitablauf der Akquisition und Integration kontinuierlich verbessert und fortlaufend Entscheidungen getroffen werden, die in die Integrationsplanung bzw. in das Management der Integration einfließen. In dieser Arbeit werden daher der *Planung* sämtliche Führungsaktivitäten der Integrationsplanung zugeordnet, d. h. sämtliche Aktivitäten zur Erarbeitung des Integrationsplans, inklusive der dafür notwendigen Festlegungen für die Involvierung der Stakeholder der Unternehmensumwelt und die Berücksichtigung ihrer Interessen. Diese herausgehobene Bedeutung der *Planung* für den Fokus der Arbeit ist der Grund, weshalb sich die Arbeit auf dieses Element konzentriert.

Zusammenfassend lässt sich festhalten, dass sich diese Arbeit auf die strategischen und strukturellen Aspekte der Führung fokussiert, nicht auf die kulturellen Aspekte. Innerhalb der strategischen Aspekte stellen die Grundlagen, Ziele und Strategien im Fokus, nicht die Mittel zur Durchsetzung der Strategien. Bei den strukturellen Aspekten der Führung, der sogenannten Führungstechnik, beschränkt sich diese Arbeit auf die Planung. Die weiteren führungstechnischen Aspekte im Zürcher Ansatz, Entscheidung, Anordnung und Kontrolle (Rühli 1996: 34), werden nicht betrachtet.

Zum besseren Verständnis der führungstechnischen Elements der *Planung* wird auf die Aspekte dieses Elementes im nächsten Abschnitt weiter eingegangen.

2.1.2 Das Element der Planung und seine Gestaltungsdimensionen

Im Zürcher Ansatz stellt die Planung eines der vier konstitutiven Elemente der Führungstechnik dar (neben Entscheidung, Anordnung und Kontrolle; Rühli 1996: 34). Die Planung spielt für die Führung eine wichtige Rolle, da durch ihre konkrete Ausgestaltung die Art und Weise der Führung bestimmt wird (Rühli 1988: 56). Da die Gestaltungsdimensionen der Akquisitions- und Integrationsverantwortlichen einen Fokus dieser Arbeit bilden, erscheint eine detaillierte Betrachtung dieses Elementes sinnvoll. Aus der Betrachtung der *Planung* werden Hinweise für den Aufbau des Frameworks zum stakeholderorientierten Integrationsmanagement abgeleitet.

Planung umfasst im Zürcher Ansatz *„alle institutionellen, funktionellen und instrumentalen Erscheinungen, welche der Vorbereitung der Entscheide über die zu wählende Politik im jeweiligen Geltungsbereich dienen"* (Rühli 1988: 57). Diese Erscheinungen werden in der praxisorientierten Planungsliteratur unter dem Begriff der *Planungskonzeption* zusammengefasst

(Rühli 1988: 79). Eine Planungskonzeption umfasst die Beantwortung folgender Fragestellungen (Rühli 1988: 79f.):

- Planungsprobleme (Gegenstand der Planung): Welche Inhalte behandeln die Pläne?
- Planungsprozess (prozessuale Aspekte): Welche Aktivitäten und Schritte werden zur Erstellung der Pläne unternommen, d. h. zur Ausarbeitung, Genehmigung und Revision?
- Planungsinstitutionen/-träger (institutionelle Aspekte): Welche Personen bzw. Stellen/Institutionen sind bei der Erstellung der Pläne beteiligt? In welcher Form sind sie involviert?
- Planungssystem (instrumentelle Aspekte): Welche Pläne werden erstellt? In welcher Beziehung stehen die Pläne untereinander?

Diese Bestandteile einer Planungskonzeption lassen sich einer inhaltlichen und einer formalen Gestaltungsdimension zuordnen. Folgende Abbildung gibt diese Zuordnung wieder:

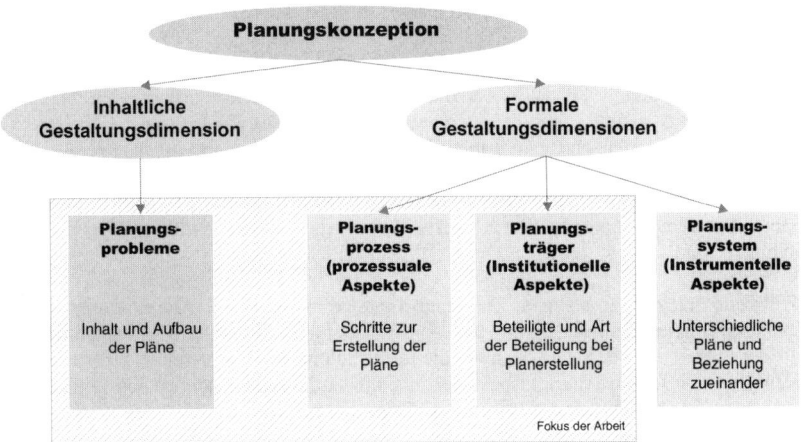

Abb. 2-2: Gestaltungsdimensionen einer Planungskonzeption gemäß Zürcher Ansatz in Anlehnung an Rühli (1988: 80)

In dieser Arbeit wird näher auf die Planungsprobleme, die prozessualen und die institutionellen Gestaltungsaspekte eingegangen. Die instrumentellen Gestaltungsaspekte werden nicht betrachtet, da sie lediglich den Aufbau der erstellten Pläne betreffen. Sämtliche Aktivitäten der Akquisitions- und Integrationsverantwortlichen zur Erarbeitung der Planinhalte, inklusive des Umgangs mit den Stakeholdern und der Berücksichtigung ihrer Interessen, werden durch die übrigen Gestaltungsaspekte erfasst. Es wird daher davon ausgegangen, dass die instrumentellen Aspekte keine signifikanten Gestaltungsaspekte für den Fokus der Arbeit darstellen. Sie werden daher nicht weiter untersucht.

Die wesentlichen Gestaltungsdimensionen einer Planungskonzeption im Zürcher Ansatz bilden die Grundlage für die Gestaltungsdimensionen des Integrationsmanagements. Es werden daher eine inhaltliche Gestaltungsdimension (Planungsprobleme), eine erste formale Gestaltungsdimension (Planungsprozess) und eine zweite formale Gestaltungsdimension (Planungsträger) unterschieden.

Diese Dimensionen bilden die Grundlage, da sie alle wesentlichen Gestaltungsaspekte enthalten, die für die Erstellung eines Plans notwendig sind. Da bei der Integration ebenfalls ein Plan, genauer gesagt ein Integrationsplan, erstellt werden muss, wird angenommen, dass diese drei Gestaltungsdimensionen ebenfalls sämtliche wesentlichen Gestaltungsaspekte enthalten. Zur besseren Unterscheidung werden die beiden formalen Gestaltungsdimensionen des Zürcher Ansatzes umbenannt in eine *prozessuale* Gestaltungsdimension (Planungsprozess) und in eine *institutionelle* Gestaltungsdimension (Planungsträger). Es ergeben sich damit folgende drei Gestaltungsdimensionen für die Erstellung des Integrationsplans, d. h. für das Integrationsmanagement:

-   inhaltliche Gestaltungsdimension: Planungsprobleme
-   prozessuale Gestaltungsdimension: Planungsprozess
-   institutionelle Gestaltungsdimension: Planungsträger

Diese drei Gestaltungsdimensionen des Integrationsmanagements werden nachfolgend näher erläutert.

2.1.2.1 Inhaltliche Gestaltungsdimension: Planungsprobleme

Die Planungsprobleme beschäftigen sich grundsätzlich inhaltlich mit der Unternehmens- bzw. Bereichspolitik (Rühli 1988: 127). Zur Darstellung einer solchen Politik werden folgende Elemente verwendet (Rühli 1988: 127), die auch als *„konstitutive Elemente des Führungsinhaltes"* bezeichnet werden und damit auch den strategischen Gesichtswinkel abdecken (Rühli 1988: 128; 1996: 41): Grundlagen, Ziele, Maßnahmen/Strategien. Da diese Elemente bereits in Kapitel 2.1.1 bei der Erläuterung des strategischen Gesichtswinkels detailliert wurden, zusammen mit dem dort ausgegrenzten vierten Element der *Mittel*, werden sie hier nicht mehr aufgeführt.

Die Erläuterung der Grundlagen, Ziele und Strategie in Kapitel 2.1.1 hat gezeigt, dass die Planungsprobleme sämtliche inhaltliche Aspekte des Führungsproblems abdecken. Die Aufgabe der Führungskräfte besteht hierbei, die relevanten inhaltlichen Aspekte zu erkennen und festzulegen. Dieser Gestaltungsaspekt der inhaltlichen Gestaltungsdimension wird daher in dieser Arbeit als *Festlegung der Planungsprobleme* bezeichnet.

2.1.2.2 Prozessuale Gestaltungsdimension: Planungsprozess

Die prozessuale Gestaltungsdimension beschäftigt sich im Zürcher Ansatz (Rühli 1988: 95f.) mit sämtlichen Schritten des Planungsprozesses. Für den Prozess der Unternehmensplanung werden beispielsweise die Anpassung und Ergänzung der Planungsgrundlagen, die Auswertung der in den vergangenen Perioden erreichten Resultate, die Überarbeitung und Ergänzung bestehender Pläne und die Genehmigung der revidierten Pläne und Formulierungen von Planungsvorgaben für den nächsten Planungszyklus als Aktivitäten aufgeführt (Rühli 1988: 101).

Diese Tätigkeiten verdeutlichen anhand des Unternehmensplanungsprozesses, dass die prozessuale Gestaltungsdimension sämtliche prozessualen Aspekte des Planungsprozesses als Inhalt hat. Damit ein solcher Planungsprozess durchlaufen werden kann, müssen die Führungskräfte die einzelnen Schritte und ihre Ausgestaltung festlegen. Diese beiden Aspekte bilden daher die prozessualen Gestaltungsaspekte der Führung:

-   *Festlegung der Prozessschritte des Planungsprozesses*
-   *Festlegung der Ausgestaltung der Prozessschritte des Planungsprozesses*

2.1.2.3 Institutionelle Gestaltungsdimension: Planungsträger

Hinsichtlich der an der Planung beteiligten Institutionen werden im Zürcher Ansatz die *Träger der Planung* und die *Aufgaben im Rahmen der Planung* als Gestaltungsaspekte spezifiziert (Rühli 1988: 109f.; Thommen/Achleitner 2003: 850, 855f.):

Träger der Planung

Als Träger der Planung werden die Personen bzw. Stellen gezählt, die an der Planung beteiligt sind. Da Planung zu den Führungsaufgaben zählt, ist grundsätzlich jeder Vorgesetzte ein Träger der Planung (Rühli 1988: 109). Da auch Nicht-Führungskräfte eventuell über Spezialkenntnisse verfügen, die für die Planung wertvoll sind, sollten diese im Rahmen einer kooperativen Führung ebenfalls eingebunden werden. Ein solcher Einbezug fördert zugleich die Motivation der beteiligten Personen (Rühli 1988: 112f.). Gerade bei nicht permanenten Planungsinstitutionen, wie z. B. Planungskomitees und -ausschüssen, können externe Spezialisten durch ihr Fachwissen zur Qualität der Institution beitragen (Rühli 1988: 122).

Diese Ausführungen zeigen, dass grundsätzlich jeder für die Planung und damit als Mitglied für eine an der Planung beteiligte Institution in Frage kommt. Die Führungskräfte haben diesbezüglich die Aufgabe, die Institutionenmitglieder zu bestimmen. Entsprechend wird dieser Gestaltungsaspekt in dieser Arbeit als *Festlegung der Institutionenmitglieder* bezeichnet. Des Weiteren wird durch diese Ausführungen deutlich, dass die Einbeziehung von Stakeholdern vorteilhaft ist (Einbindung externer Spezialisten). Dieser Aspekt wird bei der Frameworkentwicklung wieder aufgegriffen (Kapitel 4).

Aufgaben im Rahmen der Planung

Im Zürcher Ansatz werden die Planungsaufgaben der Planungsträger wie folgt eingeteilt (Rühli 1988: 113f.):

„1. Ausarbeitung und laufende Anpassung der Planungsgrundlagen
2. Ausarbeitung von Planentwürfen
3. Durchführung von Spezialuntersuchungen
4. Mitwirkung an der Planung [einer Reihe von] ... Zuständigkeitsbereichen ...
5. Koordination nachgeordneter Planungen
6. Mitwirkung bei der Metaplanung
7. Fachtechnische Beratung der Führungsinstanzen
8. Vertretung der Unternehmung in externen Fachkreisen"

(Rühli 1988: 113; [eingefügt vom Verfasser]).

Diese Auflistung zeigt, dass für die Durchführung der Planung eine Reihe von Aufgaben zu erledigen sind. Damit diese Abarbeitung systematisch erfolgen kann, müssen die Führungskräfte festlegen, welche Planungsträger welche Aufgaben im Rahmen der Planung übernehmen. Da davon ausgegangen wird, dass die Planungsträger ein Mitglied einer Institution sind, müssen also die Führungskräfte bestimmen, welche Aufgaben die Institutionenmitglieder haben. Dieser Gestaltungsaspekt der Führung wird daher in dieser Arbeit als *Festlegung der Aufgaben der Institutionenmitglieder* bezeichnet.

In der institutionellen Gestaltungsdimension ergeben sich damit die *Festlegung der Institutionenmitglieder* und die *Festlegung der Aufgaben der Institutionenmitglieder* als Gestaltungsaspekte für die Führungskräfte.

2.1.2.4 Zusammenfassung der Gestaltungsdimensionen und -aspekte

Die Analyse des Zürcher Ansatzes hat verdeutlicht, dass durch den strategischen und strukturellen Gesichtswinkel drei Gestaltungsdimensionen der Führung sichtbar werden, die jeweils mehrere Gestaltungsaspekte umfassen können. Folgende Gestaltungsdimensionen lassen sich unterscheiden:

-   eine inhaltliche Gestaltungsdimension, die sämtliche Planungsprobleme enthält und aus dem strategischen *und* strukturellen Gesichtswinkel sichtbar wird.
-   eine prozessuale Gestaltungsdimension, die die Gestaltung des Planungsprozesses als Inhalt hat. Sie stammt aus dem strukturellen Gesichtswinkel.
-   eine institutionelle Gestaltungsdimension, die sich mit der Gestaltung der Plagungsinstitutionen beschäftigt. Sie ist ebenfalls durch den strukturellen Gesichtswinkel identifiziert worden.

Innerhalb dieser Gestaltungsdimensionen konnten die in folgender Tabelle aufgeführten fünf Gestaltungsaspekte ermittelt werden:

Gestaltungsdimensionen	Gestaltungsaspekte
Inhaltliche Gestaltungsdimension	1. Festlegung der Planungsprobleme
Prozessuale Gestaltungsdimension	2. Festlegung der Prozessschritte des Planungsprozesses
	3. Festlegung der Ausgestaltung der Prozessschritte des Planungsprozesses
Institutionelle Gestaltungsdimension	4. Festlegung der Institutionenmitglieder
	5. Festlegung der Aufgaben der Institutionenmitglieder

Tab. 2-1:   Gestaltungsdimensionen und -aspekte im Zürcher Ansatz

Diese Gestaltungsdimensionen und -aspekte des Zürcher Ansatzes bilden ein wesentliches Fundament für die Analyse der Beiträge zur Akquisitionsforschung (Kapitel 3) und für die Entwicklung des theoriegestützten Frameworks zum stakeholderorientierten Integrationsmanagement (Kapitel 4).

Zur weiteren theoretischen Fundierung und Entwicklung des Frameworks wird im folgenden Kapitel das Stakeholder View-Konzept als zweites relevantes Konzept der Strategischen Management-Forschung vorgestellt und analysiert.

2.2   Stakeholder View als Konzept der Strategischen Management-Forschung

Das zweite für diese Arbeit wesentliche Konzept der Strategischen Management-Forschung ist das Konzept des Stakeholder Views (SHV), das maßgeblich von Post/Preston/Sachs (2002) entwickelt wurde.

Es wird verwendet, da sich wesentliche Aspekte dieses Konzepts mit den Zielen dieser Arbeit decken:

-   Das SHV-Konzept stellt einen stakeholderorientierten Managementansatz dar (Sachs/Rühli 2006: 4f.). Hierunter wird ein Managementansatz verstanden, der zum Ziel hat, ein Unternehmen, d. h. vor allem seine Strategien, Prozesse, Strukturen und

Kultur, auf die Stakeholder auszurichten. Für die Gestaltung und Ausrichtung des Integrationsmanagements wird explizit ein solcher Managementansatz in dieser Arbeit gesucht.
-   Das SHV-Konzept hat wie der Zürcher Ansatz die Unternehmensführung und damit die Lösung eines multipersonalen Problems als Erkenntnisobjekt. Das SHV-Konzept bildet daher ein Konzept der Strategischen Management-Forschung. Wie beim Zürcher Ansatz erwähnt (Kapitel 2.1), möchte diese Arbeit für die Lösung des Multipersonalproblems bei Integrationen einen Beitrag leisten. Das SHV-Konzept und diese Arbeit verfügen daher über das gleiche Erkenntnisobjekt.
-   Das SHV-Konzept stellt die Wertschaffung (*„Value creation"*) und nicht die Wertverteilung (*„Value distribution"*) oder Abwehr von negativen Effekten in den Vordergrund. Auch diese Schwerpunktsetzung des SHV-Konzepts entspricht der Ausrichtung dieser Arbeit. Sie will diejenigen Bezugspunkte, Gestaltungsdimensionen und -aspekte sowie konkrete Gestaltungsaktivitäten des Integrationsmanagements aufzeigen, die dazu beitragen, Wertsteigerungspotenziale zu erschließen, d. h. Wert zu schaffen.

Zum besseren Verständnis des SHV-Konzepts und zur Ableitung von Hinweisen für das theoriegestützte Framework wird die Sicht des Unternehmens im SHV-Konzept, die Rolle der Stakeholder und die Implementierung des SHV-Konzepts in den nächsten Abschnitten erläutert.

2.2.1   Sicht des Unternehmens

Im Stakeholder View wird das Unternehmen als die Verbindung (*„Nexus"*) von einer Serie von unabhängigen Beziehungen mit Gruppen, den Stakeholdern, die die Operationen eines Unternehmens beeinflussen oder von diesen beeinflusst werden, betrachtet (Crane/Livesey 2003: 40; Freeman 1984: 25). Freeman (1984: 25) stellt diesen Zusammenhang in folgender Grafik dar:

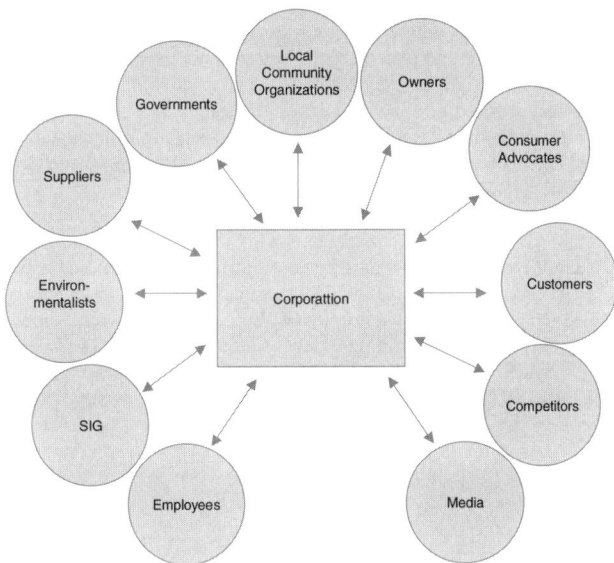

Abb. 2-3:   Stakeholder-View des Unternehmens (Freeman 1984: 25)

Durch diese Betrachtung des unmittelbaren Stakeholdernetzwerkes wird bewusst die gesamte Umwelt des Unternehmens mit einbezogen – im Gegensatz zum Resource-Based-View (RBV) und zum Industry-Structure-View (ISV), den klassischen Sichtweisen des Unternehmens (Kapitel 1.2.1). Da jeder Stakeholder, mit dem ein Unternehmen in Beziehung steht, wiederum selbst Bindungen zu weiteren Stakeholdern hat, ergibt sich daraus das mittelbare Stakeholdernetzwerk, das in folgender Abbildung beispielhaft aufgezeigt ist.

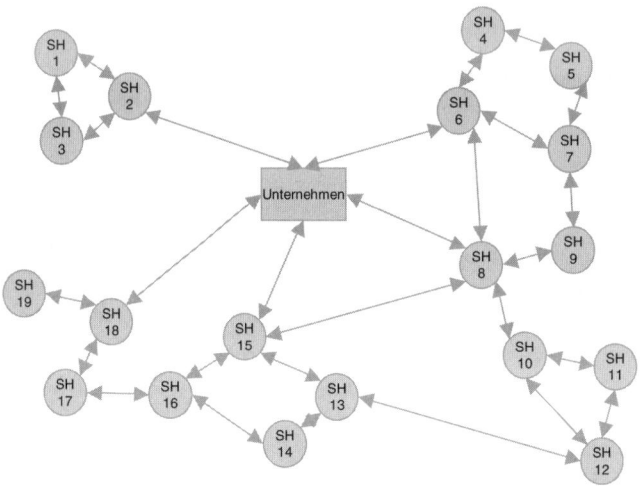

Abb. 2-4: Mittelbares Stakeholder-Netzwerk

Das Stakeholder View-Konzept ermöglicht durch Einbezug des unmittelbaren und mittelbaren Stakeholdernetzwerks eine Betrachtung der gesamten Wechselbeziehungen des Unternehmens und eine komplexere und realistischere Betrachtung im Vergleich zu den genannten traditionellen Sichtweisen (Crane/Livesey 2003: 40; Speckbacher 2004: 1324). In der Summe aller Stakeholderbeziehungen ergibt sich für jedes Unternehmen ein einzigartiges Stakeholdernetzwerk mit einzigartigem Ressourcenzugang. Dieser Zugang kann zu einzigartigen und firmenspezifischen Kompetenzen kombiniert und damit zur Differenzierung genutzt werden (Sachs/Rühli 2006: 6).

Mit Hilfe dieses einzigartigen Ressourcenzugangs auf Basis der Verbindungen zu den unterschiedlichen Stakeholdern kann ein Unternehmen langfristig existieren sowie Wert schaffen und Wohlstand erzeugen (Sachs/Rühli 2006: 7). Damit besitzt jedes Unternehmen sowie seine Stakeholder das gemeinsame Ziel der langfristigen Wohlstandsschaffung, wobei jeder Stakeholder unterschiedliche Interessen verfolgen kann (Caldwell 2004: 299). Wohlstand bezieht sich entsprechend der Idee des SHV-Konzepts auf sämtliche Stakeholder. *„From the typical return of investment considerations for shareholders and lenders, to compensation, working conditions, and career opportunities for employees, to network and value chain efficiencies and cost savings for supply chain partners, [...], to mutual support and accommodation to local communities"* (Buono 2003: 280).

Post/Preston/Sachs definieren daher ein Unternehmen wie folgt: *„The corporation is an organization engaged in mobilizing resources for productive uses in order to create wealth and other benefits and not to intentionally destroy wealth, increase risk, or cause harm for its multiple constituents, or stakeholders"* (2002: 17).

28

Die Fähigkeit, das Unternehmensziel bzw. den -zweck der langfristigen Wohlstandsschaffung für sämtliche Stakeholder zu erreichen, wird also durch die Beziehungen des Unternehmens mit seinen Stakeholdern bestimmt (Buono 2003: 280). Damit hängt der Erfolg eines Unternehmens und das langfristige Überleben von den Bindungen eines Unternehmens, seiner Position im Stakeholdernetzwerk und den Interaktionen des Unternehmens zu seinen Stakeholdern ab (Veser 2004: 14).

Diese Stakeholdersicht des Unternehmens wird durch die moderne Property-Rights-Theorie gestützt (Donaldson/Preston 1995: 88). Die moderne Property-Rights-Theorie betrachtet Eigentum als ein Bündel von Rechten, die teilweise begrenzt sind (Donaldson/Preston 1995: 83f.) und geht von der Existenz expliziter und impliziter und damit unvollständiger Verträge aus (Zingales 2000: 1633f.; Baker/Gibbons/Murphy 2002: 39f.). Unvollständige Verträge existieren, da umfassende vertragliche Absicherungen aufgrund begrenzter Rationalität, Opportunismus, Unsicherheit, spezifischer Vermögensgegenstände und asymmetrischer Information ineffizient sind (Asher/Mahoney/Mahoney 2005: 13). Die Existenz impliziter und unvollständiger Verträge bedeutet (Asher/Mahoney/Mahoney 2005: 17f.), dass nicht alle vertraglichen Parteien neben den Aktionären vollständig durch explizite Verträge geschützt sind. *„Sometimes stakeholders will have their economic wealth unexpectedly expropriated."* (Asher/Mahoney/Mahoney 2005: 17; Shleifer/Summers 1988: 34f.). Des Weiteren führen implizite Verträge dazu, dass die *„Ansprüche von Stakeholdern nicht zu Marktpreisen bewertet werden können"* (Speckbacher 2004: 1324) und dass solche Stakeholder daher residuale Ansprüche aufgrund der fehlenden Absicherung der durch sie generierten Werte bzw. der ihnen zustehenden Werte haben. Außerdem kann der gesamte ökonomische Wert, der durch ein Unternehmen geschaffen wird, aufgrund der Existenz impliziter und unvollständiger Verträge nicht präzise ermittelt werden.

Aus der Existenz impliziter Verträge folgt, dass Entscheidungen, die strikt auf der Basis der Wertmaximierung für die Aktionäre getroffen werden, implizite Verträge mit anderen Stakeholdern brechen und damit zu Einbußen des ökonomischen Wertes der anderen Stakeholder führen können (Asher/Mahoney/Mahoney 2005: 18). Unter der Annahme, dass das übergeordnete Unternehmensziel die Maximierung des gesamten ökonomischen Wertes ist und dass dieser Wert zwischen den Parteien, die zur Erzeugung beigetragen haben bzw. den Parteien, die von ihm profitieren, verteilt werden soll, ist eine Property-Rights-Stakeholder-Theorie notwendig. Eine solche Theorie berücksichtigt die Rolle dieser Parteien bei der Schaffung und der Verteilung des ökonomischen Wertes (Asher/Mahoney/Mahoney 2005: 22): Entscheidungen sind nicht nur auf die Wertmaximierung der Aktionäre, sondern auf die Wertmaximierung sämtlicher Stakeholder auszurichten und sämtliche Stakeholder sind an der Verteilung der generierten Werte zu beteiligen.

Für das theoriegestützte Framework zum stakeholderorientierten Integrationsmanagement ergibt sich daher aus dem Konzept des SHV, dass die Verantwortlichen ihre Entscheidungen auf die Wertmaximierung sämtlicher Stakeholder auszurichten haben und dass sie die Stakeholder bei der Wertverteilung involvieren. Diese Anforderungen an die Ausrichtung von Entscheidungen und die Beteiligung der Stakeholder werden bei der Entwicklung des Frameworks berücksichtigt (Kapitel 4).

2.2.2   Rolle der Stakeholder

Wie gerade erwähnt (Kapitel 2.2.1), hängt der langfristige Erfolg eines Unternehmens gemäß des Stakeholder View-Konzepts entscheidend von den Beziehungen eines Unternehmens mit seinen Stakeholdern ab. Es ist daher Aufgabe des Managements, entsprechende Strategien zu entwickeln und Verantwortung zu übernehmen. *„Managers have a responsibility to conserve* *and increase organizational wealth in ways that take into account the interests of all the firm's stakeholders, both internal and external"* (Post/Preston/Sachs 2002: 56). *„Organizational Wealth"* bezeichnet hierbei die Kapazität des Unternehmens, langfristig Wert zu schaffen (Post/Preston/Sachs 2002: 56).

Diese Verantwortung des Managements bzw. diese Sicht des Unternehmens zeigt, dass der Stakeholder View wesentlich umfassender ausgerichtet ist hinsichtlich der Bedeutung von Stakeholdern für den Unternehmenserfolg als die zwei bekanntesten Erklärungsansätze in der Strategischen Management-Forschung, der Industry-Structure-View (ISV) und der Resource-Based-View (RBV).

Während der ISV davon ausgeht, dass abnormale Renten eine Funktion der Firmenzugehörigkeit zu einer Industrie darstellen, erklärt der RBV unterschiedliche Unternehmenserfolge mit Firmenheterogenitäten bzgl. Ressourcen und Kompetenzen. Beide Sichtweisen berücksichtigen jedoch nicht, dass die Vor-/Nachteile eines einzelnen Unternehmens mit den Vor-/Nachteilen des Beziehungsnetzwerkes, das ein Unternehmen besitzt, verbunden sind. Diesen Zusammenhang berücksichtigt der SHV, da er davon ausgeht, dass sich wesentliche kritische Ressourcen eines Unternehmens außerhalb der Unternehmensgrenzen befinden (in Ergänzung des ISV).

Ein Wettbewerbsvorteil kann gemäß des SHV dadurch entstehen, dass miteinander in Beziehung stehende Unternehmen beziehungsspezifische Investitionen tätigen und ihre Ressourcen in einer einzigartigen Weise kombinieren, so dass Produktivitätsvorteile entstehen. Dyer/Singh (1998: 662) sprechen hier von der Erzielung von Beziehungsrenten *(„Relational Rents")*. Als Quellen von Beziehungsrenten nennen sie zwischenbetriebliche beziehungsspezifische Vermögenswerte *(„interfirm relation-specific assets")*, Routinen zur gemeinsamen Nutzung von Wissen *(„knowledge-sharing routines")*, ergänzende Ressourcen und Kompetenzen *(„complementary resources and capabilities")* und effektive Steuerung *(„Effective Governance")*.

Für die Erzielung von Beziehungsrenten kommen im SHV sämtliche Stakeholder in Frage. Sie sind daher bei der Strategieentwicklung und Unternehmensführung zu berücksichtigen. Hierzu gehören auch Stakeholder aus dem sozialpolitischen Umfeld, wie z. B. Gemeinden, Regierungen und andere private Organisationen, die ebenfalls zur Wohlstandsgenerierung beitragen bzw. die durch die operativen Tätigkeiten eines Unternehmens ein Risiko tragen (Post/Preston/Sachs 2002: 54f.). Insofern erweitert der SHV den ISV und den RBV, da diese Ansätze nur ausgewählte Stakeholder berücksichtigen.

Die nachstehende Abbildung fasst die wesentlichen Unterschiede der Anknüpfungspunkte für die Unternehmensstrategie zur Wertschöpfung und Erzielung von Wettbewerbsvorteilen von im RBV, ISV und im SHV zusammen. Hieraus wird die unterschiedliche Rolle der Stakeholder in diesen Konzepten deutlich.

Dimensionen	Resource-Based-View (RBV)	Industry-Structure-View (ISV)	Stakeholder-View (SHV)
Gegenstand der Untersuchung	• Unternehmen	• Industrie	• Stakeholder-Netzwerk des Unternehmens
Primäre Quellen für organisationalen Wohlstand	• Physische Vermögenswerte • Wissen • Technologie • Finanzielle Ressourcen • Immaterielle Vermögenswerte	• Verhandlungsmacht gegenüber Lieferanten und Kunden • Marktmacht gegenüber Wettbewerber • Geheime Absprachen zum Schaden Dritter (Kollusion)	• Beziehungen, die zu höheren Umsätzen und / oder verringerten Kosten und Risiken führen • Beziehungs-Vorteile, die die Fähigkeit für die Wohlstandsgenerierung erhöhen
Mittel, um den organisationalen Wohlstand zu bewahren	• Imitationsbarrieren auf Unternehmensebene	• Eintrittsbarrieren auf Industrie-Ebene: Produktionsvorteile / unwiederbringliche Kosten (sunk cost)	• Firmenspezifische Stakeholder-Verbindungen und implizite Vereinbarungen, die zu höheren Umsätzen und / oder verringerten Kosten und Risiken führen

Abb. 2-5: Gegenüberstellung der Ansatzpunkte für die Unternehmensstrategie in der Resource-Based-View, Industry-Structure-View und Stakeholder View (Post/Preston/Sachs 2002: 54)

Der SHV ist damit das einzige Konzept,

- das sämtliche Personen/Gruppen, die Ressourcen bereitstellen, bei der Strategieentwicklung explizit berücksichtigt. Ressourcen umfassen hierbei auch solche Ressourcen, die nicht dem Unternehmen gehören oder von ihm kontrolliert werden können, wie z. B. das Wissen der Kunden bzw. Lieferanten. Der SHV erweitert also gegenüber dem RBV und ISV die Ressourcenbasis, die für die Erzielung von Wettbewerbsvorteilen, genutzt werden kann.
- das die Beziehung zu Stakeholdern als Quelle zur Generierung von beziehungsspezifischen Renten (Beziehungsrenten) betrachtet. Damit erweitert der SHV gegenüber dem RBV und ISV das Verständnis über Renten, die mit Hilfe einer gegebenen (Ressourcen- bzw. Macht-)Basis erzielt werden können.

Der Stakeholder View wird daher als überlegen erachtet gegenüber RBV und ISV und als zweite theoretische Basis neben dem Zürcher Ansatz für diese Arbeit verwendet. Für das Framework zum stakeholderorientierten Integrationsmanagement ergibt sich aus den Erkenntnissen des SHV-Konzepts, dass die Beziehungen zu sämtlichen Stakeholdern Wertsteigerungspotenziale darstellen und dass sämtliche Stakeholder für die Erschließung der Wertsteigerungspotenziale bei der Integration zu beteiligen sind.

2.2.3 Implementierung des Stakeholder Views

Wenn die Manager eines Unternehmens nach dem Stakeholder View handeln, dann fungieren sie als Mediatoren aller Stakeholderinteressen (Post/Preston/Sachs 2002: 32; Hill/Jones 1992: 134). Der Begriff Manager umfasst hierbei sämtliche Personen oder Gruppen, die mit Entscheidungsrecht und entsprechender Entscheidungsverantwortung ausgestattet sind (Post/ Preston/Sachs 2002: 32). Diese umfassende Verpflichtung der Manager und des Unternehmens gegenüber den Stakeholdern und ihren Interessen beeinflusst die gesamte Organisation: Strategie, Struktur, Kultur und ihre Richtlinien und Prozesse (Post/Preston/Sachs 2002: 63).

Damit beeinflusst die Implementierung des SHV-Konzepts die Schlüsselelemente des Unternehmenskerns – Strategie, Struktur und Kultur – (Post/Preston/Sachs 2002: 57). Da diese

Elemente für den Unternehmenserfolg als wesentlich betrachtet werden (Post/Preston/Sachs 2002: 60), beeinflusst die Implementierung des SHV-Konzepts den Unternehmenserfolg.

Um die Wirkungen auf den Unternehmenserfolg zu unterstützen, müssen die Manager bei der Implementierung des SHV ihre Aktivitäten so ausrichten (Post/Preston/Sachs 2002: 57, 62), dass sie einen Beitrag leisten, damit sich die Kerndimensionen Strategie, Struktur und Kultur gegenseitig unterstützen (interne Ausrichtung) und dass sie die Entwicklung unterstützender bzw. akzeptabler Beziehungen zu Kräften und Stakeholdern außerhalb des Unternehmens voranbringen (externe Ausrichtung).

Folgende Abbildung veranschaulicht diesen Zusammenhang:

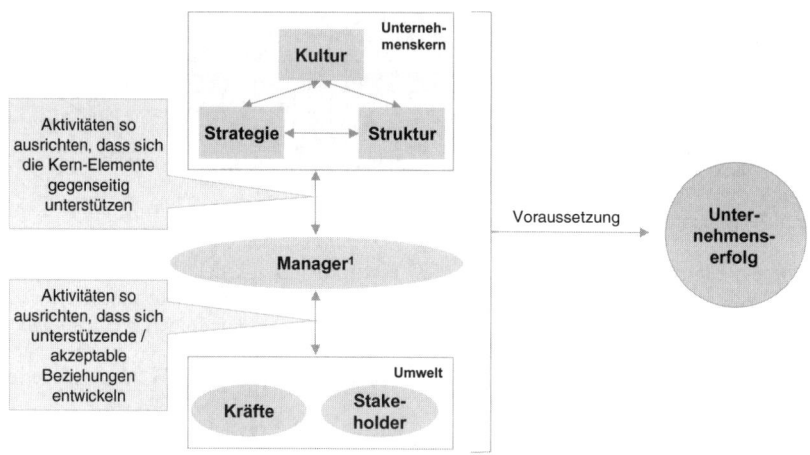

1 Person oder Gruppe mit Entscheidungsbefugnis und Verantwortung, unabhängig von der Ebene oder der Bezeichnung (Post et al 2002:32)

Abb. 2-6: Handlungsmaßgabe für die Implementierung des SHV und ihre Bedeutung für den Unternehmenserfolg

2.2.4 Resultierende Implikationen für die Gestaltung des Integrationsmanagements

Die Betrachtung des SHV-Konzepts und seiner Implementierung hat gezeigt, dass
1. das Unternehmen als die Verbindung von einem Netzwerk unabhängiger Beziehungen zu seinen Stakeholdern betrachtet wird,
2. das Stakeholderbeziehungsnetzwerk einzigartig und daher für die Wertschaffung und Erzielung von Wettbewerbsvorteilen essentiell ist,
3. das Ziel des Unternehmens die langfristige Wohlstandsschaffung für sämtliche seiner Stakeholder darstellt,
4. die Stakeholder beziehungsspezifische Investitionen tätigen, so dass Produktivitätsvorteile entstehen,
5. die Manager ihre Aktivitäten an den Interessen und Bedürfnissen der Stakeholder auszurichten haben und deren Interessen langfristig balancieren müssen,
6. die gesamte Organisation von der Implementierung des SHV-Konzepts betroffen ist.

Aufgrund dieser Erkenntnisse können folgende Implikationen für das theoriegestützte Framework zum stakeholderorientierten Integrationsmanagement abgeleitet werden:

- Die Beziehungen zu den Stakeholdern der beteiligten Unternehmen stellen Wertsteigerungspotenziale dar, die bei der Integration erschlossen werden können. Die Erschließung der stakeholderbezogenen Wertsteigerungspotenziale trägt zur Erreichung der mit der Integration erhofften Wertsteigerungen bei. Beim Integrationsmanagement ist daher darauf zu achten, dass solche Potenziale identifiziert und Aktivitäten zu ihrer Erschließung durchgeführt werden.
- Die Stakeholder sind bei der Integration zu involvieren, um mögliche Wertsteigerungspotenziale zu identifizieren und zu erschließen. Für das Integrationsmanagement ergibt sich hieraus, dass die Stakeholder identifiziert und Aktivitäten durchgeführt werden müssen, um sie an der Integration zu beteiligen. Kern der Beteiligung bildet die Identifikation von Verbesserungsmöglichkeiten für die Beziehung, so dass die spezifisch getätigten Investitionen maximal genutzt, neue Investitionen initiiert und zusätzliche Wertsteigerungen erzielt werden können.
- Die Akquisitions- und Integrationsverantwortlichen müssen die Interessen und Bedürfnisse der Stakeholder bei ihren Aktivitäten berücksichtigen. Langfristig haben die Akquisitions- und Integrationsverantwortlichen dafür zu sorgen, dass die Interessen sämtlicher Stakeholder befriedigt werden. Für das Integrationsmanagement heißt das, dass die Interessen und Bedürfnisse der Stakeholder für sämtliche Aspekte und Alternativen bekannt sind und bei Entscheidungen einfließen müssen.

Diese Implikationen zeigen, dass das SHV-Konzept vor allem geeignet ist, Hinweise für die *Ausrichtung* und nicht für die *Strukturierung* der Integrationsmanagementaktivitäten zu generieren. Die Zuordnung der genannten Implikationen des SHV-Konzepts zu möglichen Gestaltungsdimensionen und -aspekten des Integrationsmanagements erfolgt bei der Entwicklung des theoriegestützten Frameworks in Kapitel 4.

2.3 Stakeholder Management als Konzept der Business & Society-Forschung

Das Konzept des Stakeholder Managements (SHM) bildet einen wichtigen Bestandteil zur Erläuterung der Implementierung des SHV. Es befasst sich mit Aktivitäten, mit denen ein Unternehmen eine Stakeholdergruppe bzw. die Beziehungen zu ihnen steuert (Johnson-Cramer/Berman/Post 2003: 145 – Fußnote 1, 146). Dieses Konzept bezieht sämtliche Stakeholder mitein, auch Stakeholder aus der sozialpolitischen Arena. Das Konzept zeigt Ansätze auf, wie Unternehmen die Herausforderungen durch marktliche und nicht-marktliche Stakeholder begegnen können. Es bildet daher ein Konzept der Business & Society-Forschung.

2.3.1 Gestaltungsbereiche des Stakeholder Managements

Das Konzept des Stakeholder Managements ist in der Business & Society-Forschung sowie darüber hinaus sehr verbreitet (Heugens/Van Oosterhout 2002: 387). Es sind vielfältige Vorschläge für die Gestaltung von Aktivitäten zum Management der Stakeholderbeziehungen entwickelt worden. Die Darlegung sämtlicher Aktivitäten würde den Rahmen dieser Arbeit sprengen. Zur detaillierten Lektüre sei daher auf die Arbeit von Schuppisser (2002) verwiesen, der diesbezüglich einen umfassenden Überblick gibt. Die Gestaltungsaktivitäten des Stakeholder Management Konzepts lassen sich in drei Bereiche bzw. Ebenen gliedern (Freeman 1984: 64f.; Schuppisser 2002: 9f.):

- Identifikation und Analyse der Stakeholder („Rationale"-Ebene bzw. Problembereich der „Stakeholder-Identifikation"): Hierunter fallen Aktivitäten, die die relevanten Stakeholder identifizieren und ihre Ansprüche bzw. Interessen untersuchen.
- Implementierung entsprechender Strategien, Strukturen und Werte/Kulturen („Prozessuale"-Ebene bzw. Problembereich der „Unternehmungsinternen Umsetzung des Stakeholder-Ansatzes"): In diesen Bereich fallen Gestaltungsaktivitäten hinsichtlich der Formulierung von Strategien und der Definition von Aufbau- und Ablaufstrukturen (Prozessen) im Unternehmen, um die Stakeholder systematisch zu berücksichtigen.
- Stakeholderinteraktionen („Transaktionale"-Ebene bzw. Problembereich „Unternehmung-Stakeholderinteraktion"): Hierzu zählen sämtliche Gestaltungsaktivitäten, die die direkten Interaktionen zwischen Unternehmensmitgliedern und Stakeholdern betreffen.

Im ersten Bereich, der Identifikation und Analyse der Stakeholder, geht es neben der grundsätzlichen Frage, wer überhaupt ein Stakeholder ist (Kapitel 1.1.1 für die Abgrenzung in dieser Arbeit), um die Priorisierung der Stakeholder und ihrer Interessen, damit die Manager leichter eventuell divergierende Stakeholderinteressen ausbalancieren können.

Im Einklang mit Böhi (1995) wird zur Priorisierung der Stakeholderinteressen in dieser Arbeit das Kriterium der strategischen Relevanz verwendet: entsprechend dem Industry-Structure-View (Kapitel 1.2.1) ist etwas strategisch relevant, wenn es „*auf die Besetzung und Gestaltung von attraktiven Märkten, die Entwicklung einer verteidigungsfähigen Position gegenüber Konkurrenten und auf die Handlungsfähigkeit der Unternehmung, den Markt-Fit zu erzielen, einwirken*" kann (Böhi 1995: 82f.). Dementsprechend gelten diejenigen Stakeholder als strategisch relevant, die auf die Branchenattraktivität, die relative Position des Unternehmens bzw. seine „*Wettbewerbsfähigkeit und den Handlungsspielraum*" den nachhaltigsten Einfluss haben (Böhi 1995: 90, 130f., 191) und somit den Unternehmenserfolg am stärksten beeinflussen. Diesen Einfluss haben bestimmte Stakeholder, wenn sie entsprechend dem Resource-Based-View (Kapitel 1.2.1) Ressourcen bereitstellen, die in die Ressourcen des Unternehmensverbundes integriert werden und zu einzigartigen, nur schwer imitierbaren Ressourcenbündeln führen, so dass hohe Wettbewerbsbarrieren erzeugt werden.

Auf Basis des Stakeholder Management Konzepts ergibt sich für die Manager aus der Verwendung der *strategischen Relevanz* als Priorisierungskriterium der Stakeholderinteressen, dass sie zwar langfristig die Interessen sämtlicher Stakeholder berücksichtigen müssen, dass sie aber die Interessen der strategisch relevanten Stakeholder priorisieren müssen (Böhi 1995: 196; Haksever/Chaganti/Cook 2004: 304).

Im zweiten Bereich, der Implementierung entsprechender Strategien, Strukturen und Werte/Kulturen wird vorgeschlagen, dass stakeholderspezifische Ziele und Strategien zur Zielerreichung im Unternehmen definiert werden (Svendsen 1998: 123f.). Beispielsweise kann auf Basis der Unternehmensvision und des Unternehmensleitbilds hinsichtlich der Kunden das Ziel beschlossen werden, dass Kommentare und Beschwerden von Kunden schnell und respektvoll bearbeitet und beantwortet werden. Die Formulierung der stakeholderspezifischen Ziele und Strategien sollte nach dem *Freiland-Ansatz* von Mintzberg erfolgen (Janisch 1993: 392). Dieser Ansatz sieht vor, möglichst viele Bereiche an den Strategievorschlägen zu beteiligen und diese unter möglichst vielfältigen Bedingungen zu überprüfen (Mintzberg 1988: 77f; Janisch 1993: 392). Zur Entwicklung und Umsetzung solcher Ziele und Strategien wird zudem die Einrichtung spezifischer Strukturen, wie z. B. funktionsübergreifender Stakeholder-Teams, propagiert, die für die Entwicklung und Implementierung von stakeholderspezifischen Maßnahmenplänen verantwortlich sind (Svendsen 1998: 124f.).

Auf der dritten Ebene, die die direkten Interaktionen zwischen Unternehmensmitgliedern und Stakeholdern betrifft, wird betont, dass ein Unternehmen informale Bedingungen für Stakeholderinteraktionen herstellen sollte, da diese für die Erzielung von effektiven Interaktionen besser geeignet sind als formale Bedingungen (Freeman 1984: 168). Ebenso wird als zentral angesehen, dass die Unternehmensmitglieder, die Interaktionen mit Stakeholdern haben, selbständig auf Basis ihrer persönlichen Fähigkeit und Kompetenzen auf die Vorschläge der Stakeholder antworten und Kompromisse eingehen können (Schuppisser 2002: 78). Des Weiteren sollten die involvierten Führungskräfte in den Interaktionen stets Lösungen zum beidseitigen Vorteil anstreben („Win-win-solutions"). Ein solches Denken wird als Schlüsselfaktor für erfolgreiche Interaktionen gesehen (Freeman 1984: 170).

Aus dem Konzept des Strategischen Managements lassen sich weitere Hinweise für das theoriegestützte Framework ableiten. Sie werden im folgenden Abschnitt dargelegt.

2.3.2 Resultierende Implikationen für die Gestaltung des Integrationsmanagements

Die Betrachtung des Stakeholder Managements hat verdeutlicht, dass die Manager in den drei Bereichen Stakeholderidentifikation und -analyse, Implementierung entsprechender Strategien, Strukturen und Werte sowie Stakeholderinteraktionen Aktivitäten ergreifen muss, um die Stakeholderbeziehungen systematisch zu gestalten, um sie damit für die Erreichung der Unternehmensziele zu nutzen. Des Weiteren wurde gezeigt, dass die Manager zur Lösung von divergierenden Stakeholderinteressen eine Priorisierung entsprechend der strategischen Relevanz der Stakeholder nutzen können und dass sie stakeholderspezifische Ziele und Strategien formulieren und entsprechende Strukturen für ihre Entwicklung und Umsetzung einrichten müssen. Außerdem sollten die Manager stets die Bedürfnisse und Interessen der Stakeholder bei Interaktionen berücksichtigen, um Lösungen zum beidseitigen Vorteil zu entwickeln, um damit die Beziehungen zu festigen.

Hieraus lassen sich für die Gestaltung des Integrationsmanagements und damit für das theoriegestützte Framework zum stakeholderorientierten Integrationsmanagement folgende Implikationen gewinnen:

- Die Akquisitions- und Integrationsverantwortlichen müssen die Stakeholder frühzeitig identifizieren und ihre strategische Relevanz bewerten, um ihre divergierenden Interessen priorisieren zu können.
- Die Akquisitions- und Integrationsverantwortlichen müssen Maßnahmen konzipieren und umsetzen, um die Berücksichtigung der Stakeholderinteressen hinsichtlich integrationsrelevanter Themen zu gewährleisten, z. B. durch Aufsetzen von regelmäßigen Meetings mit Schlüsselkunden, um kundenspezifische Themen und Lösungsalternativen zu diskutieren und gemeinsam zu beschließen.

Diese Implikationen bedeuten, dass die Akquisitions- und integrationsverantwortlichen die Stakeholder und ihre Interessen und Bedürfnisse kontinuierlich analysieren müssen. Für das stakeholderorientierte Integrationsmanagement werden diese Inhalte und entsprechende Gestaltungsaktivitäten unter dem Gestaltungsaspekt *Stakeholderanalyse* subsummiert. Da die Stakeholderanalyse von den Akquisitions- und Integrationsverantwortlichen durchgeführt bzw. angeordnet wird, bildet sie ein weiteres Planungsproblem und kann daher der inhaltlichen Gestaltungsdimension des Zürcher Ansatzes zugeordnet werden.

Dieser Gestaltungsaspekt wird später in das Framework zur Gestaltung des stakeholderorientierten Integrationsmanagements integriert (Kapitel 4).

3 Relevante Konzepte der Akquisitionsforschung

Dieses Kapitel umfasst die theoretische Fundierung des zu entwickelnden Framework zum stakeholderorientierten Integrationsmanagement (Kapitel 4) seitens der Akquisitionsforschung. Zur Fundierung werden daher die Konzepte des idealtypischen Ablaufs eines Zusammenschlusses (Kapitel 3.1) und das Synergiekonzept (Kapitel 3.2) vorgestellt. Anschließend folgt die detaillierte Darstellung des Integrationsmanagementkonzepts (Kapitel 3.3), das wesentlichen Input für die Ausgestaltung des Frameworks zum stakeholderorientierten Integrationsmanagement liefert.

3.1 Konzept zum Ablauf eines Zusammenschlusses

Um den Kontext für das Integrationsmanagement besser zu verstehen, wird das Konzept des idealtypischen Ablaufs eines Zusammenschlusses erläutert. Hieraus werden anschließend Implikationen für die Gestaltung des Integrationsmanagements abgeleitet.

Zur Darstellung eines idealtypischen Ablaufs eines Zusammenschlusses existieren in der Akquisitionsforschung eine Reihe von Konzepten bzw. Phasenmodellen. Es werden vor allem Modelle mit drei (Böckli 2003: 74f.; Clever 1993: 30; Gut-Villa 1997: 38f.; Lucks/Meckl 2002: 53f.; Von Krogh 1994: 307f.) und fünf (Gomez/Weber 1989: 39f.; Ivancevich/Schweiger/Power 1987: 24f.) Phasen verwendet.

Aufgrund der einfacheren Abgrenzung werden in dieser Arbeit auf oberster Ebene drei Phasen entsprechend dem Modell von Gut-Villa (1997: 38) bzw. Lucks/Meckl (2002: 54) unterschieden: Vorfeldphase, Transaktionsphase und Integrationsphase.

3.1.1 Vorfeldphase

Die Vorfeldphase umfasst sämtliche Aktivitäten und Entscheidungen bis zum Abschluss von Vorverträgen (Lucks/Meckl 2002: 54f.). In diesen äußert sich das ernsthafte Interesse beider Parteien an einer Transaktion.

Bis zum Abschluss von Vorverträgen sind eine Reihe von Aufgaben zu erledigen (Böckli 2003: 75f.; Dabui 1998: 20f.; Lucks/Meckl 2002: 54f.). Zu diesen Aufgaben zählt, dass die grundsätzlich mit dem Zusammenschluss verfolgten Ziele (Akquisitionsziele) festzulegen sind. Ebenso sind die Akquisitionsmotive zu bestimmen und die Kriterien zur Auswahl von möglichen Zusammenschlusspartnern festzulegen (Basisstrategie). Anschließend ist die Kandidatensuche durchzuführen (Kanditaten-Screening), bevor eine vorläufige Analyse der gefundenen Zusammenschlusspartner hinsichtlich der Erreichung der gesetzten Ziele erfolgt (Grobbewertung). Danach müssen die Zusammenschlusspartner für Verhandlungen ausgewählt, die Genehmigungsfähigkeit beurteilt und schließlich Vorverträge abgeschlossen werden. Mit der Unterzeichnung von Vorverträgen, die das weitere Vorgehen spezifizieren, endet die Vorfeldphase.

Diese Aufzählung der in der Literatur genannten Aufgaben der Vorfeldphase zeigt, dass stakeholderbezogene Aufgaben nicht explizit erwähnt werden. Implizit können sie jedoch existieren, wie z. B. die Bestimmung stakeholderbezogener Ziele bei der Festlegung der grundsätzlichen Akquisitionsziele, die mit der Akquisition erreicht werden sollen. Des Weiteren ist denkbar, dass die Stakeholder und das Stakeholdernetzwerk möglicher Zusammenschlusspartner Kriterien für die Auswahl des Zusammenschlusspartners bilden. Außerdem können Stakeholder, z. B. einzelne Gesellschafter oder Kartellbehörden, und ihre Interessen eine bedeutende Rolle bei der Beurteilung der Genehmigungsfähigkeit spielen.

3.1.2 Transaktionsphase

Nach Abschluss der Vorverträge folgen in der Transaktionsphase die detaillierte Prüfung sowie die konkrete Abwicklung der Transaktion (Lucks/Meckl 2002: 55).

Zur Bewältigung dieser Aufgaben sind ebenfalls eine Reihe von Schritten erforderlich (Böckli 2003: 76; Dabui 1998: 20f.; Lucks/Meckl 2002: 54f.). So wird zunächst der Akquisitionspartner detailliert analysiert (Due Diligence). Auf dieser Informationsbasis wird der Integrationsablauf grob geplant (Pre-Closing-Integrationsplan; PreCIP). Hiernach können Verhandlungen durchgeführt und Umsetzungsverträge ausgearbeitet werden. Anschließend folgt eine verbindliche Vereinbarung zwischen den Zusammenschlusspartnern. Nachdem die Vereinbarung von den Gesellschaftergremien genehmigt ist (Interne Beschlüsse), erfolgt gegebenenfalls die Prüfung der Vereinbarung durch die Wettbewerbsbehörden (Kartellrechtliche Prüfung). Abschließend werden die verbindlichen und genehmigten Verträge unterzeichnet (Closing). Durch das Unterzeichnen des Zusammenschlussvertrages und durch den Übergang des Eigentums wird die Transaktionsphase beendet, *„da sich dann die rechtlichen Positionen der Beteiligten grundlegend verändern"* (Lucks/Meckl 2002: 55).

In dieser Phase zeigt sich bereits deutlicher, dass die Stakeholder eine Rolle spielen, wie z. B. die Gesellschafter und Kartellbehörden, die jetzt tatsächlich ihre Zustimmung geben müssen. Allerdings werden hinsichtlich dieser Stakeholder in dieser Phase in den Beiträgen der Akquisitionsforschung keine expliziten Aktivitäten genannt, die von den Akquisitions- und Integrationsverantwortlichen ausgehen und ergriffen werden, um die Zustimmung dieser Stakeholder zu unterstützen. Es kann jedoch beispielsweise angenommen werden, dass eine enge und kontinuierliche Zusammenarbeit mit den Gesellschaftern und Kartellbehörden, nicht nur in der Vorfeldphase, sondern auch in der Transaktionsphase, den Genehmigungsprozess erleichtert bzw. beschleunigt.

Des Weiteren ist nicht explizit aus den Beiträgen der Akquisitionsforschung ersichtlich, ob die Stakeholder Gegenstand der detaillierten Analyse des Akquisitionspartners sind. Eine solche Analyse ist aus Sicht des Stakeholder Views (Kapitel 2.2) und des Stakeholder Managements (Kapitel 2.3) jedoch unerlässlich und würde zum Aufdecken möglicher stakeholderbezogener Wertsteigerungspotenziale führen, die die Bewertung der Attraktivität des Akquisitionspartners beeinflussen.

3.1.3 Integrationsphase

Nach Abschluss aller juristischen Arbeiten beginnt die Integrationsphase. Diese beinhaltet die Verzahnung der zuvor unabhängigen und getrennten Unternehmen zu einer Einheit.

Hierfür sind ebenfalls eine Vielzahl von Aufgaben zu bewältigen (Böckli 2003: 76f.; Dabui 1998: 20f.; Lucks/Meckl 2002: 54f.). Zunächst ist ein Post-Closing-Integrationsplan (PostCIP), der den detaillierten Ablauf der Integration beinhaltet, aufzustellen. Zur Zusammenfassung der Organisations- und rechtlichen Strukturen zu einer Einheit (organisatorische/ rechtliche Integration) müssen die Planungsgrößen in konkrete aufbau- und ablauforganisatorische Integrationsmaßnahmen umgewandelt werden. Diese Maßnahmen sind anschließend umzusetzen. Bei personalwirtschaftlichen Themen werden die diesbezüglichen detaillierten Vorgaben des Post-Closing-Integrationsplans ebenfalls in konkrete Maßnahmen umgesetzt.

Für die Erzielung eines kulturellen Wandels werden Maßnahmen zur Veränderung der weichen Faktoren entwickelt und ebenfalls implementiert. Fortlaufend sollte der Wertbeitrag des M&A-Projektes zum Unternehmenswert überprüft werden. Falls die mit der Integration gesetzten Ziele verfehlt werden, sind gegebenenfalls von den Integrationsplänen abweichende Umsetzungen notwendig (Folgerestrukturierungen).

Die Integrationsphase gilt als eine der komplexesten Phasen des gesamten Akquisitions- und Integrationsprozesses (Welge/Al-Laham 2003: 461), da die Prozesse der Integrationsphase *„multioperationale, multitemporale und multipersonale Problemlösungs- und Entscheidungs- findungsprozesse"* umfassen (Eckhardt 1979: 117).

Die in den Beiträgen der Akquisitionsforschung genannten Aufgaben zeigen ebenfalls, dass Stakeholder keine explizite Rolle spielen. Implizit können sie dennoch von außerordentlicher Bedeutung sein. So ist denkbar, dass für die Umsetzung der organisatorischen Maßnahmen Schnittstellen mit Kunden, Lieferanten und Outsourcingpartnern verändert werden müssen. Damit diese Veränderungen auch tatsächlich erzielt werden, sind sie mit den betroffenen Stakeholdern abzustimmen. Diese Abstimmung bedeutet, dass die Stakeholder bereits für die Aufstellung des Integrationsplans relevant sind, da die abgestimmten Maßnahmen inhaltlich und zeitlich in den übergeordneten Integrationsplan passen müssen.

3.1.4 Resultierende Implikationen für die Gestaltung des Integrationsmanagements

Das Konzept des idealtypischen Ablaufs eines Zusammenschluss verdeutlicht, dass eine Vielzahl von Aufgaben zu erledigen sind und dass die Stakeholder hierbei eine bedeutende Rolle spielen, auch wenn sich dies nicht explizit in den Beiträgen der Akquisitionsforschung wiederspiegelt.

Es wird deutlich, dass die Grobbewertung möglicher Zusammenschlusspartner eine der ersten Aufgaben in der Vorfeldphase bildet. Diese Grobbewertung kann nur abschließend stattfinden, wenn Annahmen über die zukünftige Organisationsstruktur und über Wertsteigerungspotenziale getroffen werden, d. h. auch über stakeholderbezogene Wertsteigerungspotenziale. Des Weiteren zeigen die obigen Ausführungen, dass bereits in der Transaktionsphase ein grober Plan für den Integrationsablauf aufzustellen ist, dass in der Integrationsphase die Integration detailliert geplant und vor allem rechtlich, organisatorisch und personalwirtschaftlich umgesetzt wird. Auch für diesen Plan sind Annahmen über die Stakeholder bzw. ihre Beteiligung erforderlich. Es ist daher bemerkenswert, dass die Autoren nicht explizit eine Stakeholderanalyse oder die Beteiligung der Stakeholder als eine als Aufgabe im Rahmen der Zusammenschlussphasen nennen, da sie für die erfolgreiche Umsetzung notwendig sind.

Aus diesen Ausführungen lassen sich für die Gestaltung eines stakeholderorientierten Integrationsmanagements folgende Implikationen ableiten:

-   Das Integrationsmanagement beginnt bereits in der Vorfeldphase. Für die Grobbewertungen müssen Überlegungen angestellt werden, wie der zukünftige Unternehmensverbund rechtlich und organisatorisch gestaltet sein soll und welche Wertsteigerungspotenziale bei welcher Variante erschlossen werden können. Aus Stakeholdersicht müssen die Akquisitions- und Integrationsverantwortlichen bereits in diesem Prozessschritt die Stakeholderbeziehungen der beteiligten Unternehmen analysieren und bei den Überlegungen zur zukünftigen Gestaltung berücksichtigen. Diese Berücksichtigung verhindert, dass Alternativen konzipiert und beschlossen werden, die mögliche stakeholderbezogene Wertsteigerungspotenziale und die Interessen der strategisch relevanten Stakeholder zu wenig berücksichtigen. Auf diesen Aspekt wird bei der Frameworkentwicklung wieder eingegangen (Kapitel 4).

- Das Integrationsmanagement setzt sich in der Transaktionsphase und selbstverständlich in der Integrationsphase fort. In der Transaktionsphase müssen die verantwortlichen Akquisitions- und Integrationsmanager aus den identifizierten Wertsteigerungspotenzialen und der im Vertrag festgehaltenen Beschlüsse hinsichtlich der Gestaltung des Unternehmensverbundes grob die notwendigen Integrationsaktivitäten und ihren Zeitbedarf bestimmen. Entsprechend des Stakeholder-View-Konzepts (Kapitel 2.2.4) sind hierbei ebenfalls die Stakeholder und ihre Interessen zu berücksichtigen. Um die detaillierten Interessen der Stakeholder zu erfahren, erscheint es daher zweckmäßig, sie spätestens in der Integrationsphase zu involvieren. Diese Aktivitäten bzw. Aspekte werden ebenfalls bei der Frameworkentwicklung aufgegriffen (Kapitel 4).

Diese Diskussion zeigt, dass die Stakeholder im Laufe des gesamten Zusammenschlussprozesses eine Bedeutung haben, dass sich diese Bedeutung aber bisher nicht in den Beiträgen der Akquisitionsforschung wiederspiegelt.

3.2 Synergiekonzept

Aufgrund seiner grundlegenden Bedeutung – das Motiv für die meisten Akquisitionen und Integrationen ist die Erzielung von Wertsteigerungen durch die Realisierung von Synergieeffekten (Lechner/Meyer 2003: 311) – und zum besseren Verständnis des Inhaltes des Integrationsmanagements gemäß den Beiträgen der Akquisitionsforschung werden im folgenden Abschnitt der Synergiebegriff (Kapitel 3.2.1) und ökonomische Konzepte zur Erklärung der Synergieeffekte erläutert (Kapitel 3.2.2) sowie Implikationen für die Gestaltung des Integrationsmanagements abgeleitet (Kapitel 3.2.3).

3.2.1 Definition des Synergiebegriffs

Der Terminus Synergie bedeutet Zusammenwirken und geht auf die griechischen Wörter „syn" („zusammen") und „ergon" („Werk" bzw. „wirken") zurück (Reissner 1992: 104). Synergien lassen sich daher definieren als *„sämtliche Quellen/Gründe für akquisitionsbedingte Veränderungen des Gesamtwertes der beiden beteiligten Unternehmen, die weder dem erwerbenden noch dem erworbenen Unternehmen für sich allein zur Verfügung stehen"* (Gerpott 1993: 80). Sie stellen damit *„eine Kooperationsrente zweier wirtschaftlicher Akteure dar, die durch ihr gemeinsames Wirken einen Mehrwert schaffen, den jeder einzeln nicht erreichen könnte"* (Böckli 2003: 18). Sie entstehen aufgrund *„gemeinsamer Nutzung wirtschaftlicher Potenziale"* (Gocke 1997: 33) oder wenn die zwischen den Firmen transferierten Fähigkeiten die Position gegenüber Wettbewerbern stärken und dadurch den Unternehmenserfolg verbessern (Haspeslagh/Jemison 1991: 22f.). Da Synergien nicht zwangsläufig positiv sein müssen, kann es bei ihrer Realisierung auch zu Verschlechterungen der Erfolgspositionen der beteiligten Unternehmen kommen (Reissner 1992: 107). Synergiepotenziale werden daher als *„Möglichkeiten bzw. Ansatzpunkte zur Veränderung der gemeinsamen strategischen Erfolgspotenziale"* bezeichnet (Reissner 1992: 107).

Zur Strukturierung von Synergieeffekten existiert in der Akquisitionsforschung kein einheitliches Verständnis, da jeweils unterschiedliche Strukturierungskriterien verwendet werden (Übersicht bei Gerpott 1993: 80; Böckli 2003: 19). Diese Arbeit verwendet die Ursache der Synergieerzielung („Wie bzw. wodurch entstehen Synergieeffekte?") als oberstes Differenzierungskriterium (Reissner 1992: 108f.). Gemäß dieses Kriteriums werden Integrations-,

Zentralisations-, Transfer-, Ergänzungs-/Zugangs- und Ausgleichssynergien unterschieden (Reissner 1992: 108f.; Kapitel 11.1.1).

Aus dieser Differenzierung lassen sich folgende wesentliche Erkenntnisse hinsichtlich des Verständnisses von Synergien ableiten:

1. Synergieeffekte entstehen nur durch das Zusammenwirken der beteiligten Unternehmen. Jedes Unternehmen ist demnach alleine nicht in der Lage, diese Effekte zu erzielen.

2. Zur Erzielung sämtlicher dieser Effekte sind veränderte Ressourcennutzungen notwendig. Diese veränderten Ressourcennutzungen können durch Leistungszentralisierung, durch Leistungserweiterung und/oder durch Fähigkeitentransfer entstehen (Reissner 1992: 108f.). Leistungszentralisierung bedeutet, dass gleichartige Leistungen an einer Stelle im neuen Unternehmensverbund erbracht werden und zuvor jeweils getrennt in den beteiligten Unternehmen. Durch die Leistungszentralisierung werden die Stückkosten gesenkt (Erzielung von economies of scale). Leistungserweiterung bedeutet, dass ein oder mehrere beteiligte Unternehmen zusätzliche, zu den bisherigen Leistungen verschiedene Leistungen erbringen mit dem Ziel, die Gemeinkosten pro Stück zu senken (Erzielung von economies of scope). Diese Kostensenkung kann nur gelingen, wenn die vorhandenen Ressourcen bisher noch nicht vollständig ausgelastet waren. Beim Fähigkeitentransfer werden erfolgskritische Fähigkeiten oder Potenziale von einem zum anderen Unternehmen übertragen, so dass entsprechende Prozesse bzw. Produkte günstiger hergestellt werden können (Erzielung von economies of learning).

3. Zur Veränderung der Ressourcennutzung sind Managementinterventionen notwendig. Es gibt keinen Automatismus, der aus Synergiepotenzialen Synergieeffekte schafft (Gerpott 1993: 83).

4. Die bisherigen Synergieeffekte konzentrieren sich vor allem auf die beteiligten Unternehmen, nicht auf die Stakeholder bzw. die Stakeholdernetzwerke der Unternehmen, die gegebenenfalls für die Erzielung der Synergieeffekte genutzt werden können bzw. müssen. So wird in den Beiträgen der Akquisitionsforschung nicht betont, dass Transfersynergieeffekte auch von der Übertragung von Stakeholdern, wie z. B. Kunden, Lieferanten und Outsourcingpartnern, stammen können. So ist denkbar, dass die Bedürfnisse der Kunden eines Unternehmens auf das andere Unternehmen übertragen werden und aufgrund der Ähnlichkeit der Kunden dort zur stärkeren Ausrichtung des Produkt- und Dienstleistungsangebotes an den Kundeninteressen mit entsprechenden Umsatz- und Gewinnsteigerungen führt.

5. Wenn Stakeholder als Ursache für Synergieeffekte erwähnt werden, dann vor allem aufgrund gestiegener Einflussmöglichkeiten auf die Konditionen gegenüber ihnen (machtbedingte Erzielung von Kostensynergien) oder aufgrund des durch den Zusammenschluss möglichen, kombinierten Produkt- und Dienstleistungsspektrums (Erzielung von Umsatzsynergien). Es wird jedoch nicht erwähnt, dass weitere stakeholderbezogene Synergieeffekte durch die Verbesserung der operativen Schnittstellen entstehen können. So ist denkbar, dass Outsourcingpartner ihre Prozesse und damit auch die Schnittstellen zum Unternehmensverbund aufgrund der zusammenschlussbedingten Erweiterung der Geschäftsbeziehung anpassen, so dass für den Unternehmensverbund und den Stakeholder Kosteneinsparungen entstehen (Erzielung von Kostensynergien aufgrund operativer Verbesserungen).

Diese Ausführungen zeigen, dass Stakeholder bzw. Stakeholderbeziehungen bei der Erzielung von Synergieeffekten eine bedeutende Rolle spielen, dass sie aber in den Beiträgen der Akquisitionsforschung noch nicht entsprechend als Quelle für Synergien gewürdigt werden.

3.2.2 Ökonomische Konzepte zur Erklärung der Synergieeffekte

Wie beim Synergiekonzept angesprochen, funktioniert es – unabhängig, ob Stakeholder beteiligt sind oder nicht – aufgrund folgender ökonomischer Konzepte (Beitel 2002: 18f.; Jansen 2004: 91f.):

- Das Konzept der *economies of scale* zur Erklärung von Skaleneffekten,
- Das Konzept der *economies of scope* zur Begründung von Verbundeffekten und
- Das Konzept der *economies of learning* zur Erläuterung von Lernkurveneffekten

In der Literatur werden zwar auch Marktmachteffekte als eigenständiges Konzept betrachtet (Böckli 2003: 19; Franck/Meister 2006: 101f.; Picot/Franck 1993: 185f.), allerdings steht bei diesem Konzept die Wertverteilung im Vordergrund und nicht die Wertschaffung (Böckli 2003: 19). Da sich diese Arbeit mit der Erschließung von Wertsteigerungspotenzialen beschäftigt, werden die Marktmachteffekte nicht ausgeführt.

3.2.2.1 Skaleneffekte

Skaleneffekte (Economies of scale) bezeichnen Vorteile, die sich größenbedingt ergeben. In der Regel befasst sich das Konzept der economies of scale mit dem Zusammenhang zwischen der Größenordnung der Produktion und ihrer Wirtschaftlichkeit (Jansen 2004: 87). Mit ansteigendem Produktionsvolumen sinken die Durchschnittskosten eines Unternehmens innerhalb einer Periode (Besanko/Dranove/Shanley 2000: 72). Dieser Zusammenhang ist in folgender Abbildung verdeutlicht.

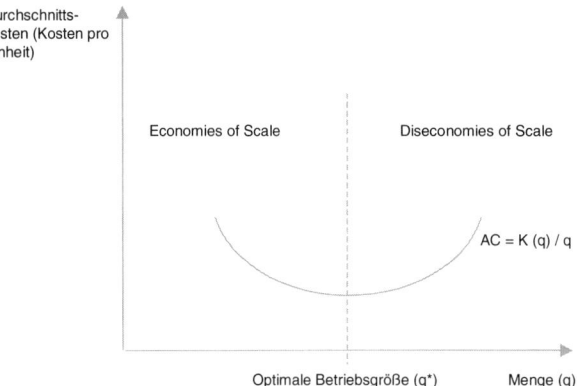

Abb. 3-1: Verlauf der Durchschnittskosten durch economies of scale in Anlehnung an Besanko/Dranove/ Shanley (2000: 73) und Franck/Meister (2006: 94)

Viele Durchschnittskostenkurven weisen eine U-Form auf (Besanko/Dranove/Shanley 2000: 72). Bei geringen Produktionsvolumina nehmen die Durchschnittskosten ab, bei hohen Volumina nehmen sie wieder zu. In der Abbildung bildet die Menge q* die Produktionsmenge, bei der die Durchschnittskosten (AC) am geringsten sind. Wesentlicher Erklärungsansatz hierfür seitens der Ökonomen ist die Existenz von Fixkosten bzw. die Unteilbarkeit von Kostenbestandteilen (Besanko/Dranove/Shanley: 73; Franck/Meister 2006: 94): Fixe Kosten entstehen unabhängig vom Produktionsvolumen, wie z. B. Wartung, Steuern, Produktions- und Verwaltungskosten. Diese werden bei zunehmenden Produktionsvolumen auf eine größere Menge verteilt, so dass sich die durchschnittlichen (Stück-)Kosten verringern. Des Weiteren steigen die variablen Kosten bei Kapazitätsengpässen aufgrund der Überbeanspruchung der Ressourcen und dadurch verursachter Produktionsfehler, Maschinenschäden und Ausschussmengen.

Eine weitere Ursache für Skaleneffekte (Besanko/Dranove/Shanley 2000: 75f.) bildet der Wechsel der Herstellungstechnologie: Höhere Produktionsvolumina als Folge zusammengeführter ähnlicher Produkte erlauben Technologien mit höherer Automatisierung. Hiermit sind zwar höhere Fixkosten, aber wesentlich geringere variable Kosten verbunden (Picot/Dietl/ Franck 2002: 377). Außerdem führt eine verringerte Lagerhaltung zu Skaleneffekten: In der Regel wird ein gewisser Lagerbestand gehalten, um kontinuierlich lieferfähig zu sein. Bei Zusammenschlüssen von Unternehmen, die identische Produkte produzieren, kann auf die Bestände beider Unternehmen zurückgegriffen werden. Hierdurch kann dieser Bestand zurückgefahren werden, ohne dass die Lieferbereitschaft sinkt.

Unter der Annahme eines Zusammenschlusses zwischen zwei Unternehmen mit identischen Wertkettenaktivitäten, mehreren Produkten und identischen Kostenkurven ergeben sich hieraus folgende Implikationen und Erklärungen in Abhängigkeit von den Produktionsmengen der Unternehmen vor dem Zusammenschluss:

- Fall 1 – Bei einer Produktionsmenge pro Produkt, die vor dem Zusammenschluss jeweils geringer als q^* war: In diesem Fall sollten identische Wertkettenaktivitäten jeweils zentralisiert werden. Hierdurch verteilen sich die jeweiligen Fixkosten auf eine höhere Produktionsmenge und die Durchschnittskosten sinken. Die bisherige Produktionsmenge ($q1$) nähert sich von links der optimalen Produktionsmenge an.
- Fall 2 – Bei einer Produktionsmenge pro Produkt, die vor dem Zusammenschluss jeweils höher als q^* war: In diesem Fall sollten ebenfalls identische Wertkettenaktivitäten jeweils zentralisiert werden. Aufgrund der besseren Auslastung der Ressourcen werden Ressourcenengpässe vermieden, z. B. durch die Eliminierung von Rüstzeiten, da jede Fertigungseinheit nur noch ein Produkt produziert. Hierdurch sinken die Produktionsfehler, Ausschussmengen und Maschinenschäden. Die bisherige Produktionsmenge ($q2$) nähert sich von rechts der optimalen Produktionsmenge an.

Auch ohne Zentralisierung bestehen Möglichkeiten, geringere Durchschnittskosten zu erzielen. Durch die Veräußerung von Ressourcen können Fixkosten eliminiert werden (Fall 1) bzw. durch den Erwerb neuer Kapazitäten können Kapazitätsengpässe verhindert werden (Fall 2). Da bei der Umsetzung der genannten Maßnahmen Kosten anfallen, ist stets eine Kosten-/ Nutzenanalyse (Synergieanalyse) durchzuführen, um die ökonomisch sinnvollste Variante zu bestimmen (Jansen 2004: 93).

Diese Zusammenhänge gelten auch für die Skaleneffekte, die in Bereichen außerhalb der Produktion anfallen. Im Rahmen von Zusammenschlüssen sind vor allem Skaleneffekte im Einkauf von Bedeutung (Besanko/Dranove/Shanley 2000: 84). Beim Zusammenschluss von zwei Unternehmen, die identische Vorprodukte benötigen, können die Einkaufsmengen gebündelt werden. Die größere Einkaufsmenge – gegenüber der Einzelbetrachtung vor dem Zusammenschluss – führt in der Regel zur Vereinbarung günstigerer Konditionen. Günstigere Konditionen werden vom Lieferanten gewährt, da der Verkauf an ein Unternehmen mit geringeren Kosten verbunden ist als bei Lieferung an zwei Unternehmen. Die Fixkosten, wie z. B. Vertragsverwaltung und Warenlieferung, fallen für ihn nur noch einmal an. Zweiter Grund für die Gewährung günstigerer Konditionen ist die gestiegene Macht des vereinigten Unternehmens. Für einen Lieferanten ist es zur Stabilisierung seines Geschäftes wichtig, große Abnehmer zu haben. Er ist daher eher bereit, einem großen Abnehmer Konzessionen zu machen als einem kleinen. Das vereinigte Unternehmen verfügt also über eine größere Macht beim Einkauf von Gütern.

Dieses Beispiel bestätigt, dass Stakeholder bei der Erzielung von Skaleneffekten eine Bedeutung haben. Diese Tatsache wird auch durch das Beispiel aus Kapitel 3.2.1 unterstützt, da in dem Beispiel die zusammenschlussbedingte Verbesserung der operativen Abläufe beim Unternehmensverbund und dem Stakeholder, in diesem Fall der Outsourcingpartner, ebenfalls zu einer Verringerung der Durchschnittskosten führt. Hierdurch wurden also ebenfalls Skaleneffekte erzielt. Die Stakeholder bzw. Stakeholderbeziehungen sollten also bei der Bestimmung von Wertsteigerungspotenzialen berücksichtigt werden. Dieser Aspekt wird bei der Entwicklung des Frameworks berücksichtigt (Kapitel 4).

3.2.2.2 Verbundeffekte

Unter dem Konzept der economies of scope (Verbundeffekte) werden Vorteile verstanden, die bei einer Ausweitung der angebotenen Produkt- und Dienstleistungsvarianten entstehen (Besanko/Dranove/Shanley 2000: 73). Bei Existenz solcher Vorteile liegen die Gesamtkosten der Produktion mehrerer Varianten in einem Unternehmen unter den Gesamtkosten dieser Produktion, wenn sie getrennt in zwei oder mehreren Firmen produziert werden. Dieser Zusammenhang lässt sich in folgender Ungleichung ausdrücken:

$$K\,(q_x,q_y) < K\,(q_x,0) + K\,(0,q_y)$$

In dieser Ungleichung sind K die Gesamtkosten eines Unternehmens und q_x bzw. q_y die produzierte Menge eines Gutes X bzw. Y.

Diese Verbundeffekte entstehen, weil Inputfaktoren für mehrere Produktionsprozesse verwendet werden können. So ist denkbar, dass im Laufe der Zeit entwickeltes Know-how hinsichtlich des Produktes X auch bei einem ähnlichen Produkt Y verwendet werden kann, ohne dass ähnliche Entwicklungs- bzw. Anfangsinvestments getätigt werden müssten – was der Fall wäre, wenn ein Unternehmen noch nicht Produkt X produziert hätte (Besanko/Dranove/Shanley 2000: 87).

Eine weitere Ursache für Verbundeffekte bei Zusammenschlüssen sind Wissens-Spillover (Franck/Meister 2006: 99): Wissen aus dem Käuferunternehmen kann im gekauften Unternehmen genutzt werden, z. B. die Vermarktungserfahrungen des Käuferunternehmens werden bei der Verbesserung der Vermarktung der Produkte des gekauften Unternehmens genutzt, wie z. B. etablierte Prozesse mit Agenturen. Außerdem kann unausgeschöpfte Reputation zu Verbundeffekten bei Zusammenschlüssen führen: Die Markteinführung von Produkten des gekauften Unternehmens, dessen Marke bisher nicht bekannt war, kann durch die Verwendung der etablierten Marke des Käuferunternehmens wesentlich erleichtert werden, z. B. ein Porzellanservice eines unbekannten Herstellers, den Villeroy & Boch aufgekauft hat und der anschließend unter der Marke Villeroy & Boch angeboten wird.

Grundsätzlich können Verbundeffekte bei Zusammenschlüssen in sämtlichen Wertkettenaktivitäten auftreten. Dies impliziert, dass die Integrationsverantwortlichen Aktivitäten ergreifen, damit sämtliche Wertkettenaktivitäten hinsichtlich möglicher Verbundeffekte analysiert werden.

Das Beispiel mit der Verbesserung der Produktvermarktung aufgrund der erweiterten Verwendung etablierter Prozesse mit Agenturen zeigt, dass die Stakeholder ebenfalls bei der Erzielung von Verbundeffekten eine Bedeutung haben. Sie sollten daher ebenfalls in die Analyse sämtlicher Wertkettenaktivitäten einfließen. Auf diesen Aspekt wird bei der Frameworkentwicklung eingegangen (Kapitel 4).

3.2.2.3 Lernkurveneffekte

Das Konzept der economies of learning bzw. der learning curve (Lernkurveneffekte; Besanko/Dranove/Shanley 2000: 91f.) bezieht sich auf Kostenvorteile, die sich aufgrund Wissens- und Erfahrungssammlung ergeben. Es betrachtet daher Kostenvorteile im Zeitverlauf, während das Konzept der Skaleneffekte Kostenvorteile zu einer gegebenen Zeit erklärt. So leuchtet ein, dass ein Arbeiter seine spezifische Leistung mit zunehmender Erfahrung steigern kann. Ebenso können Unternehmen als Ganzes Zusammenhänge lernen, die zu geringeren Kosten, zu höherer Qualität oder zu effektiverem Pricing und Marketing führen.

Bei Zusammenschlüssen können solche Effekte häufig auftreten, da auf einen Schlag eine Menge an Ressourcen in den Unternehmensverbund eintreten. Somit entsteht ein größeres Potenzial für künftige Erfahrungskurveneffekte (Franck/Meister 2006: 100).

Gerade diese Effekte sind aus Stakeholdersicht relevant: durch den Zusammenschluss stehen beiden Unternehmen die Erfahrungen mit ihren jeweiligen Stakeholdern zur Verfügung. Diese unternehmens- und stakeholderspezifischen Erfahrungen können den Mitgliedern des anderen Unternehmens mitgeteilt werden. Hieraus können Ansätze entwickelt werden, welche erfahrungs-/wissensbasierten, stakeholderbezogenen Wertsteigerungspotenziale über die bisher bekannten hinaus durch den Zusammenschluss erschlossen werden sollen. So ist denkbar, dass mit dem wichtigsten Kunden des Akquisitionsobjekts in der Vorfeld- oder Transaktionsphase Gespräche geführt werden, um neben seiner grundsätzlichen Einstellung zum geplanten Zusammenschluss auch seine Ideen und Interessen hinsichtlich des zukünftigen gemeinsamen Produkt- und Dienstleistungsspektrums zu erfahren. Diese Kenntnis steht durch diese Gestaltungsaktivitäten beiden Unternehmen detailliert zur Verfügung und kann daher direkt in die weiteren Akquisitions- und Integrationsaktivitäten integriert werden. Hierdurch verbessert sich die Erfolgswahrscheinlichkeit des zukünftigen Produkt- und Dienstleistungsspektrums und damit der Integration bzw. Akquisition. Dieser Aspekt wird ebenfalls bei der Frameworkentwicklung aufgegriffen (Kapitel 4).

3.2.3 Resultierende Implikationen für die Gestaltung des Integrationsmanagements

Die Darstellung des Synergiekonzepts und der ökonomischen Konzepte zur Erklärung der Synergieeffekte verdeutlichen, dass Synergieeffekte meistens an Wertkettenaktivitäten und deren Änderung gekoppelt sind. Es ist nicht üblich, Synergieeffekte auf oberster Ebene explizit nach Stakeholdern zu differenzieren, z. B. Effekte aufgrund gebündelter und verbesserter Schnittstellen zu Lieferanten und Outsourcingpartnern oder Effekte aufgrund der konsequenten Ausdünnung und verbesserten Ausrichtung des Produkt- und Dienstleistungsspektrums auf die wesentlichen Kundenbedürfnisse.

Des Weiteren wurde gezeigt, dass die Erzielung der Synergieeffekte auf Skalen-, Verbund- oder Lerneffekten basiert, d. h. durch eine optimierte bzw. gemeinsame Nutzung der in den bisher getrennten Unternehmen vorhandenen Technologien, Fähigkeiten oder Wissen. Die gemeinsame Nutzung von Technologien, Fähigkeiten oder das Wissen von Stakeholdern der Unternehmensumwelt werden in der Akquisitionsforschung bisher jedoch nicht zur Erklärung der Synergieeffekte verwendet. Dabei können sich durch die verbesserte Abstimmung der operativen Schnittstellen und durch die Verlagerung von Geschäftsaktivitäten auf Lieferanten oder Outsourcingpartner Synergieeffekte ergeben, falls eine Veränderung der operativen Schnittstelle oder Verlagerung der Aktivitäten vor dem Zusammenschluss aufgrund fehlender Profitabilität nicht durchgeführt wurde.

Zusätzlich wurde deutlich, dass Synergien ausschließlich durch gemeinsames Wirken entstehen. Für die dafür notwendigen Veränderungen der Ressourcennutzung oder Übertragungen von Know-how sind Managementaktivitäten notwendig. Aufgrund der Vielzahl der Managementaktivitäten ist eine Strukturierungshilfe (Framework), wie sie in dieser Arbeit entwickelt wird, sinnvoll.

Aus diesen Ausführungen ergibt sich für die Gestaltung des Integrationsmanagements:

- Die Integrationsverantwortlichen haben dafür zu sorgen, dass sämtliche Ansatzpunkte für die Veränderung der Ressourcennutzung und Übertragung von Know-how identifiziert und Maßnahmen konzipiert werden, um die Veränderungen und Übertragungen zu realisieren. Die Integrationsverantwortlichen müssen dafür sorgen, dass die beteiligten Unternehmen umfassend analysiert werden.
- Bei der Analyse der beteiligten Unternehmen sind die Stakeholder und ihre Technologien, Fähigkeiten sowie ihr Wissen und Bedürfnisse explizit in die Analyse einzubeziehen, um stakeholderbezogene Synergieeffekte zu realisieren. Für die Gestaltung des Integrationsmanagements bedeutet dies, dass eine Stakeholderanalyse durchgeführt werden muss. Zu dieser Analyse gehört, dass entsprechend dem Stakeholder Management-Konzept (Kapitel 2.3) stakeholderbezogene Synergiepotenziale identifiziert und bewertet sowie Maßnahmen zu ihrer Erschließung definiert werden. Gegebenenfalls müssen die Integrationsverantwortlichen zur Informationsgewinnung die relevanten Stakeholder aktiv in diese Aktivitäten einbeziehen.

3.3 Integrationsmanagementkonzept

Wie in der Einleitung erwähnt (Kapitel 1.2.3), baut diese Arbeit vor allem auf den Erkenntnissen der Process School der Akquisitionsforschung auf. Diese sieht in der Gestaltung des Integrationsprozesses einen wesentlichen Einflussfaktor für den Akquisitions- und Integrationserfolg. Sie beschäftigt sich daher mit dem Management dieses Prozesses bzw. der Integration insgesamt. Das zentrale Konzept der Process School bildet daher das Integrationsmanagementkonzept (Birkinshaw/Bresman/Hakanson 2000: 398f.; Galpin/Herndon 2000: 7f.; Haspeslagh/Jemison 1991: 105f.; Lucks/Meckl 2002a: 494f.; Shrivastava 1986: 66f.).

In den folgenden Abschnitten wird zunächst der Begriff des Integrationsmanagements erläutert (Kapitel 3.3.1), bevor die Gestaltungsdimensionen des Integrationsmanagements vorgestellt werden (Kapitel 3.3.2). Die Implikationen aus dem Integrationsmanagementkonzept für die Gestaltung des Integrationsmanagements werden bei den Detaillierungen der einzelnen Gestaltungsdimensionen erläutert (Kapitel 3.3.3.4, 3.3.4.4, 3.3.5.3).

3.3.1 Begriff des Integrationsmanagements

Wie bereits erklärt (Kapitel 3.2), sind Veränderungen der Ressourcennutzung notwendig, um Synergien und damit Wertsteigerungen zu erzielen. Hierfür finden Interaktionen zwischen den Mitarbeitern der Akquisitionspartner und weiteren Betroffenen, d. h. Stakeholdern, statt. Damit diese Interaktionen zielorientiert ablaufen, sind zu ihrer Steuerung Managementinterventionen notwendig. Ein Beispiel für die Notwendigkeit für Managementinterventionen gibt Jansen (2004: 306, Fußnote 186). Beim Zusammenschluss von Bank Austria und Creditanstalt mussten 35.000 Maßnahmen koordiniert werden. Dieses Beispiel verdeutlicht, warum Post-Merger-Integration bzw. Integrationsmanagement auch als die „Königsdisziplin des Managements" bezeichnet wird (Wisskirchen/Naujoks/Matoushek 2003: 335). Eine systematische Planung und eine stringente Umsetzung vielfältigster Maßnahmen sind bei Integrationen erforderlich, um die jeweiligen Wertsteigerungspotenziale zu erschließen.

Überraschenderweise existieren in der Literatur kaum Definitionen, die diese Managementinterventionen unter einem Begriff zusammenfassen, stattdessen werden synonym verschiedene Begriffe verwendet, wie z. B. Integrationsmanagement, Akquisitionsmanagement, Post-Acquisition-Management, Integrationsplanung, Integrationsgestaltung (Büttgenbach 2000: 30). Eine Definition für die Managementinterventionen gibt Hornung (1998: 25). Er fasst diese Interventionen unter dem Begriff Integrationsmanagement zusammen und versteht darunter *„die aktive Gestaltung und Beeinflussung des Integrationsprozesses durch die Unternehmensleitung"*, wobei Unternehmensleitung synonym zu den Termini Unternehmensführung oder Management verwendet wird (Hornung 1998: 25). Die Gestaltung des Integrationsprozesses umschreibt er konkreter mit *„sämtliche, von den an der Transaktion beteiligten Unternehmungen – im Normalfall von der dominierenden – initiierte Maßnahmen, um auf den Ebenen der Systeme, der Strukturen, der Ressourcen und der Kulturen zwei komplexe soziotechnische Systeme zu einer einzigen Einheit zusammenzuführen bzw. zu verschmelzen"* (1998: 25). Diese Definition ergänzt Dabui (1998: 24). Nach ihm ist das Integrationsmanagement *„auf die zielorientierte Gestaltung des Integrationsprozesses angelegt"*.

Da die verantwortlichen Integrationsmanager nicht sämtliche Interaktionen steuern können, die zwischen den Mitarbeitern der beteiligten Unternehmen und weiteren Betroffenen im Rahmen der Zusammenführung auftreten, geht es beim Integrationsmanagement nur um den Teil der Integrationsaktivitäten, der bewusst und geplant beeinflusst werden kann.

Die Integrationsmanagementaktivitäten können in Managementtätigkeiten, die der Vorbereitung der Integration dienen, und solchen, die der eigentlichen Integration zuzuordnen sind, gegliedert werden (Gocke 1997: 100; Wirtz 2003: 110). Diesen folgen kontrollierende Aktivitäten, um eine Kontrolle des Zielerreichungsgrades durchzuführen. Die Integrationsmanagementaktivitäten werden daher in die Phasen *Planung, Durchführung* und *Kontrolle* unterteilt (Wirtz 2003: 107). Diese Phasen lassen sich wie folgt charakterisieren (Wirtz 2003: 110f.):

Die *Integrationsplanung* beinhaltet die Definition der Integrationsziele, die Festlegung des Integrationsablaufs und den Aufbau und Einsatz des Integrationsteams. Die Integrationsplanung hat eine grundlegende Bedeutung für die Erreichung der Integrationsziele, da durch diese Aktivitäten die detaillierte Planung des Integrationsablaufs erzielt wird, die für eine reibungslose Durchführung notwendig ist. Sie fängt bereits in der Vorfeld- bzw. Transaktionsphase an, da die Berechnung des maximalen Kaufpreises unter Berücksichtigung möglicher Synergien erfolgen sollte (Gocke 1997: 100). Diese Aussage bestätigt damit die Erkenntnis aus der Betrachtung des Zusammenschlussprozesses (Kapitel 3.1.4), dass das Integrationsmanagement bereits in der Vorfeldphase beginnt.

Die *Integrationsdurchführung* beinhaltet die Umsetzung der in der Konzeptionsphase erarbeiteten Integrationsmaßnahmen. Hierbei gilt es, bei der Durchführung der Integration organisations- (Aufbau- und Ablauforganisation, Unternehmenskultur und Personalmanagement), informations- (Informations-/Kommunikationstechnologie und -politik, Wissensmanagement) und marktorientierte (Marken- und Kundenmanagement) Aspekte zu berücksichtigen.

Das *Integrationscontrolling* umfasst zum einen die fortlaufende Kontrolle des Integrationsprozesses (Einhaltung der zeitlichen Vorgaben, Bewertung des Erfolgs der Integrationsmaßnahmen) und zum anderen eine Beurteilung, inwieweit der Zusammenschluss als Ganzes als erfolgreich anzusehen ist (Post Merger Audit).

Diese Phasen und die jeweiligen Hauptaktivitäten des Integrationsmanagements sind in folgender Abbildung dargestellt:

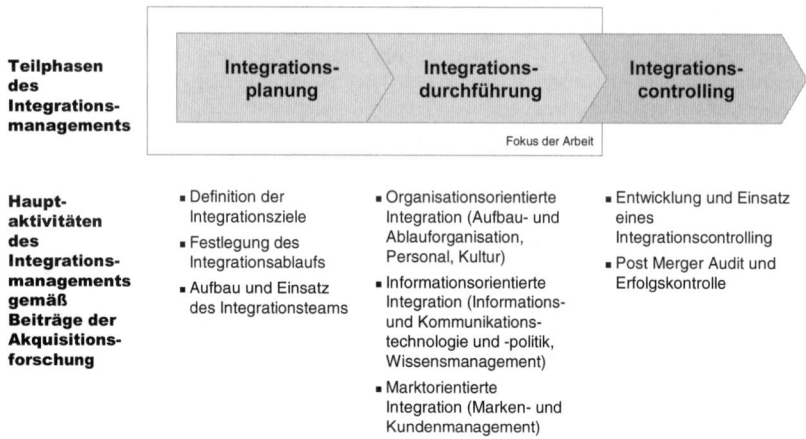

Teilphasen des Integrations-managements	Integrations-planung	Integrations-durchführung	Integrations-controlling
		Fokus der Arbeit	
Haupt-aktivitäten des Integrations-managements gemäß Beiträge der Akquisitions-forschung	▪ Definition der Integrationsziele ▪ Festlegung des Integrationsablaufs ▪ Aufbau und Einsatz des Integrationsteams	▪ Organisationsorientierte Integration (Aufbau- und Ablauforganisation, Personal, Kultur) ▪ Informationsorientierte Integration (Informations- und Kommunikations-technologie und -politik, Wissensmanagement) ▪ Marktorientierte Integration (Marken- und Kundenmanagement)	▪ Entwicklung und Einsatz eines Integrationscontrolling ▪ Post Merger Audit und Erfolgskontrolle

Abb. 3-2: Teilphasen des Integrationsmanagements in Anlehnung an Wirtz (2003: 107)

Diese Differenzierung zeigt die Bedeutung der systematischen Planung und des Managements des Integrationsprozesses bzw. der Integration. Eine ähnliche Betonung der Integrationsplanung und der dazugehörigen Managementaktivitäten nimmt Marks vor. Er betont, dass der Mergerprozess vorbereitet, geplant und sehr vorsichtig ausgeführt werden muss (Marks 1982: 38).

Diese Ausführungen zeigen jedoch ebenfalls, dass die Stakeholder in den bisherigen Beiträgen der Akquisitionsforschung praktisch keine Rolle in den Hauptaktivitäten der Verantwortlichen einnehmen. Lediglich bei der marktorientierten Integration wird erwähnt, dass das Kundenmanagement gegebenenfalls zu integrieren ist. Diese Tatsache ist bemerkenswert, da die Integration erst die Realisierung der Integrationsziele ermöglicht, d. h. vor allem die Realisierung von Synergiepotenzialen, und die Stakeholder hinsichtlich der Synergiepotenziale eine bedeutende Rolle spielen (Kapitel 3.2)

Diese Arbeit fokussiert sich auf die Teilphasen Integrationsplanung und Integrationsdurchführung, da in diesen Teilphasen durch die Managementaktivitäten die Wertsteigerungspotenziale identifiziert und Maßnahmen zu ihrer Erschließung konzeptioniert werden. In diesen beiden Phasen wird also das Ausmaß der letztlich realisierten Wertsteigerungspotenziale wesentlich bestimmt. In der Phase Integrationscontrolling folgen „lediglich" die Gestaltungsaktivitäten, um die Erschließung der Wertsteigerungspotenziale zu kontrollieren. Diese Phase ist daher für die tatsächliche Erschließung der Wertsteigerungspotenziale nicht so bedeutend wie die anderen beiden Phasen und wird daher nicht weiter betrachtet.

Auf Basis des geschilderten Integrationsmanagementverständnisses und der Abgrenzung hinsichtlich der Teilphasen des Integrationsmanagements gilt es nun, die Hauptaktivitäten weiter zu detaillieren, d. h. die die Gestaltungsdimensionen und -aspekte des Integrationsmanagements zu erläutern, um herauszuarbeiten, welche Bedeutung die Stakeholder auf dieser detaillierteren Ebene einnehmen. Die aus den Beiträgen der Akquisitionsforschung abgeleiteten

Gestaltungsdimensionen und -aspekte bilden eine wesentliche Grundlage für die Detaillierung des Frameworks zum stakeholderorientierten Integrationsmanagement (Kapitel 4).

3.3.2 Gestaltungsdimensionen des Integrationsmanagements

Wie erwähnt, beschränkt sich diese Arbeit auf das Integrationsmanagement als bedeutenden Faktor für die Realisierung der mit der Akquisition verfolgten Ziele. In den folgenden Abschnitten werden die Gestaltungsdimensionen und -aspekte des Integrationsmanagements, d. h. der Akquisitions- und Integrationsverantwortlichen, gemäß der Beiträge und Erkenntnisse der Akquisitionsforschung dargestellt.

Ein Gestaltungsaspekt bezeichnet ein Thema bzw. einen Handlungsbereich, der durch die Akquisitions- und Integrationsverantwortlichen beeinflusst werden kann und muss, damit die Wertsteigerungspotenziale erschlossen werden können. Mehrere Gestaltungsaspekte, die inhaltlich zusammengehören, werden zu einer Gestaltungsdimension zusammengefasst. Umgekehrt kann ein Gestaltungsaspekt wiederum aus mehreren Gestaltungskategorien bestehen. Folgende Tabelle veranschaulicht diese Differenzierung der Gestaltungsdimensionen des Integrationsmanagements schematisch:

Gestaltungsdimension	Gestaltungsaspekt	Gestaltungskategorie
Gestaltungsdimension I	Aspekt 1	Kategorie A
		Kategorie B
Gestaltungsdimension II	Aspekt 2	Kategorie C
	Aspekt 3	Kategorie D
		Kategorie E
Gestaltungsdimension III	Aspekt 4	Kategorie F
		Kategorie G

Tab. 3-1:   Differenzierung der Gestaltungsdimensionen

Diese Differenzierung wird später auch bei der Detaillierung des Frameworks zum stakeholderorientierten Integrationsmanagement verwendet (Kapitel 4).
Für die Detaillierung der einzelnen Gestaltungsdimensionen des Integrationsmanagements werden sämtliche Gestaltungsaspekte betrachtet, die in den Beiträgen der Akquisitionsforschung erwähnt werden und entsprechend der Abgrenzung in Kapitel 3.3.1 den Teilphasen der Integrationsplanung und -durchführung des Integrationsmanagements zugeordnet werden können.

Da diese Arbeit den Zürcher Ansatz als Strukturierungshilfe verwendet, werden die in den Beiträgen der Akquisitionsforschung genannten Gestaltungsaspekte den Gestaltungsdimensionen des Zürcher Ansatzes (Kapitel 2.1) zugeordnet. Da in der Akquisitionsforschung bisher keine umfassende Integrationsmanagementkonzeption existiert, die sämtliche relevanten Gestaltungsdimensionen des Zürcher Ansatzes abdeckt, greift diese Arbeit auf die Erkenntnisse der jeweils relevanten Beiträge verschiedener Autoren der Akquisitionsforschung zurück.

Gemäß des Zürcher Ansatzes werden folgende Gestaltungsdimensionen unterschieden (Kapitel 2.1.2 bzw. 2.1.2.4):

-   Inhaltlichen Gestaltungsdimension (Planungsprobleme)
-   Prozessuale Gestaltungsdimension (Planungsprozess)
-   Institutionelle Gestaltungsdimension (Planungsträger)

3.3.3 Inhaltliche Gestaltungsdimension: Planungsprobleme

Viele Beiträge der Akquisitionsforschung thematisieren inhaltliche Aspekte des Integrationsmanagements (Jansen 2001: 228; Pablo 1994: 806; Scheiter 1989: 52). Zur Strukturierung der in der Akquisitionsforschung genannten inhaltlichen Aspekte werden entsprechend der inhaltlichen Gestaltungsdimension des Zürcher Ansatzes die konstitutiven Elemente der Planungsprobleme bzw. des Führungsinhaltes verwendet (Kapitel 2.1.1 und 2.1.2.1):

-   Grundlagen: Grundlagen der Integrationsplanung
-   Ziele: Zielsetzungen der Integrationsplanung
-   Strategien: Maßnahmen/Strategien der Integrationsplanung

Die Mittel, die im Zürcher Ansatz als viertes konstitutives Element der Planung genannt werden, wurden in Kapitel 2.1.1 ausgegrenzt und werden daher nicht weiter betrachtet.

Die jeweils zuordenbaren Erkenntnisse der Beiträge der Akquisitionsforschung werden in den nachfolgenden Abschnitten erläutert. Hierbei ist vor allem ihr Stakeholderbezug von Interesse.

3.3.3.1 Grundlagen der Integrationsplanung

Hinsichtlich der Grundlagen der Integrationsplanung können folgende in der Akquisitionsforschung genannte Themen bzw. Planungsprobleme unterschieden werden:

-   Akquisitions-/Integrationsziele
-   Ist-Unternehmensanalyse
-   Wertsteigerungspotenziale

Akquisitions-/Integrationsziele

In der Akquisitionsforschung werden eine Vielzahl von Akquisitions- bzw. Integrationszielen und -motiven genannt (Dabui 1998: 29; Hase 1996: 28f.; Jansen 2001: 173f.; Stein 1992: 43f.). Erkennbar bei den von den Autoren verwendeten Systematisierungen ist vor allem die Unterscheidung zwischen primär marktwertsteigernden oder primär nicht-marktwertsteigernden Motiven und Zielen. So unterscheiden beispielsweise Berens/Mertes/Strauch (2002: 42f.) in ihrer Systematisierung die in folgender Tabelle aufgeführten Motive:

Oberstes Systematisierungskriterium	Ausprägungen
Marktwertsteigernde Motive	- Portfoliomanagement - Restrukturierung - Spekulative Motive - Synergieerzielung
Nicht-marktwertsteigernde Motive	- Psychischsoziale Motive - Agencyprobleme

Tab. 3-2:   Motive für Zusammenschlüsse nach Berens/Mertes/Strauch (2002: 42f.)

Portfoliomanagement bezeichnet eine Werterhöhung durch ein effizienteres Gesamtportfolio. Hierzu gehören beispielweise Ziele, wie die Vervollständigung der Produktlinien (Hase 1996: 28). Unter Restrukturierung werden sämtliche Werterhöhungen durch Restrukturierungen einer Tochtergesellschaft subsummiert. Als spekulative Motive gelten angenommene Unterbewertungen seitens des Kapitalmarktes und daraus erzielbare Arbitragegewinne. Zur Synergieerzielung zählen Berens/Mertes/Strauch (2002: 46f.) auf der Geschäftsbereichsebene die Gestaltung der Beziehungen unter den Tochtergesellschaften. Beispielhafte Ziele hierbei sind die Nutzung von Größenvorteilen bzw. Verbundeffekten (Dabui 1998: 29), der Kauf von Ressourcen, die nicht am Markt verfügbar sind (Bamberger 1994: 69), Zeitgewinn und die Erhöhung der Marktmacht und des Marktanteils (Jansen 2001: 174).

Die nicht-marktwertsteigernden Motive werden in psychischsoziale Motive und Agencyprobleme aufgeteilt. Zu den psychischsozialen Motiven zählen vor allem seitens des Managements das Streben nach Macht, Wachstum und Einfluss (Faszination des Wachstums). Agencyprobleme treten aufgrund der Trennung von Eigentum und Kapital auf und bedeuten, dass Manager vorhandene liquide Mittel lieber für Investitionen verwenden, die ihren eigenen Wohlstand fördern, anstatt sie an die Eigentümer auszuschütten (Berens/Mertes/Strauch 2002: 50f.).

Dass die jeweiligen Akquisitions- und Integrationsziele für das Integrationsmanagement bedeutend sind, ermittelte Bauch (2004). Sie fand heraus, dass sich die Integrationsplanung und damit das Integrationsmanagement „explizit an der strategischen Absicht der Transaktion zu orientieren hat" (2004: 174) und dass die Transaktionsziele der Bestimmung der Integrationsschwerpunkte dienen (Bauch 2004: 196). Diese Erkenntnis bedeutet, dass die Akquisitions-/Integrationsziele für die Akquisitions- und Integrationsverantwortlichen ein Planungsproblem bzw. einen Führungsinhalt darstellen, den sie beachten und gestalten müssen.

Stakeholder bzw. Stakeholderbeziehungen werden in der obigen Aufstellung nicht erwähnt. Auch in den übrigen Arbeiten der Akquisitionsforschung tauchen Stakeholderbeziehungen und ihre Verbesserung nicht explizit als Akquisitions- oder Integrationsziel auf. Diese Tatsache bedeutet, dass die Stakeholder in der Akquisitionsforschung nicht als eigenständiges Akquisitions- bzw. Integrationsziel betrachtet werden. Diese Erkenntnis ist bemerkenswert, da die Stakeholder bzw. die Stakeholderbeziehungen eines Unternehmens entsprechend dem Stakeholder-View (Kapitel 2.2.2) wesentlich zum langfristigen Unternehmenserfolg beitragen. Sie könnten daher ebenfalls ein bedeutendes Motiv für Akquisitionen darstellen, analog den in obigen Tabelle genannten Motive. Dieser Aspekt wird daher bei der späteren Frameworkentwicklung berücksichtigt (Kapitel 4).

Die Akquisitions-/Integrationsziele werden den Grundlagen der Planung zugeordnet, da sie bereits am Anfang des Akquisitionsprozesses grob definiert werden und nach Vertragsschluss nur im Detail verändert werden können. Aufgrund dieser frühen Festlegung bilden sie eine der Grundlagen für die detaillierte Integrationsgestaltung.

Das zweite in der Akquisitionsforschung genannte Planungsproblem, das sich den *Grundlagen der Integrationsplanung* zuordnen lässt, bildet die Analyse der Ist-Unternehmenssituation der beteiligten Unternehmen.

Vor dem Abschluss der Transaktion wird in der Regel eine detaillierte und systematische Prüfung des Akquisitionsobjektes (Lucks/Meckl 2002: 162f.), eine sogenannte Due Diligence („erforderliche Sorgfalt"), durchgeführt. Sie hat das Ziel, die Informationsgrundlage des Käufers wesentlich zu verbessern und beinhaltet diverse Prüfungsbereiche, z. B. Strategic/Market, Financial, Legal, Tax, Human Resource, Organizational/IT, Environmental Due Diligence (Lucks/Meckl 2002: 165f.). In jedem Prüfungsbereich werden käuferrelevante Informationen über das Kaufobjekt beschafft und bewertet sowie Risiken eingeschätzt, z. B. hinsichtlich Garantie- und Gewährleistungsansprüchen (Lucks/Meckl 2002: 163). Die durch diese Prüfungen erlangte Informationsdetaillierung über das Akquisitionsobjekt erlaubt eine Detaillierung der Integrationsmaßnahmen (Lucks/Meckl 2002: 169).

Auf Basis dieser systematischen Prüfung können Integrationsszenarien und Wertsteigerungspotenziale abgeschätzt werden. Die Vertragsgestaltung und damit die weitere Integration basieren auf den Erkenntnissen der Due Diligence. Sie bildet damit eine weitere wesentliche Grundlage für die Integrationsplanung und -gestaltung (Bauch 2004: 173). Die Akquisitions- und Integrationsverantwortlichen müssen daher die Due Diligence ebenfalls als Planungsproblem und Führungsinhalt erkennen und gestalten, damit die Wertsteigerungspotenziale identifiziert und erschlossen werden können.

Aus den Beiträgen der Akquisitionsforschung geht nicht hervor, dass die Stakeholder bzw. Stakeholderbeziehungen explizit in der Due Diligence analysiert werden. So zielt die Strategic/Market Due Diligence meist lediglich auf die Bestimmung der Kundengruppen und auf Angaben zur Marktposition (Marktabdeckung), zu den strategischen Zielen, auf die Technologiebewertung sowie auf die Überprüfung der Realisierungswahrscheinlichkeit der Planungsrechnungen (Lucks/Meckl 2002: 165). Eine Beschreibung der detaillierten Beziehungen des Akquisitionsobjektes zu seinen Kunden, inklusive möglicher Wertsteigerungspotenziale, die sich aus einer Intensivierung/Verbesserung der Kundenbeziehungen ergeben könnten, wird nicht im Rahmen der Due Diligence erstellt. Schwarz (2004: 40) ist der einzige Autor, der erwähnt, dass die Stakeholder analysiert werden müssen. Seine Analyse betrifft jedoch die Erwartungen der unterschiedlichen Stakeholder, um zu beurteilen, welcher Stakeholder welchen aktiven Einfluss auf das Unternehmen ausüben kann und wird. Er erwähnt nicht die Ableitung von Verbesserungspotenzialen hinsichtlich der Stakeholderbeziehungen. Eine solch umfassende Stakeholderanalyse bildet allerdings aus Sicht des Stakeholder Managements (Kapitel 2.3.1) den Ausgangspunkt, um Strategien, Prozesse und Strukturen zu installieren, die die Verbesserung der Stakeholderbeziehungen unterstützen. Dieser Aspekt wird daher bei der späteren Frameworkentwicklung ebenfalls berücksichtigt (Kapitel 4).

Wertsteigerungspotenziale

Die Wertsteigerungspotenziale bilden das dritte Planungsproblem, das in den Beiträgen der Akquisitionsforschung erwähnt wird (Gomez/Weber 1989: 45; Lechner/Meyer 2003: 311; Sandler 1991: 177f.) und den *Grundlagen der Integrationsplanung* zugeordnet werden kann.

Sie können den *Grundlagen der Integrationsplanung* zugeordnet werden, da sie meist ein wesentliches Handlungsmotiv und -ziel bei Unternehmenszusammenschlüssen sind (Lechner/Meyer 2003: 311). Sie müssen ebenfalls frühzeitig in der Vorfeld- bzw. Transaktionsphase geschätzt und fortlaufend konkretisiert werden. Die weitere Integrationsgestaltung und damit auch das Integrationsmanagement müssen an der Detaillierung der Identifikation, Bewertung und Konzeption entsprechender Realisierungsmaßnahmen arbeiten. Daher bilden sie ein weiteres Planungsproblem der Akquisitions- und Integrationsverantwortlichen.

Die Bedeutung der Synergiepotenziale als Grundlage der Integrationsplanung unterstreicht Bauch (2004: 230). Sie fand heraus, dass *„Studien zur übergreifenden Identifizierung und Bewertung von Synergiepotenzialen"* frühzeitig durchgeführt werden, um die Integrationsschwerpunkte zu bestimmen. Aus diesen Schwerpunkten wurden sämtliche weitere Integrationsaktivitäten ermittelt.

Aufgrund unterschiedlicher Perspektiven der Beiträge der Akquisitionsforschung herrscht keine einheitliche Auffassung, wie Wertsteigerungspotenziale gegliedert werden können. Gomez/Weber (1989: 45) nennen Wertschöpfung, Multiplikation, Finanzinnovation und Humaninnovation als Wertsteigerungspotenziale. Sandler (1991: 177f.) hingegen differenziert Synergie, Kapazitätsauslastungseffekte und Prozessoptimierung als die drei unterschiedlichen Arten von Wertsteigerungspotenzialen.

Es gibt nach bestem Wissen des Autors keinen Beitrag der Akquisitionsforschung, der die Stakeholder als eigenständige Wertsteigerungspotenzialart erwähnt. Wie bei den Akquisitions-/Integrationszielen erwähnt, leisten die Stakeholder bzw. Stakeholderbeziehungen jedoch einen wesentlichen Beitrag zum langfristigen Unternehmenserfolg. Sie stellen daher aus Sicht des Stakeholder Views eine eigenständige Wertsteigerungspotenzialart dar. Dieser Aspekt wird deshalb bei der späteren Frameworkentwicklung berücksichtigt (Kapitel 4).

3.3.3.2 Zielsetzungen der Integrationsplanung

Das zweite konstitutive Element der Planungsprobleme im Zürcher Ansatz (Kapitel 2.1.1) bilden die Ziele der Planung, d. h. alle ultimativen Zielsetzungen, die durch die Planung detailliert und operationalisiert werden, damit sie erreicht werden.

Gemäß der Definition des Integrationsbegriffs (Kapitel 1.1.3) bildet die Zusammenführung der am Zusammenschluss beteiligten Unternehmen das ultimative inhaltliche Ziel der Integrationsplanung (Jansen 2001: 228; Pablo 1994: 806). Sämtliche Beiträge, die sich mit der Beschreibung der Zusammenführung auseinandersetzen, werden für die Detaillierung dieses Planungsproblems verwendet.

Hinsichtlich der Zusammenführung, d. h. hinsichtlich der Bereiche, die zusammengeführt werden müssen, gibt es in der Literatur keine einheitliche Auffassung (siehe folgende Tabelle).

Autor / Genannte Zusammenführungsbereiche	Jansen (2001)	Lindgren (1982)	Pablo (1994)	Reineke (1989)	Sautter (1989)	Scheiter (1989)	Zuordenbarer Aspekt gemäß Zürcher Ansatz
Organisationsstrukturen	X		X	X		X	Struktur
Informationsstrukturen					X		Struktur
Abläufe und Systeme		X	X	X		X	Struktur
Strategien	X						Strategie
Kulturen	X		X	X		X	Kultur
Personen (Mitarbeiter, Kunden, Aktionäre, etc.)	X						(nicht einem einzigen Element zuordenbar)

Tab. 3-3: Genannte Zusammenführungsbereiche gemäß Definitionen des Integrationsbegriffs und zuordenbare Aspekte des Zürcher Ansatzes, in Anlehnung an Bauch (2004: 46)

Diese Abbildung verdeutlicht allerdings, dass vor allem Organisationsstrukturen, Abläufe/ Systeme und Kulturen als relevante Zusammenführungsbereiche begriffen werden. Diese können den Elementen Struktur bzw. Kultur im Zürcher Ansatz zugeordnet werden. Diese Zuordnung unterstreicht die Zweckmäßigkeit der Verwendung des Zürcher Ansatzes zur Strukturierung dieses Planungsproblems bzw. dieses Führungsinhaltes. Lediglich das Strategieelement des Zürcher Ansatzes ist bei den genannten Autoren unterrepräsentiert. Umgekehrt lässt sich der von Jansen (2001) verwendete Zusammenführungsbereich der Personen nicht direkt einem einzigen Element des Zürcher Ansatzes zuordnen.

Jansen (2001) ist damit zugleich einer der wenigen Autoren, die überhaupt die Zusammenführung von Personen, d. h. Stakeholdern, als eigenständigen Zusammenführungsbereich nennt. In den übrigen Arbeiten werden die Stakeholder nicht als Bereich betrachtet, der integriert werden muss. Gemäß der Ausführungen über das Synergiekonzept (Kapitel 3.2) wurde jedoch deutlich, dass erst eine Zusammenführung bzw. ein Transfer von relevantem stakeholderbezogenem Know-how zur Erschließung der stakeholderbezogenen Wertsteigerungspotenziale führt, so dass die Stakeholderbeziehungen ebenfalls einen Zusammenführungsbereich darstellen. Schwarz (2004: 101) erwähnt immerhin, dass die Interessen der Stakeholder in die „Integrationsstrategie" zu integrieren sind. Bei Schulze/Wehninck (2004: 519) bilden die Stakeholder ebenfalls keinen eigenen Zusammenführungsbereich, allerdings sollten sich Entscheidungen an dem Ziel orientieren „zusätzlichen Kundennutzen zu schaffen". Dieser Aspekt wird daher bei der späteren Frameworkentwicklung berücksichtigt (Kapitel 4).

Diese Ausführungen zeigen, dass die Zielsetzung der Integrationsplanung, d. h. die Zusammenführung der beteiligten Unternehmen, ein umfangreiches inhaltliches Planungsproblem bzw. ein Führungsinhalt darstellen. Die Akquisitions- und Integrationsverantwortlichen müssen daher in diesem Planungsproblem ebenfalls aktiv werden, damit die entsprechenden Bereiche konzeptionell und mit Hilfe dazugehöriger Realisierungsmaßnahmen auch tatsächlich zusammengeführt werden können. Beispielsweise können die verantwortlichen Manager die Harmonisierung des Vertriebsprozesses als inhaltlichen Schwerpunkt bei der Zusammenführung der Abläufe und Systeme festlegen.

3.3.3.3 Maßnahmen/Strategien der Integrationsplanung

Das dritte und letzte relevante konstitutive Element der Planungsprobleme im Zürcher Ansatz (Kapitel 2.1.1) stellen die Maßnahmen/Strategien der Integrationsplanung dar. Hierunter werden sämtliche Konzeptions- und Realisierungsmaßnahmen zusammengefasst, die zur Erreichung der Zielsetzungen der Integrationsplanung beitragen.

Solche notwendigen Konzeptions- und Realisierungsmaßnahmen werden in einer Reihe von Arbeiten der Akquisitionsforschung thematisiert (Bauch 2004: 228f.; Hase 1996: 58f.; Waco/Wery 2004: 48f.). Unter Konzeptionsmaßnahmen werden sämtliche Maßnahmen verstanden, die die Gestaltung des Projektablaufs betreffen. Die Realisierungsmaßnahmen umfassen die tatsächliche, nicht-umkehrbare Umsetzung der Integration der beteiligten Unternehmen zur Erschließung der Wertsteigerungspotenziale. Sämtliche Maßnahmen werden in Form eines Integrationsplans, teilweise auch Masterplan genannt, dokumentiert (Sewing 1996: 72f.).

Sämtliche Maßnahmen, die für die Zusammenführung der Unternehmen geplant sind, inklusive der Arbeitsschritte und Meilensteine, des Zeitrahmens für die Durchführung der Maßnahmen sowie der Definition der Aufgabenverteilung und Verantwortlichkeiten, bilden die wesentlichen Inhalte eines Integrationsplans (Hornung 1998: 86; Lucks/Meckl 2002: 112; Wirtz 2003: 279f., 295).

Die Verantwortlichen müssen die Konzeptions-/Realisierungsmaßnahmen in einem Integrationsplan dokumentieren, da es zu ihren Aufgaben gehört, den Weg zur Erreichung der mit dem Zusammenschluss verbundenen Ziele/Wertsteigerungspotenziale systematisch festzuhalten und zu verfolgen. Die Gestaltung dieser Integrationspläne und die Mitwirkung an der Festlegung der Maßnahmeninhalte bildet daher ein weiteres Planungsproblem bzw. Führungsinhalt für die verantwortlichen Manager (Sewing 1996: 72f.).

Zur Strukturierung der Konzeptions- und Realisierungsmaßnahmen in einem Integrationsplan werden unterschiedliche Ansätze vorgeschlagen:

- *Themenfeldorientierter Ansatz:* Beim themenfeldorientierten Ansatz werden die Maßnahmen nach Themenfeldern, wie z. B. Strategie, Struktur, Personal, Kultur (Hase 1996: 76f.) und Systeme (Hoffmann/Friedinger 1998: 23) strukturiert.
- *Synergieorientierter Ansatz:* Beim synergieorientierten Vorgehen werden in Abhängigkeit von den detaillierten Synergiepotenzialen Maßnahmen zur Realisierung dieser Synergiepotenziale geplant und entsprechend aufgeführt (Bauch 2004: 76; Reissner 1992: 146; Sandler 1991: 208).
- *Funktionaler Ansatz:* Auf Basis von funktionalen Zielen bzw. Funktionsbereichen, wie z. B. Produktportfolio, Forschung und Entwicklung, Betrieb, Vertriebskanäle, werden die Realisierungsmaßnahmen strukturiert (Waco/Wery 2004: 48).
- *Kombinierter Ansatz* (produkt-, funktions- und organisationsorientiert): Für den kombinierten Ansatz schlagen Waco/Wery vor (2004: 50), dass zuerst das zukünftige gemeinsame Produktportfolio bestimmt werden sollte, woraus sich Implikationen für Forschungs- und Entwicklungsaufgaben und -partnerschaften ergeben. Anschließend können Produktionspläne und Liefermengen abgeleitet und die Marktbearbeitung definiert werden, inklusive Rationalisierung und Abstimmung der nationalen und internationalen Vertriebskanäle. Aufbauend auf diesen Festlegungen sollte für jede Funktion der zukünftige integrierte Status festgelegt werden. Hierfür sollten grobe Aufgabenaufteilungen vorgenommen und die jeweiligen verantwortlichen Personen bestimmt werden. Hieraus können Übergangspositionen und Mitarbeiterredundanzen definiert werden. Nach diesen aufbauorganisatorischen Festlegungen sollten die gemein-

samen Prozesse zwischen Organisationen und Regionen konzeptioniert werden (Waco/Wery 2004: 50).

Nach bestem Wissen des Autors existiert kein Strukturierungsansatz für einen Integrationsplan, der die Stakeholder als oberstes Strukturierungskriterium verwendet und die Konzeptions- und Realisierungsmaßnahmen beispielsweise nach kunden-, outsourcingpartner-, lieferanten-, gesellschafterbezogenen, etc. Maßnahmen gliedert. Lediglich Schwarz (2004: 40) erwähnt, dass die Maßnahmen auf die Stakeholder abgestimmt sein sollten. Er lässt allerdings offen, wie diese Abstimmung erzielt werden kann.

Unabhängig, ob die Stakeholder als oberstes Strukturierungskriterium für die Gliederung der Konzeptions-/Realisierungsmaßnahmen verwendet werden, zeigen diese Ausführungen, dass die Akquisitions- und Integrationsverantwortlichen diesbezüglich Aktivitäten ergreifen müssen und dass diese Aktivitäten einen Stakeholderbezug aufweisen können. Dieser Aspekt wird daher bei der späteren Frameworkentwicklung berücksichtigt (Kapitel 4).

3.3.3.4 Resultierende Implikationen für die Gestaltung des Integrationsmanagements

Die Analyse der Beiträge der Akquisitionsforschung hinsichtlich der inhaltlichen Gestaltungsaspekte zeigt, dass sich die Akquisitions- und Integrationsverantwortlichen entsprechend der konstitutiven Elemente des Zürcher Ansatzes inhaltlich mit den Grundlagen, Zielsetzungen und Strategien/Maßnahmen der Integrationsplanung beschäftigen. Bei der Analyse der Beiträge wurde deutlich, dass sich tatsächlich sämtliche, in den Beiträgen der Akquisitionsforschung genannten Gestaltungsaktivitäten des Integrationsmanagements den Grundlagen, Zielsetzungen bzw. Strategien/Maßnahmen der Integrationsplanung zuordnen lassen.

Zu den Grundlagen der Integrationsplanung gehören die Akquisitions-/Integrationsziele, die Ist-Unternehmensanalyse und die Identifizierung und Bewertung der Wertsteigerungspotenziale. Da die Zielsetzung der Integrationsplanung die Zusammenführung der beteiligten Unternehmen betrifft, beschäftigt sie sich mit der Formulierung der Zielwelt. Die Strategien/Maßnahmen der Integrationsplanung umfassen sämtliche Konzeptions- und Realisierungsmaßnahmen zur Erschließung der Wertsteigerungspotenziale. Die Akquisitions- und Integrationsverantwortlichen tragen bei sämtlichen inhaltlichen Aspekten zur Festlegung bzw. Formulierung der jeweiligen inhaltlichen Schwerpunkte der Planungsprobleme bzw. Führungsinhalte bei.

Die Stakeholder bzw. Stakeholderbeziehungen werden nicht explizit in den Beiträgen der Akquisitionsforschung als Planungsproblem bzw. Führungsinhalt des Integrationsmanagements thematisiert, d. h. sie werden weder als Motiv für einen Zusammenschluss gesehen, noch bei der Ist-Unternehmensanalyse untersucht, noch als Wertsteigerungspotenzial begriffen.

Aus diesen Erkenntnissen ergibt sich für die Gestaltung des Integrationsmanagements:

- Die Aufgaben der Akquisitions- und Integrationsverantwortlichen bestehen in der Festlegung der inhaltlichen Schwerpunkte der Planungsprobleme bzw. Führungsinhalte. Diese Gestaltungsaktivitäten werden daher unter dem Gestaltungsaspekt *Gestaltung der Planungsprobleme (Führungsinhalte)* zusammengefasst.
- Die Planungsprobleme lassen sich in drei inhaltliche Bereiche separieren: *Formulierung der Grundlagen der Integrationsplanung*, *Formulierung der Zielwelt* (Zielsetzungen) und *Formulierung von Konzeptions- und Realisierungsmaßnahmen* (Strate-

gien/Maßnahmen). Diese bilden die Gestaltungskategorien des Gestaltungsaspekts *Gestaltung der Planungsprobleme*. Beispielsweise müssen die Integrationsverantwortlichen festlegen, welche Unternehmensbereiche wie untersucht werden (Ist-Unternehmensanalyse als Teil der Grundlagen der Integrationsplanung), um detailliert Möglichkeiten für die Erschließung der Wertsteigerungspotenziale zu finden und Maßnahmen zur Erschließung ableiten zu können. Ebenso müssen die Integrationsverantwortlichen bei der Formulierung der Zielwelt beispielsweise hinsichtlich möglicher Verlagerungen von Wertkettenaktivitäten an Lieferanten mitwirken und festlegen, welche Alternativen diskutiert und entschieden werden.

- Dadurch, dass die Stakeholder bzw. Stakeholderbeziehungen in den Beiträgen der Akquisitionsforschung nicht als Planungsproblem betrachtet werden, werden sie an dieser Stelle nicht als expliziter Gestaltungsaspekt bzw. -kategorie der Verantwortlichen aufgefasst. Sie werden jedoch aufgrund ihrer offensichtlichen Bedeutung als Planungsproblem aus Sicht des Stakeholder Views bzw. Stakeholder Managements bei der Frameworkentwicklung in Kapitel 4 entsprechend berücksichtigt, also bei der Integration der Ergebnisse der Beiträge der Akquisitions-, der Strategischen Management- und der Business & Society-Forschung.

Damit ergibt sich auf Basis der Beiträge der Akquisitionsforschung die in folgender Tabelle dargestellte Detaillierung der inhaltlichen Gestaltungsdimension des Integrationsmanagements:

Gestaltungsdimension	Gestaltungsaspekt	Gestaltungskategorien
Inhaltliche Gestaltungs-dimension	Gestaltung der Planungsprobleme (Führungsinhalte)	Formulierung der Grundlagen der Integrationsplanung (Akquisitions-/Integrationsziele, Ist-Unternehmensanalyse, Wertsteigerungspotenziale)
		Formulierung der Zielwelt (Ausgestaltung der relevanten Zusammenführungsbereiche der beteiligten Unternehmen)
		Formulierung von Konzeptions- und Realisierungsmaßnahmen

Tab. 3-4:   Gestaltungsaspekte und -kategorien der inhaltlichen Gestaltungsdimension auf Basis der Beiträge der Akquisitionsforschung

Diese drei Gestaltungskategorien entsprechen damit den nicht abgegrenzten konstitutiven Elementen des Führungsinhaltes im Zürcher Ansatz (Kapitel 2.1.1, Abbildung 1).

Die Diskussion der inhaltlichen Gestaltungsdimension hat damit gezeigt, dass die Stakeholder bzw. Stakeholderbeziehungen inhaltlich eine Bedeutung haben, um sämtliche Wertsteigerungspotenziale zu identifizieren und umzusetzen, dass sie aber bisher in den Beiträgen der Akquisitionsforschung nicht als inhaltliches Gestaltungsfeld der Akquisitions- und Integrationsverantwortlichen betrachtet werden, um die Erschließung der Wertsteigerungspotenziale zu unterstützen.

3.3.4 Prozessuale Gestaltungsdimension: Integrationsrelevante Prozessschritte

Eine Reihe von Beiträgen in der Akquisitionsforschung setzt sich mit den prozessualen Gestaltungsaspekten des Integrationsmanagements bzw. der Integration auseinander (Bauch 2004: 214; Bragado 1991: 25f.; Gerds 2000: 58f; Hase 1996: 70; Lucks/Meckl 2002: 55f.; Mitchell 1989: 45f.; Wirtz 2003: 279).

Zur Strukturierung dieser Beiträge werden wie schon bei der inhaltlichen Gestaltungsdimension die aus dem Zürcher Ansatz abgeleiteten prozessualen Gestaltungsaspekte (Kapitel 2.1.2.2) einer Planungskonzeption verwendet, d. h. Aspekte hinsichtlich der Schritte zur Erstellung von Plänen:

- *Festlegung der Prozessschritte des Planungsprozesses*
- *Festlegung der Ausgestaltung der Prozessschritte des Planungsprozesses*

Bevor auf diese beiden Gestaltungsaspekte eingegangen wird (Kapitel 3.3.4.2 & 3.3.4.3), um daraus weitere Hinweise für die Entwicklung des Frameworks zum stakeholderorientierten Integrationsmanagement abzuleiten, werden zunächst die für diese Arbeit relevanten Prozessschritte des Planungsprozesses bei Zusammenschlüssen abgegrenzt (Kapitel 3.3.4.1).

3.3.4.1 Abgrenzung der Prozessschritte des Planungsprozesses

Im Zürcher Ansatz besteht der Planungsprozess aus sämtlichen Aktivitäten, die notwendig sind, um einen Plan aufzustellen (Rühli 1988: 79f.). Auf die Integrationsplanung und damit auf das Integrationsmanagement übertragen bedeutet dies: unter dem Planungsprozess der Integration werden sämtliche Aktivitäten verstanden, die durchgeführt werden, um den Integrationsplan und seine Aktualisierungen zu erstellen. Hierzu gehören beispielsweise Aktivitäten der Akquisitions- und Integrationsverantwortlichen zur groben Darstellung der erhofften Wertsteigerungspotenziale sowie Aktivitäten zur Festlegung der für die Erschließung der Wertsteigerungspotenziale notwendigen Realisierungsmaßnahmen.

Da es sich bei einer Integration um einen einmaligen Vorgang handelt, der dem Zweck dient, zwei Unternehmen zusammenzuführen, unterscheiden sich seine Planung und die dafür notwendigen Prozessschritte von denen in einem klassischen Planungsprozess. Letzterer kann einmal etabliert und dann regelmäßig durchlaufen werden. Für solche Planaktualisierungen ändern sich lediglich die Planwerte, z. B. Produktionszahlen, in der Regel aber nicht die Informationsgrundlagen, um den Plan zu erstellen. Bei einem Integrationsplan hingegen und bei seinen Aktualisierungen kommen fortlaufend neue Erkenntnisse hinzu, so dass sich die Informationsgrundlage kontinuierlich weiterentwickelt. Diese Tatsache ermöglicht erst, einen detaillierten Integrationsplan zu erstellen.

Aufgrund dieser kontinuierlich sich verbessernden Informationsbasis folgt für den Planungsprozess der Integration, dass zwischen jeder Aktualisierung des Integrationsplans gegebenenfalls gänzlich andere Prozessschritte stattfinden, die für die Erstellung der nächsten Planaktualisierung erforderlich sind. Unter dem Planungsprozess der Integration wird in dieser Arbeit daher der gesamte Prozess verstanden, der durchlaufen wird, bis die letzte Planaktualisierung erfolgt ist.

Da davon ausgegangen wird, dass eine erstmalige Planaufstellung in der Vorfeldphase und die letzte Planaktualisierung in der Integrationsphase am Ende des Integrationsprozesses erfolgt, d. h. wenn die Integration fast vollständig vollzogen ist, zählen sämtliche Prozessschritte, die während dieses Zeitraumes anfallen und einen Beitrag zur Erschließung der Wertsteigerungspotenziale leisten, als *integrationsrelevante Prozessschritte des Planungsprozesses*. Als Schritte kommen daher Schritte von ersten Überlegungen hinsichtlich der Integration bis zu letzten Detailuntersuchungen und Maßnahmenfestlegungen in Betracht.

3.3.4.2 Festlegung der Prozessschritte des Planungsprozesses

Wie die Abgrenzung des vorangegangenen Abschnitts zeigt, sind vielfältigste Prozessschritte des Planungsprozesses bzw. des gesamten Akquisitions- und Integrationsprozesses für die Integration relevant. Auf Basis des Prozessmodells von Lucks/Meckl (2002: 73f.; Kapitel 11.1.2 und 11.1.3) kann der Planungsprozess auf oberster Ebene in eine Pre- und in eine Post-Closing-Integrationsplanung separiert werden. Die Pre-Closing-Integrationsplanung (PreCIP) umfasst sämtliche Aufgaben bis zum Vertragsabschluss (Closing), die Post-Closing-Integrationsplanung (PostCIP) enthält sämtliche Aktivitäten nach dem Closing.

Die folgende Abbildung zeigt den auf Basis des Prozessmodells von Lucks/Meckl abgeleiteten *Pre*-Closing-Integrationsplanungsprozess mit den integrationsrelevanten Einzelaufgaben (Prozessschritten):

Planungsphase	Pre-Closing-Integrationsplanung		
Planungsstufe	**Durchführung 1. Grobplanung**	**Durchführung 2. Grobplanung**	**Erstellung Pre-Closing-Integrationsplan**
Einzelaufgaben	▪ Basisstrategie ▪ Screening	▪ Vorfeldsondierung ▪ Führungskonzept ▪ Simulation ▪ Grobbewertung ▪ Beurteilung der Genehmigungsfähigkeit	▪ Due Diligence ▪ Pre-Closing-Integrationsplan
Abgeleitete wertschöpfungsbezogene Planungsaktivitäten	▪ Definition der Akquisitionsziele ▪ Identifikation von WS-Potenzialen	▪ Erstellung eines groben Integrationskonzeptes mit Maßnahmenbündel für die Realisierung der WS-Potenziale ▪ Antizipation von Änderungsanforderungen seitens der (Kartell-)Behörden	▪ Konkretisierung der Realisierungsplanung, inklusive Überprüfung der Bewertung und Konkretisierung der WS-Potenziale
Abgeleitete organisationsbezogene Planungsaktivitäten	▪ Entwurf erster Kooperations- / Organisationsmodelle	▪ Konkretisierung der gesellschaftsrechtlichen Konstruktion und Organisationsstruktur ▪ Antizipation von Änderungsanforderungen seitens der (Kartell-)Behörden	▪ Festlegung der gesellschaftsrechtlichen Konstruktion und Organisationsstruktur

Abb. 3-3: Pre-Closing-Integrationsplanungsprozess auf Basis von Lucks/Meckl (2002)

In der ersten Planungsstufe sind sämtliche Prozessschritte enthalten, um potenzielle Akquisitionsziele zu identifizieren und die jeweiligen Wertschöpfungspotenziale und mögliche Organisationsformen zu benennen. Diese grundsätzlichen Einschätzungen bilden den Rahmen für die weitergehenden Integrationsüberlegungen. Nach erfolgter Kontaktaufnahme mit der positiven Einschätzung des Käufers zur Veräußerungsbereitschaft des Verkäufers können die Integrationsüberlegungen in einer zweiten Stufe vertieft werden, so dass erste Maßnahmenbündel für die Realisierung der Wertschöpfungspotenziale entwickelt und Möglichkeiten zur gesellschaftsrechtlichen und organisatorischen Struktur konkretisiert werden können. Als letzte Planungsstufe folgt auf Basis der Due Diligence eine Detaillierung der Integrationsaktivitäten.

Diese Abbildung zeigt, dass die Stakeholder bzw. Stakeholderbeziehungen beim Prozessmodell von Lucks/Meckl kaum explizit erwähnt werden. Lediglich bei der Durchführung der 2. Grobplanung werden die (Kartell-)Behörden als Stakeholder genannt, deren Änderungsanforderungen zu antizipieren sind. Diese Erkenntnis verwundert nicht vor dem Hintergrund, dass die Stakeholder bzw. Stakeholderbeziehungen bereits bei den inhaltlichen Gestaltungsaspekten in der Akquisitionsforschung als wenig relevant betrachtet werden.

Analog lassen sich für die *Post*-Closing-Integrationsplanung die in folgender Abbildung dargestellten Prozessschritte mit Relevanz für die Integration ableiten.

Planungsphase	Post-Closing-Integrationsplanung		
Planungsstufe	Erstellung 1. Vorversion	Erstellung 2. Vorversion	Erstellung Post-Closing-Integrationsplan
Einzelaufgaben	■ Detailbewertung ■ Interne Beschlüsse	■ Verhandlungen/ Umsetzungsverträge ■ Kartellrechtliche Prüfung	■ Post-Closing-Integrationsplan
Abgeleitete wertschöpfungsbezogene Planungsaktivitäten	■ Auf Basis der Detailbewertung erfolgt die Anpassung der Reihenfolge der Maßnahmenbündel und ihres Detaillierungsgrades entsprechend ihres Beitrages zur Erschließung der Wertsteigerungspotenziale	■ Ggf. Anpassung der Maßnahmenbündel aufgrund der Verhandlungsergebnisse ■ Bei behördlichen Auflagen: Anpassung der Maßnahmenbündel	■ Detaillierung der Maßnahmenbündel zu Einzelmaßnahmen, inklusive der Benennung von Verantwortlichen und Realisierungszeiträumen
Abgeleitete organisationsbezogene Planungsaktivitäten	■ (Keine diesbezüglichen Planungsaktivitäten)	■ Ggf. Anpassung der geplanten gesellschaftsrechtlichen Konstruktion und organisatorischer Strukturen aufgrund der Verhandlungsergebnisse ■ Bei behördlichen Auflagen: Anpassung der gesellschaftsrechtlichen Konstruktion und organisatorischer Strukturen	■ Detaillierung der Maßnahmenbündel für die Umsetzung der gesellschaftsrechtlichen Konstruktion und organisatorischer Strukturen (analog wertsteigerungsbezogener Planungsaktivitäten)

Abb. 3-4: Planungsprozess der Post-Closing-Integrationsplanung auf Basis von Lucks/Meckl (2002)

Die Post-Closing-Integrationsplanung lässt sich ebenfalls in drei Planungsstufen einteilen, wobei die ersten beiden zeitlich in die Transaktionsphase fallen und lediglich die eigentliche Erstellung des Post-Closing-Integrationsplans in der Integrationsphase stattfindet. Die erste Planungsstufe umfasst die Planungen auf Basis der Detailbewertung und internen Beschlüsse. Die zweite Planungsstufe integriert die Änderungen aufgrund der Verhandlungen/Umsetzungsverträge und gegebenenfalls behördlichen Auflagen. Die dritte Planungsstufe beinhaltet schließlich den detaillierten Post-Closing-Integrationsplan. Die Aktualisierungen dieses Integrationsplans werden bei Lucks/Meckl nicht thematisiert und sind daher hier nicht ausgeführt.

Auch diese Planungsstufen zeigen, dass die Stakeholder wiederum nur marginal explizit erwähnt werden. Lediglich die Auflagen der Kartellbehörden sind bei der Definition der Maßnahmenbündel zu berücksichtigen. Diese Tatsache ist trotz der geringen Bedeutung der Stakeholder bzw. Stakeholderbeziehung bei der inhaltlichen Gestaltungsdimension bemerkenswert, da andere Autoren der Akquisitionsforschung bestätigen, dass eine Reihe von Stakeholdern im Laufe des Zusammenschlusses beteiligt sind (Hawranek 2004: 67f.; Kapitel 3.3.4.3). Eine mögliche Erklärung für diese Diskrepanz ist, dass zwar eine Reihe von Stakeholdern prozessual beteiligt sind, ihnen und den jeweiligen betroffenen Beziehungen jedoch nicht so viel Bedeutung beigemessen wird, dass sie in jeder Planungsstufe als eigenständige Aufgabe bzw. Aktivität erwähnt werden. Diese Diskrepanz kann jedoch auch bedeuten, dass die Stakeholder und ihre Beziehungen stets integriert mit den übrigen integrationsrelevanten Prozessschritten durchgeführt werden, so dass sie nicht getrennt aufgeführt werden. Die Klärung dieser Diskrepanz wird ebenfalls im Framework explizit angegangen (integrierte vs. losgelöste Implementierung, Kapitel 4.2.2.2).

Aus den auf Basis des M&A-Prozessmodells von Lucks/Meckl abgeleiteten Planungsstufen wird deutlich, dass die wesentlichen integrationsrelevanten Prozessschritte hinsichtlich der gesellschaftsrechtlichen/organisatorischen Integration bereits vor der Post-Closing-Integrationsplanung abgeschlossen sind. Dies ist einleuchtend, da entsprechend ihrer Ausgestaltung die Verträge gestaltet werden. Die wesentlichen Aktivitäten hinsichtlich der wertsteigerungsbezogenen Planungsaktivitäten finden hingegen erst in der Post-Closing-Integrationsplanung statt, da sie eine detaillierte Informationstiefe benötigen, die erst nach dem Closing zugänglich ist. Dies bedeutet, dass die tatsächliche Festlegung, welche Wertsteigerungspotenziale auf welche Weise realisiert werden, unabhängig von den gesellschaftsrechtlichen Vereinbarungen erfolgt. Da sich diese Arbeit auf Wertsteigerungsaspekte fokussiert, wird in den weiteren Ausführungen auf eine Betrachtung der Aktivitäten zur gesellschaftsrechtlichen/organisatorischen Integration verzichtet.

Die Ausführungen zeigen ebenso, dass im Prozessmodell von Lucks/Meckl wie auch in anderen Beiträgen der Akquisitionsforschung, die sich mit den integrationsrelevanten Prozessschritten beschäftigen, keine Planungsaktivitäten aufgeführt werden, die sich explizit mit den Stakeholdern befassen.

Aus diesen Erkenntnissen ergibt sich, dass die Akquisitions- und Integrationsverantwortlichen aufgrund der Komplexität des gesamten Prozesses bewusst festlegen müssen, welche Schritte durchlaufen werden, damit der gesamte Prozess und damit auch die Erschließung der Wertsteigerungspotenziale systematisch ablaufen kann. Hierzu gehört auch die Festlegung stakeholderbezogener Prozessschritte. Diese Gestaltungsmöglichkeit wird in dieser Arbeit als *Festlegung der integrationsrelevanten Prozessschritte* bezeichnet und später bei der Frameworkentwicklung berücksichtigt (Kapitel 4).

3.3.4.3 Ausgestaltung der Prozessschritte des Planungsprozesses

Hinsichtlich der Ausgestaltung der Prozessschritte des Planungsprozesses thematisieren die Beiträge der Akquisitionsforschung die *Festlegung der Prozessbeteiligten* und die *Festlegung der zeitlichen Prozessparameter* als zwei wesentlichen Gestaltungsaktivitäten (Bauch 2004: 214; Gerds 2000: 58f.; Hawranek 2004: 67f.; Wirtz 2003: 279).

Festlegung der Prozessbeteiligten

Die Komplexität und Heterogenität der im Rahmen des gesamten Zusammenschlussprozesses anfallenden Aufgaben, die fachlichen und M&A-spezifischen Anforderungen, die mangelnde Erfahrung einzelner Beteiligter und die rechtlichen/traditionellen Rollen im Unternehmen führen dazu, dass der gesamte Akquisitions- und Integrationsprozess in Teilaufgaben zerlegt wird, die nicht von einer einzelnen Person bearbeitet werden können (Hawranek 2004: 61f.).

Hawranek (2004: 67f.) nennt eine Reihe von Beteiligten des Akquisitions- und Integrationsprozesses, wobei er nach internen und externen Beteiligten differenziert. Sie sind in folgender Tabelle aufgeführt.

Interne Beteiligte	Externe Beteiligte
Geschäftsleitung Akquisitionssubjekt	Investmentberater
Bereichsmanagement Akquisitionssubjekt	Unternehmensberater
Funktionen/Stäbe Akquisitionssubjekt	Unternehmensmakler
M&A-Abteilung Akquisitionssubjekt	Juristen
Organisationale Gremien	Wirtschaftsprüfer
Geschäftsleitung Akquisitionsobjekt	Steuerberater
Management/Stäbe Akquisitionsobjekt	Kreditinstitute
Mitarbeiter	Sonstige Spezialisten
	Kunden/Lieferanten
	Öffentliche Institutionen

Tab. 3-5:   Interne und externe Beteiligte des Akquisitions- und Integrationsprozesses (Hawranek 2004: 85)

Die Einbindung von externen Beteiligten bzw. Stakeholdern wird nur vereinzelt in der Akquisitionsforschung angesprochen. Falls sie thematisiert wird, dann hauptsächlich vor einem Informations- und Kommunikationshintergrund (Schwarz 2004: 40), nicht mit dem Hintergrund, die externen Beteiligten am Wertsteigerungsprozess aktiv mitwirken zu lassen. Beispielsweise wird erwähnt, dass bereits vor dem Merger persönliche Gespräche des Vorstandes mit den wichtigsten Kunden stattfinden sollen, allerdings lediglich, um über den bevorstehenden Merger zu informieren (Pinzer 2004: 41). In ähnlichem Sinn stellt Clever fest, dass Kunden und Zulieferer umfassend mit Informationen zu versorgen sind, inklusive der Betonung auf die Kontinuität in den Beziehungen, um Verluste von Kunden und Zulieferern zu verringern (1993: 55).

Die Nutzung solcher Kundengespräche, um die ihre Bedürfnisse abzufragen oder um ihre Kenntnis für die Optimierung der bestehenden Geschäftsbeziehungen und damit für die Erschließung von Wertsteigerungspotenzialen zu verwenden, wird in diesen Arbeiten nicht erwähnt. Lediglich Wirtz betont die weitergehende Bedeutung von externen Stakeholdern (2003: 382): Kunden und sonstige Marktpartner müssen eng „in die unternehmensinternen Abläufe und Veränderungsprozesse integriert werden", wenn man Zusammenschlüsse zur Neudefinition von bestehenden Partnerschaften benutzen möchte. Allerdings gibt er keine weiteren Hinweise, wie diese Integration systematisch erfolgen kann.

Aufgrund der Arbeitsteilung des Akquisitions- und Integrationsprozesses existieren eine Reihe von Schnittstellen, die zu Problemen führen können, z. B. aufgrund von Informationsasymmetrien, fragmentierten Sichten, unterschiedlichen Methoden, etc. Das Management dieser Schnittstellen ist wichtig für den Akquisitions- und Integrationserfolg (Hawranek 2004: 64f.). Zum Management dieser Schnittstellen gehört jeweils zu Beginn die Definition dieser Schnittstellen, d. h. vor allem die Festlegung der jeweils beteiligten Personen, d. h Stakeholder. Die Akquisitions- und Integrationsverantwortlichen müssen daher genau überlegen, wen sie an der Bearbeitung der einzelnen Prozessschritte beteiligen möchten. Diese Gestaltungsmöglichkeiten der Akquisitions- und Integrationsverantwortlichen werden in dieser Arbeit als Festlegung der Prozessbeteiligten bezeichnet und bei der Frameworkentwicklung berücksichtigt (Kapitel 4).

Wie oben erwähnt (Kapitel 3.3.3.3), werden im Rahmen der Aufstellung der Pre- und Post-Closing-Integrationspläne detaillierte Angaben zu den einzelnen Konzeptions- und Realisierungsmaßnahmen gemacht. Wisskirchen/Naujoks/Matouschek sprechen hier von der Aufstellung eines „Integrationsfahrplans" (2003: 316). Im Rahmen der Aufstellung des Integrationsfahrplans werden prozessual die *Festlegung der Zeitdauer der Aktivitäten* und die *Festlegung des Zeitpunktes bzw. der Reihenfolge der Aktivitäten* als Gestaltungsmöglichkeiten in den Beiträgen der Akquisitionsforschung genannt (Bauch 2004: 214; Bragado 1991: 25f.; Gerds 2000: 58f; Gerpott/Schreiber 1994: 100f.; Hase 1996: 70; Wirtz 2003: 279).

Hinsichtlich der *Festlegung der Zeitdauer der Aktivitäten* wird die Durchführung einer Kosten-Nutzen-Analyse vorgeschlagen (Wirtz 2003: 289). Bei dieser Analyse ist abzuwägen zwischen den Opportunitätskosten, die mit zunehmender Integrationsgeschwindigkeit durch Nicht-Nutzung von Wertsteigerungspotenzialen (aufgrund des Ausbleibens von Integrationsmaßnahmen) abnehmen und den Integrationskosten, die mit zunehmender Integrationsgeschwindigkeit aufgrund von Anpassungsdruck, Überforderung und resultierenden Motivationsverlusten (hauptsächlich von den Mitarbeitern getragen) steigen.

Wirtz betont allerdings, dass sich die Durchführung dieser Analyse in der Praxis als schwierig erweist (Wirtz 2003: 290).

Hinsichtlich der *Festlegung des Zeitpunktes und der Reihenfolge der Aktivitäten* sind die Beiträge der jeweiligen Maßnahmen zum Integrationserfolg und die erwarteten Schwierigkeiten bei der Bewältigung der Maßnahmen zu ermitteln (Sandler 1991: 209f.; Wirtz 2003: 280f.; Wisskirchen/Naujoks/Matoushek 2003: 325f.). Maßnahmen, die einen hohen Beitrag zum Integrationserfolg darstellen und bei denen Schwierigkeiten bei der Bewältigung zu erwarten sind, sollten mit oberster Priorität angegangen werden. Umgekehrt sollten Maßnahmen, die einen niedrigen Beitrag zum Integrationserfolg darstellen und bei denen hohe Schwierigkeiten bei der Bewältigung gesehen werden, zurückgestellt werden, da sie unnötig wertvolle Ressourcen binden (Wirtz 2003: 280).

Hinsichtlich der *Festlegung dieser zeitlichen Prozessparameter* werden nach bestem Wissen des Autors in den Beiträgen der Akquisitionsforschung keine stakeholderbezogenen Kriterien oder Aspekte genannt. Diese Tatsache bestätigt den Eindruck, dass die Stakeholder bzw. Stakeholderbeziehungen keinen besonderen Stellenwert in der Akquisitionsforschung hinsichtlich der Erschließung der Wertsteigerungspotenziale bei Zusammenschlüssen haben. Aus der praktischen Erfahrung erscheint es aber einleuchtend, dass betroffene Stakeholder die Festlegung der zeitlichen Prozessparameter beeinflussen: Beispielsweise kann die integrationsbedingte Anpassung operativer Schnittstellen mit Outsourcingpartnern oder Kunden oftmals zu einem Anpassungsbedarf auf Seiten des Stakeholders führen. Aufgrund von stakeholderseitigen Ressourcenengpässen oder etablierten Geschäftsabläufen des Stakeholders können jedoch gewisse Zeiträume existieren, in denen er die notwendigen Änderungen nicht konzipieren und durchführen kann. In diesen Fällen sind die Akquisitions- und Integrationsverantwortlichen gut beraten, auf die möglichen Realisierungszeitfenster des Stakeholders auszuweichen, um die durchgehende Funktionsfähigkeit der operativen Schnittstellen zu bewahren.

Die obigen Ausführungen zeigen, dass die Zeitdauer und die Reihenfolge der einzelnen Prozessschritte des Zusammenschlussprozesses einen Einfluss auf die Erschließung der Wertsteigerungspotenziale haben. Ebenso wird deutlich, dass die Stakeholder einen Einfluss auf die zeitlichen Prozessparameter haben können. Die Akquisitions- und Integrationsverantwortlichen müssen daher diese Parameter bewusst gestalten, um die Erschließung der Wertsteigerungspotenziale bestmöglich zu unterstützen. Diese Gestaltungsmöglichkeiten der Akquisitions- und Integrationsverantwortlichen werden in dieser Arbeit unter dem Aspekt *Festlegung der zeitlichen Prozessparameter* verwendet und später bei der Frameworkentwicklung berücksichtigt (Kapitel 4).

3.3.4.4 Resultierende Implikationen für die Gestaltung des Integrationsmanagements

Die Analyse der Beiträge der Akquisitionsforschung hinsichtlich der prozessualen Gestaltungsmöglichkeiten der Akquisitions- und Integrationsverantwortlichen verdeutlicht, dass sämtliche der in den Beiträgen genannten prozessualen Gestaltungsaktivitäten den beiden prozessualen Gestaltungsaspekten des Zürcher Ansatzes, *Festlegung der Prozessschritte* und *Festlegung der Ausgestaltung der Prozessschritte des Planungsprozesses* (Kapitel 2.1.2.2) zugeordnet werden können.

Es wird ebenfalls deutlich, dass die bewusste Auswahl der zu durchlaufenden Prozessschritte für einen systematischen Gesamtprozess wichtig ist. Ebenso ist die Festlegung der Prozessbeteiligten notwendig, um die Schnittstellen im Prozess zu managen und um damit den Integrationserfolg zu beeinflussen.

Des Weiteren zeigen die Beiträge der Akquisitionsforschung, dass die Bestimmung der Dauer und der Reihenfolge der zu durchlaufenden integrationsrelevanten Prozessschritte die Erschließung der Wertsteigerungspotenziale beeinflusst. Allerdings werden in den Beiträgen keine Prozessschritte erwähnt, die sich explizit mit der Nutzung der Wertsteigerungspotenziale auseinandersetzen, die die Stakeholderbeziehungen bieten. Es wird zwar erwähnt, dass Stakeholder prozessual eingebunden werden, aber ihre Einbindung dient lediglich zu kommunikativen Zwecken und damit zur Vermeidung negativer Reaktionen der Stakeholder. Eine Verwendung der Stakeholdereinbindung zur Unterstützung der Erschließung der Wertsteigerungspotenziale wird nicht thematisiert.

Aus diesen Erkenntnissen ergibt sich für die Gestaltung des stakeholderorientierten Integrationsmanagements, dass die Akquisitions- und Integrationsverantwortlichen die Schritte, die für die Erschließung der Wertsteigerungspotenziale durchlaufen werden, systematisch festlegen müssen. Dieser Gestaltungsaspekt wird als *Festlegung der integrationsrelevanten Prozessschritte* bezeichnet.

Des Weiteren wurde deutlich, dass die Akquisitions- und Integrationsverantwortlichen bewusst die Prozessbeteiligten und die Zeitdauern und Reihenfolgen der integrationsrelevanten Prozessschritte bestimmen müssen. Dies bedeutet, dass sie die Ausgestaltung der Prozessschritte festlegen müssen, damit diese die Erschließung der Wertsteigerungspotenziale unterstützen. Da sich diese Arbeit nur auf die Prozessschritte konzentriert, die für die Integration relevant sind, wird dieser Gestaltungsaspekt unter dem Begriff *Festlegung der Ausgestaltung der integrationsrelevanten Prozessschritte* zusammengefasst. Die genannten Möglichkeiten zur Ausgestaltung der Prozessschritte werden als die Gestaltungskategorien *Festlegung der Prozessbeteiligten* und *Festlegung der zeitlichen Prozessparameter* festgehalten.

Da die Stakeholder in den Beiträgen der Akquisitionsforschung prozessual kaum eine Rolle spielen, werden diesbezüglich keine Gestaltungsaspekte oder -kategorien abgeleitet. Entsprechende Gestaltungsaspekte werden später bei der Frameworkentwicklung aus der Integration der Konzepte der unterschiedlichen Forschungsstränge berücksichtigt (Kapitel 4).

Damit ergibt sich die in folgender Tabelle dargestellte Detaillierung der prozessualen Gestaltungsdimension:

Gestaltungsdimension	Gestaltungsaspekt	Gestaltungskategorien
Prozessuale Gestaltungsdimension	Festlegung der integrationsrelevanten Prozessschritte	(Keine weitere allgemeingültige Differenzierung möglich)
	Festlegung der Ausgestaltung der integrationsrelevanten Prozessschritte	Festlegung der Prozessbeteiligten
		Festlegung der zeitlichen Prozessparameter (Zeitdauer, Reihenfolge der Prozessschritte)

Tab. 3-6:   Gestaltungsaspekte und -kategorien der prozessualen Gestaltungsdimension auf Basis der Beiträge der Akquisitionsforschung

Die Diskussion der prozessualen Gestaltungsdimension hat damit gezeigt, dass die Stakeholder bzw. Stakeholderbeziehungen ähnlich wie bei der inhaltlichen Gestaltungsdimension bisher in den Beiträgen der Akquisitionsforschung kaum als Gestaltungsfeld der Akquisitions- und Integrationsverantwortlichen betrachtet werden, um die Erschließung der Wertsteigerungspotenziale zu unterstützen. Die stakeholderbezogenen Gestaltungsaktivitäten aufgrund der prozessualen Einbindung von Stakeholdern fokussieren sich bisher in der Literatur auf das reine Management der Schnittstellen mit den Prozessbeteiligten.

3.3.5   Institutionelle Gestaltungsdimension: Planungsträger

In Anlehnung an die institutionellen Gestaltungsaspekte, die aus dem Zürcher Ansatz abgeleitet werden konnten (Kapitel 2.1.2.3), können die in den Beiträgen der Akquisitionsforschung thematisierten institutionellen Gestaltungsmöglichkeiten der Akquisitions- und Integrationsverantwortlichen unterschieden werden in die *Festlegung der Institutionenstruktur* und die *Festlegung der Institutionenmitglieder* (Wisskirchen/Naujoks/Matouschek 2003: 327f.):

3.3.5.1 Festlegung der Institutionenstruktur

Hinsichtlich der Institutionenstruktur wird in der Akquisitionsforschung grundsätzlich ein mehrschichtiges Governance-Modell für die Integration vorgeschlagen, das in der Pre- und Post-Closingphase unterschiedlich ausgestaltet ist (Waco/Wery 2004: 48; Wisskirchen/Naujoks/Matouschek 2003: 327f.).

Planungsinstitutionen der Pre-Closing-Integrationsplanung

Die Vorschläge zur Organisation der Institutionen in der Pre-Closing-Integrationsplanung zeichnen sich ausnahmslos dadurch aus, dass sie Organisationsformen enthalten, die auf wenige Beteiligte ausgerichtet sind. Hierdurch soll höchste Vertraulichkeit erzielt sowie die Ruhe in den beteiligten Organisationen bewahrt werden (Wisskirchen/Naujoks/Matouschek 2003: 327). Folgende Abbildung zeigt den Vorschlag von Wisskirchen/Naujoks/Matouschek (2003: 328):

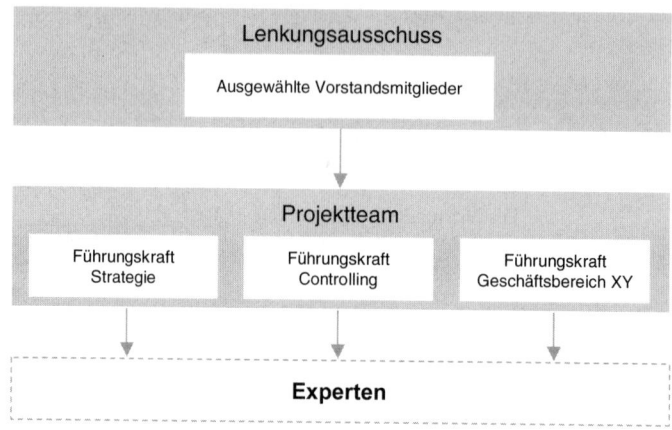

Abb. 3-5: Planungsträger der Pre-Closing-Integrationsplanung gemäß Wisskirchen/Naujoks/Matoushek
(2003: 328)

Der Lenkungsausschuss ist für den Fortschritt des Projektes gesamtverantwortlich. Das interdisziplinär besetzte Projektteam ist für die Integration und Verifikation der Arbeiten der Experten zuständig, die selektiv zur Bearbeitung einbezogen werden, wie z. B. Eigentümer, Finanz- und Steuerexperten, die sich mit der Identifikation und Bewertung der Wertsteigerungspotenziale befassen (Reissner 1992: 130). Das Projektteam sollte ebenfalls bei der Identifikation der Wertsteigerungspotenziale beteiligt sein, da die Experten aufgrund ihrer fokussierten Sicht eventuell Wertsteigerungspotenziale übersehen (Reissner 1992: 130).

Planungsinstitutionen der Post-Closing-Integrationsplanung

Für die Projektorganisation der Post-Closing-Integrationsplanung werden in der Literatur ebenfalls mehrere Varianten diskutiert. Diesen Varianten ist gemeinsam, dass sie eine festinstitutionalisierte Projektorganisation vorsehen, deren Größe vom Ausmaß der zu planenden Integrationsaktivitäten und von den verfügbaren Ressourcen bei beiden Unternehmen abhängt (Wisskirchen/Naujoks/Matouschek 2003: 328; Haspeslagh/Jemison 1991a: 49). Einen beispielhaften Vorschlag zur Gestaltung der Post-Closing-Projektstruktur zeigt folgende Abbildung:

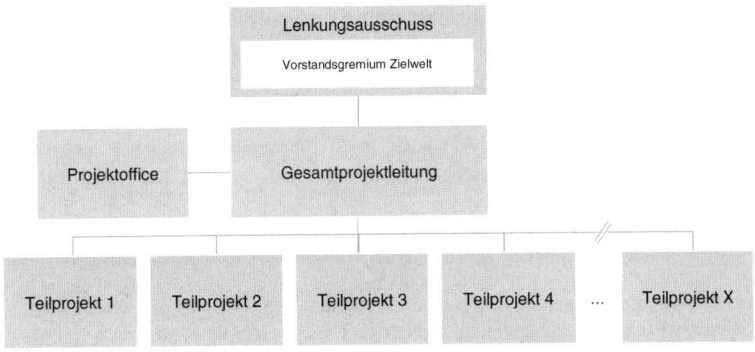

Abb. 3-6: Planungsträger der Post-Closing-Integrationsplanung gemäß Wisskirchen/Naujoks/Matouschek (2003: 328)

Unterschiede zwischen den Vorschlägen bestehen lediglich in der Art der Zusammenarbeit der Teilprojekte und in ihrer Unterteilung. Während einige Autoren (Lucks/Meckl 2002: 65f.; Wisskirchen/Naujoks/Matoushek 2003: 328) eine Matrixorganisation vorschlagen, z. B. mit produktspezifischen Teams und Teams für Querschnittsfunktionen (HR, IT, Controlling, etc.) (Wirtz 2003: 294), verwenden andere Autoren mehrere multifunktional besetzte Teams nebeneinander (Müller-Stewens/Schreiber 1993: 278f.) oder verwenden Task-Forces (Jansen 2004: 320).

Dem *Lenkungsausschuss* oder Steuerungskomitee („steering committee") obliegt die Überwachung des Integrationsprozesses (Haspeslagh/Jemison 1991a: 49; Wisskirchen/Naujoks/ Matoushek 2003: 328). Hierzu gehört im Rahmen der Integrationsplanung die Definition und Überwachung der Integrationsziele sowie die Zustimmung zu den erarbeiteten Konzepten und Entscheidungen des operativen Integrationsteams (Lucks/Meckl 2002: 285f.; Pinzer 2004: 39). Hinsichtlich des zeitlichen Engagements wird in der Literatur eine Mischung aus haupt- und nebenamtlichen Mitgliedern vorgeschlagen. Der Leiter des Komitees sollte hauptamtlich für die Integration eingesetzt werden, einfache Mitglieder können nebenamtlich Integrationsaktivitäten durchführen (Hartmann 2002: 74f.).

Der *Gesamtprojektleiter* ist als Hauptverantwortlicher für die Ausarbeitung des Integrationsplans zuständig (Haspeslagh/Jemison 1991a: 49). Zu seinen institutionellen Gestaltungsaktivitäten gehört die Information des Lenkungsausschusses und die Koordination der Teilprojekte bei der Planerstellung (Wisskirchen/Naujoks/Matoushek 2003: 328).

Das *Projektoffice* oder Projektbüro unterstützt den Projektleiter, vor allem hinsichtlich der Datenaggregation, des Plancontrollings sowie hinsichtlich der Vor- und Nachbereitung von Sitzungen (Lucks/Meckl 2002: 233; Mirvis/Marks 1992: 153; Wisskirchen/Naujoks/Matoushek 2003: 329). Diese Institution dient damit als Frühwarnsystem des Integrationsprojektes (Pinzer 2004: 39).

Die *Teilprojekte* sind für die Bearbeitung der Integrationsthemen verantwortlich und tragen damit wesentlich zur Gestaltung des Integrationsplans bei (Hase 1996: 70; Pinzer 2004: 39; Wirtz 2003: 278; Wisskirchen/Naujoks/Matouschek 2003: 329). Zu ihren Aufgaben im Rahmen der Integrationsplanung gehört die Überprüfung der Annahmen über die Wertsteigerungspotenziale aus dem Pre-Closing-Integrationsplan (Kogeler 1992: 108). Sämtliche Mitglieder der Teilprojekte ergeben zusammen das Integrationsteam (Hase 1996: 70) bzw. Integrationskernteam (Hornung 1998: 97; Waco/Wery 2004: 48).

Für ausgewählte Problemstellungen wird die Einbindung von externen Spezialisten, wie z. B. Anwälte, Steuerberater, Unternehmensberater, etc., vorgeschlagen, um die Verfügbarkeit spezifischen Know-hows sicherzustellen (Clever 1993: 135) sowie Objektivität und Neutralität bei den Planungsaktivitäten und Entscheidungen zu gewährleisten (Caytas/Mahari 1988: 310).

Zur Festlegung der Grundstruktur der Institutionen der Post-Closing-Integrationsplanung sind die spezifischen Integrationsziele und die strukturelle Unternehmenssituation, wie z. B. die Produkt- oder Technologieähnlichkeit, wichtige Bestimmungsfaktoren (Hartmann 2002: 71). Die Anzahl der Integrationsteams sollte gemäß Hase (1996: 68) begrenzt werden, um zügig Entscheidungen treffen zu können. Zusätzlich sind die jeweiligen Kompetenzen klar zu formulieren (Burghardt 1997: 82). Aus den Aufgaben der Institutionen ergeben sich auch Hinweise für die Festlegung des zeitlichen Engagements der Institutionenmitglieder („Full time" vs. „Part time"; Hartmann 2002: 74).

Diese Beiträge der Akquisitionsforschung zeigen, dass die Institutionenstruktur unterschiedlich gewählt werden kann und dass für die einzelnen Institutionen Aufgaben klar definiert werden müssen. Da jede Institution für die Erledigung spezifischer Aufgaben zuständig ist, werden durch die Institutionenstruktur institutionelle Schnittstellen geschaffen. Damit sich diese Schnittstellen nicht negativ auf die Erschließung der Wertsteigerungspotenziale auswirken, müssen sie bewusst gestaltet werden, d. h. die Institutionenstruktur und die Aufgaben der Institutionen müssen explizit festgelegt werden. Aufgrund der Bedeutung dieser Struktur für die Erschließung der Wertsteigerungspotenziale haben die Akquisitions- und Integrationsverantwortlichen ein Interesse, die Institutionenstruktur und die Festlegung der spezifischen Aufgaben mitzubestimmen. Die *Festlegung der Institutionenstruktur*, inklusive der Festlegung ihrer Aufgaben, stellt daher einen weiteren Gestaltungsaspekt für die Akquisitions- und Integrationsverantwortlichen dar und wird bei der Frameworkentwicklung berücksichtigt (Kapitel 4).

In den Beiträgen der Akquisitionsforschung wird weder für die Pre- noch für die Post-Closing-Phase die Einrichtung einer Institution vorgeschlagen, die sich explizit mit sämtlichen Stakeholdern befasst. Diese Tatsache bestätigt wieder, dass die Stakeholder in der Akquisitionsforschung institutionell nicht die Bedeutung haben, dass für sie eine eigenständige Institution eingerichtet wird. Aufgrund der zuvor dargestellten umfangreichen prozessualen Beteiligung mancher Stakeholder ist diese Tatsache bemerkenswert, da angenommen werden kann, dass eine institutionelle Verankerung solcher Stakeholdern die enge Zusammenarbeit weiter fördern sollte: Sie wären bei sämtlichen Teambesprechungen anwesend und würden daher noch stärker in den Informationsaustauschprozess involviert sein. Auf diesen Aspekt wird bei der Frameworkentwicklung eingegangen (Kapitel 4).

3.3.5.2 Festlegung der Institutionenmitglieder

Im Zusammenhang mit der Festlegung der Institutionenstruktur werden in den Beiträgen der Akquisitionsforschung eine Reihe von Vorschlägen für die Festlegung der Institutionenmitglieder gegeben.

Die Integrationsinstitutionen sollten grundsätzlich aus Mitgliedern beider Unternehmen besetzt werden, um ein *„Wir-versus-Ihr-Denken"* zu vermeiden (Wirtz 2003: 293). Das Ausmaß der paritätischen Besetzung sollte in Abhängigkeit vom Integrationsumfang (Müller-Stewens/Schreiber 1993: 275f.) und des Zeitpunktes im Akquisitions-/Integrationsprozess

(Hartmann 2002: 68f.) bestimmt werden. Je umfassender die Integrationsaktivitäten, desto eher sollten die Institutionen paritätisch besetzt sein. Als weiterer Vorteil der Einbindung von Führungskräften des Akquisitionsobjektes wird das Einbringen von zusätzlichen erfolgskritischen Sachinformationen genannt. Hierdurch steigt die Planungsqualität. Vorher identifizierte Wertsteigerungspotenziale und geplante Realisierungsmaßnahmen können gegebenenfalls korrigiert werden. Eine Einbindung von Führungskräften des Akquisitionsobjektes wird des Weiteren als vorteilhaft betrachtet, da sie die Akzeptanz für Veränderungen bei den Mitarbeitern des Akquisitionsobjektes erhöht, da „ihre" Führungskräfte selbst mitgewirkt haben (Hartmann 2002: 68f.).

Alle wesentlichen Unternehmens- und Funktionsbereiche sollten durch die Institutionenmitglieder abgedeckt sein, damit ausreichend Fachwissen bei der Integrationsplanung zur Verfügung steht (Clever 1993: 135; Wirtz 2003: 293).

Die Kontinuität der Beteiligten wird als wichtig erachtet. Zwischen den Institutionen, die für die Vorbereitung und für den Abschluss der Transaktion zuständig sind und dem Team, das für die Integration verantwortlich ist, sollte eine möglichst hohe personelle Übereinstimmung existieren, da die Pre-Closing-Integrationsplanung die wesentliche Grundlage für die Post-Closing-Integrationsplanung bildet (Gerpott 1993: 135; Hartmann 2002: 75; Lucks/Meckl 2002: 286; Wirtz 2003: 294).

Der *Lenkungsausschuss* oder das *Steuerungskomitee* sollte aus Führungskräften der relevanten Bereiche (Wirtz 2003: 293) oder aus Vorständen bestehen (Lucks/Meckl 2002: 285).

Aufgrund der notwendigen Neutralität bei der Koordination der Integrationsaktivitäten sollte die *Projektleitung* parallel keine Verantwortlichkeiten für ein betroffenes Ressort innehalten („Full-Time-Job"; Hartmann 2002: 74; Lucks/Meckl 2002: 286). Ashkenas/Francis (2000: 114) ergänzen, dass der Integrationsverantwortliche aus dem kaufenden Unternehmen stammen und langjährig dort beschäftigt sein sollte, da er sämtliche Anfragen zügig beantworten können und einen Zugang zu den richtigen Ansprechpartnern haben sollte. Auch Hase (1996: 111) betont die notwendigen „*Fach-, Sozial- und Machtkompetenzen*", über die ein Integrationsmanager „*zur Festlegung, Steuerung und Koordination der Integrationsaufgaben*" verfügen sollte. Hartmann fügt zusätzlich an, dass der Träger der Gesamtverantwortung für die Integration sehr hoch verankert sein sollte, z. B. der Leiter einer strategischen Geschäftseinheit oder der Vorstand des Käuferunternehmens, damit Abstimmungsprozesse erleichtert und die Motivation der Mitarbeiter zur Unterstützung des Integrationsprozesses gesteigert werden (Hartmann 2002:71f.).

Die *(Teil-)Projektteams* sollten in der Regel aus Mitarbeitern beider Unternehmen bestehen (Pinzer 2004: 38f.) und können auch multi-funktional besetzt sein (Waco/Wery 2004: 48).

Diese Ausführungen belegen die Gestaltungsmöglichkeiten bei der Festlegung der Institutionenmitglieder. Da die Institutionenmitglieder die Personen sind, die die Konzeptions- und Realisierungsmaßnahmen entwickeln, hat ihre Festlegung einen Einfluss auf die Erschließung der Wertsteigerungspotenziale. Die Akquisitions- und Integrationsverantwortlichen haben daher ein Interesse, die Besetzung der Institutionen mitzubestimmen. Die *Festlegung der Institutionenmitglieder* bildet daher einen weiteren institutionellen Gestaltungsaspekt für die Akquisitions- und Integrationsverantwortlichen. Er wird bei der Frameworkentwicklung berücksichtigt (Kapitel 4).

Diese Ausführungen zeigen jedoch auch, dass die Beiträge der Akquisitionsforschung neben den Mitarbeitern keine Stakeholder als Institutionenmitglieder sehen. Hiermit wird ebenfalls der Eindruck bestärkt, dass die Stakeholder bisher in der Akquisitionsforschung nicht eine solche Bedeutung haben, dass sie Mitglied einer oder mehrerer Institutionen sein sollten. In Anlehnung an die Ausführungen weiter oben ist diese Tatsache bemerkenswert, da durchaus einzelne Stakeholder sehr stark prozessual eingebunden sein können bzw. müssen, so dass eine institutionelle Mitgliedschaft sinnvoll sein kann.

3.3.5.3 Resultierende Implikationen für die Gestaltung des Integrationsmanagements

Die Analyse der Beiträge der Akquisitionsforschung zeigt, dass eine mehrstufige Institutionenstruktur für die Abarbeitung der Akquisitions- und Integrationsaktivitäten verwendet wird, wobei jede Institution spezifische Aufgaben zu erledigen hat. Es wird keine Institution erwähnt werden, die sich explizit mit Stakeholderbelangen beschäftigt.

Die Beiträge der Akquisitionsforschung nennen eine Reihe von Vorschlägen für die Festlegung der Institutionenmitglieder. Es wird deutlich, dass die Festlegung der Mitglieder die Erschließung der Wertsteigerungspotenziale beeinflusst. Außer den Mitarbeitern der beteiligten Unternehmen werden jedoch keine Stakeholder als Mitglied einer Institution benannt, außer wenn sie als Spezialisten, wie z. B. Anwälte oder Unternehmensberater, für eine spezifische Aufgabe herangezogen werden.

Die aus dem Zürcher Ansatz abgeleiteten institutionellen Gestaltungsaspekte *Festlegung der Institutionenmitglieder* und *Festlegung der Aufgaben der Institutionenmitglieder* werden in den Beiträgen der Akquisitionsforschung ebenfalls thematisiert. Zusätzlich wird in der Akquisitionsforschung jedoch noch die *Festlegung der Institutionenstruktur* erwähnt.

Diese Erkenntnisse führen zu folgenden Implikationen für die institutionelle Gestaltungsdimension des Integrationsmanagements:

- Aufgrund der Bedeutung der Institutionenstruktur und der Institutionenmitglieder für die Erschließung der Wertsteigerungspotenziale haben die Akquisitions- und Integrationsverantwortlichen ein Interesse und die Aufgabe, diese Aspekte mitzugestalten. Diese beiden Gestaltungsmöglichkeiten werden daher als die Gestaltungsaspekte *Festlegung der Institutionenstruktur* und *Festlegung der Institutionenmitglieder* bezeichnet. Erstere beinhaltet auch die Festlegung der Aufgaben der Institutionen.
- Die Beiträge der Akquisitionsforschung berücksichtigen bisher nicht explizit die Stakeholder bei der Institutionenstruktur und bei den Institutionenmitgliedern. Auf diesen Aspekt ist bei der Entwicklung des Frameworks zurückzukommen (Kapitel 4).

Damit ergibt sich die in folgender Tabelle dargestellte Detaillierung der institutionellen Gestaltungsdimension:

Gestaltungsdimension	Gestaltungsaspekt	Gestaltungskategorien
Institutionelle Gestaltungsdimension	Festlegung der Institutionenstruktur (inklusive Aufgaben der Institutionen)	(Keine weitere allgemeingültige Differenzierung möglich)
	Festlegung der Institutionenmitglieder	(Keine weitere allgemeingültige Differenzierung möglich)

Tab. 3-7:   Gestaltungsaspekte und -kategorien der institutionellen Gestaltungsdimension auf Basis der Beiträge der Akquisitionsforschung

Die Diskussion der Beiträge der Akquisitionsforschung hinsichtlich der institutionellen Gestaltungsdimension des Integrationsmanagements hat also gezeigt, dass es zwei wesentliche institutionelle Gestaltungsaspekte gibt. Die Stakeholder nehmen hierin keine besondere Bedeutung ein, obwohl ihre institutionelle Beteiligung die Zusammenarbeit weiter fördern könnte. Die Einrichtung einer eigenen Institution, die sich ausschließlich mit Stakeholderbelangen beschäftigt, würde dazu beitragen, dass sämtliche stakeholderrelevante Maßnahmen stärker aufeinander abgestimmt sind. Hierdurch könnte ein weiterer Beitrag zur Festigung der Stakeholderbeziehungen und damit zur besseren Erschließung der Wertsteigerungspotenziale geleistet werden. Auf diese institutionellen Aspekte wird daher bei der Entwicklung des Frameworks ebenfalls eingegangen (Kapitel 4).

Insgesamt zeigen die vorstehenden Ausführungen, dass die Akquisitions- und Integrationsverantwortlichen eine Reihe von Gestaltungsaspekten gestalten können und müssen, um die maximale Erschließung der Wertsteigerungspotenziale zu erreichen. Die Stakeholder können bei sämtlichen Gestaltungsaspekten bzw. -dimensionen hierfür einen Rolle spielen. Diese Rolle wird jedoch bisher in der Akquisitionsforschung nur vereinzelt angesprochen.

4 Theoriegestütztes Framework zum stakeholderorientierten Integrationsmanagement

Aufbauend auf den vorgestellten Konzepten und Erkenntnissen der Strategischen Management-, der Business & Society- und der Akquisitionsforschung wird in diesem Kapitel das theoriegestützte Framework zum stakeholderorientierten Integrationsmanagement entwickelt.

Ziel des Frameworks ist, die wesentlichen *Gestaltungsdimensionen und -aspekte* des Integrationsmanagements gemäß der Abgrenzung dieser Arbeit zu erfassen sowie die wichtigsten *stakeholderbezogenen Bezugspunkte* für die Gestaltung dieser Gestaltungsdimensionen und -aspekte darzustellen. Des Weiteren besteht das Ziel in der Operationalisierung der Stakeholderorientierung der Gestaltungsdimensionen.

Diese Ziele werden verfolgt, um bei der anschließenden empirischen Exploration die Art und Weise und den Umfang der Stakeholderorientierung des Integrationsmanagements erfassen und beschreiben zu können. Des Weiteren sollen mit dem Framework konkrete Beispiele für besonders stakeholderorientierte Integrationsmanagementaktivitäten identifiziert werden. Mit Hilfe dieser Erkenntnisse sollen schließlich die Forschungsfrage und die Detailfragen dieser Arbeit beantwortet werden.

Das Framework umfasst daher die Themenblöcke *Gestaltungsdimensionen, Stakeholderorientierung* und *stakeholderbezogene Bezugspunkte des Integrationsmanagements*.

Die *Gestaltungsdimensionen des Integrationsmanagements* beinhalten die Dimensionen bzw. Aspekte, die Akquisitions- und Integrationsverantwortliche gestalten können, um die Erreichung der Akquisitions-/Integrationsziele zu unterstützen, d. h. vor allem um integrationsbedingte Wertsteigerungspotenziale zu erschließen. Durch die bewusste Gestaltung dieser Dimensionen bzw. Aspekte können die Verantwortlichen das Integrationsmanagement und damit die Integration stärker oder schwächer auf die Stakeholdern ausrichten.

Die Stakeholderorientierung des Integrationsmanagements definiert, wie die Stakeholderorientierung des Integrationsmanagements operationalisiert werden kann. Die Operationalisierung der Stakeholderorientierung ermöglicht, die Daten der empirischen Exploration zielstrebig zu analysieren und besonders stakeholderorientierte Gestaltungsaktivitäten (Good Practices) zu identifizieren.

Die stakeholderbezogenen Bezugspunkte für die Gestaltung des Integrationsmanagements enthalten sämtliche stakeholderbezogenen Aspekte, die die Akquisitions- und Integrationsverantwortlichen kennen müssen, damit sie ihre Gestaltungsaktivitäten systematisch stärker oder schwächer auf die Stakeholder ausrichten können.

Zunächst werden diese drei Themenblöcke und ihre Grobstruktur hergeleitet (Kapitel 4.1), bevor sie anschließend weiter detailliert werden (Kapitel 4.2). Abschließend wird das Framework zusammenfassend kurz gewürdigt (Kapitel 4.3).

4.1   Grobstruktur des Frameworks

4.1.1   Gestaltungsdimensionen des Integrationsmanagements

Wie aus den obigen Ausführungen und der Forschungsfrage hervorgeht (Kapitel 1.3), stehen diejenigen Gestaltungsmöglichkeiten der Akquisitions- und Integrationsverantwortlichen im Fokus dieser Arbeit, die die Erreichung der Akquisitions-/Integrationsziele unterstützen und zugleich die Ausrichtung des Integrationsmanagements und damit der Integration auf die Stakeholder systematisch beeinflussen. Diese Fokussierung erfolgt vor dem Hintergrund, dass die Annahmen des Stakeholder View-Konzepts Gültigkeit haben (Kapitel 2.2.4). Es wird daher vorausgesetzt, dass die Stakeholder eine wesentliche Quelle für die Wertschöpfung des Unternehmens und für die Erzielung von nachhaltigen Wettbewerbsvorteilen darstellen. Ebenfalls wird angenommen, dass die Ausrichtung des Unternehmens bzw. des Managements auf die Stakeholder wichtig ist, um diese Wertsteigerungspotenziale zu erschließen.

Um nicht den Rahmen dieser Arbeit zu sprengen, geht diese Arbeit davon aus, dass die Erschließung von Wertsteigerungspotenzialen das Haupt-Akquisitions-/Integrationsziel darstellt. Auf weitere Ziele wird daher in den weiteren Ausführungen nicht eingegangen.

In diesem Zusammenhang stellt sich für die Akquisitions- und Integrationsverantwortlichen die Frage, die zugleich die erste Detailfrage der zentralen Forschungsfrage darstellt (Kapitel 1.3):

Welches sind die stakeholderbezogenen Gestaltungsaspekte der Akquisitions- und Integrationsverantwortlichen?

Zur Beantwortung dieser Frage werden die in Kapitel 3.3.2 bei Anwendung des Zürcher Ansatzes zur Strukturierung der Beiträge der Akquisitionsforschung hinsichtlich des Integrationsmanagements abgeleiteten Gestaltungsdimensionen verwendet. Bei dieser Ableitung wurden eine *inhaltliche Gestaltungsdimension* mit den Planungsproblemen, eine *prozessuale Gestaltungsdimension*, die die integrationsrelevanten Prozessschritte umfasst, und eine *institutionelle Gestaltungsdimension*, die sich mit den bei der Integration involvierten Planungsträgern befasst, ermittelt.

Die Analyse der Beiträge der Akquisitionsforschung hat ergeben, dass sich sämtliche Gestaltungsmöglichkeiten der Akquisitions- und Integrationsverantwortlichen diesen Gestaltungsdimensionen zuordnen lassen. Folgende Tabelle stellt die in Kapitel 3.3 ermittelten Gestaltungsdimensionen und -aspekte des Integrationsmanagements gemäß der Analyse der Beiträge der Akquisitionsforschung dar:

Gestaltungsdimensionen	Gestaltungsaspekte	Gestaltungskategorien
Inhaltliche Gestaltungs-dimension	Gestaltung der Planungsprobleme (Führungsinhalte)	Formulierung der Grundlagen der Integrationsplanung (Akquisitions-/Integrationsziele, Ist-Unternehmensanalyse, Wertsteigerungspotenziale)
		Formulierung der Zielwelt
		Formulierung von Konzeptions- und Realisierungsmaßnahmen
Prozessuale Gestaltungs-dimension	Festlegung der integrationsrelevanten Prozessschritte	(Keine weitere allgemeingültige Differenzierung möglich)
	Festlegung der Ausgestaltung der integrationsrelevanten Prozessschritte	Festlegung der Prozessbeteiligten
		Festlegung der zeitlichen Prozessparameter (Zeitdauer, Reihenfolge der Prozessschritte)
Institutionelle Gestaltungsdimension	Festlegung der Institutionenstruktur (inklusive Aufgaben der Institutionen)	(Keine weitere allgemeingültige Differenzierung möglich)
	Festlegung der Institutionenmitglieder	(Keine weitere allgemeingültige Differenzierung möglich)

Tab. 4-1:   Gestaltungsaspekte und -kategorien der Gestaltungsdimensionen des Integrationsmanagements auf Basis der Beiträge der Akquisitionsforschung und des Zürcher Ansatzes

Für die Entwicklung der *Grob*struktur des Frameworks ist zu klären, inwiefern weitere Gestaltungs*dimensionen* durch die Erkenntnisse der Konzepte des Stakeholder View-Konzepts hinzukommen. Die möglichen Gestaltungsdimensionen des Stakeholder Management-Konzepts werden durch die Gestaltungsdimensionen des Stakeholder View-Konzepts abgedeckt, da das Stakeholder Management-Konzept lediglich eine Konkretisierung der Implementierung des Stakeholder Views darstellt.

Weitere Gestaltungsdimensionen könnten für die Ausrichtung des Integrationsmanagements auf die Stakeholder durch die Erkenntnisse des Stakeholder View-Konzepts hinzukommen, da sich die Schwerpunkte der Betrachtung des Stakeholder Views von denen der Akquisitionsforschung unterscheiden. Während sich das SHV-Konzept auf die Ausrichtung des Managements auf die Stakeholder und ihre Bedürfnisse fokussiert, konzentriert sich die relevante Akquisitionsforschung auf die Gestaltung des Akquisitions- und Integrationsprozesses, um die beteiligten Unternehmen zusammenzuführen und Wertsteigerungspotenziale zu erschließen. Es ist daher davon auszugehen, dass jeweils unterschiedliche Gestaltungsaktivitäten bzw. Gestaltungsaspekte genannt werden, die eventuell auch unterschiedlichen Gestaltungsdimensionen zuzuordnen sind.

In Kapitel 2.2.3 wurde gezeigt, dass die Implementierung des Stakeholder Views die im Zürcher Ansatz verwendeten Kernelemente der Strategie, Struktur und Kultur betrifft. Dies bedeutet, dass sich die verwendeten Gestaltungsaspekte auf sämtliche Kernelemente des Unternehmens auswirken. Da sich die Gestaltungsaspekte der Akquisitionsforschung ebenfalls auf sämtliche Kernelemente auswirken und da jedem Kernelement eindeutig eine der drei genannten Gestaltungsdimensionen zugeordnet ist, wird angenommen, dass sich die Gestaltungsaspekte bei der Implementierung des Stakeholder Views ebenfalls einer inhaltlichen, prozessualen und institutionellen Gestaltungsdimension zuordnen lassen. Unter der Annahme, dass diese Schlussfolgerung gilt, ergeben sich auch bei Berücksichtigung der Erkenntnisse der Implementierung des Stakeholder Views keine weiteren Gestaltungs*dimensionen*, die in das Framework aufgenommen werden müssen.

Aufgrund der genannten unterschiedlichen Schwerpunkte des Stakeholder View-Konzepts und der Akquisitionsforschung wird davon ausgegangen, dass *innerhalb* der Gestaltungs*dimensionen* jeweils unterschiedliche Gestaltungs*aspekte* und *-kategorien* genannt werden. Diese möglichen Unterschiede und Ergänzungen werden bei der Detaillierung der Frameworkblöcke berücksichtigt.

Damit bleiben unter Berücksichtigung des Stakeholder View-Konzepts und damit auch unter Berücksichtigung des Stakeholder Management-Konzepts, folgende Dimensionen die Gestaltungsdimensionen des Integrationsmanagements:

- *Planungsprobleme:* sämtliche inhaltliche Gestaltungsaspekte des Integrationsmanagements (inhaltliche Gestaltungsdimension)
- *Integrationsrelevante Prozessschritte:* sämtliche prozessuale Gestaltungsaspekte des Integrationsmanagements (prozessuale Gestaltungsdimension)
- *Planungsträger:* sämtliche institutionelle Gestaltungsaspekte des Integrationsmanagements (institutionelle Gestaltungsdimension)

Diese drei Gestaltungsdimensionen werden für die Grobstruktur des Frameworks, wie in folgender Abbildung dargestellt, verwendet (Kapitel 4.1.4):

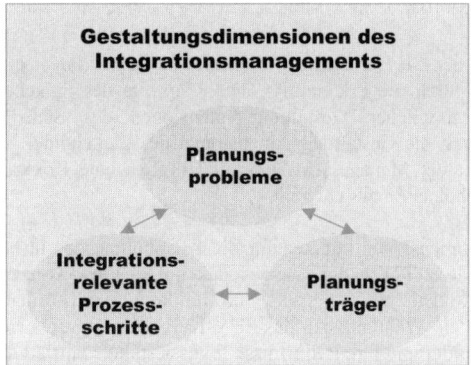

Abb. 4-1: Grobstruktur der Gestaltungsdimensionen des Integrationsmanagements

Diese Ausführungen zeigen, dass die Gestaltungsdimensionen des Integrationsmanagements denen entsprechen, die bei der Analyse der Beiträge der Akquisitionsforschung ermittelt wurden. Diese Tatsache bedeutet, dass die Analyse der Beiträge der Business & Society-Forschung keine ergänzenden Gestaltungsdimensionen hervorgebracht hat. Diese Erkenntnis bekräftigt, dass mit diesen drei Gestaltungsdimensionen die wesentlichen Gestaltungsaktivitäten der Akquisitions- und Integrationsverantwortlichen abgedeckt sind.

4.1.2 Stakeholderorientierung des Integrationsmanagements

Nachdem die Gestaltungsdimensionen des Integrationsmanagements hergeleitet sind und nachdem damit für die Akquisitions- und Integrationsverantwortlichen deutlich ist, in welchen Gestaltungsdimensionen sie aktiv werden können und müssen, stellt sich die zweite Detailfrage der zentralen Forschungsfrage (Kapitel 1.3):

Was heißt Stakeholderorientierung, damit die Akquisitions- und Integrationsverantwortlichen wissen, wie sie die Stakeholderorientierung ihrer Gestaltungsaktivitäten bewusst beeinflussen können?

Zur Beantwortung dieser Frage wird das Konstrukt der Stakeholderorientierung nachfolgend erläutert. Es bildet den zweiten Themenblock des Frameworks (Kapitel 4.1.4).

4.1.2.1 Begriff der Stakeholderorientierung in der Forschung

Die Stakeholderorientierung bildet ein zentrales Konstrukt des Stakeholder Views-Konzepts (Sachs/Maurer 2005: 3) und wird auch bei empirischen Untersuchungen verwendet (Berman et al. 1999: 491f., Greenley/Foxall 1997: 259f., Luk et al. 2005: 90f.; Post/Preston/Sachs 2002: 63). Meistens fokussieren sich diese Studien auf die Untersuchung des Zusammenhangs zwischen Stakeholderorientierungen und Unternehmenserfolg (*„stakeholder orientations and firm performance"*; Sachs/Maurer 2005: 3). Eine umfassende Definition des Begriffs steht bei ihnen nicht im Fokus und ist daher nicht Bestandteil ihrer Studien. So ist bei Post/Preston/ Sachs (2002: 63) lediglich Folgendes zu erfahren: *„In a true stakeholder orientation, managers learn from stakeholders, gaining new and productive ideas as well as understanding stakeholder concerns and goals"*.

Am umfangreichsten setzen sich Greenley et al. in ihren Studien mit dem Begriff der Stakeholderorientierung auseinander (Greenley/Foxall 1997: 263f.; Greenley et al. 2004: 163f.). Sie definieren Stakeholderorientierung mit (1997: 263): *„The relative attention that companies give to each of their stakeholder groups, based on the above issues, is defined as their orientation to each of these groups to give, for example, a consumer orientation, a competitor orientation, and a shareholder orientation"*. Als Issues (organisationale Themen) verwenden sie: Stakeholder verstehen, für Stakeholder zu planen, Unternehmenskultur und Unternehmensmission (Greenley 1997: 261f.). Hiernach beschreibt die Stakeholderorientierung das relative Ausmaß, mit dem sich ein Unternehmen jeder seiner Stakeholdergruppen hinsichtlich der genannten Themen widmet, d. h. wie stark es sich mit den Interessen der Stakeholder auseinandersetzt und versucht, diese Interessen bei den betrachteten organisationalen Themen zu adressieren. Diese Definition bedeutet, dass der Begriff der Stakeholderorientierung im Zusammenhang mit sehr unterschiedlichen organisationalen Themen assoziiert werden kann. Es spricht daher nichts dagegen, den Begriff für Gestaltungsaktivitäten des Integrationsmanagements zu verwenden.

In ihren neueren Arbeiten haben Greenley et al. das Konstrukt der Stakeholderorientierung weiterentwickelt. Sie sprechen auf Unternehmensebene von dem *„multiple stakeholder orientation profile"* (MSOP), das ein Unternehmen hat (Greenley et al. 2004: 165). Sie definieren ein MSOP als: *"The simultaneous ordering of attitudes towards each set of primary stakeholder interests."* (Greenley/Hooley/Rudd 2005: 1484) bzw. als *„The resultant prioritisation of each set of primary stakeholder interests, and allocated managerial behaviour to serve these prioritised interests. For example, an internal profile that emphasizes various groups of employees; an ownership profile that emphasizes shareholders; a market service profile that emphasizes customers; and a market aggression profile that emphasizes competitors"*

(Greenley et al. 2004: 165). Diese Definition wird auch von Luk et al. (2005: 90) aufgegriffen: *„A company's stakeholder orientation represents how much the company attends to the interests of all its relevant stakeholders and thus attempts to address such interests"*.

Hiernach verfügt jedes Unternehmen über ein einzigartiges Multiples-Stakeholder-Orientierungs-Profil (MSOP), das sich aus der Beurteilung und Priorisierung der Stakeholderinteressen und aus dem Ausmaß des zugeordneten Managementverhaltens ergibt, um der Erfüllung dieser Interessen nachzukommen. Es wird zusammenfassend auf Unternehmensebene beurteilt, inwiefern Stakeholderinteressen seitens des Managements nachgegangen werden.

In einer kritischen Würdigung dieser Definitionen von Greenley et al. ist anzumerken, dass das in der Definition verwendete relative Ausmaß der Beschäftigung mit einer Stakeholdergruppe offen lässt, worauf sich „relativ" bezieht: ob es sich relativ zu der Beschäftigung mit anderen Stakeholdern oder zu sämtlichen Themen bezieht. Es wird nicht klar, ob von hoher Kundenorientierung gesprochen wird, wenn die Kunden die Stakeholdergruppe unter allen Stakeholdergruppen darstellt, mit deren Interessen sich ein Unternehmen am meisten auseinandersetzt ODER wenn Kunden den inhaltlichen Schwerpunkt bilden, der am meisten bei dem betrachteten organisationalen Thema gegenüber sämtlichen möglichen inhaltlichen Schwerpunkten genannt wird, wie z. B. auch Produkte, Prozesse, Technik, etc.

Des Weiteren ist festzustellen, dass beide Definitionen von Greenley et al. ergebnisoffen sind, d. h. sie sprechen „schon" von Stakeholderorientierung, wenn sich ein Unternehmen mit den Interessen der Stakeholder beschäftigt und diese adressiert, unabhängig davon, ob die Interessen der relevanten Stakeholder letztlich auch berücksichtigt werden.

Zur Behebung dieser Defizite wird das Verständnis der Stakeholderorientierung erweitert.

4.1.2.2 Erweiterung des Stakeholderorientierungsverständnisses

Bevor das Konstrukt der Stakeholderorientierung für diese Arbeit definiert wird, werden die kritischen Aspekte der Definition von Greenley et al. aufgegriffen und bearbeitet. Als kritische Aspekte gelten zum einen die *Unklarheit hinsichtlich des Bezugs des Ausmaßes der Beschäftigung mit einer Stakeholdergruppe* und zum anderen die bisher *fehlende Bedeutung des direkten Ergebnisses der Auseinandersetzung mit den Stakeholderinteressen* (berücksichtigt vs. nicht berücksichtigt).

Der zweite kritische Aspekt kann dadurch eliminiert werden, dass – als Weiterentwicklung der Definitionen von Greenley et al. – zwei Arten der Stakeholderorientierung unterschieden werden:

- Eine *quantitative* Stakeholderorientierung, die beschreibt, wie stark sich ein Unternehmen mit seinen Stakeholdern hinsichtlich eines Aspekts beschäftigt.
- Eine *qualitative* Stakeholderorientierung, die beschreibt, inwiefern tatsächlich die Interessen der relevanten Stakeholder hinsichtlich eines Aspekts berücksichtigt werden. Die Berücksichtigung kann sich in den Aussagen von Unternehmensmitgliedern oder in ihren Handlungen wiederspiegeln.

Eine ähnliche Differenzierung wird bei der Datenanalyse im „Good Practices Projekt of Stakeholder View" (Sachs/Maurer 2005: 5f.) vorgenommen. Dort wird entsprechend dem Schwerpunkt des inhaltlichen Bezugs der Interviewaussagen von Mitarbeiterorientierung, Kundenorientierung, etc. als Grundrichtung der Unternehmensstrategie gesprochen. Diese Orientierung entspricht im erweiterten Stakeholderorientierungsverständnis der *quantitativen*

Stakeholderorientierung der Unternehmensstrategie. Damit diese Interviewaussagen jedoch vollständig ausgewertet werden können, wird im Good Practices Projekt zusätzlich markiert, ob der Inhalt der Aussage die relevante Orientierung verstärkt, ins Gegenteil verkehrt oder sich neutral verhält. Diese Beurteilung ist ähnlich der *qualitativen* Stakeholderorientierung im erweiterten Stakeholderorientierungsverständnis.

Die im erweiterten Stakeholderorientierungsverständnis verwendete *qualitative* Stakeholderorientierung wird durch einen weiteren Autor unterstützt. Bruhn (2002: 21) definiert Kundenorientierung wie folgt: *„(Externe) Kundenorientierung bezeichnet die grundsätzliche Ausrichtung der Unternehmensaktivitäten an den Kundenbedürfnissen, die bei der Planung und Erstellung der unternehmerischen Leistungen Berücksichtigung finden, mit dem Ziel, langfristig stabile und ökonomisch vorteilhafte Kundenbeziehungen zu etablieren"*. Seine Definition bedeutet, dass ein Unternehmen als kundenorientiert gilt, wenn die Interessen des Kunden bei den Unternehmensaktivitäten berücksichtigt sind. Dieser Aspekt wird exakt von der *qualitativen* Stakeholderorientierung erfasst.

Der erstgenannte kritische Aspekt der Definition von Greenley et al., die Unklarheit der Definition hinsichtlich der Relativität bzw. des Bezugs des Ausmaßes der Beschäftigung mit einer Stakeholdergruppe, kann ebenfalls mit Hilfe der Konkretisierung des erweiterten Stakeholderorientierungsverständnisses vermieden werden. Bezogen auf das Integrationsmanagement lässt sich mit Hilfe des erweiterten Stakeholderorientierungsverständnisses auf aggregierter Gesamtebene definieren:

- *Die quantitative Stakeholderorientierung des Integrationsmanagements bezeichnet das relative (mengenmäßige) Ausmaß, in dem sich ein Unternehmen beim Management der Integration mit Stakeholdergruppen beschäftigt im Verhältnis zu sämtlichen Themenschwerpunkten, mit denen sich ein Unternehmen beim Management der Integration beschäftigt.*
- *Die qualitative Stakeholderorientierung des Integrationsmanagements bezeichnet das relative inhaltliche Ausmaß, in dem die Interessen der strategisch relevanten Stakeholdergruppen beim Management der Integration berücksichtigt werden.*

Wie bei der Erläuterung des Stakeholder Management Konzepts (Kapitel 2.3.1) dargestellt, zählen solche Stakeholder als strategisch relevant, die auf die Wettbewerbsfähigkeit den nachhaltigsten Einfluss nehmen und damit den Unternehmenserfolg am stärksten beeinflussen. Übertragen auf die Situation der Integration sind dies diejenigen Stakeholder, die für die Wertschöpfungssteigerung, die durch das Integrationsmanagement und die Integration erzielt werden soll, die wichtigsten Beiträge leisten.

Dieses erweiterte Verständnis der Stakeholderorientierung deckt sich auch mit der Kundenorientierungsdefinition von Bucerius/Schulze-Wehninck (2004: 519). Bei Ihnen bezeichnet die Kundenorientierung einer Integration *„das Ausmaß, in dem kundenbezogene Überlegungen maßgeblich für die Entscheidungen sowohl der internen als auch der externen Angleichung sind. Kundenbedürfnisse sind beispielsweise dann berücksichtigt, wenn Entscheidungen an dem Ziel orientiert sind, zusätzlichen Kundennutzen zu schaffen und weniger daran, die Kosten der Kundenbetreuung zu reduzieren"*.

Mit Hilfe der erweiterten Stakeholderorientierungsdefinition lässt sich beispielsweise die Aussage treffen, dass das Integrationsmanagement eine hohe *quantitative* Kunden- und Outsourcingpartnerorientierung aufweist, wenn das Integrationsmanagement, genauer gesagt die Gestaltungsaspekte des Integrationsmanagements, oftmals einen Kunden- und Outsourcingpartnerbezug haben. Dieses Beispiel verdeutlicht zugleich, dass Orientierungen gleichzeitig bestehen, analog dem Verständnis von Greenley et al. Analog kann mit Hilfe der erweiterten Stakeholderorientierungsdefinition beispielsweise gesagt werden, dass das Integrationsmanagement eine hohe *qualitative* Kunden- und Outsourcingpartnerorientierung aufweist, wenn aus den untersuchten stakeholderbezogenen Gestaltungsaspekten hervorgeht, dass die Interessen der Kunden- und Outsourcingpartner überwiegend berücksichtigt sind.

Diese Aussagen haben die Stakeholderorientierung auf Stakeholderebene beispielhaft erläutert. Aufgrund des Untersuchungsgegenstandes dieser Arbeit erscheint eine weitere Differenzierung hinsichtlich der Betrachtungsebenen angebracht. So lässt sich die Stakeholderorientierung auf *Stakeholder*ebene (Betrachtung der Orientierung hinsichtlich einer Stakeholdergruppe), *Gestaltungsdimensions*ebene (Betrachtung der Stakeholderorientierung einer Gestaltungsdimension des Integrationsmanagements) und *Gesamt*ebene (Betrachtung der Stakeholderorientierung über alle Gestaltungsdimensionen des Integrationsmanagements) unterscheiden. Diese Ebenen sind in folgender Abbildung zusammenfassend dargestellt:

Betrachtungsebene \ Orientierungsart	Art der (Stakeholder-)Orientierung		Zusammenfassende (Stakeholder-) Orientierung
	Quantitativ	Qualitativ	
Stakeholderebene	Quantitative Kunden-, Outsourcingpartnerorientierung, etc.	Qualitative Kunden-, Outsourcingpartnerorientierung, etc.	Gesamt-Kunden-, Outsourcingpartnerorientierung, etc. des Integrationsmanagements
Gestaltungsdimensionsebene - Planungsprobleme - Integrationsrelevante Prozessschritte - Involvierte Instanzen	Quantitative Stakeholderorientierung der Gestaltungsdimension	Qualitative Stakeholderorientierung der Gestaltungsdimension	Gesamt-Stakeholderorientierung der Gestaltungsdimension
Gesamtebene	Quantitative Stakeholderorientierung des Integrationsmanagements	Qualitative Stakeholderorientierung des Integrationsmanagements	Gesamt-Stakeholderorientierung des Integrationsmanagements

Fokus der Arbeit

Abb. 4-2: Arten der Stakeholderorientierung und Betrachtungsebenen

Dieses differenzierte Verständnis der Stakeholderorientierung erscheint zweckmäßig und notwendig, um die Stakeholderorientierung der Gestaltungsaktivitäten des Integrationsmanagements charakterisieren zu können, um damit leichter Beispiele für stakeholderorientierte Gestaltungsaktivitäten der Verantwortlichen bzw. stakeholderorientiertes Integrationsmanagement zu identifizieren.

Wie bei der Herleitung der Gestaltungsdimensionen des Integrationsmanagements erläutert (Kapitel 4.1.1), kann jede Gestaltungsdimension mehrere Gestaltungsaspekte umfassen. Die Stakeholderorientierung einer Gestaltungsdimension setzt sich daher aus der Stakeholderorientierung ihrer Gestaltungsaspekte zusammen. Die Betrachtung der Gestaltungsaspekte ermöglicht deshalb, die Stakeholderorientierung auf Gestaltungsdimensionsebene und auf Gesamtebene zu bestimmen.

Hieraus ergeben sich folgende Anwendungsbeispiele zur Stakeholderorientierung des Integrationsmanagements auf Gestaltungsdimensionsebene:

- Eine hohe *quantitative* Stakeholderorientierung liegt bei den *Planungsproblemen*, den *integrationsrelevanten Prozessschritten* oder bei den *Planungsträgern* vor, wenn der Anteil der genannten und untersuchten Aussagen, die einen Bezug zu den strategisch relevanten Stakeholdern aufweisen, hoch ist gegenüber sämtlichen untersuchten Aussagen.

- Eine hohe *qualitative* Stakeholderorientierung liegt bei den *Planungsproblemen*, den *integrationsrelevanten Prozessschritten* oder bei den *Planungsträgern* vor, wenn die Interessen der strategisch relevanten Stakeholder umfassend berücksichtigt werden. Beispielsweise sind die Prozessschritte sehr stakeholderorientiert, wenn sämtliche prozessbezogenen Interessen, z. B. das Interesse, an bestimmten integrationsrelevanten Prozessschritten teilzunehmen, befriedigt werden.

- Eine hohe *Gesamt*-Stakeholderorientierung liegt bei den *Planungsproblemen*, den *integrationsrelevanten Prozessschritten* oder bei den *Planungsträgern* vor, wenn sowohl eine hohe *quantitative* als auch eine hohe *qualitative* Stakeholderorientierung bei den *Planungsproblemen*, den *integrationsrelevanten Prozessschritten* und bei den *Planungsträgern* vorliegt.

Diese Ausführungen zeigen, dass die Stakeholderorientierung grundsätzlich hinsichtlich der *Art der Stakeholderorientierung* (Differenzierung zwischen quantitativer und qualitativer Stakeholderorientierung) und der *Betrachtungsebene der Stakeholderorientierung* (Unterscheidung hinsichtlich der Stakeholder-, Gestaltungsdimensions- und Gesamtebene) differenziert werden kann. Da jedoch der Fokus der Arbeit lediglich auf einer Betrachtungsebene liegt, und zwar auf der Gestaltungsdimensionsebene, wird ausschließlich dieses Differenzierungskriterium bei der Grob- und Detailstruktur des Frameworks verwendet. Die Stakeholderorientierung wird daher im Framework wie folgt detailliert:

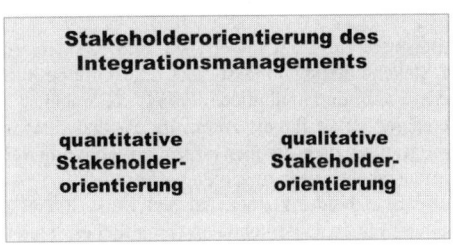

Abb. 4-3: Detaillierung der Stakeholderorientierung des Integrationsmanagements

Diese Ausführungen zeigen, dass die bisherigen in der Literatur verwendeten Definitionen für die Stakeholderorientierung nicht exakt genug für den Fokus dieser Arbeit waren. Durch das entwickelte erweiterte Stakeholderorientierungsverständnis liegt nun aber eine Definition vor, die die Stakeholderorientierung der Gestaltungsaktivitäten exakter beschreibt. Die Zweckmäßigkeit der gewählten Differenzierung in quantitative und qualitative Stakeholderorientierung wird sich in der empirischen Exploration erweisen.

4.1.3 Stakeholderbezogene Bezugspunkte des Integrationsmanagements

Nachdem geklärt ist, was Stakeholderorientierung bedeutet und worin das Ziel der Gestaltungsaktivitäten der Akquisitions- und Integrationsverantwortlichen liegt, stellt sich für die Akquisitions- und Integrationsverantwortlichen die dritte Detailfrage der zentralen Forschungsfrage (Kapitel 1.3):

Welches sind die stakeholderbezogenen Bezugspunkte für die Akquisitions- und Integrationsverantwortlichen, deren Ausprägung sie kennen müssen, damit sie ihre Gestaltungsaktivitäten systematisch stärker oder schwächer auf die jeweiligen Stakeholder ausrichten können?

Die Beantwortung dieser Frage wird durch das erweiterte Verständnis der Stakeholderorientierung (Kapitel 4.1.2) unterstützt. Im erweiterten Stakeholderorientierungsverständnis gilt eine Gestaltungsdimension als sehr stakeholderorientiert, wenn stakeholderbezogene Aspekte oft genannt werden und wenn erkennbar ist, dass bei diesen Aspekten die Interessen der strategisch relevanten Stakeholder häufig berücksichtigt wurden.

Aus diesem Verständnis folgt, dass die Kenntnis der *Stakeholder* notwendig ist, damit die Akquisitions- und Integrationsverantwortlichen überhaupt stakeholderspezifische Aktivitäten konzipieren und durchführen können. Des Weiteren ist die Kenntnis der *Stakeholderinteressen* erforderlich, damit die Managementaktivitäten so ausgestaltet werden können, dass sie die Stakeholderinteressen in gewünschtem Ausmaß berücksichtigen. Zusätzlich wird die Kenntnis der *Wertschöpfungsbeiträge der Stakeholder* gebraucht, um die strategisch relevanten Stakeholder zu bestimmen (Kapitel 2.3.1). Mit diesen drei Informationen können die Akquisitions- und Integrationsverantwortlichen die Gestaltungsaktivitäten weiter konkretisieren und priorisieren.

Hieraus ergeben sich die stakeholderbezogenen Bezugspunkte des Integrationsmanagements:

- *Stakeholdertypen:* Beispiele für Stakeholdertypen sind Kunden, Angestellte, Zulieferer, Behörden, etc. Ein Stakeholdertyp umfasst stets eine Gruppe von Stakeholdern, deren spezifische Mitglieder sich durch ähnliche *Stakes* auszeichnen (Kapitel 1.1.1). Ihre Kenntnis und Differenzierung ist für die Akquisitions- und Integrationsverantwortlichen notwendig, damit sie grundsätzlich darüber informiert sind, auf welche Stakeholdergruppen sie beim Integrationsmanagement zu achten haben.
- *Stakeholderinteressen:* Stakeholder können beispielsweise Interessen haben hinsichtlich der Strategie des gemeinsamen Unternehmens (inhaltliches Interesse), hinsichtlich umfangreicher Mitbestimmung im Integrationsprozess (prozessuales bzw. institutionelles Interesse), hinsichtlich gesicherter Einkünfte, Know-how-Transfer, etc. Die Stakeholderinteressen bezeichnen unterschiedliche Aspekte, deren Umsetzung die Stakeholder wünschen. Sie sind als Bezugspunkte erforderlich, um zu wissen, welche Interessen bei der Gestaltung des Integrationsmanagements gegebenenfalls zu berücksichtigen sind, damit die Stakeholder zufrieden sind und sich dadurch die Stakeholderbeziehung weiter festigen.
- *Wertschöpfungsbeiträge der Stakeholder* (Kapitel 1.1.1): Beispielhafte Wertschöpfungsbeiträge sind eingebrachtes Know-how der Outsourcingpartner (Nutzenstiftender Beitrag), Abwanderung von Schlüsselkunden (Risikostiftender Beitrag), etc. Diese Differenzierung (Nutzenproduzent, Risikoproduzent, etc.) wird verwendet, um die strategisch relevanten Stakeholder zu bestimmen, also die Stakeholder, die die wichtigsten Beiträge für die Erschließung der Wertsteigerungspotenziale leisten. Mit dieser Kenntnis können die Akquisitions- und Integrationsverantwortlichen daraufhin ihre Gestaltungsaktivitäten verstärkt auf die Berücksichtigung der Interessen dieser Stakeholder ausrichten.

Diese drei Differenzierungen werden als *stakeholderbezogene Bezugspunkte* des Integrationsmanagements in das Framework aufgenommen. Sie sind in folgender Abbildung dargestellt:

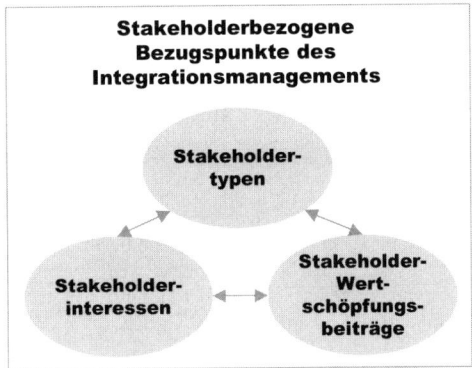

Abb. 4-4: Grobstruktur der stakeholderbezogenen Bezugspunkte des Integrationsmanagements

Diese Ausführungen zeigen, dass die Akquisitions- und Integrationsverantwortlichen einige thematische Aspekte über die Stakeholder wissen müssen, damit sie ihre Gestaltungsaktivitäten systematisch stärker oder schwächer auf die jeweiligen Stakeholder ausrichten können. Damit die Verantwortlichen die thematischen Aspekte auch wirklich gebrauchen können, werden sie bei der Detailstruktur des Frameworks weiter differenziert und damit greifbarer gemacht (Kapitel 4.2.1).

4.1.4 Resultierende Grobstruktur des Frameworks

Entsprechend der vorstehenden Ausführungen kann die Grobstruktur des Frameworks wie folgt dargestellt werden.

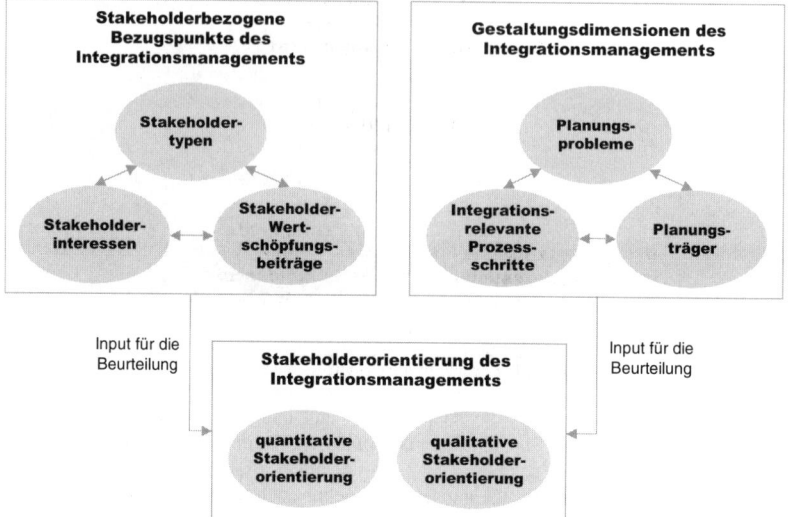

Abb. 4-5: Grobstruktur des Frameworks

Mit Hilfe der Gestaltungsdimensionen und der stakeholderbezogenen Bezugspunkte des Integrationsmanagements kann die Stakeholderorientierung des Integrationsmanagements ermittelt werden.

Mit Hilfe dieser Themenblöcke kann die stakeholderorientierte Gestaltung des Integrationsmanagements detailliert charakterisiert und Beispiele für stakeholderorientierte Gestaltungsaktivitäten der Akquisitions- und Integrationsverantwortlichen in jeder Gestaltungsdimension identifiziert werden. Damit können schließlich die Ziele dieser Arbeit, die Entwicklung eines Frameworks für das stakeholderorientierte Integrationsmanagement und die Identifikation besonders stakeholderorientierter Gestaltungsaktivitäten, erreicht werden (Kapitel 1).

4.2 Detailstruktur des Frameworks

Die Detaillierung und Operationalisierung der *stakeholderbezogenen Bezugspunkte*, der *Gestaltungsdimensionen* sowie der *Stakeholderorientierung* des Integrationsmanagements erfolgen mit Hilfe der in den vorangegangenen Kapiteln erwähnten Konzepte der Strategischen Management-, Business & Society- und Akquisitionsforschung sowie dem erweiterten Stakeholderorientierungsverständnis.

4.2.1 Detaillierung der stakeholderbezogenen Bezugspunkte

4.2.1.1 Stakeholdertypen

Gemäß der verwendeten Stakeholderdefinition (Kapitel 1.1.1) entstammen Stakeholder grundsätzlich der *Ressourcenbasis*, der *Branchenstruktur* oder der *sozialpolitischen Arena*.

Hinsichtlich Integrationen lassen sich aus den Beiträgen der Akquisitionsforschung (Kapitel 3.3.3) die in folgender Tabelle aufgeführten Stakeholdertypen und ihre Ursprungsebene ableiten (Hawranek 2004: 69f.). In der Strategischen Management- und Business & Society-Forschung konnten keine Beiträge gefunden werden, die sich mit den Beteiligten bzw. Stakeholdern bei Zusammenschlüssen auseinandersetzen.

Stakeholder-typ	Bedeutung für die Wertsteigerungserschließung bzw. das Integrationsmanagement	Stake	Ursprungs-ebene	Autor(en)
Aktionär (des Akquisitionssubjekts und -objekts)	Sofern sie Einfluss auf die Geschäftspolitik nehmen, ggf. auch auf das Integrationsmanagement	Eigentumsrechte, investiertes Kapital	Ressourcen-basis	Hawranek (2004: 69)
Zulieferer	Input für Identifikation der Synergiepotenziale	Einkommen, Konditionen (Preise, Mengen)	Branchen-struktur	Hawranek (2004: 75)
Kunden	Input für zukünftige Absatz-/Preis und Distributionsstrategie	Produkte, Leistungen, Preise, Beziehung	Ressourcen-basis	Hawranek (2004: 75); Körner 2001: 207f.)
Kartellamt	Ggf. Auflagen für Genehmigung mit Einfluss auf Integration	Reputation	Sozialpolitische Arena	Hawranek (2004: 76)
Sonstige öffentliche Institutionen	Einfluss auf Planung der Kommunikationsmaßnahmen, ggf. auf Ausgestaltung des zukünftigen Unternehmens	Gemeinwohl	Sozialpolitische Arena	Hawranek (2004: 75)
M&A-Experten (Investmentbanker, Juristen)	Je nach Aufgabe: an Wertsteigerungserschließung beteiligt	Reputation, Honorar	Branchen-struktur	Hawranek (2004: 79f.)

Tab. 4-2:   Stakeholder des Integrationsmanagements gemäß der Akquisitionsforschung

Diese Übersicht zeigt, dass sämtliche drei Ursprungsebenen der Stakeholder bei Zusammenschlüssen relevant sein können. Damit das Framework alle relevanten Stakeholdertypen abdeckt, wird die Ursprungsebene der Stakeholdertypen als Differenzierungskriterium verwendet. Die Detaillierung des stakeholderbezogenen Bezugspunktes *Stakeholdertypen* lässt sich daher wie folgt darstellen:

Stakeholdertypen
Ressourcenbasis
Branchenstruktur
Sozialpolitische Arena

Tab. 4-3:   Detaillierung des Bezugspunktes *Stakeholdertypen*

Die Überprüfung der Gültigkeit und Zweckmäßigkeit dieser Bezugspunkt-Differenzierung bzw. die Veränderung dieser Differenzierung sowie die Ermittlung ihrer exakten Ausprägungen ist Gegenstand der empirischen Exploration.

4.2.1.2 Stakeholderinteressen

In der Akquisitionsforschung und der Business & Society-Forschung werden verschiedene Interessen bzw. Ziele genannt, die die genannten Stakeholdertypen grundsätzlich bzw. bei Zusammenschlüssen verfolgen. Sie decken sich teilweise mit den genannten Stakes dieser Stakeholder. So sind *Aktionäre* an hohen Dividendenzahlungen und steigenden Aktienkursen (Hawranek 2004: 69,73f.), *Kunden* an den zukünftigen Kern- und Serviceleistungen, Vertriebsnetz (Hawranek 2004: 75; Schwarz 2004: 101) sowie an großer Auswahl, Sicherheit und an geringen Preisen (Harrison/St. John 1994: 62) interessiert. Die *Zulieferer* wünschen sich die Bewahrung der Geschäftsbeziehung und ihrer Konditionen (Hawranek 2004: 75), eine kontinuierliche und hohe Nachfrage sowie hohe Preise für gelieferte Waren und eine zeitnahe Zahlung (Harrison/St. John 1994: 62), *M&A-Experten* streben nach der Maximierung ihres Honorars (Hawranek 2004: 79f.) und das *Kartellamt* will eine marktbeherrschende Stellung des zukünftigen Unternehmens verhindern (Hawranek 2004: 76).

Diese unterschiedlichen Stakeholderinteressen lassen sich gliedern in *finanzielle Interessen*, wie z. B. die Dividendenzahlungen der Aktionäre, *persönliche Interessen*, wie z. B. die Machterhaltung bzw. die Arbeitsplatzsicherheit der Angestellten, sowie *inhaltliche Interessen*, wie z. B. Interessen der Kunden hinsichtlich der zukünftigen Kern- und Serviceleistungen.

Für die Akquisitions- und Integrationsverantwortlichen sind vor allem die Interessen der Stakeholder hinsichtlich der Gestaltungsdimensionen relevant, da die Akquisitions- und Integrationsverantwortlichen diese Dimensionen beeinflussen können (Kapitel 4.1.2) und diese daher systematisch stärker oder schwächer an den Interessen der Stakeholder ausrichten können. Die Stakeholderinteressen lassen sich diesbezüglich unterteilen in Interessen *mit* Bezug zu den Gestaltungsdimensionen, wie z. B. inhaltliche Interessen (Bezug zur Gestaltungsdimension der Planungsprobleme) und Interessen *ohne* Bezug zu den Gestaltungsdimensionen , wie z. B. finanzielle oder persönliche Interessen.

Auch wenn in der Literatur keine Aussagen zu Stakeholderinteressen hinsichtlich der beiden Gestaltungsdimensionen, *integrationsrelevante Prozessschritte* und *Planungsträger*, gefunden wurden, bedeutet dies nicht, dass sie nicht existieren. Sie werden als *prozessuale Interessen*, z. B. Interesse hinsichtlich der prozessualen Beteiligung an integrationsrelevanten Prozessschritten, und *institutionelle* Interessen, z. B. hinsichtlich des Interesses, Mitglied einer Institution mit Relevanz für die Integration zu sein, bezeichnet.

Aufgrund dieser Einteilung ergibt sich die in folgender Tabelle dargestellte Detaillierung des Bezugspunktes *Stakeholderinteressen:*

Gestaltungsdimensionen-Bezug	Interessensart
Mit Bezug zu einer Gestaltungsdimension	- Inhaltliche Interessen - Prozessuale Interessen - Institutionelle Interessen
Kein Bezug zu einer Gestaltungsdimension	- Finanzielle Interessen - Persönliche Interessen

Tab. 4-4:   Detaillierung des Bezugspunktes *Stakeholderinteressen*

Die Überprüfung der Gültigkeit und Zweckmäßigkeit dieser Bezugspunkt-Differenzierung bzw. die Veränderung dieser Differenzierung sowie die Ermittlung ihrer exakten Ausprägungen ist ebenfalls Gegenstand der empirischen Exploration.

4.2.1.3 Stakeholder-Wertschöpfungsbeiträge

Entsprechend der Stakeholderdefinition (Kapitel 1.1.1) werden die Wertschöpfungsbeitragsarten der Stakeholder in vier Beitragsarten unterschieden (Post/Preston/Sachs 2002: 19f.). Die Beitragsart *Nutzenproduzent* (Benefit Provider) liegt vor, wenn die Stakeholder einen aktiven Beitrag zur Wertpotenzialerschließung leisten, z. B. wenn Geschäftspartner Ihr Know-how mitteilen. Von einem Wertschöpfungsbeitrag als *Nutzenempfänger* (Benefit Receiver) wird gesprochen, wenn die Stakeholder einen Nutzen aus den Integrationsaktivitäten empfangen, z. B. Kunden erleben neuartige Leistungsmerkmale der Dienstleistung des Unternehmensverbundes. *Risikoproduzent* (Risk provider) wird gewählt, wenn die Stakeholder die Erschließung der Wertsteigerungspotenziale gefährden, z. B. Lieferanten mit Schlüssel-Know-how, die die Geschäftsbeziehung im Zuge des Zusammenschlusses aufkündigen. Ein Stakeholder leistet einen Beitrag als Risikoträger (Risk bearer), wenn er Investitionen tätigt und keine Garantie auf eine Entlohnung hat. Ein solcher Fall kann vorliegen, wenn beispielsweise Lieferanten ihre Kapazitäten erweitern aufgrund erwarteter höherer Abnahmemengen, ohne sicher zu sein, dass sich die Abnahmemengen mittelfristig tatsächlich erhöhen.

Diese Differenzierung wird zur Detaillierung des Bezugspunktes der Stakeholder-Wertschöpfungsbeiträge verwendet. Er wird daher wie folgt detailliert:

Stakeholder-Wertschöpfungsbeiträge
Nutzenproduzent
Nutzenempfänger
Risikoproduzent
Risikoträger

Tab. 4-5:   Detaillierung des Bezugspunktes *Stakeholder-Wertschöpfungsbeiträge*

Die Überprüfung der Gültigkeit und Zweckmäßigkeit dieser Bezugspunkt-Differenzierung bzw. die Veränderung dieser Differenzierung sowie die Ermittlung ihrer exakten Ausprägungen erfolgt ebenfalls in der empirischen Exploration.

Die Diskussion der Detaillierung der stakeholderbezogenen Bezugspunkte zeigt, dass sowohl die Akquisitionsforschung als auch die Business & Society-Forschung Beiträge zur Detaillierung leisten: Während die Relevanz der Ursprungsebenen bei der Detaillierung des Bezugspunktes *Stakeholdertypen* durch Beiträge der Akquisitionsforschung belegt wurde, stammt der Input für die Detaillierung der *Stakeholder-Wertschöpfungsbeiträge* aus der Business & Society-Forschung.

Die vorgenommenen Differenzierungen der Bezugspunkte zeigen, dass die Stakeholder im Framework sehr differenziert betrachtet werden. Hiervon verspricht sich der Verfasser der Arbeit, dass die Gestaltungsaktivitäten im Rahmen der empirischen Exploration entsprechend differenziert analysiert werden können. Sollte sich hierbei die Zweckmäßigkeit der Differenzierungen bestätigen, ist davon auszugehen, dass die Verantwortlichen ihre Gestaltungsaktivitäten ebenfalls sehr differenziert auf die jeweiligen Stakeholder ausrichten können und damit die Erschließung der stakeholderbezogenen Wertsteigerungspotenziale wesentlich fördern.

4.2.2   Detaillierung der Gestaltungsdimensionen

Die Detaillierung der Gestaltungsdimensionen erfolgt durch die Zusammenführung der relevanten Gestaltungsaspekte der Akquisitionsforschung, die bereits in Kapitel 3.3 ermittelt und der inhaltlichen, prozessualen und institutionellen Gestaltungsdimension zugeordnet wurden, und der Business & Society-Forschung.

4.2.2.1 Gestaltungsaspekte der inhaltlichen Gestaltungsdimension

Wie aus der Analyse der Akquisitionsforschung hervorgeht (Kapitel 3.3.3), besteht die inhaltliche Gestaltungsdimension aus dem Gestaltungsaspekt *Gestaltung der Planungsprobleme*, d. h. aus der Auswahl der Themenbereiche, die im Rahmen der Integrationsaktivitäten für die Erschließung der Wertsteigerungspotenziale bearbeitet werden. Die in Kapitel 3.3.3 auf Basis der Beiträge der Akquisitionsforschung erarbeiteten Gestaltungskategorien dieses inhaltlichen Gestaltungsaspekts sind in folgender Tabelle aufgeführt:

Gestaltungsdimension	Gestaltungsaspekte	Gestaltungskategorien
Inhaltliche Gestaltungsdimension	Gestaltung der Planungsprobleme (Führungsinhalte)	Formulierung der Grundlagen der Integrationsplanung (Akquisitions-/Integrationsziele, Ist-Unternehmensanalyse, Wertsteigerungspotenziale)
		Formulierung der Zielwelt (Ausgestaltung der relevanten Zusammenführungsbereiche der beteiligten Unternehmen)
		Formulierung von Konzeptions- und Realisierungsmaßnahmen

Tab. 4-6:   Inhaltliche Gestaltungskategorien gemäß Akquisitionsforschung

Aus dem Konzept des Stakeholder Managements der Business & Society-Forschung (Kapitel 2.3) lassen sich zwei inhaltliche Gestaltungskategorien ableiten, die dem Gestaltungsaspekt *Gestaltung der Planungsprobleme* zugeordnet werden können:

Die erste zuordenbare Gestaltungskategorie wird als *Stakeholderanalyse* bezeichnet. Die diesbezüglichen Gestaltungsaktivitäten stammen aus dem Problembereich der Stakeholderidentifikation (Kapitel 2.3.1) und bilden die Grundlage für das Stakeholder Management, d. h. für sämtliche stakeholderbezogenen Gestaltungsaktivitäten. Analog kann daher argumentiert werden: stakeholderorientiertes Integrationsmanagement ist nur möglich, wenn eine Stakeholderanalyse erfolgt ist. Die Akquisitions- und Integrationsverantwortlichen haben daher ein Interesse, die Schwerpunkte der Stakeholderanalyse mitzubestimmen. Die *Stakeholderanalyse* kann deshalb im Rahmen eines stakeholderorientierten Integrationsmanagements als wesentlicher Teil der Grundlagen der Integrationsplanung betrachtet werden. Sie wird daher dieser Subgestaltungskategorie (*Formulierung der Grundlagen der Integrationsplanung*) zugeordnet.

Die zweite zuordenbare Gestaltungskategorie erhält die Bezeichnung *Formulierung von Maßnahmen zur Implementierung entsprechender Strategien, Strukturen und Werte/Kulturen.* Diesbezügliche Gestaltungsaktivitäten gehören dem Problembereich der *unternehmensinternen Umsetzung des Stakeholderansatzes* (Kapitel 2.3.1) an und betreffen die Konzeption und Umsetzung von Maßnahmen, die auf Basis der Stakeholderanalyse in den Bereichen Strategie, Struktur und Kultur für sinnvoll erachtet werden, um die Stakeholderbeziehungen zu verbessern. Die Akquisitions- und Integrationsverantwortlichen haben ein Interesse, ebenfalls Maßnahmen zu konzipieren und zu realisieren, die die Beziehungen zu den Stakeholdern verbessern, um vor allem die stakeholderbezogenen Wertsteigerungspotenziale zu erschließen. Solche Gestaltungsaspekte werden daher der aus den Beiträgen der Akquisitionsforschung abgeleiteten Subgestaltungskategorie *Formulierung von Konzeptions- und Realisierungsmaßnahmen* zugeordnet. Es wird angenommen, dass sich Maßnahmen, die primär der Verbesserung der Stakeholderbeziehungen und Maßnahmen, die primär der Erschließung der Wertsteigerungspotenziale, dienen, kaum sauber trennen lassen. Daher wird die Gestaltungskategorie *Formulierung von Konzeptions- und Realisierungsmaßnahmen* nicht weiter differenziert. Die in der Business & Society-Forschung ermittelte Gestaltungskategorie *Formulierung von Maßnahmen zur Implementierung entsprechender Strategien, Strukturen und Werte/Kulturen* geht in ihr auf. Auf eine weitere Detaillierung dieser Gestaltungskategorie wird verzichtet, um den Rahmen der Arbeit nicht zu sprengen und um die Komplexität des Frameworks handhabbar zu halten.

Wie in Kapitel 3.3.3.2 gezeigt wurde, befasst sich die aus den Beiträgen der Akquisitionsforschung abgeleitete Gestaltungskategorie *Formulierung der Zielwelt* mit den Zusammenführungsbereichen, d. h. beispielsweise mit den Organisationsstrukturen, Abläufen und Systemen, etc. Aus dem Stakeholder Management-Konzept folgt, dass die Stakeholder im Fokus der Gestaltungsaktivitäten stehen. Dieses Konzept unterstützt damit den Zusammenführungsbereich *Personen*, den Jansen (2001) in einem Beitrag der Akquisitionsforschung genannt hat. Weitere Zusammenführungsbereiche sind aus der Business & Society-Forschung nicht zu ergänzen. Diese Zusammenführungsbereiche stellen damit mögliche Subgestaltungskategorien der Gestaltungskategorie *Formulierung der Zielwelt* dar. Auf ihre Verwendung wird jedoch ebenfalls verzichtet, um den Rahmen der Arbeit nicht zu sprengen und um die Komplexität des Frameworks handhabbar zu halten.

Damit ergibt sich die in folgender Tabelle aufgeführte Detaillierung der inhaltlichen Gestaltungsdimension:

Gestaltungsaspekt	Gestaltungskategorien	Subgestaltungskategorien
I. Gestaltung der Planungsprobleme	1. Formulierung der Grundlagen der Integrationsplanung	- Akquisitions/Integrationsziele - Wertsteigerungspotenziale - Ist-Unternehmensanalyse - Stakeholderanalyse
	2. Formulierung der Zielwelt	Auf eine weitere Spezifizierung wird aus Kapazitäts- und Komplexitätsgründen verzichtet.
	3. Formulierung von Konzeptions- und Realisierungsmaßnahmen	Auf eine weitere Spezifizierung wird aus Kapazitäts- und Komplexitätsgründen verzichtet.

Tab. 4-7:   Detaillierung der inhaltlichen Gestaltungsdimension

Die Überprüfung der Gültigkeit, Zweckmäßigkeit und Relevanz dieser Gestaltungs- und Subgestaltungskategorien, ihre Veränderung und Erweiterung sowie die Ermittlung ihrer exakten Ausprägungen ist Gegenstand der empirischen Exploration.

4.2.2.2 Gestaltungsaspekte der prozessualen Gestaltungsdimension

Bei der Analyse der Akquisitionsforschung konnten aus den dort genannten Gestaltungsaspekten die prozessualen Gestaltungskategorien *Festlegung der integrationsrelevanten Prozessschritte* und *Festlegung der Ausgestaltung der integrationsrelevanten Prozessschritte* abgeleitet werden (Kapitel 3.3.4; folgende Tabelle).

Gestaltungsdimensionen	Gestaltungsaspekte	Gestaltungskategorien
Prozessuale Gestaltungs-dimension	Festlegung der integrationsrele-vanten Prozessschritte	(Keine weitere Differenzierung notwendig für Grobstruktur)
	Festlegung der Ausgestaltung der integrationsrelevanten Pro-zessschritte	Festlegung der Prozessbeteilig-ten
		Festlegung der zeitlichen Pro-zessparameter (Zeitdauer, Rei-henfolge der Prozessschritte)

Tab. 4-8:   Prozessuale Gestaltungsaspekte und -kategorien gemäß Akquisitionsforschung

Analog zu den inhaltlichen Gestaltungsaspekten ist zu klären, inwiefern weitere prozessuale Gestaltungsaspekte und -kategorien für das Framework notwendig sind, um die zusätzlich re-levanten prozessualen Gestaltungsaktivitäten des Stakeholder View- und des Stakeholder Management-Konzepts zu integrieren oder inwiefern die aus der Akquisitionsforschung abge-leiteten prozessualen Gestaltungskategorien ausreichen.

Aus der Analyse der Beiträge zum Stakeholder View- bzw. zum Stakeholder Management-Konzept wird deutlich, dass die dort genannten Prozesse stets einen Stakeholderbezug auf-weisen: entweder inhaltlich (wie die Stakeholderanalyse, die beim Gestaltungsaspekt *Festle-gung der Planungsprobleme* in Kapitel 4.2.2.1 bereits enthalten ist) oder prozessual, d. h. Sta-keholder sind prozessual beteiligt (Harrison/St. John 1994: 22f.; Svendsen 1998: 119f.).

Die prozessuale Stakeholderbeteiligung spielt beim Stakeholder Management eine erhebliche Rolle. Sie bildet die Voraussetzung, dass die Planungsträger des Stakeholder Managements überhaupt Kenntnis über die Stakeholderinteressen erlangen: fast alle von Harrison/St. John (1994: 19f.) genannten Informationsquellen, die beim Stakeholder Management verwendet werden, stützen sich auf eine prozessuale Stakeholderbeteiligung: *„transactions, meetings, surveys, research, direct involvement"*. Ähnlich geht Svendsen vor. Sie verwendet informelle Dialoge mit Stakeholdern. *„The next stage of relationship building involves informal dia-logues with potential partners to clarify their interests and expectations and to share informa-tion about the company's goals and expectations"* (1998: 119).

Diese prozessuale Stakeholderbeteiligung wird des Weiteren in der Strategischen Manage-ment-Forschung bei der Implementierung des Stakeholder Views als essentiell angesehen, um qualitativ hochwertige strategische Entscheidungen zu treffen und ihre Implementierungs-wahrscheinlichkeit zu erhöhen: *„Getting input from stakeholders and considering their per-spectives and needs is one way to improve strategic decisions. One of the reasons for the suc-cess of this type of decision is that it is likely to be implemented as well"* (Harrison/St. John 1994: 82). Ein weiteres Beispiel für die Vorteilhaftigkeit der prozessualen Beteiligung von Stakeholdern ist die verbesserte Vorhersehbarkeit von Veränderungen in der Unternehmens-umwelt aufgrund besserer Kommunikation mit sämtlichen Stakeholdern, die höhere Erfolgs-rate von Innovationen aufgrund der Beteiligung der Stakeholder am Produkt-/Dienstleistungs-entwicklungsprozess und die geringere Wahrscheinlichkeit von schädlichen Schritten durch die Stakeholder aufgrund verbesserter Beziehungen und höherem Vertrauen (Harrison/St. John 1996: 48).

Hieraus kann gefolgert werden, dass die prozessuale Stakeholderbeteiligung essentiell für die Erzielung strategischer Wettbewerbsvorteile ist. Dies bedeutet, dass die Gestaltung entspre-chender Prozessschritte zur Beteiligung der Stakeholder in der Strategischen Management- und der Business & Society-Forschung ebenfalls eine wichtige Gestaltungskategorie für die verantwortlichen Manager bildet. Diese Aktivitäten werden daher unter der bereits verwendeten Gestaltungskategorie *Festlegung der Prozessbeteiligten* subsummiert.

Der in der Akquisitionsforschung ermittelte Gestaltungsaspekt *Festlegung der integrationsrelevanten Prozessschritte* findet sich in der Business & Society-Forschung im Rahmen des Konstruktes des Stakeholder Managements ebenfalls wieder: wie in Kapitel 2.3.1 erwähnt, werden in der Business & Society-Forschung eine Reihe von Aktivitäten genannt, die für die Implementierung des Stakeholder Managements verwendet werden können. Hieraus folgt, dass die Manager stets vor der Gestaltungssituation bzw. Entscheidung stehen, welche Aktivitäten sie durchführen und welche nicht – analog der Situation der Integrationsverantwortlichen bei der Festlegung der Prozessschritte, die für die Integration zu ergreifen sind. Dies bedeutet, dass die Festlegung der Prozessschritte ein wesentlicher Gestaltungsaspekt des Stakeholder Managements darstellt. Diese Gestaltungsaktivitäten werden daher in den Gestaltungsaspekt *Festlegung der integrationsrelevanten Prozessschritte* integriert.

Für die weitere Detaillierung des Gestaltungsaspekts *Festlegung der integrationsrelevanten Prozessschritte* werden ebenfalls die Beiträge der Akquisitionsforschung verwendet, da sich aus den Beiträgen zum Stakeholder View und zum Stakeholder Management keine weiteren Erkenntnisse ergeben, die die Detaillierung des Gestaltungsaspekts *Festlegung der integrationsrelevanten Prozessschritte* beeinflussen. Die Beiträge der Akquisitionsforschung zeigen, dass das Closing ein entscheidender Faktor für die Durchführbarkeit und Durchsetzbarkeit von Gestaltungsaktivitäten darstellt, da sich mit dem Closing die rechtliche Situation der beteiligten Unternehmen ändert (Lucks/Meckl 2002: 55). Aufgrund dieser Bedeutung für die Akquisitions- und Integrationsverantwortlichen wird daher zwischen den integrationsrelevanten Prozessschritten der *Pre-* und der *Post-*Closingphase unterschieden.

Für die Gestaltungskategorie *Festlegung der zeitlichen Prozessparameter* konnte kein Autor der Business & Society-Forschung ermittelt werden, der diese Kategorie als relevante Gestaltungskomponente des Stakeholder Managements erwähnt. Dieses Ergebnis bedeutet jedoch nicht, dass sie aus Stakeholdersicht bei *Integrationen* nicht wichtig ist: gerade bei der Dauer bzw. der Geschwindigkeit der Integrationsaktivitäten können Stakeholder Erwartungen und Interessen hinsichtlich der zeitlichen Dauer von für sie relevanten Prozessschritten haben und äußern, da sie gegebenenfalls intern Anpassungen vornehmen müssen und für diese Anpassungen eine gewisse Zeit benötigen. Diese Gestaltungskategorie wird daher ebenfalls weiterhin als relevant für die stakeholderorientierte Gestaltung des Integrationsmanagements erachtet.

Ein zusätzlicher prozessualer Gestaltungsaspekt, der sich aus der Analyse der Business & Society-Forschung ergibt, ist die Wahl der Implementierungsform des Stakeholder View-Konzepts. In der Literatur wird zwischen integrierter und losgelöster Implementierung unterschieden. Integriert bedeutet, dass bestehende Elemente und Aktivitäten mit stakeholderorientierten Aspekten ergänzt werden, wie z. B. der angepasste Strategische-Management-Prozesses von Freeman (1984: 68f.). Er erweitert die Inhalte des Strategischen-Management-Prozesses von Lorange (1980: 55) um stakeholderbezogene Prozessschritte. Diese prozessuale Erweiterung ist in folgender Abbildung dargestellt.

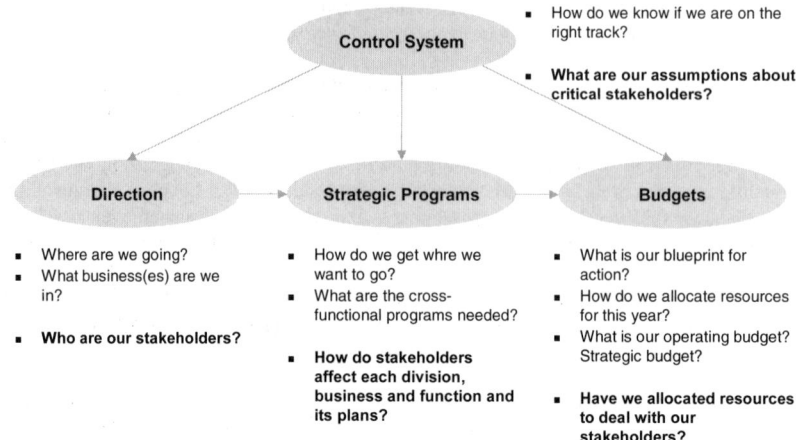

Abb. 4-6: Implementierung des Stakeholder Views in existierende Führungsprozesse, hier in den Strategischen-Management-Prozess (Abbildung in Anlehnung an Freeman 1984: 69)

Unter einer losgelösten Implementierung wird eine Implementierung des Stakeholder View-Konzepts verstanden, die neue Elemente bzw. Aktivitäten verwendet, die sich ausschließlich mit stakeholderrelevanten Aspekten befassen. So stellt der Stakeholder-Management-Prozess von Sauter-Sachs (1992: 192f.) einen von anderen Prozessschritten losgelösten Prozess dar (siehe folgende Abbildung).

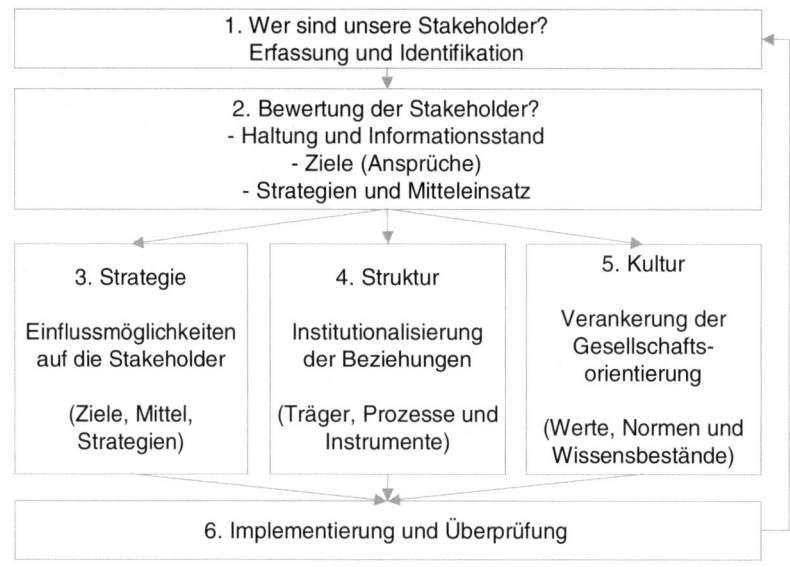

Abb. 4-7: Losgelöste Implementierung des Stakeholder-Views (als eigenständiger Prozess) nach Sauter-Sachs (1992: 195)

In der Literatur konnte allerdings keine Aussage gefunden werden, dass eine losgelöste oder integrierte Implementierung zu einer besseren oder weniger guten Erzielung von strategischen Wettbewerbsvorteilen führt. Es ist daher nicht zu beurteilen, ob eine losgelöste oder eine integrierte Implementierung des Stakeholder View-Konzepts stakeholderorientierter ist, d. h. zu einer besseren Berücksichtigung der Stakeholderinteressen und -bedürfnisse führt oder nicht. Für das Integrationsmanagement ist ebenfalls nicht erkennbar, ob eine integrierte oder eine losgelöste Implementierung stakeholderbezogener Prozessschritte zu einer höheren Stakeholderorientierung des Integrationsmanagements führt. Dieser Gestaltungsaspekt wird daher als zusätzlicher Gestaltungsaspekt in das Framework aufgenommen. Durch die empirische Exploration ist zu ermitteln, welche Implementierungsart in der Praxis verwendet wird. Falls beide Arten verwendet werden, ist festzustellen, ob eine der beiden Implementierungsarten mit einer höheren Stakeholderorientierung des Integrationsmanagements einhergeht.

Eine sinnvolle Detaillierung dieses Aspekts ist nicht möglich, da es bei diesem Gestaltungsaspekt lediglich um die Entscheidung zwischen der integrierten und der losgelösten Implementierung der stakeholderbezogenen integrationsrelevanten Prozessschritte geht.

Damit ergibt sich für die Detaillierung der prozessualen Gestaltungsdimension:

Gestaltungsaspekt	Gestaltungskategorien
Festlegung der integrationsrelevanten Prozessschritte	Festlegung der integrationsrelevanten Schritte der *Pre*-Closingphase
	Festlegung der integrationsrelevanten Schritte der *Post*-Closingphase
Festlegung der Ausgestaltung der integrationsrelevanten Prozessschritte	Festlegung der Prozessbeteiligten
	Festlegung der zeitlichen Prozessparameter (Zeitdauer, Reihenfolge der Prozessschritte)
Festlegung der Implementierungsart der stakeholderbezogenen Prozessschritte	(Weitere Differenzierung nicht sinnvoll möglich)

Tab. 4-9:   Detaillierung der prozessualen Gestaltungsdimension

Die Überprüfung der Gültigkeit, Zweckmäßigkeit und Relevanz dieser Gestaltungsaspekte und -kategorien, ihre Veränderung und Erweiterung sowie die Ermittlung ihrer exakten Ausprägungen ist Gegenstand der empirischen Exploration.

4.2.2.3 Gestaltungsaspekte der institutionellen Gestaltungsdimension

In der Akquisitionsforschung konnten sämtliche institutionellen Gestaltungsaktivitäten den beiden (institutionellen) Gestaltungskategorien *Festlegung der Institutionenstruktur* und *Festlegung der Institutionenmitglieder* zugeordnet werden (Kapitel 3.3.5, folgende Tabelle).

Gestaltungsdimensionen	Gestaltungsaspekte	Gestaltungskategorien
Institutionelle Gestaltungsdimension	Festlegung der Institutionenstruktur (inklusive Aufgaben der Institutionen)	(Keine weitere Differenzierung notwendig für Grobstruktur)
	Festlegung der Institutionenmitglieder	(Keine weitere Differenzierung notwendig für Grobstruktur)

Tab. 4-10:   Institutionelle Gestaltungsaspekte gemäß Akquisitionsforschung

In der Implementierungsliteratur der Business & Society-Forschung werden ebenfalls institutionelle Gestaltungsaktivitäten genannt. Eine der genannten Gestaltungsaktivitäten des Managements ist die Definition von Institutionen, die sich mit Stakeholderbelangen beschäftigen. Hierbei wird entweder die Einrichtung neuer Institutionen genannt oder die Verwendung bestehender Institutionen propagiert. Als neue Institutionen werden beispielsweise eine Gruppe für die Entwicklung von Stakeholderstrategien (Svendsen 1998: 124), funktionsübergreifende Stakeholderteams (Svendsen 1998: 86) oder spezifische Projektinstitutionen für Entwicklungsprojekte im Ausland mit institutioneller Beteiligung von Regierungsmitgliedern (Harrison/St. John 1996: 53) erwähnt. Beispiele für bestehende Institutionen sind der Verwaltungsrat, dessen Mitglieder als Repräsentanten jeder einzelnen Stakeholdergruppe fungieren (Goodpaster 1991: 66) oder sogar verschiedene Stakeholdergruppen umfassen, z. B. Kunden, ehemalige Regierungsmitglieder oder Mitglieder von Aktivisten-Gruppen (Harrison/St. John 1996: 53), die stakeholderorientierten Stabstellen Public Relations, Investor Relations, etc. (Schuppisser 2002: 37), Entwicklungsteams mit institutioneller Beteiligung von Kunden und Lieferanten (Harrison/St. John 1996: 53) oder Ausschüsse für Arbeitssicherheit und andere Mitarbeiterbelange, denen auch Gewerkschaftsmitglieder angehören (Harrison/St. John 1996: 53).

Grundsätzlich wird die Etablierung von Strukturen erwähnt, die über die Unternehmensgrenzen hinaus existieren, um enge Verbindungen mit Gruppen in der Unternehmensumwelt zu etablieren und um damit negative Stakeholderaktivitäten früher vorherzusehen bzw. einzudämmen (Heugens/Van den Bosch/Van Riel 2002: 38f.). „One particularly effective way of dealing with outside pressures is the establishment of boundary-spanning structures." (Heugens/Van den Bosch/Van Riel 2002: 39).

Diese Auflistung der Beiträge der Business & Society-Forschung zeigt, dass die Definition von Institutionen eine wichtige Gestaltungsaktivität bzw. -kategorie für die Implementierung des Stakeholder Views darstellt. Diese Gestaltungsaktivitäten des Managements werden für das Framework unter dem (institutionellen) Gestaltungsaspekt *Festlegung der Institutionenstruktur* subsummiert, der aus der Analyse der Beiträge der Akquisitionsforschung abgeleitet wurde. Diese Aktivitäten passen zu diesem Gestaltungsaspekt, da für die Festlegung der Institutionenstruktur die Institutionen ebenfalls definiert werden müssen und daher die Definition von Institutionen in diesem Gestaltungsaspekt enthalten ist.

Die Beiträge der Business & Society-Forschung zeigen zusätzlich, dass zur Definition jeder Institution die Festlegung der Institutionenmitglieder gehört. So muss für die Besetzung des Verwaltungsrates geklärt werden, welche Stakeholdergruppen tatsächlich Mitglied des Rates sein sollen. Die *Festlegung der Institutionenmitglieder* bildet damit auch in der Business & Society-Forschung einen weiteren Gestaltungsaspekt der institutionellen Gestaltungsdimension. Da dieser schon bei den Beiträgen der Akquisitionsforschung als Gestaltungsaspekt ermittelt worden ist, ist hierfür kein neuer Gestaltungsaspekt im Framework notwendig.

Zusätzliche institutionelle Gestaltungsaktivitäten, die weitere institutionelle Gestaltungskategorien erfordern, sind aus der Analyse der Business & Society-Forschung nicht erkennbar.

Eine weitergehende Detaillierung der beiden institutionellen Gestaltungsaspekte *Festlegung der Institutionenstruktur* und *Festlegung der Institutionenmitglieder* erscheint nicht sinnvoll möglich. Beispielsweise könnte der Gestaltungsaspekt *Festlegung der Institutionenstruktur* detailliert werden hinsichtlich der Festlegung der Anzahl der Institutionenebenen und hinsichtlich der Anzahl an Institutionen pro Ebene. Eine solche Detaillierung ist jedoch nach Auffassung des Autors bereits so detailliert, dass sie in einem Framework nicht zur Übersichtlichkeit beiträgt.

Damit verändert sich die Detaillierung der institutionellen Gestaltungsdimension nicht gegenüber der Detaillierung auf Basis der Beiträge der Akquisitionsforschung (folgende Tabelle).

Gestaltungsaspekte	Gestaltungskategorien
Festlegung der Institutionenstruktur (inklusive Aufgaben der Institutionen)	(Weitere Differenzierung nicht sinnvoll möglich)
Festlegung der Institutionenmitglieder	(Weitere Differenzierung nicht sinnvoll möglich)

Tab. 4-11:   Detaillierung der institutionellen Gestaltungsdimension

Die Überprüfung der Gültigkeit, Zweckmäßigkeit und Relevanz dieser Gestaltungsaspekte, ihre Veränderung und Erweiterung sowie die Ermittlung ihrer exakten Ausprägungen erfolgt in der empirischen Exploration.

Die Diskussion der Detaillierung der Gestaltungsdimensionen zeigt, dass die meisten der in den Beiträgen der Business & Society-Forschung genannten Gestaltungsaktivitäten den bereits aus den Beiträgen der Akquisitionsforschung abgeleiteten Gestaltungsaspekten und -kategorien zugeordnet werden können. Diese Tatsache ist erfreulich, da sie zur Begrenzung der Komplexität des Frameworks beiträgt. Die Zweckmäßigkeit der Differenzierungen wird sich in der empirischen Exploration erweisen.

4.2.3 Detaillierung der Stakeholderorientierung

Die Detaillierung der Stakeholderorientierung beinhaltet die Operationalisierung der Stakeholderorientierung für die drei Gestaltungsdimensionen des Integrationsmanagements. Durch die jeweilige Operationalisierung wird definiert, was eine hohe quantitative bzw. qualitative Stakeholderorientierung in jeder Gestaltungsdimension bedeutet. Diese Operationalisierung erfolgt anhand eines dimensionsspezifischen Beurteilungskriteriums, mit dessen Hilfe auch die Beispiele für besonders stakeholderorientierte Gestaltungsaktivitäten identifiziert werden können (Good Practices).

4.2.3.1 Stakeholderorientierung der inhaltlichen Gestaltungsdimension

Die inhaltliche Gestaltungsdimension umfasst den Gestaltungsaspekt *Gestaltung der Planungsprobleme*. Als Planungsprobleme gelten hierbei sämtliche (Sub-)Gestaltungskategorien der inhaltlichen Gestaltungsdimension, wie z. B. Akquisitions- und Integrationsziele, Wertsteigerungspotenziale, Formulierung der Zielwelt, etc. Die Stakeholderorientierung auf der inhaltlichen Gestaltungsdimensionsebene kann daher wie folgt spezifiziert werden:

- Eine hohe (niedrige) quantitative Stakeholderorientierung der inhaltlichen Gestaltungsdimension liegt vor, wenn viele (wenige) Planungsprobleme einen Stakeholderbezug aufweisen.
- Eine hohe (niedrige) qualitative Stakeholderorientierung der inhaltlichen Gestaltungsdimension liegt vor, wenn aus den Planungsproblemen mit Stakeholderbezug erkennbar ist, dass die inhaltlichen Interessen der strategisch relevanten Stakeholder viel (wenig) berücksichtigt werden.

Ein Stakeholderbezug liegt bei einem Planungsproblem vor, wenn sich der betrachtete Aspekt inhaltlich mit einem oder mehreren Stakeholdern beschäftigt, z. B. die Konzeptionsmaßnahme „neues Dienstleistungsspektrum definieren, um Kundenzufriedenheit zu steigern" weist einen Kundenbezug auf. Damit bildet die *Grundrichtung des spezifisch angesprochenen Planungsproblems* das Beurteilungskriterium für die Ausprägung der quantitativen Stakeholderorientierung bei der inhaltlichen Gestaltungsdimension.

Für die Beurteilung der qualitativen Stakeholderorientierung der inhaltlichen Gestaltungsdimensionen ist das *Ausmaß der Berücksichtigung der inhaltlichen Interessen der strategisch relevanten Stakeholder* maßgeblich. Unter inhaltlichen Interessen werden solche Interessen der Stakeholder verstanden, die die inhaltliche Ausgestaltung von einem Themenbereich bzw. Aspekt betreffen, z. B. konkrete Vorstellungen hinsichtlich der Ausgestaltung des zukünftigen Dienstleistungsspektrums.

4.2.3.2 Stakeholderorientierung der prozessualen Gestaltungsdimension

Die prozessuale Gestaltungsdimension beinhaltet die Gestaltungsaspekte *Festlegung der integrationsrelevanten Prozessschritte* und *Festlegung der Ausgestaltung der integrationsrelevanten Prozessschritte* sowie *Festlegung der Implementierungsart der stakeholderbezogenen Prozessschritte*. Beim ersten Gestaltungsaspekt werden die Schritte der Pre- und Post-Closingphase unterschieden. Der zweite Gestaltungsaspekt umfasst die Gestaltungskategorien *Festlegung der Prozessbeteiligten* und *Festlegung der zeitlichen Prozessparameter*.

Entsprechend dem erweiterten Stakeholderorientierungsverständnis kann formuliert werden:

- Eine hohe (niedrige) quantitative Stakeholderorientierung der prozessualen Gestaltungsdimension liegt vor, wenn sich das Unternehmen prozessual beim Integrationsmanagement viel (wenig) mit Stakeholdern beschäftigt.
- Eine hohe (niedrige) qualitative Stakeholderorientierung der prozessualen Gestaltungsdimension liegt vor, wenn die prozessualen Interessen der strategisch relevanten Stakeholder viel (wenig) berücksichtigt werden.

Zur Beurteilung, wann sich ein Unternehmen prozessual beim Integrationsmanagement mit Stakeholdern beschäftigt, wird das *Ausmaß der prozessualen Stakeholderbeteiligung bei integrationsrelevanten Prozessschritten* verwendet: sind die Stakeholder an vielen integrationsrelevanten Prozessschritten beteiligt, so liegt eine hohe quantitative Stakeholderorientierung der prozessualen Gestaltungsdimension vor.

Für die Beurteilung der qualitativen Stakeholderorientierung der prozessualen Gestaltungsdimension ist das *Ausmaß der Berücksichtigung der prozessualen Interessen der strategisch relevanten Stakeholder* maßgeblich. Prozessuale Interessen sind beispielsweise der Wunsch der Kunden bei sämtlichen Integrationsaktivitäten beteiligt zu sein, die das zukünftige Dienstleistungsspektrum betreffen.

4.2.3.3 Stakeholderorientierung der institutionellen Gestaltungsdimension

Die institutionelle Gestaltungsdimension beinhaltet die Gestaltungsaspekte *Festlegung der Institutionenstruktur* und *Festlegung der Institutionenmitglieder*.

Entsprechend dem erweiterten Stakeholderorientierungsverständnis kann formuliert werden:

- Eine hohe (niedrige) quantitative Stakeholderorientierung der institutionellen Gestaltungsdimension liegt vor, wenn sich das Unternehmen institutionell beim Integrationsmanagement viel (wenig) mit Stakeholdern beschäftigt.
- Eine hohe (niedrige) qualitative Stakeholderorientierung der institutionellen Gestaltungsdimension liegt vor, wenn die institutionellen Interessen der strategisch relevanten Stakeholder viel (wenig) berücksichtigt werden.

Zur Beurteilung, wann sich ein Unternehmen institutionell beim Integrationsmanagement mit Stakeholdern beschäftigt, wird das *Ausmaß der institutionellen Stakeholderbeteiligung bei den involvierten Institutionen* verwendet: sind viele Stakeholder in vielen Institutionen Mitglied, so liegt eine hohe quantitative Stakeholderorientierung der institutionellen Gestaltungsdimension vor.

Für die Beurteilung der qualitativen Stakeholderorientierung der institutionellen Gestaltungsdimension ist das *Ausmaß der Berücksichtigung der institutionellen Interessen der strategisch relevanten Stakeholder* maßgeblich. Institutionelle Interessen sind beispielsweise der Wunsch von Outsourcingpartnern Mitglied von solchen Projektteams zu sein, die sich mit der Neugestaltung von operativen Schnittstellen mit den Outsourcingpartnern beschäftigen.

Die Diskussion der Detaillierung der Stakeholderorientierung zeigt, dass die beiden Stakeholderorientierungsarten jeder Gestaltungsdimension, die quantitative und qualitative Stakeholderorientierung, mit Hilfe eines eindeutigen Kriteriums beurteilt werden können. Definitionsgemäß spielen hierbei Häufigkeiten und das Ausmaß der Interessensberücksichtigung eine dominante Rolle. Die Zweckmäßigkeit dieser Operationalisierungen wird sich in der empirischen Exploration erweisen.

4.2.4 Resultierende Detailstruktur des Frameworks

Detailstruktur der Bezugspunkte des Integrationsmanagements

Für die Ausrichtung der Gestaltungsaktivitäten der Akquisitions- und Integrationsverantwortlichen werden die drei stakeholderbezogenen Bezugspunkte des Integrationsmanagements jeweils anhand der Ausprägung eines charakteristischen Aspekts näher beschrieben. Es werden die Ursprungsebene der Stakeholder, der Gestaltungsdimensionsbezug der Interessen und die

Art des Stakeholder-Wertschöpfungsbeitrags für die Detaillierung der Bezugspunkte verwendet.

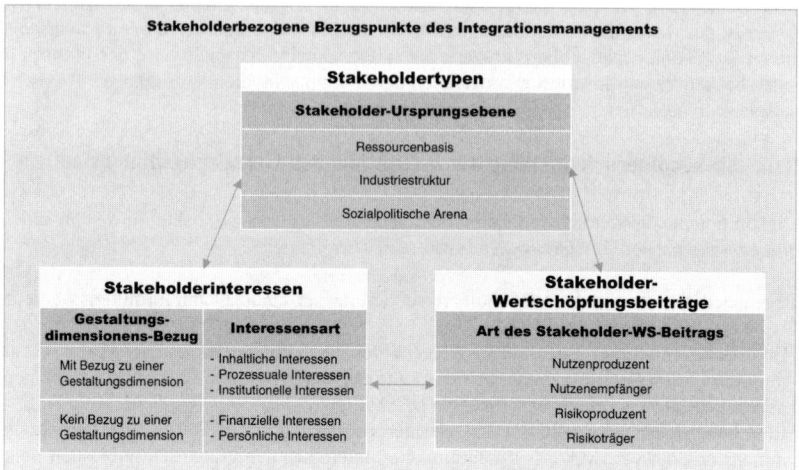

Abb. 4-8: Übersichtsdarstellung der Detaillierung der Bezugspunkte des Integrationsmanagements

Detailstruktur der Gestaltungsdimensionen des Integrationsmanagements

Wie die folgende Abbildung zeigt, werden die drei Gestaltungsdimensionen anhand von sechs Gestaltungsaspekten näher charakterisiert. Bei drei der sechs Gestaltungsaspekten erfolgt eine weitere Differenzierung mit Hilfe von jeweils zwei oder drei Gestaltungskategorien. Eine Gestaltungskategorie hiervon wird mit Hilfe von vier Subgestaltungskategorien noch weiter detailliert.

Gestaltungsdimensionen des Integrationsmanagements		
Getaltungs-dimension	**Gestaltungsaspekte**	**Gestaltungskategorien**
Inhaltliche Gestaltungsdimension	I. Gestaltung der Planungsprobleme	1. Formulierung der Grundlagen der Integrationsplanung[1] 2. Formulierung der Zielwelt 3. Formulierung von Konzeptions-/Realisierungsmaßnahmen
Prozessuale Gestaltungsdimension	II. Festlegung der integrationsrelevanten Prozesschritte	4. Festlegung der integraionsrelevanten Schritte der Pre-Closingphase 5. Festlegung der integraionsrelevanten Schritte der Post-Closingphase
	III. Festlegung der Ausgestaltung der integrationsrelevanten Prozesschritte	6. Festlegung der Prozessbeteiligten 7. Festlegung der zeitlichen Prozessparameter
	IV. Festlegung der Implementierungsart der stakeholderbezogenen Prozessschritte	(Weitere Differenzierung nicht sinnvoll möglich)
Institutionelle Gestaltungsdimension	V. Festlegung der Institutionenstruktur	(Weitere Differenzierung nicht sinnvoll möglich)
	VI. Festlegung der Institutionenmitglieder	(Weitere Differenzierung nicht sinnvoll möglich)

1 Enthält vier Subgestaltungskategorien: Akquisitions-/Integrationsziele, Wertsteigerungspotenziale, Ist-Unternehmensanalyse, Stakeholderanalyse

Abb. 4-9: Übersichtsdarstellung der Detaillierung der Gestaltungsdimensionen der Integrationsplanung

Detailstruktur der Stakeholderorientierung des Integrationsmanagements

Die quantitative und qualitative Stakeholderorientierung werden pro Gestaltungsdimension spezifisch operationalisiert, so dass die Akquisitions- und Integrationsverantwortlichen konkrete Anhaltspunkte für die Ziele ihrer Gestaltungsaktivitäten haben und um bei der anschließenden empirischen Exploration besonders stakeholderorientierte Gestaltungsaktivitäten des Integrationsmanagements leichter identifizieren zu können. Hierbei bilden das Ausmaß (Häufigkeiten) des Stakeholderbezugs bzw. der Stakeholderbeteiligung (quantitative Stakeholderorientierung) sowie das Ausmaß der entsprechenden Interessenberücksichtigung (qualitative Stakeholderorientierung) die Beurteilungskriterien.

Stakeholderorientierung des Integrationsmanagements		
Beurteilungs- kriterium **Gestaltungs- dimension**	**Art der (Stakeholder-)Orientierung**	
	Quantitativ	**Qualitativ**
Inhaltliche Gestaltungsdimension	Ausmaß des inhaltlichen Stakeholderbezugs der Grundrichtungen der Planungsprobleme	Ausmaß der Berücksichtigung der inhaltlichen Interessen der strategisch relevanten Stakeholder
Prozessuale Gestaltungsdimension	Ausmaß der prozessualen Stakeholderbeteiligung bei integrationsrelevanten Prozessschritten	Ausmaß der Berücksichtigung der prozessualen Interessen der strategisch relevanten Stakeholder
Institutionelle Gestaltungsdimension	Ausmaß der institutionellen Stakeholderbeteiligung bei den Institutionen	Ausmaß der Berücksichtigung der institutionellen Interessen der strategisch relevanten Stakeholder

Abb. 4-10: Übersichtsdarstellung der Detaillierung der Stakeholderorientierung des Integrationsmanagements auf Gestaltungsdimensionsebene

4.3 Gesamtwürdigung des theoriegestützten Frameworks zum stakeholderorientierten Integrationsmanagement

Dieses theoriegestützte Framework stellt mit seiner Detaillierung eine umfassende Strukturierungshilfe für das stakeholderorientierte Integrationsmanagement dar. Es enthält die aus der Literatur abgeleiteten Bezugspunkte, die für die Ausrichtung des Integrationsmanagements auf die Stakeholder von zentraler Bedeutung sind. Mit den drei Gestaltungsdimensionen und darunter liegenden Gestaltungsaspekten sind die aus der Literatur abgeleiteten Gestaltungsbereiche enthalten, die die Akquisitions- und Integrationsverantwortlichen grundsätzlich gestalten können und müssen, um die integrationsbedingten, darunter auch die stakeholderbezogenen, Wertsteigerungspotenziale erschließen zu können. Die Detaillierung der Stakeholderorientierung zeigt mit Hilfe der theoretisch hergeleiteten Kriterien auf, wie die Akquisitions- und Integrationsverantwortlichen die jeweiligen Gestaltungsaktivitäten systematisch stärker oder schwächer auf die Stakeholder ausrichten können.

Dieses Framework erlaubt detailliert die relevanten Gestaltungsaktivitäten der Akquisitions- und Integrationsverantwortlichen zu erheben, zu analysieren und zu strukturieren sowie besonders stakeholderorientierte Gestaltungsaktivitäten zu identifizieren. Damit bildet es die zwingende Voraussetzung, dass die zentrale Forschungsfrage und die Detailfragen überhaupt beantwortet werden können. Dieses Framework ist bewusst so gestaltet, dass es in der empirischen Exploration bestätigt und erweitert werden kann. Ebenso ermöglicht das Framework, dass die Relevanz der einzelnen Elemente bestimmt werden kann, damit es nach erfolgter Exploration die Realität möglichst umfassend und korrekt abbildet.

5   Methodik

In diesem Kapitel wird zunächst ein Überblick über den gewählten qualitativen Forschungsansatz gegeben (Kapitel 5.1). Hierbei werden der Fallstudienansatz erläutert (Kapitel 5.1.1), Interviews als zentrale Erhebungsmethode vorgestellt (Kapitel 5.1.2) und anschließend die hermeneutisch-klassifikatorische-Inhaltsanalyse als Auswertungsmethode dargelegt (Kapitel 5.1.3). Abschließend werden die einzelnen Schritte des Forschungsprozesses detailliert (Kapitel 5.2).

5.1   *Forschungsansatz und -methoden*

Zur Beantwortung der zentralen Forschungsfrage wird ein qualitativer Forschungsansatz verwendet, da er gemäß Butterfield/Reed/Lemak (2004: 163) besonders geeignet ist, wenn es kaum empirische Erkenntnisse zum Untersuchungsgegenstand gibt und wenn das Phänomen komplex ist. Beides trifft auf den Untersuchungsgegenstand *stakeholderorientiertes Integrationsmanagement* zu. So gibt es bisher keine umfangreichen empirische Erkenntnisse zum stakeholderorientierten Integrationsmanagement und das Integrationsmanagement gilt aufgrund seiner Komplexität als die *„Königsdisziplin im Management"* (Wisskirchen/Naujoks/Matoushek 2003: 335).

Als qualitativer Forschungsansatz werden Fallstudien und anschließend Interviews mit Integrationsexperten gewählt. Dieser Forschungsansatz ist anderen qualitativen Ansätzen, wie z. B. Experiment, Geschichte oder Archivanalyse, gemäß Yin (2003: 5f., 13) überlegen, wenn es sich bei dem Forschungsgegenstand um ein Phänomen unserer Zeit und um ein Phänomen mit unklaren Grenzen zwischen Phänomen und Kontext handelt. Diese Eigenschaften weist der Forschungsgegenstand dieser Arbeit auf. So hat die weltweite Akquisitions- und Integrationstätigkeit erst im Jahr 2000 ihren bisherigen Höhepunkt erreicht. Sie stellt damit sicherlich ein Phänomen unserer Zeit dar. Außerdem erfolgt die Implementierung stakeholderorientierter Gestaltungsaktivitäten im Kontext des Integrationsmanagements, zu dem sämtliche Gestaltungsaktivitäten der Akquisitions- und Integrationsverantwortlichen gehören. Die Abgrenzung zwischen stakeholder- und nichtstakeholderorientierten Aktivitäten ist nicht evident. Zusätzlich ist die Abgrenzung zu den Aktivitäten der regulären Unternehmensführung nicht eindeutig. Damit liegen auf mehrere Arten unklare Grenzen zwischen Phänomen und Kontext vor.

Nach den Fallstudien werden Interviews mit Integrationsexperten geführt, um die Erkenntnisse der Fallstudien breiter abzustützen. Mit Hilfe dieser Interviews können die Erkenntnisse der Fallstudien gezielt fundiert und hinterfragt werden, um gegebenenfalls zusätzlich erweitert zu werden. Ein solches Vorgehen hat Bauch (2004: 17) erfolgreich für die Ableitung ihres Bezugsrahmens zur Post Merger Integration verwendet.

5.1.1   Fallstudien als Forschungsansatz

Die Verwendung von Fallstudien ist sowohl in der Business & Society-Forschung (Guthrie et al. 2002; Harrison/St. John 1994; Veser 2004) als auch in der Akquisitionsforschung (Bauch 2004; Blöcher 2004; Haspeslagh/Jemison 1991; Hitt et al. 1998; Larsson/Finkelstein 1999) ein verbreiteter Forschungsansatz, um komplexe Sachverhalte zu analysieren.

Entsprechend Yin (2003: 21f.; 2004: 57f.) und Eisenhardt (1989: 536) ist bei Verwendung von Fallstudien zu Beginn das Fallstudiendesign festzulegen (siehe auch Sachs/Maurer 2005:

21). Das Design der Fallstudie umfasst die Festlegung und Ausgestaltung sämtlicher Schritte, die notwendig sind, um von den Forschungsfragen zu den Antworten zu gelangen (Yin 2003: 20). Nach Festlegung der Forschungsfragen unterscheidet Yin folgende Schritte (2003: 15, 21 f.):

1. Festlegung der grundsätzlichen Zielsetzung der Fallstudie (Yin 2003: 15)
2. Formulierung einer deskriptiven Theorie bzw. der konkreten Ziele der Exploration (Yin 1993: 21f.; Yin 2003: 21, 29f.)
3. Festlegung der Analyseeinheit (Yin 2003: 21)
4. Festlegung der Grundform der Fallstudie (Yin 2003: 21, 39f.)
5. Festlegung der logischen Verbindung zwischen den Daten und den Aussagen bzw. Untersuchungszielen (Yin 2003: 21)
6. Festlegung der Kriterien für die Interpretation der Ergebnisse (Yin 2003: 21)

Diese sechs Schritte des Fallstudiendesigns und die in dieser Arbeit gewählte Ausprägung werden nachfolgend erläutert. Ebenso werden die durch die gewählten Ausprägungen erzeugten Grenzen der Vorgehensweise angesprochen. Eine ausführliche Darstellung der Grenzen der Arbeit folgt am Ende der Arbeit (Kapitel 10.3), wenn bekannt ist, wie sich die gewählte Vorgehensweise bewährt hat.

1. Grundsätzliche Zielsetzung der Fallstudien

Zunächst ist die Zielsetzung der Fallstudien zu bestimmen, um ein ergebnisorientiertes Fallstudienvorgehen zu erreichen (Yin 2003: 21). Fünf Fallstudienzielsetzungen lassen sich gemäß Yin (2003: 15) unterscheiden. Fallstudien können entweder *erklärend* verwendet werden, um angenommene kausale Verbindungen bei realen Interventionen zu erklären oder *beschreibend*, um eine Intervention und den realen Kontext, in dem diese stattfindet, zu beschreiben. Sie können jedoch auch *illustrierend* benutzt werden, um bestimmte Themen innerhalb einer Evaluation zu illustrieren, in einer deskriptiven Art. Des Weiteren dienen sie *erforschenden* Zielen, um Situationen zu erforschen, in denen die untersuchte Intervention keine klaren Ergebnisse bringt. Schließlich könne sie *meta-evaluierende* Ziele haben, um eine Studie über eine Evaluationsstudie zu erstellen.

Wie in der Einleitung erwähnt, ist das Ziel dieser Arbeit, ein Framework zu entwickeln, das die relevanten stakeholderbezogenen Bezugspunkte und Gestaltungsdimensionen und -aspekte der Akquisitions- und Integrationsverantwortlichen aufzeigt, damit die Verantwortlichen durch geeignete Gestaltungsaktivitäten die Erreichung der Akquisitions- und Integrationsziele bzw. die Erschließung der stakeholderbezogenen Wertsteigerungspotenziale systematisch unterstützen können. Die Arbeit verfolgt daher mit den Fallstudien grundsätzlich *beschreibende* und *illustrierende* Ziele. Zugleich werden die Fallstudien *explorativ* verwendet, da die Implementierung des Stakeholder View-Konzepts bisher kaum erforscht ist (Sachs/ Rühli 2004: 3) und da diese Arbeit konkrete Beispiele für besonders stakeholderorientierte Gestaltungsaktivitäten aufzeigen möchte.

2. Deskriptive Theorie und konkrete Ziele der Exploration

Im zweiten Schritt des Fallstudiendesigns sind eine deskriptive Theorie zu formulieren und die Ziele der Exploration festzulegen (Yin 2003: 21f.; 29f.).

Um eine deskriptive Theorie auszudrücken, sollten gemäß Yin (2003: 29f.) das Ziel der beschreibenden Untersuchung, eine realistische Bandbreite an Themen, die möglicherweise den

Untersuchungsgegenstand „umfassend" beschreiben, und voraussichtliche Themen, die den Kern der Beschreibung ausmachen werden, bestimmt werden.

In dieser Arbeit bildet die Generierung eines Frameworks zum stakeholderorientierten Integrationsmanagements das übergeordnete *Ziel der Untersuchung.* Um den Untersuchungsgegenstand möglichst umfassend zu beschreiben, kommen die Gestaltungsaktivitäten der Akquisitions-/Integrationsverantwortlichen (entsprechend dem theoriegestützten Framework aus Kapitel 4), Bezugspunkte mit Hinweisen für die Ausrichtung der Gestaltungsaktivitäten, die Ziele der Akquisitions/Integration und die entsprechenden Inhalte der Gestaltungsaktivitäten als *relevante Themen* in Betracht. Den *Kern der Beschreibung* werden voraussichtlich die Bezugspunkte und die Gestaltungsaktivitäten der Verantwortlichen bilden.

Hinsichtlich der Exploration lassen sich folgende Aussagen treffen (Yin 2003: 30):

Den *Gegenstand der Exploration* dieser Arbeit bildet das stakeholderorientierte Integrationsmanagement bei Zusammenschlüssen aus Sicht der Akquisitions- und Integrationsverantwortlichen.

Das konkrete Ziel der Exploration ist die Identifikation stakeholderbezogener Bezugspunkte und relevanter Gestaltungsaspekte/-kategorien des Integrationsmanagements sowie konkreter Beispiele, die eine besonders große Ausrichtung des Integrationsmanagements auf die Stakeholder verdeutlichen (Good Practices, Kapitel 9). Dieses Ziel wird gewählt, um aufbauend auf den ermittelten Bezugspunkten und Gestaltungsaspekten ein Framework zum stakeholderorientierten Integrationsmanagement zu erstellen.

Die Exploration wird als erfolgreich gewertet *(Erfolgskriterium)*, wenn es gelingt, solche stakeholderorientierten Bezugspunkte und Gestaltungsaspekte/-kategorien zu erheben, detailliert in einem Framework zu verdichten und für möglichst viele Gestaltungsaspekte/-kategorien Good Practices zu identifizieren.

3. Analyseeinheit

Im dritten Schritt ist die Analyseeinheit festzulegen (Yin 2003: 21).

Als Analyseeinheit für die Fallstudien wird das *stakeholderorientierte Integrationsmanagement bei Zusammenschlüssen* gewählt. Unter Integrationsmanagement werden hierbei sämtliche Gestaltungsaktivitäten der verantwortlichen Manager zusammengefasst, die dazu dienen, die stakeholderbezogenen Wertsteigerungspotenziale zu erschließen und die nicht in den vorangegangenen Kapiteln ausgegrenzt worden sind, wie z. B. mitarbeiterbezogene, Kultur-, Kommunikations- und Controllingaktivitäten.

Diese Analyseeinheit grenzt sich insofern von vorhergehenden Arbeiten ab, als dass sie ganzheitlicher ausgerichtet ist als bisherige Arbeiten. Eine Übersicht von Arbeiten, die sich mit Gestaltungsaktivitäten des Integrationsmanagements beschäftigen, befindet sich im Kapitel 11.2.1.

Die Analyseeinheit dieser Arbeit umfasst ein Spektrum an Gestaltungsaktivitäten, das bewusst Aktivitäten hinsichtlich *mehrerer* Stakeholder, auch Stakeholder der *Unternehmensumwelt*, einbezieht, anstatt sich auf die Aktivitäten hinsichtlich eines Stakeholders, meistens der Mitarbeiter, zu konzentrieren. Einen solchen Fokus haben z. B. die Arbeiten von Gerpott (2003) und Hartmann (2002).
UND

Sie betrachtet *sämtliche* Gestaltungsdimensionen der Akquisitions- und Integrationsverantwortlichen, nicht nur eine Gestaltungsdimension, wie beispielsweise die inhaltliche Gestaltungsdimension (z. B. Carleton/Lineberry 2004) oder die prozessuale Gestaltungsdimension (z. B. Hawranek 2004).

UND

Sie beinhaltet die Gestaltungsaktivitäten *sämtlicher Phasen* des Zusammenschlusses, nicht nur die Gestaltungsaktivitäten einer Phase, wie beispielsweise der Akquisitionsphase (z. B. Blöcher 2004) oder der Integrationsphase (z. B. Bauch 2004).

Diese Analyseeinheit kommt damit der impliziten Forderung von Schwarz (2004: 6) nach, Integrationsmanagement in umfassender Weise zu betrachten. Sie bzw. die Arbeit leistet einen Beitrag zur Schließung dieser Lücke.

4. Grundform der Fallstudien

Der vierte Aspekt des Fallstudiendesigns betrifft die Grundform der Fallstudie. Vier Fallstudiengrundformen lassen sich unterscheiden (Yin 2003: 39f.). Beim *Einzel- vs. Multi-Fallstudiendesign* (single vs. multiple case design) werden eine bzw. mehrere Fallstudien durchgeführt. Das *ganzheitliche vs. eingebettete Design* (holistic vs. embedded) beinhaltet die Definition einer einzigen Analyseeinheit oder mehrerer Untereinheiten.

Da diese Arbeit möglichst umfassend stakeholderorientierte Gestaltungsmöglichkeiten der Akquisitions- und Integrationsverantwortlichen und ein dazugehöriges Framework aufzeigen will, steht die Robustheit der Ergebnisse im Vordergrund (vs. sämtlicher Details des Einzelfalls). Es wird daher ein *Multi-Fallstudiendesign* verwendet. Mit dieser Grundform sollen ähnliche Resultate, d. h. ähnliche Gestaltungsdimensionen und -aspekte, bei unterschiedlichen Rahmenbedingungen in den Fällen betrachtet und entdeckt werden („*literal replication*", Yin 2003: 47). Die anschließende Verwendung von fünf Interviews mit Integrationsexperten soll die Robustheit der Ergebnisse weiter verstärken.

Diese Arbeit verwendet Unteranalyseeinheiten (embedded design), um fokussiert Daten sammeln zu können und um die Gefahr der Abstraktheit der Analyse zu reduzieren (Yin 2003: 45). Als Unteranalyseeinheiten werden die *stakeholderbezogenen Bezugspunkte des Integrationsmanagements* und die *Gestaltungsdimensionen des Integrationsmanagements* verwendet.

Der dritte Themenblock des theoriegestützten Frameworks (Kapitel 4), die *Stakeholderorientierung des Integrationsmanagements*, wird nicht als eigenständige Unteranalyseeinheit betrachtet, da sie lediglich die stakeholderbezogene Ausrichtung der beiden anderen Unteranalyseeinheiten beschreibt.

Die beiden abschließenden Aspekte des Fallstudiendesigns, die Festlegung der logischen Verbindung zwischen den Daten und den Aussagen bzw. Untersuchungszielen (5) und die Festlegung der Kriterien für die Interpretation der Ergebnisse (6), werden in den einzelnen Analysekapiteln erläutert, da sie entsprechend dem Fortgang der Untersuchung variieren (Fallstudien: Kapitel 6, Gespräche mit Integrationsexperten: Kapitel 7).

Die Entscheidung, Fallstudien zu verwenden und nicht eine groß angelegte Befragung durchzuführen, führt bereits zu ersten Einschränkungen hinsichtlich der Gültigkeit der Ergebnisse. Aufgrund der geringen empirischen Basis können keine repräsentativen Ergebnisse ermittelt werden. Dieser Anspruch wurde aufgegeben zugunsten der detaillierten Erfassung der Komplexität des Integrationsmanagements. Für ein solches Erfassen ist der Fallstudienansatz wiederum genau richtig.

Durch die Wahl, mit den Fallstudien beschreibende und nicht erklärende Ziele zu verfolgen, wird deutlich, dass das Ergebnis „lediglich" eine Beschreibung des in den Fallstudien verwendeten Integrationsmanagements umfasst. *Warum* ein Aspekt dieser Beschreibung bzw. bei dem verwendeten Integrationsmanagement bedeutender ist als ein anderer, wird nicht untersucht. Entsprechende Erkenntnisse, die aus solchen Analysen ableitbar wären, können daher nicht generiert werden. Allerdings ist der Fokus auf die Beschreibung des stakeholderorientierten Integrationsmanagements notwendig, da diese Arbeit nicht auf beschreibenden Vorarbeiten aufbauen konnte und sich dann auf die Ursachen für die ermittelten Aspekte hätte konzentrieren können.

Die Gestaltungsaktivitäten der Verantwortlichen gelten als wahrscheinlicher Kern der deskriptiven Theorie. Dieser Fokus bedeutet, dass die Wirkung der Gestaltungsaktivitäten nicht verstärkt untersucht wird. Dadurch ist eine Gewichtung der Gestaltungsaktivitäten nach ihrer Wirkung nicht möglich. Eine solche Gewichtung wäre für ein beschreibendes Framework nutzenstiftend. Wie die Auswertungen und Ergebnisse zeigen werden, sind jedoch auch andere Gewichtungen möglich, so dass detaillierte und nutzenstiftende Beschreibungen der Aspekte weiterhin möglich sind.

Die gewählte Analyseeinheit *stakeholderorientiertes Integrationsmanagement* stellt gegenüber den bisherigen Arbeiten eine sehr umfassende Analyseeinheit dar. Es ist daher eine Herausforderung, alle abzudeckenden Aspekte in der notwendigen Tiefe zu erheben und zu analysieren. Diese Herausforderung wird jedoch bewusst angenommen, um überhaupt eine umfassende Analyse des Integrationsmanagements entsprechend den erwähnten Forderungen von Schwarz (2004: 6) zu erzielen.

Das Multifallstudiendesign wurde gewählt, um möglichst robuste Ergebnisse zu erzielen. Da „nur" zwei Fallstudien durchgeführt werden, wird die kleinst mögliche Anzahl des Multifallstudiendesigns verwendet. Um robustere Ergebnisse zu erzielen, wäre die Verwendung von weiteren Fallstudien notwendig gewesen. Eine höhere Anzahl an Fallstudien hätte jedoch den Erhebungs- und Auswertungsaufwand um ein Vielfaches gesteigert, so dass der diesbezügliche Rahmen der Arbeit gesprengt worden wäre. Das Problem der Robustheit wird insofern verringert, als dass nach den Fallstudien noch fünf Experteninterviews durchgeführt werden.

Diese Ausführungen zeigen, dass die Festlegung der einzelnen Aspekte des Fallstudiendesigns bewusst erfolgen muss und erfolgt ist, damit das Untersuchungsziel überhaupt und mit einem vertretbaren Aufwand erreicht werden kann.

5.1.2   Interviews als zentrale Erhebungsmethode

Da sowohl in den Fallstudien als auch anschließend bei den Gesprächen mit Integrationsexperten Interviews als Erhebungsmethode verwendet werden, stellen sie die zentrale Erhebungsmethode der Arbeit dar. Auf sie wird daher vertieft eingegangen.

Vor Durchführung der Interviews sind der *Interviewzweck*, der *Standardisierungsgrad* und die *Kommunikationsform* festzulegen (Gläser/Laudel 2004: 37f.). Diese Aspekte werden in den nachfolgenden Abschnitten erläutert.

Interviewzweck

Grundsätzlich ist aus dem Untersuchungsziel der Zweck des Interviews und daraus der Gegenstand des Interviews abzuleiten (Gläser/Laudel 2004: 38). Es lassen sich hierbei einerseits Experteninterviews, *„in denen die Befragten als Spezialisten für bestimmte Konstellationen befragt werden"* und andererseits Interviews, *„in denen es um die Erfassung von Deutung, Sichtweisen und Einstellungen der Befragten selbst geht"* (Hopf 1979: 15) unterscheiden.

Aufgrund der Ziele der Arbeit ist es primärer Zweck der Interviews im Rahmen der Fallstudien, das spezifische Wissen der Befragten hinsichtlich des Ablaufs der Integration und der thematischen Gestaltung der dabei ergriffenen Maßnahmen seitens der Akquisitions- und Integrationsverantwortlichen zu erfahren. Die Befragten fungieren also als Spezialisten.

Bei den Gesprächen mit den Integrationsexperten steht gleichermaßen das Abfragen von spezifischem Wissen im Fokus des Interviews, beispielsweise hinsichtlich der besonders stakeholderorientierten Gestaltungsaktivitäten für jede Gestaltungsdimension oder hinsichtlich der Relevanz einzelne Stakeholder für das Integrationsmanagement.

Standardisierungsgrad

Interviews können hinsichtlich ihrer Standardisierung unterteilt werden in (Gläser/Laudel 2004: 39) *(Voll-)Standardisierte Interviews*, in denen sowohl die Fragen als auch die Antwortmöglichkeiten vorgegeben sind oder in *halbstandardisierte Interviews*, in denen der Fragebogen für alle Interviews gleich ist, die Antwortmöglichkeiten jedoch nicht vorab feststehen. Des Weiteren existieren auch *nichtstandardisierte Interviews*, in denen sowohl die Fragen als auch die Antworten nicht standardisiert sind.

In dieser Arbeit werden sämtliche Interviews als *problemzentrierte Interviews* geführt. Ihre Standardisierungsform liegt zwischen halbstandardisierten und nichtstandardisierten Interviews (Mayring 2002: 67ff; Witzel 1982: 68). Sie sind dahingehend standardisiert, dass vorab Fragen zu einzelnen Themen definiert werden, deren Folge variiert werden kann (Leitfadenfragen). Anders als bei halbstandardisierten Interviews können bei ihnen auch spontane Folgefragen gestellt und Probleme oder Einsichten beleuchtet werden, die sich aus vorangegangenen Analysen ergeben (Ad-hoc-Fragen; Sachs/Maurer 2005: 15). Für den Interviewbeginn werden ganz allgemein gehaltene Einstiegsfragen verwendet (Sondierungsfragen). Es werden keine Antwortalternativen vorgegeben, so dass der Interviewpartner frei aus seiner subjektiven Sicht antworten kann. Durch diese gemischt-standardisierte Interviewform ist es möglich, auf das spezifische Wissen der Befragten individuell einzugehen und sämtliche für das Integrationsmanagement wichtigen thematischen Aspekte abzudecken.

Bei sämtlichen Interviews wird die Methode des aktiven Zuhörens verwendet, die sich dadurch auszeichnet, dass das Gesagte zwischendurch öfter zusammengefasst wird, um das richtige Verständnis sicherzustellen und Folgefragen abzuleiten. (Rutter 2003: 470f; Sachs/Maurer 2005: 13f).

Gläser/Laudel unterscheiden für die Interviewdurchführung die *schriftliche Befragung* ohne persönlichen Kontakt, das *Telefoninterview, persönliche Treffen mit Ausfüllen des Fragebogens* und *persönliche Gespräche* als mögliche Kommunikationsformen (2004: 40).

In dieser Arbeit werden alle Interviews als *persönliche Gespräche* durchgeführt. Sie werden mit Kassette aufgezeichnet, um sämtliche Aussagen als Datenbasis zur Verfügung zu haben.

Grenzen der gewählten Erhebungsmethode

Durch die Verwendung von problemzentrierten Interviews ist davon auszugehen, dass nicht sämtliche Aspekte in allen Interviews angesprochen werden. Es kann daher sein, dass gewisse Informationen nicht erhoben werden, die eventuell für die Auswertung und anschließende Erstellung des Frameworks wertvoll sind. Diese Gefahr wird jedoch bewusst eingegangen, da gerade die problemzentrierten Interviews ermöglichen, dass neue Aspekte erörtert werden, die sich erst im Laufe des Interviews ergeben. Es wird angenommen, dass hierdurch gänzlich neue Aspekte für das Framework ermittelt werden können. Um diese Chance wahrzunehmen, wird das beschriebene Risiko eingegangen.

5.1.3   HCCA als Auswertungsmethode

Die Datenauswertung dieser Arbeit baut in Anlehnung an Sachs/Maurer (2005: 20f.) auf die hermeneutisch-klassifikatorische Inhaltsanalyse auf (hermeneutic-classificatory-content-analysis, HCCA).

Die HCCA stellt eine Form der qualitativen Inhaltsanalyse dar, bei der es um das Erschließen des gesamten Bedeutungsinhaltes des Textes und nicht um das Verifizieren oder Falsifizieren von Hypothesen geht. Letzteres bildet das Ziel von quantitativen Inhaltsanalysen (Atteslander 2000: 202ff). Die HCCA wird verwendet, da sie eine Methode darstellt, um große Textmengen, die ein komplexes soziales Phänomen beschreiben, kodieren und analysieren zu können (Sachs/Maurer 2005: 16).

Der HCCA liegt die Hermeneutik zugrunde. Die Hermeneutik zeichnet sich durch das Ziel aus, Textinhalte aus Sicht der Textautoren zu begreifen (Käslin 2005: 36). Um dieses Ziel zu erreichen, wird ein Fall in seiner Sprache diskutiert und eine subjektive Datensammlung erlaubt (Sachs/Maurer 2005: 17). Außerdem werden bei dieser Methodik die Textpassagen mit Hilfe eines Kategoriennetzwerkes codiert.

Zur Bildung des Kategoriennetzwerkes werden Kategoriesubdimensionen auf Basis der zu erforschenden Charakteristika bzw. thematischen Aspekte definiert (Roller/Mathes/Eckert 1995: 170). Die Definition der Subdimensionen erfolgt durch die Verwendung von theoretisch-abgeleiteten Kategorien, die vor der Kodierung gebildet werden (deduktiv), und durch die Verwendung von Kategorien auf Basis des empirischen Materials. Letztere werden iterativ während des Kodierens gebildet (induktiv).

Die Kategoriesubdimensionen werden entsprechend ihrer logischen Verknüpfung einer Kategorie zugeordnet. Jede Kategorie kann daher als Netzwerk von Subdimensionen verstanden werden und sämtliche Kategorien ergeben das Kategoriennetzwerk (Roller/Mathes/Eckert 1995: 169f).

In dieser Arbeit werden für die Bildung der Subdimensionen beide Ansätze (deduktiv und induktiv) verwendet. Die deduktive Bildung erfolgt auf Basis des theoriegestützten Frameworks (Kapitel 4). Die dort definierten stakeholderbezogenen Bezugspunkte und Gestaltungsaspekte/-kategorien bilden die Basis für die deduktiven Subdimensionen des Kategoriennetzwerkes. Die induktive Subdimensionsbildung erfolgt während der Codierung der Dokumente und Interviews bei Auftreten neuer Bezugspunkte bzw. Gestaltungskategorien oder -aspekte.

Um die Subdimensionen bzw. Codes für quantitative Auswertungen verfügbar zu machen, werden sie in der HCCA mit einem zusätzlichen Interpretationszeichen codiert (Roller/Mathes/Eckert 1995: 173). Ähnlich dem Vorgehen bei Sachs/Maurer (2005: 25), die ein Interpretationszeichen (positiv, neutral, negativ) in Abhängigkeit von der inhaltlichen Richtung des Textsegmentes vergeben haben, werden in dieser Arbeit „1", „0" und „-1" als Interpretationszeichen verwendet. Diese drücken aus, dass aus einem Textsegment die Berücksichtigung („1"), die nicht eindeutige Berücksichtigung („0") oder die Nicht-Berücksichtigung („-1") der Stakeholderinteressen hervorgeht.

Für die eigentliche Datenauswertung verwendet die HCCA ebenfalls quantitative und qualitative Elemente (Roller/Mathes/Eckert 1995: 174f). Zum einen wird auf Basis der Codes eine quantitative Strukturanalyse der gesamten Texte durchgeführt, d. h. häufige und weniger häufige Codes werden sichtbar. Zum anderen erfolgt eine detaillierte hermeneutische Analyse auf Basis der codierten Textpassagen.

Die Ausführungen zur HCCA zeigen, dass sie durch ihre Elemente, vor allem durch das Kategoriennetzwerk, variable und zügige Möglichkeiten bietet, große Textmengen zu analysieren. Solch große Mengen sind durch den Umfang der empirischen Exploration dieser Arbeit vorprogrammiert. Diese Methode sollte daher zur Erreichung der Ziele der Arbeit beitragen.

Grenzen der gewählten Auswertungsmethode

Die verwendete Auswertungsmethode erlaubt explizit eine subjektive Datensammlung. Nachteilig hieran ist, dass durch die subjektive Datensammlung gewisse Aspekte stärker in den Fokus rücken als bei einer objektiven Datensammlung. Durch die subjektive Gesprächsführung bei den Interviews können Themen Schwerpunktthemen werden, die objektiv gar nicht Schwerpunkt der Integration waren. Hierdurch wird die Aussagekraft der Ergebnisse tendenziell eingeschränkt. Diese Einschränkung wird jedoch in Kauf genommen, da eine objektive Datensammlung bei diesem Untersuchungsgegenstand schwierig umzusetzen ist. Viele der auszuwertenden Informationen sind nicht schriftlich festgehalten und müssen in den Interviews ermittelt werden.

Die Codierung der Daten erfolgt ausschließlich durch den Verfasser. Hierdurch besteht ebenfalls die Gefahr, dass manche Textstellen bei einer Codierung durch eine weitere Person anders codiert worden wären. Dieser Nachteil muss leider in Kauf genommen werden, da eine Codierung durch eine zweite Person zu einem wesentlich größeren Zeitaufwand für die Datenanalyse geführt hätte. Hierdurch hätte sich die Dauer und entsprechend die Kosten des Forschungsprojektes wesentlich verlängert, was vom Verfasser als nicht angemessen beurteilt wurde.

Nachdem die Grundlagen des verwendeten Forschungsprozesses dargestellt sind, stellt sich die Frage, wie der Forschungsprozess, v. a. die HCCA, konkret in dieser Arbeit umgesetzt wurde. Diese Umsetzung wird in den folgenden Abschnitten erläutert.

5.2 Forschungsprozess

Aufgrund des gewählten qualitativen Forschungsansatzes mit zwei Fallstudien und Interviews mit Integrationsexperten und der HCCA als Analysemethode wird in Anlehnung an Eisenhardt (1989: 533) der in der folgenden Abbildung dargestellte übergeordnete Forschungsprozess in dieser Arbeit verwendet:

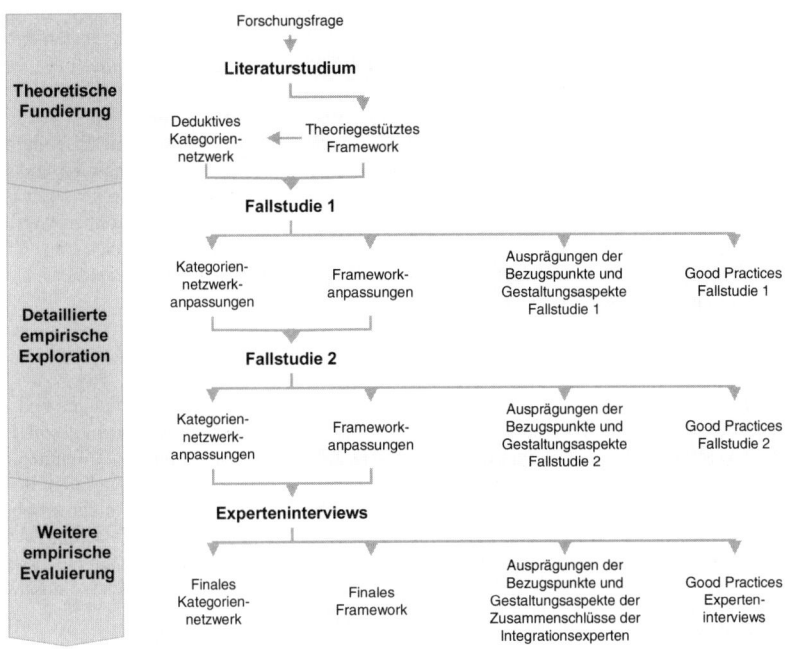

Abb. 5-1: Forschungsprozess dieser Arbeit (in Anlehnung an Eisenhardt 1989: 533

In der Phase der *theoretischen Fundierung* erfolgt ausgehend von der Forschungsfrage mit Hilfe eines ausführlichen Literaturstudiums die Ableitung eines theoriegestützten Frameworks sowie eines (deduktiven) Kategoriennetzwerkes. Hieran schließt sich die Phase der *detaillierten empirischen Exploration* mit Hilfe von zwei Fallstudien an. Die Erkenntnisse der ersten Fallstudie fließen umgehend in das Framework sowie in das Kategoriennetzwerk ein, so dass sie bei der Durchführung der zweiten Fallstudie bei der Datensammlung berücksichtigt werden können. In den Fallstudien werden jeweils die Ausprägungen der stakeholderbezogenen Bezugspunkte und der Gestaltungsaspekte des Integrationsmanagements ermittelt. Zusätzlich werden Good Practices identifiziert, d. h. konkrete Beispiele für besonders stakeholderorientierte Gestaltungsaktivitäten (Kapitel 9).

Zur *weiteren empirischen Evaluierung* werden auf Basis des aus den Fallstudien aktualisierten Frameworks und des angepassten Kategoriennetzwerkes Interviews mit Integrationsexperten durchgeführt. Die bei der Analyse dieser Interviews gewonnenen Erkenntnisse gehen in das endgültige Framework zum stakeholderorientierten Integrationsmanagement ein. Ebenso werden bei der Analyse der Interviews mit den Integrationsexperten weitere Good Practices identifiziert.

Dieser Forschungsprozess für die Fallstudien wird in den nächsten Abschnitten detailliert.

5.2.1 Theoretische Fundierung

In Anlehnung an Eisenhardt (1989: 533) erfolgt in der Phase der theoretischen Fundierung auf Basis der Forschungsfrage (Kapitel 1) ein ausgiebiges Literaturstudium, in dem vor allem die Literatur der Strategischen Management-, der Business & Society- und der Akquisitionsforschung nach relevanten Beiträgen untersucht wird (Kapitel 2 und 3). Anhand dieser Beiträge wird das theoriegestützte Framework entwickelt (Kapitel 4). Aus den Frameworkelementen wird zudem für den weiteren Forschungsprozess ein Kategoriennetzwerk gebildet bzw. eine Codierungsliste erstellt (Kapitel 11.2.2).

Die Elemente des Frameworks bzw. des Kategoriennetzwerkes stellen im Sinne Eisenhardts (1989: 536) *a priori Konstrukte* dar. Sie dienen dazu, den weiteren Forschungsaufwand zu begrenzen (Eisenhardt 1989: 536; Yin 1993: 7). Bei den Fallstudien und Interviews gilt der Grundsatz, dass der Datensammlungsprozess offen, aber nicht konzeptlos begonnen werden soll *(„An open mind is not an empty head"*, Dey 1995: 78). Für diese Konstrukte bzw. Frameworkelemente besteht kein Anspruch, dass sie nach Durchführung der Fallstudien in die entstehende Theorie eingehen (Eisenhardt 1989: 536).

Grenzen des gewählten Vorgehens der theoretischen Fundierung

Die Beschränkung des Literaturstudiums auf die drei genannten Forschungsrichtungen bedeutet, dass relevante Erkenntnisse anderer Richtungen bei der Entwicklung des theoriegestützten Frameworks nicht berücksichtigt werden können. Da die Suche nach relevanten Dokumenten und die Abfrage relevanter Aspekte in den Interviews der Fallstudien ebenfalls auf dem theoriegestützten Framework basiert, besteht die Gefahr, dass relevante Aspekte nicht erhoben werden. Dieser Nachteil wird in Kauf genommen, da die Alternative, weitere Forschungsrichtungen miteinzubeziehen, ebenfalls eine Gefahr mit sich birgt. Die Zeitdauer für die Erstellung des Frameworks steigt an und die Komplexität des Frameworks erhöht sich, so dass die Praktikabilität des Frameworks gegebenenfalls zurückgeht.

5.2.2 Fallstudien zur detaillierten empirischen Exploration

Nachdem das theoriegestützte Framework und das Kategoriennetzwerk gebildet sind, folgt in der anschließenden Phase entsprechend dem Fokus bzw. der Ziele der Arbeit (Kapitel 1). die detaillierte empirische Exploration des theoriegestützten Frameworks und der Good Practices mit Hilfe von zwei Fallstudien.

In Anlehnung an Sachs/Maurer (2005: 21) und Roller/Mathes/Eckert (1995: 168f.) laufen die Fallstudien gemäß dem in folgender Abbildung dargestellten Forschungsprozess ab:

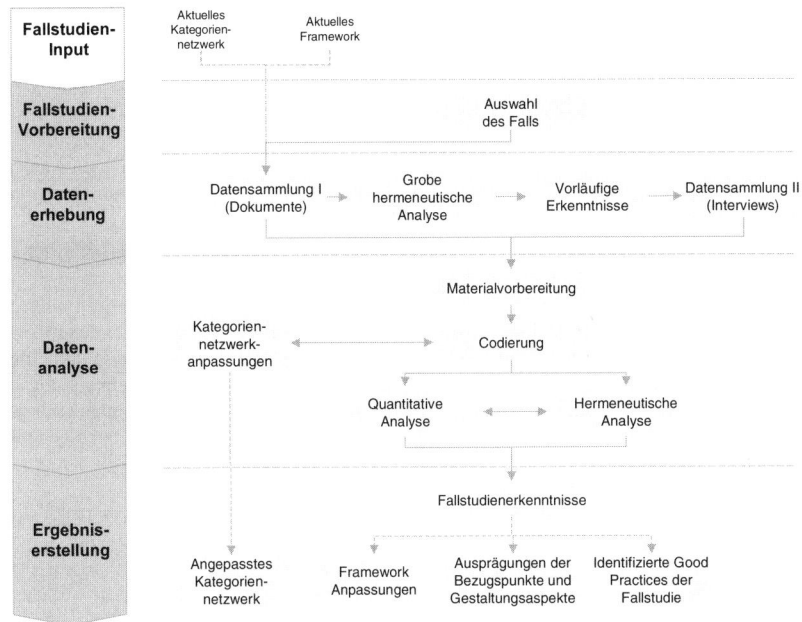

Abb. 5-2: Prozessschritte auf Einzelfallebene, in Anlehnung an Sachs/Maurer (2005:21) und (Roller/Mathes/Eckert 1995: 168f.)

Wie aus der Abbildung hervorgeht, lässt sich der Ablauf in die vier Phasen *Fallstudienvorbereitung, Datenerhebung, Datenanalyse* und *Ergebniserstellung* gliedern.

Diese Phasen werden nachfolgend erläutert.

5.2.2.1 Fallstudienvorbereitung

Die Fallstudienvorbereitung besteht aus der Auswahl des Falls bzw. der beiden Fälle. Für die Fallauswahl bestehen grundsätzlich zwei Möglichkeiten (Yin 2003: 77f.). Zum einen kann die Auswahl direkt erfolgen. Diese Möglichkeit existiert, wenn ein spezifischer Zugang des Forschers zum Fall existiert oder ein spezifisches Arrangement zwischen Forscher und Fall vereinbart wurde. Zum anderen geschieht die Auswahl indirekt. Diese Auswahlmethode wird gewählt, falls kein spezifischer Zugang existiert. Hierbei wird ein Fallscreening durchgeführt. Für das Screening sind Kriterien aufzustellen, mit deren Hilfe, Informationen über mögliche Fälle eingeholt werden. Mit dieser Informationsbasis sind passende Fälle auszuwählen.

In dieser Arbeit wird der erste Fall in einem direkten Verfahren ermittelt. Der Autor dieser Arbeit kennt den Zusammenschluss aus seiner Tätigkeit als Unternehmensberater. Es besteht daher ein einzigartiger Zugang zu den Daten als auch zum Kontext des Untersuchungsgegenstandes. Die vertiefte Sachkenntnis des Autors erleichtert die Datenerhebung wesentlich.

Der zweite Fall wird indirekt mit Hilfe von Kriterien ausgewählt. Aufgrund des persönlichen Kontaktes eines Unternehmensvermittlers existieren Einblicke in die Akquisitions- und Integrationsaktivitäten von ca. 70 Unternehmen. Zur Auswahl geeigneter Fälle aus dieser Grund-

111

gesamtheit werden als Kriterien die *Aktualität der Integration* (Verfügbarkeit von Informationen und Integrationsbeteiligten als Gesprächspartner), die *Verfügbarkeit von öffentlich zugänglichen Vorab-Informationen* (Internet-, Presserecherche) und ein möglichst *großer Kontrast gegenüber der ersten Fallstudie* (anderer Kulturkreis, andere Branche) gewählt. Diese Kriterien werden gewählt, um eine hohe Ergebnisqualität zu gewährleisten (Glaser/Strauss 1999: 45ff). Anhand dieser Kriterien und der Informationsbasis des Unternehmensvermittlers wird eine Reihenfolge bestimmt, um relevante Fälle zu kontaktieren. Der letztlich verwendete Fall ist der erste Fall, bei dem die Durchführung von Seiten der beteiligten Unternehmen begrüßt und gefördert wurde.

5.2.2.2 Datenerhebung

Dem Prinzip der Daten-Triangulation folgend, d. h. der Verwendung mehrerer Datenquellen, werden in dieser Arbeit bei den Fallstudien Dokumente und Interviews zur Datensammlung verwendet (Yin 2003: 97f.). Weitere Datenquellen, wie z. B. Archiv-Aufzeichnungen (Yin 2003: 88) oder Observierungen (Yin 2003: 92f.) werden nicht benutzt, da der Verfasser davon ausging, dass sie für den Untersuchungsgegenstand keine zusätzlichen Informationen generieren würden.

Die Dokumente werden anhand einer Liste zusammengetragen, auf der sämtliche Dokumentenarten verzeichnet sind, die üblicherweise bei einer Integration verwendet werden. Diese Liste wird in beiden Fallstudien dem zentralen Ansprechpartner für die Fallstudie aus dem vereinigten Unternehmen vorgelegt. In einer Besprechung wird jeweils gemeinsam auf Basis der existierenden Dokumente festgelegt, welche Dokumente für die Datensammlung verwendet werden können. Je nach Verfügbarkeit der Dokumente werden sie bei einer Fallstudie kopiert bzw. elektronisch zur Verfügung gestellt. Bei der anderen Fallstudie ist lediglich eine Einsichtnahme vor Ort erlaubt. Mit Hilfe des theoriegestützten Frameworks werden relevante Passagen dementsprechend manuell erfasst.

Die gesammelten Dokumente werden jeweils grob hermeneutisch analysiert, d. h. sie werden durchgelesen und Ausprägungen der Bezugspunkte und Gestaltungsaspekte schriftlich festgehalten. Diese Ausführungen werden anschließend zu vorläufigen Erkenntnissen zusammengefasst.

Auf Basis der vorläufigen Erkenntnisse werden mit dem zentralen Ansprechpartner geeignete Interviewpartner identifiziert. Bei der Auswahl der Interviewpartner wird darauf geachtet, dass sie Mitglied der Projektorganisation für die Akquisition bzw. Integration sind, dass sie sowohl die Pre- als auch die Post-Closing-Phase abdecken, dass sie aus *beiden* beteiligten Unternehmen stammen und dass sie sämtlichen von der Integration betroffenen Funktionsbereichen angehören.

Alle Interviewpartner werden in der einen Fallstudie vom zentralen Ansprechpartner, in der anderen Fallstudie vom Verfasser über das Vorhaben per Mail informiert. Dieser Mail wird eine kurze Präsentation über den Ansatz und den Fokus der Arbeit beigefügt.

Bei den Interviews wird vorab bzw. zu Beginn der Interviews um Erlaubnis gebeten, das Interview aufzunehmen. Diese Frage wird mit dem Hinweis verbunden, dass die Interviewpartner zu einem späteren Zeitpunkt um Erlaubnis gebeten werden, falls ein Zitat von ihnen im endgültigen Text der Dissertation verwendet wird. Bis auf zwei Ausnahmen hat kein Interviewpartner Einwände gegen eine Aufnahme. Letztlich können diese Einwände ausgeräumt und sämtliche Interviews auf Kassette aufgenommen werden.

Aus den Ausführungen geht hervor, dass die Interviewpartner bewusst ausgewählt wurden. Allerdings werden für die Interviews in den Fallstudien fast ausschließlich Mitarbeiter der Unternehmen befragt. Kunden, lokale politische Akteure oder Gesellschafter/Aktionäre werden nicht interviewt. Durch diese Fokussierung auf die Mitarbeiter besteht die Gefahr, dass Aspekte, die für die genannten Stakeholder relevant sind, nicht ermittelt werden können. Auf diese Interviews musste aus forschungsökonomischen Gründen verzichtet werden, da ihre Einbindung die Datenerhebung wesentlich verlängert hätte, was wiederum die Finanzierbarkeit und damit den Abschluss dieser Arbeit gefährdet hätte.

5.2.2.3 Datenanalyse

In enger Anlehnung an das Vorgehen der HCCA (Kapitel 5.1) werden für die Datenanalyse der Fallstudien die Prozessschritte *Materialvorbereitung, Codierung des Materials* und die eigentliche *Datenanalyse* mit quantitativer und hermeneutischer Analyse durchlaufen (Roller/ Mathes/Eckert 1995: 168f.).

Das beim HCCA nach der Vorbereitung des Materials und vor dem Codieren des Materials zu erstellende Kategoriennetzwerk wurde in dieser Arbeit bereits vor der Fallstudienauswahl auf Basis des theoriegestützten Frameworks erstellt (Kapitel 5.2.1), um einen klareren Fokus für die Datensammlung zu haben.

Materialvorbereitung

Für die systematische Textanalyse wird die Software ATLAS/ti 4.2 (Muhr 1997) verwendet. Diese Software ermöglicht das Importieren von Textdateien und Grafiken. Diese Beschränkung bedeutet für die Vorbereitung der Datenanalyse hinsichtlich der Dokumente, dass ATLAS/ti Dokumente, die als Powerpoint-Präsentationen vorliegen, in einzelne Grafiken umwandelt und mit fortlaufenden Dateinamen versieht. Liegen Dokumente in .pdf-Form vor, werden vom Verfasser auf Basis des theoriegestützten Frameworks relevante Textpassagen identifiziert und erfasst und dann als .txt-Datei in ATLAS/ti importiert.

Die Interviews werden transkribiert und ebenfalls vom Verfasser quantitativ klassifiziert, z. B. I01-Schmidt, für ein Interview mit Hr. Schmidt. Die transkribierten Interviews werden anschließend als .txt-Datei in ATLAS/ti importiert. Hierbei werden von ATLAS/ti automatisiert Zeilennummern vergeben.

Codierung des Materials

Wie in Kapitel 5.2.1 erwähnt, wird das Kategoriennetzwerk bzw. die Codierungsliste auf Basis des theoriegestützten Framework erstellt. Mit Hilfe dieses deduktiv erstellten Kategoriennetzwerkes erfolgt die Codierung des Datenmaterials. Im Zuge der Codierung des Datenmaterials werden induktiv neue Subdimensionen in das Kategoriennetzwerk bzw. Codes in die Codierungsliste eingefügt bzw. bestehende verändert. Diese Anpassungen des Kategoriennetzwerkes erfolgen fortlaufend, so dass sie für die weitere Codierung zur Verfügung stehen und diese entsprechend beeinflussen.

Sämtliche relevanten Textpassagen werden mit Hilfe des Kategoriennetzwerkes bzw. der Codierungsliste mit einem oder mehreren charakterisierenden Codes versehen. Bei Verwendung ausgewählter Subdimensionen bzw. Codes, wie z. B. des Codes *Berücksichtigung der Stakeholderinteressen*, werden zusätzlich numerische Codes vergeben (Code „1" für Stakeholderinteressen berücksichtigt; Code „-1" für Stakeholderinteressen nicht berücksichtigt; Code „0" für Interessensberücksichtigung nicht eindeutig), um sie für spezifische quantitative Auswertungen verfügbar zu machen (Roller/Mathes/Eckert 1995: 173).

Datenanalyse

Die Datenanalyse erfolgt entsprechend der HCCA in einem iterativen Prozess mit quantitativen und hermeneutischen (qualitativen) Elementen (Roller/Mathes/Eckert 1995: 174; Sachs/ Maurer 2005: 21).

Als quantitatives Element wird für einzelne Bezugspunkte und Gestaltungsaspekte eine Häufigkeitsanalyse verwendet. Die Häufigkeiten von spezifischen Subdimensionen/Codes werden bestimmt, um ihre Relevanz gegenüber anderen Subdimensionen/Codes zu ermitteln. Diese quantitativen Analysen werden zu Beginn der Datenanalyse verstärkt durchgeführt, um zügig einen ersten Überblick über die Bedeutung der einzelnen Bezugspunkte und Gestaltungsaspekte zu gewinnen.

Im Zentrum der Datenanalyse steht die hermeneutische Analyse. Die Textpassagen bzw. Aussagen, die einer Subdimension bzw. einem Code zugeordnet sind, werden detailliert analysiert und ihr Sinngehalt zusammengefasst. Diese detaillierte hermeneutische Analyse erfolgt für sämtliche Bezugspunkte und Gestaltungsaspekte, um ihre Bedeutung in den Fallstudien herauszufinden. Zur Präzisierung der hermeneutischen Analyseergebnisse werden bei einzelnen Bezugspunkten und Gestaltungsaspekten quantitative Häufigkeitsanalysen durchgeführt.

Für die Ermittlung der besonders stakeholderorientierten Gestaltungsaktivitäten (Good Practices) werden die entsprechenden Subdimensionen bzw. Codes hermeneutisch analysiert.

Grenzen des konkreten Vorgehens der Datenanalyse

Wie erwähnt, werden Häufigkeitsanalysen verwendet, um die relative Bedeutung der einzelnen Bezugspunkte und Gestaltungsdimensionen zu ermitteln. Dieses Verfahren wird auch von anderen Autoren der Akquisitionsforschung (Bucerius/Schulze-Wehninck 2004) bzw. Business & Society-Forschung genutzt (Sachs/Rühli 2006). Alternativ wäre eine direkte Abfrage der Einschätzung der Relevanz der Aspekte aus Sicht der Interviewpartner möglich gewesen. Eine solche Abfrage hätte eventuell zutreffendere Resultate erzeugt, da die Relevanz direkt von den Beteiligten abgefragt und nicht indirekt über Indikatoren ermittelt wurde. Diese Chance wurde jedoch geringer eingestuft als die Gefahr, dass die Befragten aufgrund ihres eingeschränkten Einblicks in die Gesamtheit der Gestaltungsaktivitäten ebenfalls unzutreffende Einschätzungen abgeben würden. Deshalb wurde auf eine solche direkte Abfrage verzichtet.

5.2.2.4 Ergebniserstellung

Für jeden Bezugspunkt und jeden Gestaltungsaspekt des theoriegestützten Frameworks sowie für die in den Fallstudien zusätzlich identifizierten Aspekte werden die entsprechenden Erkenntnisse zusammengefasst. Hierzu werden die hermeneutischen Erkenntnisse und die relevanten quantitativen Auswertungen der Daten verwendet. Auf diese Weise können die in den Fällen vorkommenden Ausprägungen der Bezugspunkte und der Gestaltungsaspekte systematisch vorgestellt werden (Kapitel 6).

Zusätzlich werden die identifizierten Good Practices entsprechend ihren inhaltlichen Schwerpunkten nach den einzelnen Gestaltungsaspekten und der Zusammenschlussphase, in der sie stattfanden, gruppiert. Das jeweils aussagekräftigste Beispiel wird ausformuliert (Kapitel 9).

Auf Basis der Erkenntnisse jeder Fallstudie wird das Framework entsprechend angepasst. Es steht damit, ebenso wie das angepasste Kategoriennetzwerk, aktualisiert für die nächste Fallstudie bzw. für die Interviews mit den Integrationsexperten bereit.

Diese Ausführungen zeigen, dass die Fallstudien in einem systematischen, hauptsächlich qualitativen Prozess durchgeführt werden. Zugleich wird deutlich, dass der Fallstudienansatz trotz der aufgezeigten Einschränkungen insgesamt eine geeignete Methode scheint, um die Forschungsziele zu erreichen. Weitere Einschränkungen der Methode, die erst durch die Auswertungen der Daten sichtbar wurden, werden später vorgestellt (Kapitel 10.3).

Nachdem das detaillierte Vorgehen der Fallstudien vorgestellt ist, stellt sich die Frage, wie bei den Interviews mit den Integrationsexperten, die nach den Fallstudien zur weiteren Evaluierung geführt wurden, vorgegangen wurde.

5.2.3 Interviews mit Integrationsexperten zur weiteren empirischen Evaluierung

Wie im übergeordneten Forschungsprozess genannt (Kapitel 5.2), folgen nach den zwei Fallstudien zur weiteren empirischen Evaluierung fünf Interviews mit Integrationsexperten. Der Forschungsprozess dieser Interviews entspricht weitgehend dem Forschungsprozess der Fallstudien. Er ist in folgender Darstellung abgebildet:

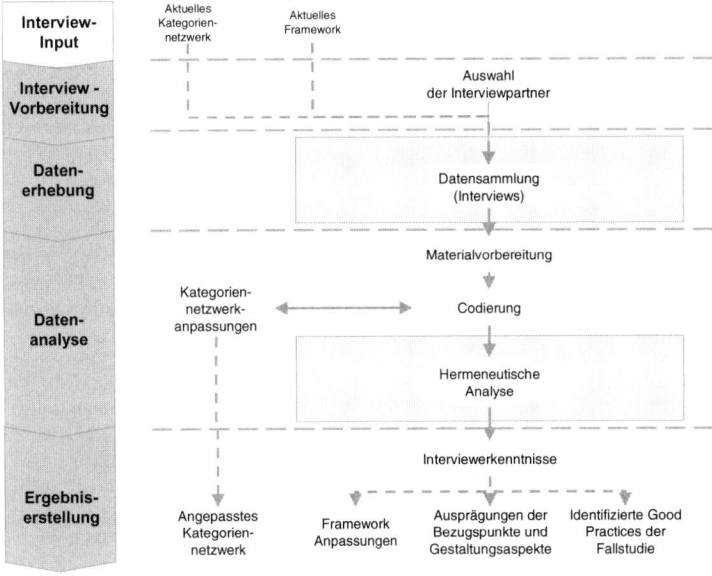

Abb. 5-3: Prozessschritte für die Interviews mit Integrationsexperten, in Anlehnung an Sachs/Maurer (2005:21) und (Roller/Mathes/Eckert 1995: 168f.)

115

Entsprechend dem Fallstudienforschungsprozess lassen sich bei den Interviews ebenfalls vier Phasen unterscheiden. Diese sind die *Interviewvorbereitung*, die *Datenerhebung*, die *Datenanalyse* und die *Ergebniserstellung*.

Interviewvorbereitung

Analog dem Vorgehen bei den Fallstudien sind zunächst die Experten auszuwählen, bevor die eigentliche Datensammlung durchgeführt werden kann.

Alle fünf Interviewpartner werden direkt aufgrund eines spezifischen Zugangs ausgewählt. Zwei der fünf Interviewpartner sind ehemalige Kollegen bzw. Vorgesetzte des Verfassers. Die übrigen drei Interviewpartner hat der Verfasser persönlich auf einer Veranstaltung zum Thema Zusammenschlüsse gefragt, ob sie als Interviewpartner für die Dissertation zur Verfügung stehen würden. Diese fünf Gesprächspartner werden als geeignete Integrationsexperten betrachtet, da sie jeweils über eine große und/oder detaillierte Integrationserfahrung verfügen.

Sämtliche Experten werden per Mail bzw. Telefon kontaktiert. Sie erhalten vor der Interviewdurchführung eine einseitige Zusammenfassung über den Ansatz und die wesentlichen Ziele der Dissertation, inklusive der daraus abgeleiteten Ziele und Inhalte des geplanten Interviews.

Datenerhebung

Die Datenerhebung beschränkt sich bei den Interviews mit den Integrationsexperten auf die spezifische Vorbereitung und die Durchführung der Interviews.

Wie in Kapitel 5.1.2 angesprochen, werden problemzentrierte Interviews geführt. Hierzu werden entsprechend des Hintergrundes des Integrationsexperten für jedes Interview die Schwerpunkte des Interviewleitfadens neu bestimmt. So bildet bei manchen Interviews die verstärkte Evaluierung des Frameworks den Schwerpunkt, d. h. das Herausfinden der Relevanz einzelner Bezugspunkte bzw. Gestaltungsaspekte. Bei den übrigen Interviews wird verstärkt auf die Identifikation und Erläuterung besonders stakeholderorientierter Gestaltungsaktivitäten eingegangen (Good Practices).

Datenanalyse

Die Datenanalyse der Interviews deckt sich weitestgehend mit der Datenanalyse der Fallstudien (Kapitel 5.2.2.3). Daher wird auf eine Wiederholung der Gemeinsamkeiten an dieser Stelle verzichtet.

Im Unterschied zur Datenanalyse der Fallstudien wird bei den Interviews mit den Integrationsexperten auf eine quantitative Analyse verzichtet. Ursache hierfür ist, dass die Integrationsexperten über Erfahrungen hinsichtlich sehr vieler Akquisitionen und Integrationen verfügen, in den Interviews aber aus Zeitgründen jeweils nur die Ausprägungen einzelner thematischer Aspekte ausführlich darlegen können. Eine quantitative Analyse auf Bezugspunkt- oder Gestaltungsaspektebene würde daher eher die Schwerpunkte der mitgeteilten thematischen Aspekte wiedergeben und nicht die Schwerpunkte der Bezugspunkte und der Gestaltungsaktivitäten in den zugrundeliegenden Zusammenschlüssen. Diese Tatsache bestätigt die Notwendigkeit und Bedeutung der hermeneutischen Analyse in dieser Arbeit.

Die Ergebniserstellung der Interviews erfolgt ebenfalls sehr ähnlich zur Ergebniserstellung bei den Fallstudien (Kapitel 5.2.2.4). Allerdings tritt die Evaluierung des Frameworks und die Identifikation von Good Practices in den Vordergrund der Ergebniserstellung. Die Darstellung der Ausprägungen sämtlicher Bezugspunkte und Gestaltungsaspekte erfolgt nur innerhalb dieses Rahmens. Ursache für diese inhaltliche Verschiebung der Ergebniserstellung ist, dass die Interviews mit den Integrationsexperten hauptsächlich der Bestätigung und Relativierung der Bezugspunkte und Gestaltungsaspekte dienen sollen, und nicht der detaillierten Exploration sämtlicher Bezugspunkte und Gestaltungsaspekte.

Grenzen des gewählten Vorgehens bei den Interviews mit den Integrationsexperten

Aufgrund der Ähnlichkeit des Vorgehens bei den Interviews mit den Integrationsexperten und dem Fallstudienvorgehen gelten die dort gemachten Anmerkungen hinsichtlich der Grenzen des gewählten Vorgehens analog auch für diese Interviews.

Ergänzend ist anzumerken, dass die Verwendung von problemzentrierten Interviews für die Interviews mit den Integrationsexperten dazu führt, dass in jedem Interview neue Erkenntnisse generiert werden können. Hierbei liegt der Grad der Neuerung deutlich über dem der Interviews bei den Fallstudien, da sich die Integrationsexperten auf sehr unterschiedliche Zusammenschlüsse beziehen und entsprechend unterschiedliche Einblicke geben. Nachteil dieser Methode ist, dass die Beispiele aufgrund der begrenzten Interviewzeit kein Gesamtbild der jeweiligen Zusammenschlüsse ermöglichen, so dass sie lediglich als einzelne Beispiele weiterverwendet werden können. Dieser Nachteil wird jedoch in Kauf genommen, da der mögliche Erkenntnisgewinn gerade für die Ermittlung von besonders stakeholderorientierten Gestaltungsaktivitäten vorteilhaft ist.

Diese Erläuterungen zeigen, dass der für die Fallstudien gewählte qualitative Forschungsprozess auch bei den Interviews mit den Integrationsexperten angewendet werden kann und dort ebenfalls zur Erreichung der Forschungsziele beiträgt.

Aus diesen Erläuterungen geht ebenfalls hervor, dass die aufgezeigten Grenzen bzw. Nachteile des gewählten Vorgehens meist damit begründet werden konnten, dass die Alternativen noch weniger zur Erreichung der Forschungsziele beigetragen hätten. Zur weiteren Beurteilung der Qualität des gewählten Forschungsprozesses werden die üblichen Gütekriterien verwendet (Mayring 2002, Yin 2003). Sie werden im nachfolgenden Abschnitt erläutert.

5.2.4 Gütekriterien

Bei jedem empirischen Forschungsprozess sind Maßnahmen zu treffen, um die Gültigkeit (Validität) und Genauigkeit (Reliabilität) der Ergebnisse zu gewährleisten, um damit eine hohe Ergebnisqualität zu erzielen (Mayring 2002: 140). Die Ergebnisse gelten als gültig, wenn *„das erfasst wurde, was erfasst werden sollte"* (Mayring 2002: 141). In der Literatur wird davon ausgegangen, dass genaue und zuverlässige Ergebnisse produziert werden, d. h. Ergebnisse mit einer hohen Reliabilität und Validität, wenn bei Wiederholung der Datensammlungsschritte die gleichen Ergebnisse erzielt werden (Yin 2003: 33ff.).

In der vorliegenden Arbeit werden zur Erzielung einer hohen *Validität* daher Maßnahmen getroffen, um den Untersuchungsgegenstand von unterschiedlichen Messpunkten aus zu betrachten und zu analysieren (*Triangulation*; Lamnek 2005: 158f.). Des Weiteren werden für die Datenerhebung verschiedene Quellen verwendet (*Daten*triangulation): So werden innerhalb der Fallstudien jeweils mehrere Personen befragt und bei den Interviews mit Integrationsexperten werden Personen mit sehr unterschiedlichem Integrationserfahrungshintergrund, beispielsweise aus unterschiedlichen Branchen, befragt. Die Datenerhebung erfolgt bei den Fallstudien mit Hilfe von Dokumenten *und* Interviews, die Datenanalyse enthält quantitative *und* qualitative Elemente (*Methoden*triangulation).

Um eine hohe *Reliabilität* zu erzielen, werden sämtliche Erhebungsschritte detailliert dargelegt (Kapitel 5), umfangreiche Literaturarbeiten durchgeführt (Kapitel 2 und 3) sowie ein detailliertes Kategoriensystem mit einer Reihe von Codes entwickelt und verwendet (Kapitel 6, Kapitel 11.2.2). Des Weiteren werden mehrere Fallstudien mit unterschiedlichen Bedingungen, wie z. B. Branchen und Kulturen, durchgeführt (Kapitel 6), innerhalb der Fallstudien werden die Ergebnisse der Dokumentenanalyse in den folgenden Interviews benutzt und dadurch überprüft (Kapitel 5) und innerhalb der Fallstudien werden mehrere Personen mit dem gleichen Leitfragenkatalog befragt (Kapitel 5). Zusätzlich werden mehrere Integrationsexperten interviewt, um die Fallstudienerkenntnisse weiter zu evaluieren (Kapitel 7). Außerdem werden sämtliche Erkenntnisse und Ergebnisse argumentativ abgesichert und mit den Ergebnissen bestehender Arbeiten verglichen (Kapitel 6 - 9).

Mit Hilfe dieser umfangreichen Maßnahmen sollte ein hohe Ergebnisqualität erreicht werden können. Die erreichte Ergebnisqualität wird in den nächsten Kapiteln ersichtlich. Die verwendete Methodologie wird am Ende der Arbeit auch nochmals zusammenfassend vor dem Hintergrund der tatsächlich erzielten Ergebnisse reflektiert (Kapitel 10.3).

6 Erkenntnisse der Fallstudien

Bevor die einzelnen Erkenntnisse aus den Fallstudien vorgestellt werden, werden die Ziele der Exploration erläutert. Diese Ziele bilden gleichsam die Grundlage für die Ergebnisdarstellungen.

Wie in der Einleitung (Kapitel 1.4) und im vorangegangenen Kapitel (Kapitel 5) erwähnt, dienen die Fallstudien dazu, das theoriegestützte Framework empirisch zu evaluieren und zu erweitern, so dass es die Realität möglichst zutreffend abbildet. Die Exploration mit Hilfe der Fallstudien verfolgt daher folgende vier Ziele:

1. *Explorationsziel: Identifikation der Bezugspunkte und Gestaltungsdimensionen der untersuchten Zusammenschlüsse, inklusive der Identifikation neuer Bezugspunkte und Gestaltungsaspekte/-kategorien und der Anpassung der Bezugspunktdifferenzierungen*

Um dieses Ziel zu erreichen, werden gemäß dem an die HCCA (Roller/Mathes/Eckert 1995: 168f.) angelehnten Forschungsprozess dieser Arbeit (Kapitel 5.2.2.3) Dokumente und Interviewabschriften codiert. Mit Hilfe einer einfachen Überprüfung, ob ein Code zu einem Element des Frameworks existiert, kann sehr zügig grundsätzlich festgestellt werden, ob Textstellen einem Bezugspunkt-Differenzierungsmerkmal bzw. einem Gestaltungsaspekt/einer (Sub-)Gestaltungskategorie zugeordnet wurden. Im zweiten Schritt wird überprüft, ob es sich tatsächlich um einen Bezugspunkt oder einen Gestaltungsaspekt/eine (Sub-)Gestaltungskategorie handelt.

Um festzustellen, ob ein *Gestaltungsaspekt* bzw. eine (Sub-)Gestaltungskategorie vorliegt, wird entsprechend der verwendeten Gestaltungskategorien-Definition dieser Arbeit (Kapitel 3.3.2) überprüft, ob aus der Textstelle inhaltlich hervorgeht, dass die Verantwortlichen die Ausprägung eines Aspekts tatsächlich mitgestaltet haben. Zum Belegen dieser Mitgestaltung werden in den nachfolgenden Abschnitten bei den entsprechenden Erkenntnissen Beispiele aufgeführt, die die Gestaltungsaktivitäten der Verantwortlichen zeigen.

Um bei der Überprüfung einer Textstelle festzustellen, ob es sich um einen *Bezugspunkt* handelt, wird ähnlich vorgegangen: Entsprechend der verwendeten Bezugspunktdefinition dieser Arbeit (Kapitel 4.1.3) wird etwas als Bezugspunkt gewertet, wenn es einen Einfluss auf die Gestaltungsaktivitäten der Verantwortlichen ausgeübt hat. Geht dieser Zusammenhang aus einer Textstelle hervor, ist die Existenz des Bezugspunktes in der Fallstudie nachgewiesen. Solche Nachweise sind ebenfalls bei den entsprechenden Erkenntnissen weiter unten aufgeführt. Aus ihnen geht jeweils hervor, welchen Einfluss etwas auf die Gestaltungsaktivitäten der Verantwortlichen hatte.

Sollte festgestellt werden, dass ein theoriegestützt ermittelter Bezugspunkt, ein Gestaltungsaspekt bzw. eine (Sub-)Gestaltungskategorie in beiden Fallstudien nicht identifiziert oder nicht von den Verantwortlichen mitgestaltet wurde, wird er/sie aus dem Framework entfernt.

2. *Explorationsziel: Bestimmung der stakeholderrelevanten Planungsprobleme und Gestaltungsaspekte/-kategorien*

Als zweites wird bestimmt, welche Planungsprobleme und Gestaltungsaspekte/-kategorien überhaupt *aus Stakeholdersicht* relevant sind. Diese Bestimmung erfolgt, damit das Framework tatsächlich nur solche Planungsprobleme und Gestaltungsaspekte/(Sub-)Gestaltungskategorien enthält, die in den untersuchten Zusammenschlüssen aus Stakeholdersicht relevant sind.

Die Stakeholderrelevanz eines Planungsproblems wird durch die qualitative Auswertung der inhaltlichen Bezüge des Planungsproblems ermittelt. Bei dieser Auswertung wird eine Textstelle dahingehend untersucht, ob inhaltlich ein Bezug zu einem oder mehreren Stakeholdern vorliegt. Liegt ein solcher Bezug vor, heißt dies, dass die Stakeholder zusammen mit einem Planungsproblem erwähnt wurden, d. h. sie haben eine Relevanz bei diesem Planungsproblem gehabt. So weist beispielsweise die folgende Aussage einen Kundenbezug auf: *„Der Fokus des Vertriebsteams lag in der Konzipierung der zukünftigen Produktwelt, um das Beste aus beiden Unternehmen anzubieten."* Umgekehrt lässt sich folgende Aussage keinem Stakeholder direkt zuordnen: *„Bei der Gestaltung der Kontoprozesse stand die Verringerung der Prozesskosten im Vordergrund".* Als Bezüge würden hierfür die Bezugscodes *performancebezogen* und *geschäftsprozessbezogen* vergeben (siehe Kapitel 11.2.2 für eine Erläuterung sämtlicher Codes).

Zur exakteren Bestimmung, welche Planungsprobleme tatsächlich aus Stakeholdersicht relevant sind, wird zusätzlich mit einer quantitativen Analyse die relative Häufigkeit der Stakeholderbezüge von jeder (Sub-)Gestaltungskategorie ermittelt. Aus dem Vergleich der relativen Häufigkeiten der Stakeholderbezüge wird schließlich deutlich, welche (Sub-)Gestaltungskategorien einen höheren Stakeholderbezug aufweisen als andere Kategorien. In Anlehnung an Miles/Huberman (1994: 69f.) und Sachs/Maurer (2005: 25f.) kann hieraus gefolgert werden, welche (Sub-)Gestaltungskategorie aus Stakeholdersicht relevanter ist als eine andere.

Analog könnte auch bestimmt werden, welche identifizierten *prozessualen* und *institutionellen* Gestaltungs*kategorien* überhaupt für die Stakeholder relevant sind. Allerdings wurde auf die entsprechend aufwändige diesbezügliche Codierung und Auswertung aus forschungsökonomischen Gründen verzichtet. Stattdessen beschränken sich die Auswertungen auf die Ermittlung der Relevanz der *prozessualen* und *institutionellen* Gestaltungs*dimension* aus Stakeholdersicht. Diese Bestimmung erfolgt durch die Überprüfung der *prozessualen* bzw. *institutionellen Beteiligung* der Stakeholder. Diese Indikatoren werden verwendet, da sie zeigen, dass sich die Stakeholder involviert haben und davon ausgegangen wird, dass sie dies nur tun, wenn etwas für sie relevant ist. Zugleich drückt die *prozessuale* bzw. *institutionelle* Einbindung der Stakeholder aus, dass sich das Unternehmen *prozessual* bzw. *institutionell* mit den Stakeholdern beschäftigt, d. h. sich stakeholderorientiert verhält (Greenley et al. 2004: 163f., Kapitel 4.1.2).

Sollte festgestellt werden, dass ein identifiziertes Planungsproblem in beiden Fallstudien keinen Stakeholderbezug aufweist bzw. dass die Stakeholder in beiden Fallstudien nicht *prozessual* oder *institutionell* eingebunden waren, dann wird das entsprechende Planungsproblem bzw. die Gestaltungsdimension aus dem Framework entfernt (aufgrund dadurch angenommener mangelnder Relevanz für die Stakeholder).

3. *Bestimmung der Relevanz der einzelnen Gestaltungsdimensionen für das Integrationsmanagement*

Damit das Framework nicht nur die grundsätzlich aus Stakeholdersicht relevanten Elemente des Integrationsmanagements enthält, sondern auch Hinweise gibt, welche Gestaltungsaktivitäten wichtiger sind als andere, wird die relative Bedeutung jeder Gestaltungsdimension für das Integrationsmanagement ermittelt.

Um die relative Bedeutung einer Gestaltungsdimension zu bestimmen, wird die relative Häufigkeit der Gestaltungskategoriencodes einer Gestaltungsdimension errechnet. Die relative Häufigkeit wird in Anlehnung an Miles/Huberman (1994: 69f.) und Sachs/Maurer (2005: 25f.) als geeigneter Indikator betrachtet, da eine relativ hohe Häufigkeit der Gestaltungskategoriencodes einer Dimension bedeutet, dass sie wesentlich öfter in den Dokumenten und Interviews thematisiert wurde, d. h. relevanter war.

4. Bestimmung der Stakeholderorientierung der Verantwortlichen

Zusätzlich wird die Stakeholderorientierung der Verantwortlichen bestimmt. Diese Bestimmung erfolgt, um zu überprüfen, inwiefern die Verantwortlichen der untersuchten Zusammenschlüsse die Bedeutung der Stakeholder für eine Integration erkannt und entsprechend beim Integrationsmanagement umgesetzt haben. Diese Erkenntnis gibt damit einen Hinweis, welche Bedeutung die Stakeholder derzeit in der Praxis beim Integrationsmanagement einnehmen.

Zur Ermittlung der Bedeutung der Stakeholder für eine Integration wird analysiert, inwiefern die Verantwortlichen in den untersuchten Zusammenschlüssen tatsächlich ihre Gestaltungsaktivitäten auf die Stakeholder ausgerichtet haben, d. h. inwiefern sie die Bedürfnisse der Stakeholder berücksichtigt haben. Ein Stakeholderinteresse wird als berücksichtigt bewertet, wenn ein solcher Rückschluss aus der entsprechenden Textpassage möglich ist. Der Vergleich der auf diese Weise vergebenen Codierungen ermöglicht die Untersuchung der entsprechenden Ausmaße für die *inhaltliche, prozessuale* und *institutionelle Gestaltungsdimension*.

Das Ausmaß der Berücksichtigung der Stakeholderinteressen wird als Indikator verwendet, da es eine Form der Beschäftigung des Unternehmens mit den Stakeholdern beschreibt und damit in Einklang mit der Stakeholderorientierungsdefinition von Greenley et al. (2004: 163f.) steht. Es zeigt auf, inwiefern sich die Verantwortlichen mit den Stakeholderinteressen befassen, was an ihren entsprechend ausgerichteten Gestaltungsaktivitäten ablesbar ist.

Haben die Verantwortlichen die Interessen der Stakeholder sehr umfassend berücksichtigt, so haben sie ihre Gestaltungsaktivitäten sehr umfassend auf die Stakeholder ausgerichtet. Ein solcher Einfluss bedeutet wiederum, dass die Stakeholder eine hohe Bedeutung bei den Verantwortlichen und der Gestaltung des Integrationsmanagements eingenommen haben.

Dieses Explorationsziel dient damit nicht mehr der Evaluierung der Frameworkelemente, sondern der Untersuchung, wie umfangreich ein stakeholderorientiertes Integrationsmanagement auch ohne die Existenz eines solchen Frameworks in der Realität praktiziert wird.

Zur Darstellung, ob und wie diese Explorationsziele erfüllt werden konnten, werden zunächst die beiden Fälle kurz erläutert (Kapitel 6.1). Anschließend werden die wichtigsten Erkenntnisse aus den Fallstudien hinsichtlich der stakeholderbezogenen Bezugspunkte (Kapitel 6.2) und der Gestaltungsdimensionen (Kapitel 6.3) dargelegt. Danach folgt die Zusammenfassung der Erkenntnisse (Kapitel 6.4), aus denen wiederum die Implikationen für das theoriegestützte Framework abgeleitet werden (Kapitel 6.5). Die Diskussion und Reflexion der Erkenntnisse und Implikationen, inklusive des Vergleichs mit den Ergebnissen anderer Arbeiten, folgt nach Abschluss der empirischen Exploration in Kapitel 8.5, d. h. nach Auswertung sämtlicher Erkenntnisse inklusive der Erkenntnisse aus den Interviews, um nur solche Ergebnisse zu diskutieren, die für das endgültige Framework relevant sind.

Die nachfolgend hinsichtlich der einzelnen Bezugspunkte und Gestaltungskategorien aufgeführten Erkenntnisse beziehen sich nur auf die von den Fallstudien abgedeckten Zusammenschlüsse. Eine Generalisierbarkeit wird damit nicht ausgedrückt und ist auch nicht Ziel dieser Arbeit (Kapitel 5.1.1).

Die Vorstellung konkreter Beispiele für besonders stakeholderorientierte Gestaltungsaktivitäten (Good Practices) erfolgt später (Kapitel 9) auf Basis des endgültigen Frameworks (Kapitel 8), um nur solche Beispiele vorzustellen, die Gestaltungskategorien und -aspekte betreffen, die im endgültigen Framework enthalten sind.

6.1 Die Fälle

Wie bereits in der Einleitung erwähnt, wurden folgende zwei Zusammenschlüsse als Fallstudien verwendet:

Fallstudie 1: Akquisition der FSB FondsServiceBank GmbH (FSB) durch die DAB Bank AG (DAB)
Fallstudie 2: Akquisition von USI Energy Inc. (USI) durch ISTA North America Inc. (ISTA)

Pro Fallstudie wurden 14 bzw. 15 Dokumente und 9 bzw. 7 durchschnittlich einstündige Interviews geführt. Detaillierte Angaben zu den verwendeten Datenquellen befinden sich im Kapitel 11.3.1.

6.1.1 Akquisition der FSB durch die DAB

Die DAB offeriert privaten und institutionellen Kunden eine umfassende Produktpalette rund um das Wertpapiergeschäft. Sie arbeitet hierbei u. a. mit Finanzintermediären zusammen, wie z. B. Vermögensverwaltern und Fondsvermittlern. Sie ist börsennotiert, Hauptanteilseigner ist die Hypovereinsbank mit ca. 78,3 % der Aktien. Sie hatte vor der Akquisition ca. 540 Mitarbeiter, die 464.000 Depots und 12,85 Mrd. Euro Vermögen (Assets under Management) betreut haben. Sie hat ihren Sitz in München.

Die FSB bietet Kapitalanlagegesellschaften, Spezialbanken und Finanzvertrieben die komplette Verwaltung und Führung von Investmentdepots an. Durch dieses Dienstleistungsspektrum konnte sie mit ca. 90 Mitarbeitern 410.000 Depots und 3,8 Mrd. Euro Assets under Management verwalten. Sie ist ebenfalls bei München beheimatet (Unterhaching).

Durch die Akquisition möchte die DAB ihr Geschäftsportfolio abrunden, transaktionsunabhängiger werden und ihre IT-Systeme besser auslasten. Die FSB bietet hierfür sehr gute Voraussetzungen, da sie viele große Finanzvertriebe als Kunden hat und ihre Fondsdepots grundsätzlich konstanter als reine Wertpapierdepots geführt werden. Des Weiteren kommen mit dem Fondsgeschäft zwar neue Produktarten hinzu, die wesentlichen Geschäftsprozesse, wie z. B. Kontoführung und Orderausführung, sind aber ähnlich, so dass IT-Systeme gemeinsam genutzt werden können.

Nach einer Due Diligence im Oktober 2004 wurden die Kaufverträge am 18.11.2004 unterzeichnet. Anfang Dezember 2004 begann das offizielle Integrationsprojekt, das bis dato (Juni 2006) noch besteht. Die meisten Integrationsaktivitäten wurden im Jahr 2005 abgeschlossen.

6.1.2 Akquisition von USI durch ISTA

ISTA bietet Hausverwaltern, Hauseigentümern und Energieversorgungsunternehmen Dienstleistungen rund um die verbrauchsgerechte Erfassung und Abrechnung von Energie und Wasser an. Das Spektrum reicht von der Lieferung und Installation von Messgeräten über die Verbrauchserfassung bis hin zur verbrauchsgerechten Abrechnung. ISTA erzielte 2004 in Nordamerika mit ca. 230 Mitarbeitern ca. 37 Mio. $ Umsatz. ISTA North America arbeitet profitabel. ISTA North America (ISTA NA) rechnet über 750.000 Vertragskonten ab und untersucht für seine Kunden 20.000 Konten monatlich hinsichtlich der Optimierung des Wasser- und Energieverbrauchs. ISTA ist damit die Nummer zwei auf dem nordamerikanischen Markt für verbrauchsgerechte Energie- und Wassererfassung und -abrechnung (Submetering). ISTA NA hat seinen Sitz in San Diego (Kalifornien/USA) und ist eine Tochtergesellschaft von ISTA International. Dieses Unternehmen hat seinen Sitz in Essen, ist in 25 Ländern mit ca. 3.400 Mitarbeitern aktiv und erzielt in 10 Millionen Nutzeinheiten mit über 38 Mio. Messgeräten einen Umsatz von ca. 490 Mio. Euro (2005). ISTA International ist seit 2003 im Besitz eines großen britischen Finanzinvestors.

USI bietet ein sehr ähnliches Dienstleistungsspektrum gegenüber ISTA NA an, verfügt allerdings zusätzlich über eigene Installateure für die Installation der Verbrauchszähler. USI erwirtschaftete vor der Akquisition mit ca. 120 Mitarbeitern ca. 15,5 Mio. $ Umsatz (Nummer drei im relevanten Markt). USI arbeitete ebenfalls vor der Akquisition profitabel. USI rechnete ca. 290.000 Konten ab und beriet 15 Kunden mit über 60.000 Konten hinsichtlich der Optimierung ihrer Ausgaben für Energie und Wasser. Auf diesem Gebiet ist USI der Marktführer. USI war vor der Akquisition vor allem im Besitz amerikanischer und norwegischer Investoren (ca. 73 % der Anteile) sowie des Managements (24 %) und hatte seine Zentrale in Norcross (Georgia/USA).

Durch die Akquisition und Integration von USI bot sich ISTA NA die Gelegenheit, ihr technisch veraltetes Abrechnungssystem zu erneuern, da USI über ein neueres System verfügte, sowie seine Wettbewerbsposition durch die Nutzung der marktführenden Stellung von USI im Bereich Beratung und Optimierung von Kunden hinsichtlich der Optimierung der Energie- und Wasserausgaben zu verbessern und Kostensynergien im Overhead-Bereich (z. B. Personal-, Finanz-/Rechnungswesen, etc.) zu realisieren.

Über mehrere Jahre wurden mit dem Management von USI Gespräche über eine Akquisition geführt. In der Zeit von November 2004 bis Februar 2005 erfolgte schließlich die Due Diligence und am 28.02.2005 der Abschluss der Verträge. Seit März 2005 werden Integrationsaktivitäten durchgeführt. Die Projektorganisation ist aktuell (Juni 2006) ebenfalls teilweise noch existent. Der Hauptteil der Integrationsaktivitäten wurde zwischen März 2005 und Februar 2006 durchgeführt.

Nachdem die beiden Fälle bekannt sind, kann die Auswertung der gesammelten Daten beginnen. Die Auswertung erfolgt getrennt nach den Hauptblöcken des Frameworks: *Bezugspunkte* (Kapitel 6.2) und *Gestaltungsdimensionen* (Kapitel 6.3).

6.2   Auswertung der stakeholderbezogenen Bezugspunkte

Die Auswertung der stakeholderbezogenen Bezugspunkte erfolgt entsprechend der Explorationsziele. Zunächst werden daher die Erkenntnisse zur grundsätzlichen Identifikation der theoriegestützt ermittelten Differenzierungsmerkmale der Bezugspunkte *Stakeholdertypen*, *Wertschöpfungsbeiträge der Stakeholder* und *Stakeholderinteressen* vorgestellt (Kapitel 6.2.1). Anschließend (Kapitel 6.2.2) folgen die Untersuchungen, ob diese Aspekte tatsächlich in den Zusammenschlüssen die Gestaltungsaktivitäten der Verantwortlichen beeinflusst haben und damit Bezugspunkte des Integrationsmanagements darstellen (Definition gemäß Kapitel 4.2.1).

6.2.1   Identifikation der relevanten Differenzierungsmerkmale der Bezugspunkte in den untersuchten Zusammenschlüssen

Zunächst wird ermittelt, welche der theoriegestützt ermittelten Differenzierungsmerkmale der Bezugspunkte in den Fallstudien überhaupt existieren. Diese Untersuchung wird durchgeführt, um die grundsätzliche Existenz und damit die Relevanz der Bezugspunkte zu evaluieren. Hinsichtlich dieser grundsätzlichen Identifikation der Differenzierungsmerkmale konnten folgende Erkenntnisse generiert werden:

Erkenntnis 1 (1.1): *In beiden Fallstudien konnte eine Reihe von ‚Stakeholdertypen' identifiziert werden. Vor allem ‚Kunden' und ‚Outsourcingpartner' spielten bei den untersuchten Zusammenschlüssen eine Rolle.*

Erkenntnis 2 (1.2): *Die identifizierten Stakeholdertypen entstammen der ‚Ressourcenbasis' und der ‚Branchenstruktur'. Stakeholder der ‚sozialpolitischen Arena' spielten bei den Fallstudien keine Rolle.*

Erkenntnis 3 (1.3): *Die Stakeholder leisten auf sämtlichen, im theoriegestützten Framework unterschiedenen Arten Beiträge: als ‚Nutzenproduzent', als ‚Nutzenempfänger', als ‚Risikoproduzent' und als ‚Risikoträger'. Hierbei dominieren die nutzenbezogenen Beiträge.*

Erkenntnis 4 (1.4): *Die ‚Kunden' und ‚Outsourcingpartner' nehmen bei den Wertschöpfungsbeiträgen eine hervorgehobene Stellung ein. Sie werden am häufigsten im Zusammenhang mit Beiträgen zur Erschließung der Wertsteigerungspotenziale genannt.*

Erkenntnis 5 (1.5): *Die in den untersuchten Zusammenschlüssen identifizierten Stakeholderinteressen ließen sich in die im theoriegestützten Framework unterschiedenen Interessensarten ‚inhaltliche', ‚prozessuale' und ‚institutionelle Interessen' gliedern. Aufgrund der geringen Häufigkeit wurden die übrigen Interessen unter der Interessensart ‚sonstige Interessen' zusammengefasst.*

Um zu verstehen, wie diese Erkenntnisse zustande gekommen sind, werden ihre Herleitung und weitere Detailerkenntnisse in den nachfolgenden Abschnitten erläutert. Die Ausführungen erfolgen getrennt für jeden theoriegestützt ermittelten Bezugspunkt, d. h. also für die *Stakeholdertypen*, *Wertschöpfungsbeiträge der Stakeholder* und *Stakeholderinteressen*.

6.2.1.1 Stakeholdertypen

Zunächst wurden die in den untersuchten Zusammenschlüssen genannten Stakeholdertypen ermittelt.

Relevante Stakeholdertypen

In beiden Fallstudien konnten mehrere Stakeholdertypen identifiziert werden. *Kunden* und *Outsourcingpartner* wurden insgesamt in jeder Fallstudie am häufigsten in den Dokumenten und Interviews genannt. Mit großem Abstand folgten in der Fallstudie DAB/FSB *Endkunden, M&A-Experten, Aktionäre/Gesellschafter* und die *Bundesanstalt für Finanzdienstleistungsaufsicht (BAFin)*. Bei der Fallstudie ISTA/USI wurden *M&A-Experten* und Aktionäre/Gesellschafter, sowie zusätzlich *finanzierende Banken* als Stakeholdertypen identifiziert. Die relativen Häufigkeiten sind in folgender Tabelle aufgeführt.

DAB/FSB – Dokumente und Interviews		ISTA/USI – Dokumente und Interviews	
Stakeholdertyp	Rel. Häufigkeit (%)	Stakeholdertyp	Rel. Häufigkeit (%)
Outsourcingpartner	43,5 % (D: 42 %, I: 45 %)	Kunden	62 % (D: 64 %, I: 60 %)
Kunden	37 % (D: 37 %, I: 37 %)	Outsourcingpartner	15 % (D: 17 %, I: 13 %)
Endkunden	8 % (D: 13 %, I: 3 %)	Aktionäre/ Gesellschafter	14,5 % (D: 10 %, I: 19 %)
M&A-Experten	6 % (D: 4 %, I: 8 %)	M&A-Experten	8 % (D: 8 %, I: 8 %)
Aktionäre/ Gesellschafter	4 % (D: 2 %, I: 6 %)	Finanzierende Banken	0,5 % (D: 1 %, I: 0 %)
Bundesanstalt für Finanzdienstleistungsaufsicht (BAFin)	1,5 % (D: 2 %, I: 1 %)		

Tab. 6-1: Häufigkeit der Stakeholdertypen, Basis: sämtliche Stakeholdertypencodes in Dokumenten (D) und Interviews (I) pro Fallstudie

Unter *Kunden* fallen bei der DAB/FSB die Vertriebspartner. *Endkunden* sind die tatsächlichen Fondsdepotbesitzer. Unter die *Outsourcingpartner* fallen der Abwicklungsdienstleister der DAB sowie zwei IT-Dienstleister (Softwarehersteller), deren Produkte in zentralen IT-Anwendungen der DAB verwendet werden. Als *M&A-Experten* zählen die im Rahmen der Pre- und Post-Closingphase eingesetzten externen Berater, wie z. B. Steuerberater, Rechtsanwälte oder Unternehmensberater. Unter *Aktionäre/Gesellschafter* fallen die HVB, MEAG (ehemalige Gesellschafter der FSB und HVB als DAB-Hauptaktionär) und freie Aktionäre (Streubesitz DAB). Die *Bundesanstalt für Finanzdienstleistungsaufsicht (BAFin)* ist die zentrale Aufsichtsbehörde für Finanzdienstleister in Deutschland.

Beim Zusammenschluss ISTA/USI zählen große Immobiliengesellschaften als *Kunden*. *Outsourcingpartner* sind ein externer Dienstleister für einen Geschäftsbereich sowie Druckdienstleister (Rechnungsdruck und -versand) und Lock-box-Dienstleister (Erfassung von Schecks). Zu den *Aktionären/Gesellschaftern* zählen zum einen der Gesellschafter und Vorstandsvorsitzende (CEO) von USI sowie der Gesellschafter von ISTA. *M&A-Experten* umfassen analog zur Fallstudie DAB/FSB sämtliche im Rahmen der Akquisition und Integration eingesetzten externen Berater (Rechtsanwälte, Steuerberater, etc.).

Da der Bezugspunkt *Stakeholdertypen* im theoriegestützt ermittelten Framework entsprechend dem Stakeholder-Verständnis dieser Arbeit (Kapitel 1.1.1, Post/Preston/Sachs 2002: 55) mit Hilfe der Ursprungsebenen *Ressourcenbasis, Branchenstruktur* und *sozialpolitische Arena* differenziert wird, wurde als nächstes bestimmt, aus welchen Ursprungsebenen die in den Zusammenschlüssen identifizierten Stakeholdertypen stammen.

Relevante Ursprungsebenen der Stakeholder

Es zeigt sich, dass die in den Fallstudien identifizierten Stakeholdertypen grundsätzlich den Ursprungsebenen *Ressourcenbasis* und *Branchenstruktur* angehören. Kein Stakeholdertyp, der grundsätzlich der sozialpolitischen Arena zugeordnet wird, wie z. B. *lokale politische Akteure*, wurde in den Dokumenten und Interviews der Fallstudien erwähnt (folgende Tabelle).

Identifizierter Stakeholdertyp	Grundsätzliche Ursprungsebene des Stakeholdertyps		
	Ressourcenbasis	Branchenstruktur	Sozialpolitische Arena
Outsourcingpartner		XX	
Kunden	XX		
M&A-Experten		XX	
Aktionäre/Gesellschafter	XX		
Endkunden	XX		
BAFin		XX	
Finanzierende Banken	XX		
Anzahl identifizierter Stakeholdertypen	**4**	**3**	**0**

Tab. 6-2:   Grundsätzliche Ursprungsebenen der in den Fallstudien identifizierten Stakeholdertypen

Die Stakeholder der Fallstudien umfassen also jeweils 3 - 4 Stakeholdertypen der *Ressourcenbasis* und der *Branchenstruktur*. Da die Stakeholder der *sozialpolitischen Arena* in keiner der beiden Fallstudien erwähnt wurden, ist in den Interviews mit den Integrationsexperten (Kapitel 7) zu klären, ob sie tatsächlich gar keine Relevanz beim Integrationsmanagement bzw. für die Erschließung der Wertsteigerungspotenziale in der Praxis haben. In diesem Falle würden sie endgültig aus dem Framework entfernt werden.

6.2.1.2 Wertschöpfungsbeiträge der Stakeholder

Bei den Wertschöpfungsbeiträgen der Stakeholder wurde zunächst überprüft, welche Stakeholder überhaupt Beiträge leisten. Diese Überprüfung erfolgte, um die grundsätzliche Relevanz dieses Bezugspunktes zu bestimmen.

Relevante beitragsleistende Stakeholder

Entsprechend der verwendeten Stakeholderdefinition (Kapitel 1.1.1, Post/Preston/Sachs 2002: 19) bzw. des theoriegestützten Frameworks (Kapitel 4.2.1.3) wurde untersucht, inwiefern die verschiedenen Stakeholdertypen als *Nutzenproduzent, Risikoproduzent, Nutzenempfänger* oder *Risikoträger* einen Beitrag zur Erschließung der Wertsteigerungspotenziale leisten. Folgende Tabelle zeigt, dass fast sämtliche identifizierten Stakeholder auch Beiträge zur Wertsteigerung geleistet haben. Diesbezüglich wurden die *Kunden* und *Outsourcingpartner* in beiden Fallstudien am häufigsten genannt, d. h. dass sie bzw. ihre Beiträge zur Wertsteigerungserschließung am stärksten wahrgenommen wurden.

126

DAB/FSB – Dokumente und Interviews		ISTA/USI – Dokumente und Interviews	
Stakeholdertyp	Anteil an WS-Codes	Stakeholdertyp	Anteil an WS-Codes
Outsourcingpartner	44 % (D: 45 %, I: 43 %)	Kunden	64,5 % (D: 64 %, I: 65 %)
Kunden	37 % (D: 35 %, I: 39 %)	Outsourcingpartner	15,5 % (D: 17 %, I: 14 %)
Endkunden	8 % (D: 12 %, I: 4 %)	Aktionäre/ Gesellschafter	12 % (D: 10 %, I: 14 %)
M&A-Experten	5,5 % (D: 4 %, I: 7 %)	M&A-Experten	7,5 % (D: 8 %, I: 7 %)
Aktionäre/ Gesellschafter	4 % (D: 2 %, I: 6 %)	Finanzierende Banken	0,5 % (D: 1 %, I: 0 %)
BAFin	1,5 % (D: 2 %, I: 1 %)		

Tab. 6-3:   Anteile der Stakeholdertypen an den Wertsteigerungscodes pro Fallstudie, Basis: sämtliche Wertsteigerungscodes in Dokumenten und Interviews pro Fallstudie

Die nachfolgenden Ausführungen der Fallstudien konzentrieren sich vor allem auf die *Kunden* und *Outsourcingpartner*, da sie aufgrund der obigen Ergebnisse als die strategisch relevantesten Stakeholdertypen (Kapitel 2.3.1 und 4.1.2.2) identifiziert werden konnten. Die weiteren Stakeholdertypen, wie z. B. die *Gesellschafter*, die *BAFin* und *M&A-Experten,* werden wegen ihrer geringeren Bedeutung für die Wertsteigerungspotenzialerschließung nur bei besonderer Relevanz erwähnt. Die *Mitarbeiter* tauchen in sämtlichen Auswertungen nicht auf, da sie ausgegrenzt wurden (Kapitel 1.1.1).

Um die Zweckmäßigkeit der im theoriegestützten Framework vorgenommenen Differenzierung des Bezugspunktes Wertschöpfungsbeiträge (in die Beitragsarten Nutzenproduzent, Nutzenempfänger, Risikoproduzent und Risikoträger) zu überprüfen, wurden die Beiträge entsprechend weiter analysiert.

Relevante Beitragsarten

In beiden Fallstudien zeigte sich übereinstimmend, dass die Stakeholder auf sämtlichen, im theoriegestützten Framework unterschiedenen Arten Beiträge leisten: als *Nutzenproduzent*, als *Nutzenempfänger*, als *Risikoproduzent* und als *Risikoträger* (folgende Tabelle).

Wertschöpfungs- Perspektive	Relativer Anteil der Wertschöpfungscode-Art (% gegenüber übrigen Wertschöpfungscode-Art) DAB/FSB	Relativer Anteil der Wertschöpfungscode-Art (% gegenüber übrigen Wertschöpfungscode-Art) ISTA/USI
Nutzenperspektive Davon:	*70 % (D: 66 %, I: 74 %)*	*69,5 % (D: 65 %, I: 74 %)*
- Nutzenproduzent	50,5 % (D: 52 %, I: 49 %)	47,5 % (D: 47 %, I: 48 %)
- Nutzenempfänger	19,5 % (D: 14 %, I: 25 %)	22 % (D: 18 %, I: 26%)
Risikoperspektive Davon:	*30 % (D: 34 %, I: 26 %)*	*30,5 % (D: 35 %, I: 26 %)*
- Risikoproduzent	12 % (D: 14 %, I: 10 %)	19 % (D: 25 %, I: 13 %)
- Risikoträger	18 % (D: 20 %, I: 16 %)	11,5 % (D: 10 %, I: 13 %)

Tab. 6-4:   Anteile der Wertschöpfungsbeitragsarten an den Wertschöpfungscodes pro Fallstudie, Basis: sämtliche Wertschöpfungscodes in Dokumenten und Interviews pro Fallstudie

Aus der Tabelle geht auch hervor, dass die Wertschöpfungsbeiträge der Stakeholder in ca. 70 % der Nennungen aus einer Nutzenperspektive gesehen werden. Sie leisten hierbei vor allem als *Nutzenproduzenten* einen Beitrag zur Wertsteigerungspotenzialerschließung.

6.2.1.3 Stakeholderinteressen

Analog zu den Untersuchungen der anderen Bezugspunkte wurde zunächst die grundsätzliche Existenz von verschiedenen Interessensarten überprüft.

Relevante Interessensarten

Die diesbezügliche Untersuchung der Dokumente und Interviewaussagen ergab, dass die Stakeholder tatsächlich entsprechend der im theoriegestützten Framework verwendeten Unterscheidung *inhaltliche, prozessuale* und *institutionelle Interessen* haben.

Über diese Interessen hinaus wurden vereinzelt weitere Interessen identifiziert. Sie wurden aufgrund ihrer geringen Anzahl unter der Interessensart *sonstige Interessen* zusammengefasst. Hierunter wurde beispielsweise das *Interesse an einer konstant hohen Dienstleistungsqualität (Kunden)* oder an einer *Vertiefung der Geschäftsbeziehung (Outsourcingpartner)* subsummiert. Das *finanzielle Interesse* der *Aktionäre/Gesellschafter* wurde ebenfalls bei den *sonstigen Interessen* aufgeführt, da es keiner einzelnen Gestaltungsdimension zugeordnet werden konnte.

Folgende Tabelle zeigt die in den Fallstudien identifizierten Interessen der Stakeholdertypen *Kunden, Outsourcingpartner* und der *Aktionäre/Gesellschafter* sowie in Klammern die durch das Interesse betroffene Gestaltungskategorie der Verantwortlichen.

Stakeholder / Interessensart	Kunden	Outsourcingpartner	Aktionäre/ Gesellschafter
Inhaltliche Interessen	- Ausgestaltung/ Umfang und Preise der Dienstleistung (Zielwelt) - Zusammenführung der Kontaktpersonen (Zielwelt)	- Zukünftige Gestaltung der Prozesse und gemeinsamen Schnittstellen (Zielwelt)	
Prozessuale Interessen	- Vorgaben hinsichtlich des Zeitpunktes und der Reihenfolge der Durchführung einzelner Aktivitäten (z. B. für die Datenmigration) (Zeitliche Prozessparameter) - Interesse hinsichtlich geringer Gesamtdauer der Integrationsaktivitäten (Zeitliche Prozessparameter) - Wunsch, prozessual beteiligt zu sein (Prozessbeteiligte)	- Vorgaben hinsichtlich des Zeitpunktes und der Reihenfolge der Durchführung einzelner Aktivitäten (z. B. für die Datenmigration) (Zeitliche Prozessparameter)	- Interesse hinsichtlich geringer Gesamtdauer der Integrationsaktivitäten (Zeitliche Prozessparameter)
Institutionelle Interessen	- Wunsch nachinstitutioneller Beteiligung (Institutionenmitglieder)	- Interesse an Einrichtung gemeinsamer Projektinstitutionen zusätzlich zu existierenden Projektinstitutionen	
Sonstige Interessen	- Konstant hohe Dienstleistungsqualität	- Vertiefung der Geschäftsbeziehung	- Finanzielle Interessen

Tab. 6-5: Identifizierte Interessen der Stakeholder in den Fallstudien

Die Tabelle zeigt, dass die Stakeholder bei den *inhaltlichen Interessen* vor allem Interessen hinsichtlich der *Formulierung der Zielwelt* und bei den *prozessualen Interessen* vor allem Interessen hinsichtlich der *Festlegung der zeitlichen Prozessparameter* haben. Bei den *institutionellen Interessen* dominiert keiner der im theoriegestützten Framework differenzierten Gestaltungsaspekte.

Nachdem geklärt ist, welche Differenzierungsmerkmale der theoriegestützt ermittelten Bezugspunkte tatsächlich in den Zusammenschlüssen identifiziert werden konnten, stellt sich die Frage, ob es sich bei ihnen tatsächlich um Bezugspunkte handelt. Gemäß der verwendeten Bezugspunktdefinition (Kapitel 4.1.3) ist daher zu klären, ob die Differenzierungsmerkmale tatsächlich die Gestaltungsaktivitäten der Verantwortlichen beeinflusst haben.

6.2.2 Bestätigung des Einflusses der Differenzierungsmerkmale der Bezugspunkte auf die Gestaltungsaktivitäten der Verantwortlichen

Hinsichtlich der Untersuchung des *Einflusses der Differenzierungsmerkmale der Bezugspunkte auf die Gestaltungsaktivitäten der Verantwortlichen* konnte folgende Erkenntnis generiert werden:

Erkenntnis 6 (1.6): Die Existenz und die Kenntnis der ‚Stakeholdertypen', ‚Wertschöpfungsbeiträge der Stakeholder' und der ‚Stakeholderinteressen' beeinflussen bei beiden Zusammenschlüssen die Gestaltungsaktivitäten der Verantwortlichen. Aufgrund dieses Zusammenhangs bilden sämtliche theoriegestützt ermittelten Bezugspunkte in den untersuchten Zusammenschlüssen tatsächlich einen Bezugspunkt für das Integrationsmanagement.

Um diese Erkenntnis zu belegen, werden nachfolgend für die einzelnen Bezugspunkte entsprechende Beispiele aufgeführt, die den Einfluss eines Bezugspunkt-Differenzierungsmerkmals auf die Gestaltungsaktivitäten der Verantwortlichen zeigen.

6.2.2.1 Differenzierungsmerkmale der ‚Stakeholdertypen'

In beiden Fallstudien konnte eine Reihe von Beispielen identifiziert werden, die den Einfluss der Existenz unterschiedlicher Stakeholdertypen *und* ihrer Ursprungsebenen auf die Gestaltungsaktivitäten der Verantwortlichen aufzeigen.

Exemplarisch wird ein Einfluss der Existenz des Stakeholdertyps *Kunde* und seiner Ursprungsebene *Ressourcenbasis* auf die Gestaltungsaktivitäten der Verantwortlichen in der Post-Closingphase beim Zusammenschluss ISTA/USI kurz erläutert:

Beim Zusammenschluss von ISTA/USI führten ausgewählte Integrationsverantwortliche nach dem Closing im Rahmen der Integrationsaktivitäten einen Workshop mit dem größten Kunden durch. Er wurde nicht nur wegen seiner Bedeutung ausgewählt, sondern auch, weil er vor dem Zusammenschluss Kunde von ISTA und USI war. In diesem Workshop äußerte der Kunde, was ihm an den bisher angebotenen Dienstleistungen der beteiligten Akquisitionspartner ISTA und USI gefiel. Hierdurch konnten die Integrationsverantwortlichen einen guten Überblick erhalten, welche Bestandteile der Dienstleistungen von ihrem größten Kunden wichtig sind. Die Integrationsverantwortlichen wussten also, welche Dienstleistungen beibehalten werden mussten, um diesen Kunden zufrieden zu stellen. Diese Eigenschaften haben sie notiert und bei den anschließenden notwendigen Programmierungsaktivitäten der zukünftigen Systemwelt versucht zu berücksichtigen (Kapitel 11.3.2, Zitat 1).

Die Existenz des Stakeholdertyps ‚Kunde' führte also in diesem Beispiel dazu, dass die Verantwortlichen explizit im Rahmen der Integrationsaktivitäten einen Workshop mit dem größten gemeinsamen Kunden durchführten, um sein Know-how für die Gestaltung der Zielwelt und dafür notwendiger Programmierungsaktivitäten zu verwenden. Ohne die Existenz dieses Stakeholdertyps in den Köpfen der Verantwortlichen wäre der Workshop nicht durchgeführt worden. Die Existenz des Stakeholdertyps Kunde hat also ihre Gestaltungsaktivitäten beeinflusst.

129

*Die Tatsache, dass er aus der Ursprungsebene ‚Ressourcenbasis' stammt, hat ebenfalls die Gestaltungsaktivitä-
ten der Verantwortlichen beeinflusst: Da die Verantwortlichen wissen, dass sie auf die Einnahmen der Kunden
angewiesen sind, wollen sie ihre Dienstleistung entsprechend auf die Kunden ausrichten, damit diese ihnen weiterhin Einnahmen bescheren.*

Weitere Beispiele für den Einfluss der Existenz eines Stakeholdertyps und seiner Ursprungsebene auf die Gestaltungsaktivitäten sind in folgender Tabelle aufgeführt. Ausführlichere
Darstellungen befinden sich im Kapitel 11.3.3.

Stakeholder (Ursprungsebene)	Einfluss der Existenz des Stakeholdertyps und seiner Ursprungsebene auf die Gestaltungsaktivitäten	Zusammenschlussphase (Fallstudie)
Kunde (Ressourcenbasis)	Die Verantwortlichen richten eine eigene Projektorganisation mit den größten Kunden ein, um sämtliche Aspekte zu regeln, die für diesen Kunden relevant sind.	Post-Closing (DAB/FSB)
Aktionäre/ Gesellschafter (Ressourcenbasis)	Die Verantwortlichen passen ihren Zeitplan der Integration an, um die finanziellen Ziele des Gesellschafters zu erreichen.	Pre-Closing (ISTA/USI)
Outsourcingpartner (Branchenstruktur)	Die Verantwortlichen passen die Zeitpläne für gewisse Integrationsaktivitäten und die Formulierung der Zielwelt an, um die Ressourcen- und Systemrestriktionen der Outsourcingpartner zu berücksichtigen.	Post-Closing (DAB/FSB)

Tab. 6-6:   Beispiele für den Einfluss der Existenz der Stakeholdertypen und ihrer Ursprungsebenen auf die
              Gestaltungsaktivitäten der Verantwortlichen

Diese Ausführungen zeigen, dass die Differenzierungsmerkmale *Stakeholdertypen und Ursprungsebenen der Stakeholder* die Gestaltungsaktivitäten der Verantwortlichen beeinflusst
haben, d. h. in den untersuchten Zusammenschlüssen Bezugspunkte des Integrationsmanagements darstellen.

6.2.2.2 Differenzierungsmerkmale der ‚Wertschöpfungsbeiträge der Stakeholder'

In beiden Fallstudien konnte eine Reihe von Beispielen identifiziert werden, die den Einfluss
der *Wertschöpfungsbeiträge der Stakeholder* als *Nutzenproduzent, Nutzenempfänger, Risikoproduzent* bzw. *Risikoträger* auf die Gestaltungsaktivitäten der Verantwortlichen aufzeigen.

Exemplarisch wird der Beitrag der *Kunden* als *Nutzenproduzent* und ihr Einfluss auf die Gestaltungsaktivitäten der Verantwortlichen in der Pre-Closingphase beim Zusammenschluss
ISTA/USI nachfolgend kurz erläutert:

*ISTA hatte unabhängig vom Akquisitionsprozess mit USI eine Marktstudie bei einer externen Beratungsgesell-
schaft in Auftrag gegeben. Diese sollte vor allem Informationen hinsichtlich des Marktwachstums und der Penetration für die Planung der weiteren Geschäftsentwicklung bereitstellen. Die Verantwortlichen haben den Auftrag jedoch aufgrund des Akquisitionsprozesses mit USI abgeändert, so dass auch die Marktpositionierung von
USI und die Einschätzung der Kunden zu Produkten und Services von ISTA und USI ermittelt werden konnten.
Die externe Beratungsgesellschaft hat hierfür Interviews mit Kunden durchgeführt. Die durch diese Kundenin-
terviews gewonnenen Erkenntnisse flossen bei der Modellierung des Integrationsszenarios mit ein. Durch die
Aussagen der Kunden zu den Produkten und Services konnte die Zielwelt fundierter auf die Kundenbedürfnisse
konzipiert und die entsprechenden Synergiefelder exakter bestimmt werden.*

*Die Kunden sind in diesem Beispiel als Nutzenproduzenten aufgetreten: Ihr Beitrag bestand in der Bereitstellung
ihres Know-hows, in diesem Fall ihrer Wahrnehmung hinsichtlich der Dienstleistung von ISTA und USI. Mit
Hilfe dieses Beitrags haben die Verantwortlichen die Zielwelt kundenorientierter konzipiert. Der Wertschöpfungsbeitrag der Kunden hat also die Gestaltungsaktivitäten der Verantwortlichen beeinflusst (Kapitel 11.3.2,
Zitate 2 und 3).*

Weitere Beispiele, die den Einfluss der *Wertschöpfungsbeiträge der Stakeholder* auf die Gestaltungsaktivitäten der Verantwortlichen belegen, sind in folgender Tabelle aufgeführt. Ausführlichere Darstellungen befinden sich im Kapitel 11.3.4.

Bei- tragsart	Stake- holder	Wertschöpfungsbeitrag	Einfluss des Beitrags auf die Gestaltungsaktivitäten	Zusammen- schlussphase (Fallstudie)
Nutzen- produzent	Kunde	Kunden geben Input hinsichtlich ihrer Einstellung zu geplanten Prozessände- rungen (Bereitstellung von Know- how)	Verantwortliche überarbeiten geplante Prozessänderungen	Post-Closing (DAB/FSB)
Nutzen- produzent	Kunde	Kunden geben Input hinsichtlich mög- licher Zeitpunkte für die Datenmigra- tion (Bereitstellung von Know-how)	Verantwortliche passen die Datenmigrationszeitpunkte an die Kundenrestriktionen an	Post-Closing (ISTA/USI)
Nutzen- produzent	Outsour- cingpartner	Bestätigung des Abwicklungspartners, dass die geplante Zusammenlegung der Wertpapieraufträge von DAB und FSB durch ihn abgewickelt und im geplanten Zeitraum vorher entspre- chend systemtechnisch implementiert werden kann	Verantwortliche konkretisie- ren die Integrationsplanun- gen mit Hilfe der Bestätigung	Pre-Closing (DAB/FSB)
Nut- zenem- pfänger	Kunde	Kunden der FSB profitieren von der Position und technischen Plattform der DAB: ihr Depot ist nicht mehr auf das Fondsspektrum der FSB-Plattform beschränkt	Verantwortliche formulieren die Zielwelt mit einer ein- heitlichen Plattform	Pre-/Post- Closingphase (DAB/FSB)
Risiko- produzent	Kunde	Kunden wandern eventuell ab	Verantwortliche garantieren Kunden Fortführung der bis- herigen Funktionalitäten	Post-Closing (ISTA/USI)
Risiko- produzent	Outsour- cingpartner	Outsourcingpartner hat System- und Ressourcenrestriktionen bei der Durchführung der Systemanpassungen	Verantwortliche entzerren den Zeitplan für die System- anpassungen, verschieben Bestandteile der Systeman- passungen	Post-Closing (DAB/FSB)
Risiko- träger	Kunden	Kunden stellen Ressourcen bereit, so- fern bei Datenmigrationen Fehler auf- treten	Verantwortliche stimmen Migrationen detailliert mit Kunden ab	Post-Closing (ISTA/USI)

Tab. 6-7:   Beispiele für den Einfluss der Wertschöpfungsbeiträge der Stakeholder auf die Gestaltungsaktivi- täten der Verantwortlichen

Diese Beispiele zeigen den Einfluss der *Wertschöpfungsbeiträge der Stakeholder* auf die Gestaltungsaktivitäten der Verantwortlichen. Damit ist belegt, dass der entsprechende Bezugspunkt in den untersuchten Zusammenschlüssen tatsächlich einen Bezugspunkt für das Integrationsmanagement darstellt.

6.2.2.3 Differenzierungsmerkmale der ‚Stakeholderinteressen'

In beiden Fallstudien konnte ebenfalls eine Reihe von Beispielen identifiziert werden, die den Einfluss der *Stakeholderinteressen*, d. h. der *inhaltlichen, prozessualen, institutionellen* und *sonstigen Interessen*, auf die Gestaltungsaktivitäten der Verantwortlichen aufzeigen.

Exemplarisch wird das *finanzielle Interesse* der *Aktionäre/Gesellschafter* beim Zusammen- schluss ISTA/USI und der Einfluss dieses Stakeholderinteresses auf die Gestaltungsaktivitä- ten der Verantwortlichen in der Pre-Closingphase nachfolgend kurz erläutert:

131

Der Gesellschafter von ISTA hat in Gesprächen mit den Verantwortlichen in der Pre-Closingphase sein finanzielles Interesse verdeutlicht. Er war sehr stark an der Synergieberechnung und der Wirtschaftlichkeit des Integrationsprojektes interessiert. Konsequenterweise erteilte er seine Zustimmung zur Akquisition vor dem Hintergrund der expliziten Synergieplanung der Due Diligence, die von den Verantwortlichen erstellt wurde.

Die Verantwortlichen verwendeten für den übrigen Akquisitions- und Integrationsprozess den finanziellen Rahmen der Due Diligence. Sie haben die Konzeptions- und Realisierungsmaßnahmen daher so durchgeführt und gesteuert, dass das von ihnen gegebene Commitment hinsichtlich Budget und Synergien möglichst gut eingehalten bzw. erreicht wurde. Die finanziellen Interessen des Gesellschafters haben insofern die Gestaltungsaktivitäten der Verantwortlichen beeinflusst (Kapitel 11.3.2, Zitate 4 und 5).

Im Kapitel 11.3.5 sind weitere Beispiele aufgeführt, die den Einfluss der *Stakeholderinteressen* auf die Gestaltungsaktivitäten der Verantwortlichen belegen. Die *Stakeholderinteressen* bilden damit tatsächlich in den untersuchten Zusammenschlüssen einen Bezugspunkt für die Gestaltungsaktivitäten der Verantwortlichen.

Damit wurde auch für diesen theoriegestützt ermittelten Bezugspunkt bzw. für seine Differenzierungsmerkmale gezeigt, dass er/sie die Gestaltungsaktivitäten der Verantwortlichen beeinflusst. Damit stellt er tatsächlich einen Bezugspunkt für das Integrationsmanagement dar.

Nachdem die Gültigkeit sämtlicher theoriegestützt ermittelten Bezugspunkte des Integrationsmanagements geklärt wurde, stellt sich die Frage, welche Gestaltungsaktivitäten bzw. Gestaltungsdimensionen für das Integrationsmanagement relevant sind. Die Ergebnisse dieser Untersuchung sind in folgendem Abschnitt aufgeführt.

6.3 Auswertung der Gestaltungsdimensionen

Die Auswertung der Gestaltungsdimensionen erfolgt entsprechend der Explorationsziele. Zunächst werden die in den Zusammenschlüssen relevanten Gestaltungsaspekte/-kategorien identifiziert (Kapitel 6.3.1). Anschließend wird die Mitwirkungsmöglichkeit der Verantwortlichen untersucht, um zu bestätigen, dass es sich tatsächlich um Gestaltungsaspekte der Verantwortlichen handelt (Kapitel 6.3.2). Danach folgen die Erkenntnisse zu der Relevanz der Gestaltungskategorien bzw. -dimensionen aus Sicht der Stakeholder (Kapitel 6.3.3). Abschließend werden noch die Erkenntnisse zur Stakeholderorientierung der Verantwortlichen aufgeführt (Kapitel 6.3.4), um einen Hinweis auf die Bedeutung der Stakeholder bei den untersuchten Zusammenschlüssen aus Sicht der Verantwortlichen zu erhalten.

6.3.1 Identifikation der relevanten Gestaltungsaspekte/-kategorien der untersuchten Zusammenschlüsse

Analog zu den Auswertungen bei den Bezugspunkten wird zunächst untersucht, welche theoriegestützt ermittelten Gestaltungsaspekte bzw. (Sub-)Gestaltungskategorien in den untersuchten Zusammenschlüssen überhaupt auftraten. Diese Untersuchung beinhaltet auch die Identifikation neuer Aspekte bzw. Kategorien. Hinsichtlich der *Identifikation der relevanten Gestaltungsaspekte/-kategorien* konnten folgende Erkenntnisse durch die Fallstudien generiert werden:

Erkenntnis 7 (2.1): *Sämtliche theoriegestützt erarbeiteten Planungsprobleme bzw. (Sub-) Gestaltungskategorien der inhaltlichen Gestaltungsdimension konnten in beiden Fallstudien identifiziert werden. Darüber hinaus wurden bei beiden Zusammenschlüssen drei weitere Planungsprobleme identifiziert: ,Integrationsleitlinien', ,Entscheidungskriterien' und ,Projektrisiken'.*

Erkenntnis 8 (2.2): Für sämtliche prozessualen Gestaltungsaspekte und -kategorien des theoriegestützten Frameworks konnten in beiden Fallstudien ebenfalls entsprechende Textpassagen/Aussagen gefunden werden, mit Ausnahme des Gestaltungsaspekts ‚Festlegung der Implementierungsart'. Er tritt stets nur in einer Ausprägung auf (integrierte Implementierung der stakeholderrelevanten Prozessschritte), so dass die Verantwortlichen ihn nicht wirklich gestalten. Für weitere prozessuale Gestaltungsaspekte/-kategorien konnten keine Belege gefunden werden.

Erkenntnis 9 (2.3): Für sämtliche theoriegestützt ermittelten institutionellen Gestaltungsaspekte konnten in beiden Fallstudien ebenso entsprechende Textpassagen/Aussagen gefunden werden. Zusätzlich konnte der Gestaltungsaspekt ‚Festlegung der Kommunikationsstruktur' in beiden Fallstudien identifiziert werden.

Nachfolgend wird erläutert, wie diese Erkenntnisse ermittelt wurden. Die Erläuterung erfolgt getrennt für jede Gestaltungsdimension.

6.3.1.1 Inhaltliche Gestaltungsdimension: Relevante Planungsprobleme

Um die Relevanz der theoriegestützt ermittelten Planungsprobleme herauszufinden, wurden analog zur Ermittlung der Bezugspunkte (Kapitel 6.2.1.1) die relativen Häufigkeiten der entsprechenden Codierungen der Aussagen in den Dokumenten und Interviews ermittelt.

Die prozentuale Verteilung der Häufigkeiten (nachfolgende Tabelle) zeigt, dass vor allem die Gestaltungskategorie *Formulierung der Grundlagen der Integrationsplanung* bzw. die Gestaltungskategorie *Formulierung von Konzeptions- und Realisierungsmaßnahmen* in beiden Fallstudien am meisten genannt wurden. Die *Formulierung der Zielwelt* spielte vor allem beim Zusammenschluss ISTA/USI sowohl in den Dokumenten als auch in den Interviews keine große Rolle. Im Ergebnis zeigen die ermittelten Daten jedoch, dass sämtliche Planungsprobleme eine gewisse Relevanz für das Integrationsmanagement haben. Alle theoriegestützt ermittelten Planungsprobleme werden daher in die weiteren Auswertungen der inhaltlichen Gestaltungsdimension einbezogen.

Planungsproblem	Relativer Anteil gegenüber sämtlichen Planungsproblemcodes in der Fallstudie DAB/FSB (%)		Relativer Anteil gegenüber sämtlichen Planungsproblemcodes in der Fallstudie ISTA/USI (%)	
1. Formulierung der Grundlagen der Integrationsplanung davon:	22 %	(D: 10%, I: 34 %)	39 %	(D: 39 %, I: 39%)
a) Akquisitions-/Integrationsziele	8 %	(D: 3 %, I: 13 %)	8,5 %	(D: 5 %, I: 12 %)
b) Wertsteigerungspotenziale	7,5 %	(D: 3 %, I: 12 %)	19 %	(D: 26 %, I: 12 %)
c) Stakeholderanalyse	2,5 %	(D: 1 %, I: 4 %)	2,5 %	(D: 1 %, I: 4 %)
d) Ist-Unternehmensanalyse	4 %	(D: 3 %, I: 5 %)	9 %	(D: 7 %, I: 11 %)
2. Formulierung der Zielwelt	25 %	(D: 23 %, I: 27 %)	13 %	(10 %, I: 16 %)
3. Formulierung von Konzeptions- und Realisierungsmaßnahmen	35,5 %	(D: 44 %, I: 27 %)	34,5 %	(D: 38 %, I: 31 %)
Neue Planungsprobleme davon:	17,5 %	(D: 23 %, I: 12 %)	13,5 %	(D: 13 %, I: 14 %)
N1. Integrationsleitlinien	7 %	(D: 11 %, I: 3 %)	2,5 %	(D: 1 %, I: 4 %)
N2. Entscheidungskriterien	8 %	(D: 9 %, I: 7 %)	5 %	(D: 4 %, I: 6 %)
N3. Projektrisiken	2,5 %	(D: 3 %, I: 2 %)	6 %	(D: 8 %, I: 4 %)

Tab. 6-8:   Häufigkeiten der Planungsproblemcodes, Basis: sämtliche Planungsproblemcodes der Dokumente und Interviews pro Fallstudie

Als neue Planungsprobleme bzw. Subgestaltungskategorien wurden *Integrationsleitlinien*, *Entscheidungskriterien* und *Projektrisiken* identifiziert.

Das Planungsproblem *Integrationsleitlinien* umfasst alle Inhalte, nach denen sich die Gestaltungsaktivitäten zu richten haben. Es handelt sich hierbei vor allem um Vorgaben der Geschäftsführung bzw. der Verantwortlichen, z. B. die Vorgabe eines Zeitrahmens für sämtliche Aktivitäten oder eines Leitsatzes („Das Beste aus beiden Unternehmen zusammenbringen").

Das Planungsproblem *Entscheidungskriterien* umfasst sämtliche Inhalte, die die Abwägung zwischen mehreren alternativen Gestaltungsmöglichkeiten der Zielwelt bzw. der Konzeptions- und Realisierungsmaßnahmen erleichtern. So kann beispielsweise die Profitabilität ein Kriterium bei der Entscheidung zum Outsourcen einer Wertschöpfungsaktivität darstellen. Ebenso können IT-Systemgrenzen ein Kriterium für die Wahl des zukünftigen IT-Systems bilden. Analog können Erfahrungswerte im Umgang mit den Kunden helfen, zwischen zwei Umsetzungsvarianten für spezifische kundenbezogene Realisierungsmaßnahmen zu entscheiden.

Das Planungsproblem *Projektrisiken* bezeichnet sämtliche Inhalte, deren Eintreten die Erreichung der Akquisitions-/Integrationsziele erschwert. Sie sind grundsätzlich ebenfalls ein Element der *Grundlagen der Integrationsplanung*, da aufgrund ihrer Kenntnis *Konzeptions- und Realisierungsmaßnahmen* ergriffen werden, die helfen sollen, dass diese Risiken nicht eintreten. Beispielsweise stellt eine mögliche Kundenabwanderung oder stellen angenommene Fähigkeiten des gekauften Unternehmens, die so nicht eintreffen, z. B. hinsichtlich der Leistungsfähigkeit eines IT-Systems, ein Risiko dar. Diese Risiken können von den Verantwortlichen identifiziert werden.

Die drei neu identifizierten Planungsprobleme stellen Informationen bereit, die für die *Formulierung der Zielwelt* und für die *Formulierung von Konzeptions- und Realisierungsmaßnahmen* verwendet werden. Planungsprobleme, die diese Eigenschaft aufweisen, sind Bestandteil der *Grundlagen der Integrationsplanung* (Kapitel 2.1.1). Die drei neu identifizierten Planungsprobleme werden daher der Gestaltungskategorie *Formulierung der Grundlagen der Integrationsplanung* zugeordnet.

Diese Ausführungen zeigen, dass sämtliche theoriegestützt ermittelten Planungsprobleme sowie drei weitere (Integrationsleitlinien, Entscheidungskriterien, Projektrisiken) in den untersuchten Zusammenschlüssen relevant waren.

6.3.1.2 Prozessuale Gestaltungsdimension: Relevante prozessuale Gestaltungsaspekte/-kategorien

Um die relevanten *prozessualen* Gestaltungsaspekte/-kategorien in den untersuchten Zusammenschlüssen zu ermitteln, wurden entsprechende Codierungen vergeben. Die Vergabe erfolgte wie bei den übrigen Gestaltungsaspekten/-kategorien bei relevanten Textstellen in den Dokumenten und Interviewabschriften für den jeweiligen prozessualen Gestaltungsaspekt bzw. die jeweilige prozessuale Gestaltungskategorie.

Die prozentuale Verteilung der Häufigkeiten (nachfolgende Tabelle) zeigt, dass in beiden Fallstudien sämtlichen *prozessualen* Gestaltungskategorien der beiden theoriegestützt ermittelten Gestaltungsaspekte *Festlegung der integrationsrelevanten Prozessschritte* und *Festlegung der Ausgestaltung der integrationsrelevanten Prozessschritte* Textstellen zugeordnet werden konnten. Hierbei ist eine relative Gleichgewichtung der einzelnen Gestaltungsaspekte in beiden Fallstudien festzustellen.

Auffällig auf Gestaltungskategorieebene ist zudem, dass die Schritte der Pre-Closingphase bei der Fallstudie DAB/FSB kaum thematisiert wurden (5 %), während sie in der Fallstudie ISTA/USI relativ häufig vorkamen (33,5%).

Prozessualer Gestaltungsaspekt	Relativer Anteil gegenüber sämtlichen prozessualen Gestaltungskategoriencodes in der Fallstudie DAB/FSB (%)	Relativer Anteil gegenüber sämtlichen prozessualen Gestaltungskategoriencodes in der Fallstudie ISTA/USI (%)
1. Festlegung der integrationsrelevanten Prozessschritte davon:	*43,5 % (D: 46%, I: 41 %)*	*60 % (D: 70 %, I: 50 %)*
a) Schritte der Pre-Closingphase	5 % (D: 0 %, I: 10 %)	33,5 % (D: 36 %, I: 31 %)
b) Schritte der Post-Closingphase	*38,5 % (D: 46 %, I: 31 %)*	26,5 % (D: 34 %, I: 19 %)
2. Festlegung der Ausgestaltung der integrationsrelevanten Prozessschritte davon:	*56,5 % (D: 54%, I: 59 %)*	*40 % (D: 30 %, I: 50 %)*
a) Festlegung der Prozessbeteiligten	27 % (D: 8 %, I: 46 %)	22,5 % (D: 17 %, I: 28 %)
b) Festlegung der zeitlichen Prozessparameter	*29,5 % (D: 46 %, I: 13 %)*	17,5 % (D: 13 %, I: 22 %)

Tab. 6-9:   Häufigkeiten der Codes der prozessualen Gestaltungskategorien pro Fallstudie, Basis: sämtliche Codes der prozessualen Gestaltungskategorien der Dokumente und Interviews pro Fallstudie

Hinsichtlich des theoriegestützt ermittelten prozessualen Gestaltungsaspekts *Festlegung der Implementierungsart der stakeholderbezogenen Prozessschritte* ging es darum, Belege für seine Ausprägung zu finden (integriert oder losgelöste Implementierung der stakeholderbezogenen Prozessschritte; Kapitel 4.2.2.2). In beiden Fallstudien konnten keine Belege dafür gefunden werden, dass die stakeholderbezogenen Prozessschritte komplett losgelöst von den übrigen integrationsrelevanten Prozessschritten ergriffen und gesteuert wurden. Sie wurden stets mit den übrigen Prozessschritten integriert durchgeführt. Relevante Zitate sind im Kapitel 11.3.2 (Zitate 6 und 7) aufgeführt.

Es wird daher davon ausgegangen, dass die stakeholderbezogenen Prozessschritte stets integriert implementiert werden. Damit handelt es sich bei der *Festlegung der Implementierungsart* jedoch nicht mehr um einen Gestaltungsaspekt der Verantwortlichen, da diese stets die integrierte Implementierung „wählen". Dieser theoriegestützt ermittelte Gestaltungsaspekt wird deshalb nicht weiter untersucht.

6.3.1.3 Institutionelle Gestaltungsdimension: Relevante institutionelle Gestaltungsaspekte

Analog zu den vorangegangenen Gestaltungsdimensionen diente zur Identifikation der relevanten institutionellen Gestaltungsaspekte wiederum die relative Häufigkeit der entsprechenden Codierungen.

Wie aus der nachfolgenden Tabelle hervorgeht, konnten für beide theoriegestützten Gestaltungsaspekte in beiden Fallstudien eine Reihe von Belegen gefunden werden. In beiden Fallstudien trat dabei insgesamt die *Festlegung der Institutionenstruktur* häufiger auf als die *Festlegung der Institutionenmitglieder* (32-82 % vs. 18-48 % der Codes). Zusätzlich wurden in den Dokumenten und Interviewabschriften einige Textstellen gefunden, die sich zu einem neuen institutionellen Gestaltungsaspekt zusammenfassen ließen: *Festlegung der Kommunikationsstruktur*. Dieser Gestaltungsaspekt spielte anteilsmäßig eine etwas geringere Rolle als die übrigen beiden Gestaltungsaspekte (0-20 % der Codes).

Institutioneller Gestaltungsaspekt	Relativer Anteil gegenüber sämtlichen institutionellen Gestaltungsaspektcodes in der Fallstudie DAB/FSB (%)	Relativer Anteil gegenüber sämtlichen institutionellen Gestaltungsaspektcodes in der Fallstudie ISTA/USI (%)
1. Festlegung der Institutionenstruktur	*48,5 % (D: 60 %, I: 37 %)*	57 % (D: 82 %, I: 32 %)
2. Festlegung der Institutionenmitglieder	*44 % (D: 40 %, I: 48 %)*	33 % (D: 18 %, I: 48 %)
3. Festlegung der Kommunikationsstruktur	*7,5 % (D: 0 %, I: 15 %)*	10 % (D: 0 %, I: 20 %)

Tab. 6-10: Häufigkeiten der Codes der institutionellen Gestaltungsaspekte pro Fallstudie, Basis: sämtliche Codes der institutionellen Gestaltungsaspekte der Dokumente und Interviews pro Fallstudie

Der neu identifizierte Gestaltungsaspekt *Festlegung der Kommunikationsstruktur* umfasst sämtliche Gestaltungsaktivitäten der Verantwortlichen, die institutionelle Aspekte der Kommunikation zwischen den Institutionenmitgliedern betreffen, wie z. B. die Festlegung eines wöchentlichen Meetings der Subprojektteamleiter. Diese Aktivitäten werden der institutionellen Gestaltungsdimension zugeordnet und nicht als Kommunikationsaktivitäten ausgegrenzt, da bei diesen Gestaltungsaktivitäten der Verantwortlichen der institutionelle Charakter im Vordergrund steht und nicht die inhaltliche Kommunikation mit den Stakeholdern.

Nachdem geklärt ist, welche Planungsprobleme bzw. welche der theoriegestützt ermittelten Gestaltungsaspekte/-kategorien überhaupt bei den untersuchten Zusammenschlüssen relevant sind, gilt es herauszufinden, ob es sich bei ihnen tatsächlich um Gestaltungsaspekte handelt. Gemäß der verwendeten Gestaltungsaspektdefinition (Kapitel 3.3.2) ist daher zu untersuchen, inwiefern die Verantwortlichen diese Aspekte mitgestalten konnten.

6.3.2 Bestätigung der Mitwirkungsmöglichkeiten der Verantwortlichen bei den Gestaltungskategorien

Hinsichtlich der Untersuchung der *Mitwirkungsmöglichkeiten der Verantwortlichen bei den Gestaltungsaspekten/-kategorien* konnten folgende Erkenntnisse durch die Fallstudien generiert werden:

Erkenntnis 10 (2.4): Textstellen in beiden Fallstudien zeigen, dass die Verantwortlichen bei sämtlichen theoriegestützt ermittelten Planungsproblemen bzw. inhaltlichen (Sub-)Gestaltungskategorien mitgewirkt haben. Diese stellen damit tatsächlich in den untersuchten Zusammenschlüssen (Sub-)Gestaltungskategorien für das Integrationsmanagement dar. Damit ist auch die grundsätzliche Relevanz der inhaltlichen Gestaltungsdimension für das Integrationsmanagement belegt.

Erkenntnis 11 (2.5): Für sämtliche prozessualen Gestaltungsaspekte und -kategorien des theoriegestützten Frameworks konnte ebenfalls festgestellt werden, dass sämtliche dieser Gestaltungsaspekte/-kategorien in beiden Fällen durch die Verantwortlichen mitbeeinflusst bzw. mitgestaltet werden konnten, mit Ausnahme des Gestaltungsaspekts ‚Festlegung der Implementierungsart'. Sämtliche theoriegestützten prozessualen Gestaltungsaspekte/ -kategorien mit Ausnahme der ‚Festlegung der Implementierungsart' stellen damit tatsächlich in den untersuchten Zusammenschlüssen Gestaltungsaspekte/-kategorien für das Integrationsmanagement dar. Damit ist auch die grundsätzliche Relevanz der prozessualen Gestaltungsdimension für das Integrationsmanagement belegt.

Erkenntnis 12 (2.6): Für sämtliche theoriegestützt ermittelten institutionellen Gestaltungsaspekte ging aus den Zitaten ebenfalls hervor, dass sie tatsächlich in beiden Zusammenschlüssen durch die Verantwortlichen mitbeeinflusst bzw. mitgestaltet worden sind. Sie stellen damit in den untersuchten Zusammenschlüssen tatsächlich Gestaltungsaspekte für das Integrationsmanagement dar. Zusätzlich konnte der Gestaltungsaspekt ‚Festlegung der Kommunikationsstruktur' in beiden Fallstudien als Gestaltungsaspekt bestätigt. Mit diesen Erkenntnissen ist auch die grundsätzliche Relevanz der institutionellen Gestaltungsdimension für das Integrationsmanagement belegt.

Die Herleitung dieser Erkenntnisse folgt in den nächsten Abschnitten.

6.3.2.1 Bestätigung als inhaltliche (Sub-)Gestaltungskategorien

Die Untersuchung hinsichtlich der Planungsprobleme ergab, dass für sämtliche der oben genannten Planungsprobleme in beiden Fallstudien Belege gefunden werden konnten, die zeigen, dass sie tatsächlich von den Verantwortlichen mitgestaltet wurden. Sie bilden daher (Sub-)Gestaltungskategorien der Verantwortlichen.

Nachfolgend sind für jede (Sub-)Gestaltungskategorie Beispiele aufgeführt, die zeigen, wie die Verantwortlichen jeweils bei der Ausprägung der jeweiligen (Sub-)Gestaltungskategorie mitgewirkt haben. Die ihnen zugrunde liegenden Originalzitate befinden sich im Kapitel 11.3.6.

1. Inhaltliche Gestaltungskategorie: **Formulierung der Grundlagen der Integrationsplanung**

a) Akquisitions-/Integrationsziele

Fallstudie DAB/FSB: Die Verantwortlichen haben Kosteneinsparungen in der Due Diligence ermittelt, um das übergeordnete Akquisitionsziel (Ertragsstabilität) zu realisieren. Die Verantwortlichen haben also bei der konkreten Ermittlung der Akquisitionsziele mitgewirkt.

Fallstudie ISTA/USI: Es konnte kein Beleg für die aktive Mitarbeit gefunden werden.

b) Wertsteigerungspotenziale

Fallstudie DAB/FSB: Die Verantwortlichen haben den geplanten System-/Anpassungsbedarf verringert, um die Umsetzungskosten zu senken. Hierdurch konnten gewisse Funktionen nicht zum geplanten Zeitpunkt angeboten werden, so dass die realisierbaren Wertsteigerungspotenziale verringert wurden. Die Verantwortlichen haben damit auf die Ausprägung der Wertsteigerungspotenziale Einfluss genommen.

Fallstudie ISTA/USI: Die Verantwortlichen planten die Wertsteigerungspotenziale selbst und führten den Integrationsprozess entsprechend aus. Sie beeinflussten damit umfassend die Berechnung der Wertsteigerungspotenziale.

c) Stakeholderanalyse

Fallstudie DAB/FSB: Es konnte kein Beleg für eine Stakeholderanalyse durch die Verantwortlichen gefunden werden.

Fallstudie ISTA/USI: Die Verantwortlichen haben zwar keine explizite Stakeholderanalyse durchgeführt. Aus ihren Aussagen und Handlungen geht jedoch hervor, dass sie gewisse Stakeholder z. B. als Risikoproduzenten identifiziert haben (Kunde, Abwanderung als Risiko). Eine solche Klassifikation bildet ein wesentliches Element einer Stakeholderanalyse, d. h. die Verantwortlichen haben implizit eine Stakeholderanalyse durchgeführt.

d) Unternehmensanalyse

Fallstudie DAB/FSB: Die Verantwortlichen haben sehr detailliert die Unternehmensprozesse in der Post-Closingphase analysiert. Sie haben damit einen wesentlichen Gegenstand einer Unternehmensanalyse selbst maßgeblich mitgestaltet.

Fallstudie ISTA/USI: Die Verantwortlichen führten in der Due Diligence eine Prozess- und Systemanalyse durch. Sie griffen in diesem Fall ebenfalls umfassend in die Unternehmensanalyse ein.

e) Integrationsleitlinien

Fallstudie DAB/FSB: Die Leitlinien (weitestgehende prozess-, systemseitige und personelle Integration) waren den Verantwortlichen klar, sie mussten nicht explizit formuliert werden. Die Verantwortlichen haben sich also mit den Integrationsleitlinien beschäftigt.

Fallstudie ISTA/USI: Die Verantwortlichen haben am Anfang explizit Leitlinien festgelegt, u. a. zum zukünftigen Standort für jede Funktion (zentral vs. dezentral vs. ausgelagert). Sie haben also die Leitlinien bedeutend geprägt.

f) Entscheidungskriterien

Fallstudie DAB/FSB: Die Verantwortlichen verwendeten als Entscheidungskriterien zur Bestimmung des Automatisierungsgrades der Sollprozesse u. a. die Prozesskosten und das Ausmaß der Erfüllung der Kundenbedürfnisse. Sie haben damit die diesbezüglichen Entscheidungskriterien selbst bestimmt.

Fallstudie ISTA/USI: Die Verantwortlichen wählten für die Bestimmung der Reihenfolge der Datenmigration die Komplexität der Konten als Entscheidungskriterien (einfache Konten zuerst). Sie haben in diesem Fall ebenfalls bewusst bei den Entscheidungskriterien mitgewirkt.

g) Projektrisiken

Fallstudie DAB/FSB: Die Verantwortlichen erstellten regelmäßig eine Projekt-Risiko-Matrix. Sie haben in diesem Zusammenhang die Projektrisiken selbst bewertet.

Fallstudie ISTA/USI: Die Verantwortlichen diskutierten die Risiken des Akquisitionsvorhabens, d. h. sie haben sich mit den Projektrisiken beschäftigt und insofern an diesem Planungsproblem mitgestaltet.

2. *Inhaltliche Gestaltungskategorie:* **Formulierung der Zielwelt**

Fallstudie DAB/FSB: Die Verantwortlichen haben von den Kunden in Gesprächen Feedback über die vorgesehenen Änderungen erhalten. Dieses Feedback haben sie zur Überarbeitung der Sollprozessdefinitionen verwendet. Die Verantwortlichen haben also in die Formulierung der Zielwelt eingegriffen.

Fallstudie ISTA/USI: Die Verantwortlichen haben die Information, dass die Kunden gewisse Funktionalitäten des USI-IT-Systems schätzen (z. B. Reportingfunktionen), verwendet, um dafür zu sorgen, dass diese Funktionalitäten im zukünftigen gemeinsamen IT-System von allen Kunden verwendet werden können. Sie haben insofern an der Formulierung der Zielwelt mitgearbeitet.

3. *Inhaltliche Gestaltungskategorie:* **Formulierung von Konzeptions- und Realisierungsmaßnahmen**

Fallstudie DAB/FSB: Die Verantwortlichen haben zusammen mit einem Outsourcingpartner das Testkonzept erarbeitet und abgestimmt. Sie haben also die aus dem Testkonzept resultierenden Realisierungsmaßnahmen mitbestimmt.

Fallstudie ISTA/USI: Die Verantwortlichen haben auf Basis der Ergebnisse der Post-Closing-Due-Diligence detaillierte Projektpläne erarbeitet und entsprechende Projektteams zusammengestellt. Da diese Aktivitäten als Konzeptionsmaßnahmen zählen, haben sie bei diesen ebenfalls mitgewirkt.

Damit konnte durch die Fallstudien aufgezeigt werden, dass sämtliche identifizierten Planungsprobleme tatsächlich von den Verantwortlichen mitgestaltet wurden, d. h. (Sub-)Gestaltungskategorien bilden und damit für das Integrationsmanagement relevant sind. Diese Tatsache belegt damit gleichzeitig, dass die inhaltliche Gestaltungsdimension für das Integrationsmanagement relevant ist.

6.3.2.2 Bestätigung als prozessuale Gestaltungsaspekt/-kategorien

Analog zu den inhaltlichen Gestaltungskategorien gilt es zu überprüfen, ob die Verantwortlichen tatsächlich bei der Gestaltung der identifizierten prozessualen Aspekte mitgewirkt haben.

Für die vier theoriegestützt ermittelten prozessualen Gestaltungskategorien zeigt die Untersuchung der entsprechenden Aussagen in beiden Fallstudien, dass die Verantwortlichen sie mitgestaltet haben. Nachfolgend sind für jede Gestaltungskategorie Beispiele kurz aufgeführt. Die dazugehörigen Originalzitate befinden sich im Kapitel 11.3.7.

1. Prozessualer Gestaltungsaspekt: **Festlegung der integrationsrelevanten Prozessschritte**

a) Festlegung der integrationsrelevanten Prozessschritte der Pre-Closingphase

Fallstudie DAB/FSB: Die Verantwortlichen haben während der Due Diligence in der Pre-Closingphase einen Businessplan aufgestellt. Hierfür mussten sie vorab klären, welche Prozessschritte sie im Rahmen der Due Diligence durchführen.

Fallstudie ISTA/USI: Die Verantwortlichen aus der Zentrale haben in der Pre-Closingphase weitgehend vor Ort gearbeitet und hierbei das Projekt geleitet. Hierzu gehörte auch die Entwicklung eines Ansatzes und des weiteren Vorgehens, damit die übrigen Projektmitarbeiter ihre Aufgaben erledigen konnten. Die Verantwortlichen haben damit maßgeblich die integrationsrelevanten Prozessschritte der Pre-Closingphase mitgestaltet.

b) Festlegung der integrationsrelevanten Prozessschritte der Post-Closingphase

Fallstudie DAB/FSB: Die Verantwortlichen haben nach dem Closing den groben Projektablauf für alle Projektteams aufgestellt und besprochen. Hierbei haben sie die Ziele der Aktivitäten und dazugehörige Meilensteine festgelegt. Die integrationsrelevanten Prozessschritte der Post-Closingphase wurden durch diese Aktivitäten der Verantwortlichen daher maßgeblich festgelegt.

Fallstudie ISTA/USI: Die Verantwortlichen haben direkt nach dem Closing mit dem Management von USI den ursprünglichen Integrationsplan überarbeitet. Hierbei haben sie die integrationsrelevanten Prozessschritte der Post-Closingphase modifiziert.

2. Prozessualer Gestaltungsaspekt: **Festlegung der Ausgestaltung der integrationsrelevanten Prozessschritte**

a) Festlegung der Prozessbeteiligten

Fallstudie DAB/FSB: Die Verantwortlichen haben bewusst den Abwicklungspartner bereits in der Due Diligence Phase eingebunden. Damit wollten sie sich vergewissern, dass ihre Pläne mit dem Abwicklungspartner verwirklicht werden konnten. Die Verantwortlichen haben diesbezüglich die Prozessbeteiligten festgelegt.

Fallstudie ISTA/USI: Die Verantwortlichen haben nach dem Closing eine Liste der wichtigsten Kunden erstellt. Der CEO und Präsident von ISTA NA haben anschließend diese Kunden besucht. Die Verantwortlichen haben also explizit festgelegt, welchen Kunden sie zu diesem Zeitpunkt am Integrationsprozess beteiligen wollten.

b) Festlegung der zeitlichen Prozessparameter

Fallstudie DAB/FSB: Die Verantwortlichen haben mit dem Vorstand den initialen Projektplan abgestimmt. Hierzu gehörte, dass sie vorher die Zeitpunkte der Meilensteine und Dauer der Teilschritte festgelegt haben. Die Verantwortlichen haben insofern die zeitlichen Prozessparameter mitgestaltet.

Fallstudie ISTA/USI: Der Startpunkt und die Dauer der Hauptintegrationsaktivitäten wurde in enger Abstimmung zwischen dem Hauptintegrationsverantwortlichen und dem Präsidenten von ISTA NA festgelegt. Auch hier sind also die zeitlichen Prozessparameter unter Mitwirkung eines Integrationsverantwortlichen bestimmt worden.

Die obigen Ausführungen zeigen, dass die theoriegestützt ermittelten prozessualen Gestaltungskategorien in beiden Fallstudien von den Verantwortlichen mitgestaltet wurden, so dass sie tatsächlich Gestaltungskategorien des Integrationsmanagements darstellen und entsprechend für das Integrationsmanagement relevant sind. Zugleich ist hiermit die Relevanz der prozessualen Gestaltungsdimension für das Integrationsmanagement belegt.

6.3.2.3 Bestätigung als institutionelle Gestaltungsaspekte

Für alle drei in den Dokumenten und Interviews identifizierten institutionellen Aspekte konnten ebenfalls in beiden Fallstudien Textstellen gefunden werden, aus denen hervorgeht, dass die Verantwortlichen diese Aspekte mitgestaltet haben. Sie bilden demnach in den untersuchten Zusammenschlüssen institutionelle Gestaltungsaspekte des Integrationsmanagements.

Nachfolgend werden für die drei Gestaltungsaspekte Beispiele aufgeführt, die die Mitwirkung der Verantwortlichen belegen. Die ihnen zugrunde liegenden Zitate befinden sich im Kapitel 11.3.8.

---

1. Institutioneller Gestaltungsaspekt: **Festlegung der Institutionenstruktur**

Fallstudie DAB/FSB: Die Verantwortlichen haben mit dem größten Vertriebspartner eine eigene Projektstruktur eingerichtet. Die Verantwortlichen haben diesbezüglich also die Institutionenstruktur mitgestaltet.

Fallstudie ISTA/USI: Die Verantwortlichen haben die komplette Projektorganisation aufgestellt mit Steering-Committee, verantwortlichem Projektmanager, Controller, 5 Projektteams. Die Verantwortlichen haben also sehr umfassend bei der Festlegung der Institutionenstruktur mitgewirkt.

2. Institutioneller Gestaltungsaspekt: **Festlegung der Institutionenmitglieder**

Fallstudie DAB/FSB: Die Verantwortlichen haben bei der Besetzung der Teilprojekte auf eine paritätische Besetzung bzw. eine Besetzung nach Kompetenz geachtet. Sie haben damit maßgeblich die Institutionenmitglieder mitbestimmt.

Fallstudie ISTA/USI: Dadurch dass sich der Unternehmensverbund schrittweise von Mitarbeitern getrennt hat, konnten die Verantwortlichen die paritätische Besetzung der Teamleiter nicht aufrechterhalten. Mit diesem Ansatz haben die Verantwortlichen vor allem zu Beginn der Post-Closingphase auf die Festlegung der Institutionenmitglieder eingewirkt.

3. Institutioneller Gestaltungsaspekt: **Festlegung der Kommunikationsstrukturen**

Fallstudie DAB/FSB: Innerhalb der extra mit dem Abwicklungspartner eingerichteten Projektorganisation haben die Verantwortlichen monatliche gemeinsame Lenkungsausschuss-Meetings eingeführt. Die Verantwortlichen haben damit die Kommunikationsstrukturen dieser Institution mitgestaltet.

Fallstudie ISTA/USI: Die Verantwortlichen haben sich monatlich getroffen und haben ihren Status berichtet. Die Verantwortlichen haben insofern diese Kommunikationsstruktur mitgestaltet, als dass sie diese durchgehend verwendet und nicht einen anderen Rhythmus gewählt haben.

Diese Ausführungen bestätigen, dass sämtliche identifizierten institutionellen Aspekte von den Verantwortlichen mitgestaltet wurden, d. h. tatsächlich Gestaltungsaspekte des Integrationsmanagements waren. Hiermit ist wiederum die grundsätzliche Relevanz der institutionellen Gestaltungsdimension für das Integrationsmanagement nachgewiesen.

Nachdem nun geklärt ist, welche Gestaltungsaspekte für das Integrationsmanagement relevant sind, ist zu überprüfen, inwiefern diese Gestaltungsaspekte tatsächlich für die *Stakeholder* relevant sind. Erst wenn dieser Nachweis gelingt, werden sie als relevant für ein *stakeholderorientiertes* Integrationsmanagement gewertet. Da die Interviewpartner fast ausschließlich Unternehmensmitglieder waren, konnte keine direkte Abfrage der für die einzelnen Stakeholder relevanten Aspekte erfolgen. Die Relevanz aus Sicht der Stakeholder wurde daher über Indikatoren ermittelt: Ausmaß des inhaltlichen Stakeholderbezugs (institutionelle Gestaltungsdimension), Ausmaß der prozessualen Stakeholderbeteiligung (prozessuale Gestaltungs-diemension) und das Ausmaß der institutionellen Stakeholderbeteiligung (institutionelle Gestaltungsdimensionen).

Diese Indikatoren wurden gewählt, da sie aus den Daten generierbar waren und da sie – in Einklang mit dem auf Basis von Greenley et al. (2004: 163f.) erweiterten Stakeholderorientierungsverständnis – ein Beleg dafür sind, wie stark sich die Unternehmen mit den Stakeholdern beschäftigen. Diese Tatsache ist entscheidend, da angenommen wird, dass sich ein Unternehmen umso stärker mit seinen Stakeholdern beschäftigt bzw. entsprechende Aktivitäten ergreift, je relevanter ein Aspekt für einen oder mehrere Stakeholder ist.

Die entsprechende Untersuchung der relativen Bedeutung der einzelnen Gestaltungsaktivitäten bzw. -dimensionen aus Sicht der Stakeholder folgt im nachfolgenden Abschnitt.

6.3.3 Untersuchung der Relevanz der Gestaltungskategorien aus Sicht der Stakeholder

Hinsichtlich der Untersuchung der *Relevanz der Gestaltungskategorien aus Sicht der Stakeholder* konnten folgende Erkenntnisse durch die Fallstudien generiert werden:

Erkenntnis 13 (2.7): Für sämtliche inhaltliche (Sub-)Gestaltungskategorien konnten in beiden Fallstudien Textpassagen bzw. Aussagen identifiziert werden, die einen Stakeholderbezug aufweisen. Diese Tatsache wird als Beleg gewertet, dass sämtliche inhaltlichen (Sub-)Gestaltungskategorien tatsächlich in den untersuchten Zusammenschlüssen relevant für die Stakeholder sind. Durchschnittlich sind in den Fallstudien ein Drittel der Bezüge der (Sub-)Gestaltungskategorien Stakeholderbezüge. Bei den nichtstakeholderbezogenen Bezügen dominieren IT-, Geschäftsprozess- und Performancebezüge.

Erkenntnis 14 (2.8): Fast alle integrationsrelevanten Prozessschritte erfolgen in beiden Fallstudien unter Beteiligung eines oder mehrerer Stakeholder. Hierbei sind die relevantesten Stakeholder der beiden Fallstudien, Kunden und Outsourcingpartner, stärker beteiligt als die meisten anderen Stakeholder, wie z. B. Gesellschafter oder Behörden. Die relativ durchgehende Beteiligung der Stakeholder wird als Indikator für eine relativ hohe Relevanz der integrationsrelevanten Prozessschritte für die Stakeholder gewertet.

Erkenntnis 15 (2.9): Insgesamt hatten 8 von 12 Institutionen in den Fallstudien Stakeholder als Mitglieder. Diese relativ große institutionelle Beteiligung der Stakeholder wird als Indikator gewertet, dass die institutionellen Gestaltungsaktivitäten ebenfalls für die Stakeholder relevant sind.

Nachfolgend werden die Untersuchungen, auf denen diese Erkenntnisse ruhen, dargestellt.

6.3.3.1 Stakeholderrelevante inhaltliche (Sub-)Gestaltungskategorien

Um die Relevanz jeder identifizierten (Sub-)Gestaltungskategorie für die Stakeholder zu ermitteln, wurden die inhaltlichen Bezüge der jeweiligen Textstellen bzw. Aussagen codiert und ausgewertet.

Die entsprechende Auswertung zeigt, dass sämtliche (Sub-)Gestaltungskategorien in beiden Fallstudien tatsächlich Stakeholderbezüge, aber auch eine Reihe von anderen Inhalten behandeln. Diese Erkenntnis wird als Beleg dafür gewertet, dass alle inhaltlichen (Sub-)Gestaltungskategorien für die Stakeholder und damit für ein *stakeholderorientiertes* Integrationsmanagement relevant sind.

In beiden Fallstudien traten neben Stakeholderbezügen vor allem IT-, Geschäftsprozess-, und Performancebezüge auf. Diese drei Bezugsarten umfassten zusammen 79 % (DAB/FSB) bzw. 72,5 % (ISTA/USI) der (Sub-)Gestaltungskategoriencodes ohne Stakeholderbezug. Weitere Bezüge, die in beiden Fallstudien mehrfach auftraten, waren Produkt-/Dienstleistungs- und Organisationsbezüge. Lediglich vereinzelt tauchten zusätzlich Markt-/Wettbewerbs-, Kompetenz- und Strategiebezüge auf. Folgende Tabelle zeigt die exakte Aufteilung der (Sub-)Gestaltungskategorien, die keinen Stakeholderbezug hatten.

Vergebene Bezüge ohne Stakeholderbezug	Relativer Anteil dieses Bezugs der inhaltlichen (Sub-)Gestaltungskategoriencodes (% gegenüber sämtlichen zuordenbaren nichtstakeholderbezogenen Bezügen der Planungsproblemcodes) DAB/FSB	Relativer Anteil dieses Bezugs der inhaltlichen (Sub-)Gestaltungskategoriencodes (% gegenüber sämtlichen zuordenbaren nichtstakeholderbezogenen Bezügen der Planungsproblemcodes) ISTA/USI
IT-bezug	30 % (D: 36 %, I: 24 %)	33 % (D: 30 %, I: 36 %)
Geschäftsprozessbezug	26,5 % (D: 27 %, I: 26 %)	17,5 % (D: 22,5 %, I: 12,5 %)
Performancebezug	22,5 % (D: 13 %, I: 32 %)	22 % (D: 26 %, I: 18 %)
Produkt-/Dienstleistungsbezug	16,5 % (D: 19 %, I: 14 %)	12,5 % (D: 10 %, I: 15 %)
Organisationsbezug	3 % (D: 5 %, I: 1 %)	14 % (D: 10 %, I: 18 %)
Markt-/Wettbewerbsbezug	0,5 % (D: 0 %, I: 1 %)	0,5 % (D: 0,5 %, I: 0,5 %)
Kompetenzbezug	1 % (D: 0 %, I: 2 %)	0 % (D: 0 %, I: 0 %)
Strategiebezug	0 % (D: 0 %, I: 0 %)	0,5 % (D: 1 %, I: 0 %)

Tab. 6-11: Anteil der Bezüge ohne Stakeholderbezüge der inhaltlichen (Sub-)Gestaltungskategoriencodes, Basis: sämtliche inhaltlichen (Sub-)Gestaltungskategoriencodes der Dokumente und Interviews pro Fallstudie ohne Stakeholderbezug

Hinsichtlich der Stakeholderbezüge zeigte sich, dass sämtliche (Sub-)Gestaltungskategorien in beiden Fallstudien einen Stakeholderbezug aufweisen. Alle identifizierten (Sub-)Gestaltungskategorien wurden also von den Verantwortlichen mit einem Bezug zu einem oder mehreren Stakeholdertypen gesehen.

Im Detail stellte sich heraus, dass bei 28 % (ISTA/USI) bzw. 31 % (DAB/FSB) der (Sub-)Gestaltungskategoriencodes ein Stakeholderbezug vorliegt, wobei in beiden Fallstudien vor allem die *Stakeholderanalyse* und die *Projektrisiken* überdurchschnittliche Stakeholderbezüge aufweisen (37,5 % bis 100 %). Ebenso wird deutlich, dass die Stakeholder bei den *Akquisitions-/Integrationszielen* und den *Wertsteigerungspotenzialen* die geringste Bedeutung haben (maximal 19 %). Folgende Tabelle enthält den Anteil der Stakeholderbezüge für alle (Sub-)Gestaltungskategorien.

(Sub-)Gestaltungskategorie	Relativer Anteil des Stakeholderbezugs dieses Planungsproblemcodes in Fallstudie DAB/FSB (% gegenüber sämtlichen Bezügen dieses Planungsproblemcodes)		Relativer Anteil des Stakeholderbezugs dieses Planungsproblemcodes in Fallstudie ISTA/USI (% gegenüber sämtlichen Bezügen dieses Planungsproblemcodes)	
1. Formulierung der Grundlagen der Integrationsplanung davon:				
a) Akquisitions-/Integrationsziele	11 %	(D: 0 %, I: 22 %)	18,5 %	(D: 14 %, I: 23 %)
b) Wertsteigerungspotenziale	9,5 %	(D: 0 % I: 19 %)	19 %	(D: 22 %, I: 16 %)
c) Stakeholderanalyse	58,5 %	(D: 50 %, I: 67 %)	100 %	(D: 100 %, I: 100 %)
d) Ist-Unternehmensanalyse	36 %	(D: 38 %, I: 14 %)	15,5 %	(D: 5 %, I: 26 %)
e) Integrationsleitlinien	39,5 %	(D: 52 %, 31 %)	23 %	(D: 23 %, I: 23 %)
f) Entscheidungskriterien	28,5 %	(D: 30 %, 27 %)	30,5 %	(D: 28 %, I: 33 %)
g) Projektrisiken	37,5 %	(D: 25 %, I: 50 %)	60,5 %	(D: 71 %, I: 50 %)
2. Formulierung der Zielwelt	36,5 %	(D: 39 %, I: 34 %)	23 %	(D: 11 % I: 35 %)
3. Formulierung von Konzeptions- und Realisierungsmaßnahmen	29,5 %	(D: 29 %, I: 30 %)	29,5 %	(D: 29 %, I: 30 %)
Insgesamt (über alle (Sub-)Gestaltungskategorien)	31 %	(D: 34 %, I: 28 %)	28 %	(D: 26 %, I: 30 %)

Tab. 6-12:   Anteil der Stakeholderbezüge pro inhaltlichem (Sub-)Gestaltungskategoriencode, pro Fallstudie, Basis: sämtliche inhaltlichen (Sub-)Gestaltungskategoriencodes der Dokumente und Interviews pro Fallstudie

Diese Ausführungen zeigen, dass die inhaltlichen (Sub-)Gestaltungskategorien tatsächlich für die Stakeholder und damit entsprechend für ein *stakeholderorientiertes* Integrationsmanagement relevant sind.

6.3.3.2 Relevanz der integrationsrelevanten Prozessschritte für die Stakeholder

Zur Bestimmung der Relevanz der integrationsrelevanten Prozessschritte für die Stakeholder wurde als Indikator das Ausmaß ihrer prozessualen Beteiligung verwendet. Dieses Ausmaß wird in Erweiterung des Stakeholderorientierungsverständnisses von Greenley et al. (2004: 163f.) als geeigneter Indikator betrachtet, um zu untersuchen, wie stark sich ein Unternehmen mit seinen Stakeholdern – in diesem Fall prozessual – beschäftigt (Greenley/Foxall 1997: 263, Kapitel 4.1.2).

Um das Ausmaß der prozessualen Beteiligung zu bestimmen, wurden zunächst auf Basis der Dokumente sämtliche Integrationsaktivitäten zu Prozessschritten bzw. Prozessstufen zusammengefasst. Dieses Ergebnis wurde mit Hilfe der Hauptansprechpartner der beiden Fallstudien abschließend besprochen. Bei der Fallstudie DAB/FSB konnten auf diese Weise 12, in der Fallstudie ISTA/USI 4 übergeordnete Prozessschritte ermittelt werden. Abschließend wurde anhand der Dokumente und Interviews überprüft, welche Stakeholder an welchen Schritten prozessual beteiligt waren. Auf diese Art konnte der Anteil der Prozessschritte, an denen ein Stakeholdertyp prozessual beteiligt ist, bestimmt werden (Kapitel 11.3.9).

Das Ergebnis dieser Analyse ist in folgender Tabelle aufgeführt. Aus ihr geht hervor, dass die relevantesten Stakeholder in den Fallstudien, *Kunden* und *Outsourcingpartner*, stärker beteiligt waren als die übrigen Stakeholder, wie z. B. *Gesellschafter/Aktionäre, M&A-Experten* oder die *BAFin*. Die *Endkunden* (DAB/FSB) bzw. die *finanzierenden Banken* (ISTA/USI) sind an den integrationsrelevanten Prozessschritten nicht beteiligt gewesen. Während die *Kunden* und *Outsourcingpartner* an 25 – 75 % der Prozessschritte prozessual beteiligt waren, waren die übrigen Stakeholder meist nur zwischen 0 und 25 % prozessual involviert.

Fallstudie DAB/FSB		**Fallstudie ISTA/USI**	
Stakeholdertyp	Anteil der Prozess-schritte, an denen der Stakeholdertyp beteiligt ist	Stakeholdertyp	Anteil der Prozess-schritte, an denen der Stakeholdertyp beteiligt ist
Outsourcingpartner	58 %	Kunden	75 %
Kunden	25 %	Outsourcingpartner	50 %
M&A-Experten	25 %	Gesellschafter/ Aktionäre	50 %
BAFin	8 %	M&A-Experten	25 %
Endkunden	0 %	Finanzierende Banken	0 %
Gesellschafter/ Aktionäre	0 %		

Tab. 6-13:   Anteile der Prozessschritte, an denen der jeweilige Stakeholdertyp beteiligt ist pro Fallstudie, Basis: sämtliche identifizierte Prozessschritte (DAB/FSB 12 Schritte, ISTA/USI 4 Schritte)

Diese Werte zeigen, dass die Verantwortlichen tatsächlich die Stakeholder bei den integrationsrelevanten Prozessschritten einbeziehen, d. h. dass die prozessualen Gestaltungsaktivitäten für das *stakeholderorientierte* Integrationsmanagement relevant sind.

6.3.3.3   Relevanz der institutionellen Gestaltungsaspekte für die Stakeholder

Analog zum Vorgehen bei der Bestimmung der Relevanz der integrationsrelevanten Schritte für die Stakeholder (Kapitel 6.3.3.2) wurde die Relevanz der institutionellen Gestaltungsaspekte aus Stakeholdersicht bestimmt, um festzustellen, ob die Gestaltungsaktivitäten aus Stakeholdersicht überhaupt von Bedeutung sind. Als Maßstab hierfür wurde in Anlehnung zur prozessualen Gestaltungsdimension die *institutionelle* Stakeholderbeteiligung verwendet.

Zur Ermittlung der *institutionellen* Stakeholderbeteiligung wurden die in den beiden Fallstudien verwendeten Institutionen und die Mitglieder dieser Institutionen bestimmt. Hierfür wurden die Dokumente und Interviewabschriften entsprechend durchgesehen. Das auf diese Weise erstellte Bild wurde mit den Hauptansprechpartnern besprochen. Letztlich konnten in der Fallstudie DAB/FSB sieben und in der Fallstudie ISTA/USI fünf Institutionen ermittelt werden. Unter Verwendung der weiter oben (Kapitel 6.2.2.1) identifizierten Stakeholder (DAB/FSB: 6 Stakeholder, ISTA/USI: 5 Stakeholder) ergibt die Auswertung die in nachfolgender Tabelle angegebenen Häufigkeiten.

Aus ihr geht hervor, dass der überwiegende Teil der Institutionen mindestens einen Stakeholder als Mitglied hatte. In der Fallstudie DAB/FSB waren Stakeholder in 5 von 7 Institutionen Mitglied (71 %), in der Fallstudie ISTA/USI in 3 von 5 Institutionen (60 %).

Die in der nachfolgenden Tabelle angegebenen Prozentangaben weisen zudem darauf hin, dass in einigen Institutionen sogar zwei Stakeholder Mitglied waren: Teilprojektteams und Extra-Institutionen in der Fallstudie DAB/FSB und Due-Diligence-Team, Projektteams und Extra-Institutionen in der Fallstudie ISTA/USI.

Im Kapitel 11.3.10 sind weitere Details aufgeführt, wie z. B. die Erkenntnis, dass die Outsourcingpartner insgesamt am häufigsten Mitglied einer Institution waren (4 von 12 Institutionen).

Fallstudie DAB/FSB		Fallstudie ISTA/USI	
Institution	Anteil der Stakeholder, die Mitglied der Institution sind	Institution	Anteil der Stakeholder, die Mitglied der Institution sind
Institutionen der Pre-Closingphase		Institutionen der Pre-Closingphase	
- Leitung Due Diligence-Team	0 %	- Leitung Due Diligence-Team	0 %
- Fachliche Teams / Due Diligence-Team	17 %	- Due Diligence-Team	20 %
Institutionen der Post-Closingphase		Institutionen der Post-Closingphase	
- Integration Board	17 %		
- Steuerungskreis	17 %	- Steering Committee	0 %
- Kernprojektleiter	0 %	- Operative Projektleitung	0 %
- Teilprojektteams	33 %	- Projektteams	20 %
- Extra-Projekt-Institutionen	33 %	- Extra-Projekt-Institutionen	20 %

Tab. 6-14:   Anteile der Stakeholder, die Mitglied in der jeweiligen Institution sind getrennt nach Zusammenschlussphasen pro Fallstudie, Basis: sämtliche identifizierte Stakeholder pro Fallstudie (DAB/FSB 6 Stakeholder, ISTA/USI 5 Stakeholder)

Diese Werte bestätigen, dass die Stakeholder tatsächlich in einigen Institutionen Mitglied sind, d. h. dass einige Institutionen für die Stakeholder relevant sind, sonst würden sie dort nicht als Mitglied teilnehmen. Diese Erkenntnis wird durch die Einrichtung von Extra-Projektinstitutionen für einige Stakeholder unterstützt. Hiermit wird belegt, dass die institutionellen Gestaltungsaktivitäten also tatsächlich in den untersuchten Zusammenschlüssen für die Stakeholder und damit für das *stakeholderorientierte* Integrationsmanagement relevant sind.

Nachdem geklärt ist, welche Gestaltungsaspekte/-kategorien aus Stakeholdersicht grundsätzlich für das *stakeholderorientierte* Integrationsmanagement relevant sind, soll zusätzlich untersucht werden, welche Stakeholderorientierung die Verantwortlichen in den untersuchten Zusammenschlüssen hatten. Mit Hilfe dieser Untersuchung soll ein Hinweis darüber gewonnen werden, inwiefern die Praxis die Bedeutung der Stakeholder für das Integrationsmanagement bereits erkannt hat.

6.3.4 Untersuchung der Stakeholderorientierung der Verantwortlichen

Die Stakeholderorientierung der Verantwortlichen wird ermittelt, um festzustellen, welche Bedeutung die Stakeholder für die Verantwortlichen bei der Ausgestaltung ihrer Aktivitäten einnehmen. Diese Untersuchung geht damit über die vorige Untersuchung hinaus, die anhand der verwendeten Indikatoren die grundsätzliche Relevanz der einzelnen Gestaltungsaspekte *aus Sicht der Stakeholder* bestätigt hat. Die nachfolgende Untersuchung will zudem feststellen, inwiefern die Stakeholder *aus Sicht der Verantwortlichen* eine Rolle bei der Ausrichtung ihrer Gestaltungsaktivitäten spielten. Es gilt daher, die Stakeholderorientierung der Verantwortlichen zu ermitteln.

Zur Beurteilung der Stakeholderorientierung der Verantwortlichen wird in Anlehnung an Bucerius/Schulze-Wehninck (2004: 519) das Ausmaß der Berücksichtigung der Stakeholderinteressen verwendet: Sollte sich herausstellen, dass die Verantwortlichen die Stakeholderinteressen weitestgehend bei der Ausrichtung ihrer Gestaltungsaktivitäten berücksichtigen, so wird diese Tatsache als Beleg dafür gewertet, dass die Stakeholder in den Augen der Verantwortlichen eine hohe Bedeutung für die Integration einnehmen. Wenn die Stakeholder keine große Bedeutung für sie hätten, dann würden sie ihre Gestaltungsaktivitäten in geringerem Maße auf die Interessen der Stakeholder ausrichten.

Hinsichtlich der *Stakeholderorientierung der Verantwortlichen* konnte durch die Fallstudien folgende Erkenntnis generiert werden:

Erkenntnis 16 (2.10): Die Verantwortlichen haben in beiden Fallstudien je nach Gestaltungsdimension ca. 90 – 100 % der Stakeholderinteressen bei der Ausrichtung der entsprechenden Gestaltungsaktivitäten berücksichtigt. Die Stakeholder haben also eine sehr große Bedeutung für die Ausrichtung sämtlicher Gestaltungsaktivitäten der Verantwortlichen gespielt. Allerdings kann diese Aussage nur tendenziell getroffen werden, da nur ca. 2 – 40 % der Textstellen, die sich mit einer entsprechenden Gestaltungsaktivität befassen, eindeutig einen Rückschluss auf die Interessensberücksichtigung ermöglichten. Die Stakeholderorientierung der Verantwortlichen in den untersuchten Zusammenschlüssen hinsichtlich sämtlicher Gestaltungsdimensionen kann daher nur tendenziell bestätigt werden.

Nachfolgend wird die Herleitung dieser Erkenntnis entsprechend der einzelnen Gestaltungsdimensionen erläutert.

6.3.4.1 Stakeholderorientierung der Verantwortlichen hinsichtlich der inhaltlichen Gestaltungsdimension

Zur Ermittlung der Stakeholderorientierung der Verantwortlichen hinsichtlich der *inhaltlichen* Gestaltungsdimension wurde untersucht, inwiefern die Verantwortlichen die Interessen der Stakeholder bei der Gestaltung der inhaltlichen (Sub-)Gestaltungskategorien berücksichtigen.

Die Auswertung zeigt, dass aus 86 % (ISTA/USI) bzw. 93% (DAB/FSB) der relevanten Textpassagen der beiden Fallstudien hervorgeht, dass die Interessen der Stakeholder hinsichtlich der inhaltlichen (Sub-)Gestaltungskategorien berücksichtigt wurden. Dieses Ergebnis drückt eine relativ hohe diesbezügliche Stakeholderorientierung der Verantwortlichen aus. Allerdings wird die Aussagekraft dieser Erkenntnis dadurch eingeschränkt, dass nur ca. 40 % der Textstellen, die einer inhaltlichen (Sub-)Gestaltungskategorie zugeordnet wurden, eindeutig einen Rückschluss auf die Interessensberücksichtigung ermöglichten (folgende Tabelle).

Interessensberücksichtigung	Relativer Anteil der (Sub-) Gestaltungskategoriencodes mit diesem Bezug (% gegenüber sämtlichen (Sub-) Gestaltungskategoriencodes mit Berücksichtigungscode) DAB/FSB		Relativer Anteil der (Sub-) Gestaltungskategoriencodes mit diesem Bezug (% gegenüber sämtlichen (Sub-) Gestaltungskategoriencodes mit Berücksichtigungscode) ISTA/USI	
Anteil der Textpassagen/Aussagen, in denen ein Rückschluss auf die Berücksichtigung der Stakeholderinteressen eindeutig möglich ist, davon:	46 %	(D: 27 %, I: 65 %)	37 %	(D: 28 %, I: 46 %)
- Textpassage/Aussage lässt auf Berücksichtigung der Stakeholderinteressen schließen	93 %	(D: 100 %, I: 86 %)	86 %	(D: 79 %, I: 93 %)
- Textpassage/Aussage lässt auf Nicht-Berücksichtigung der Stakeholderinteressen schließen	7 %	(D: 0 %, I: 14 %)	14 %	(D: 21 %, I: 7 %)
Anteil der Textpassagen/Aussagen, in denen ein Rückschluss auf die Berücksichtigung der Stakeholderinteressen nicht eindeutig möglich ist	54 %	(D: 73 %, I: 35 %)	63 %	(D: 72 %, I: 54 %)

Tab. 6-15:   Aufteilung der Anteile der Interessensberücksichtigungscodes der inhaltlichen (Sub-) Gestaltungskategoriencodes, Basis: sämtliche inhaltlichen (Sub-)Gestaltungskategoriencodes der Dokumente und Interviews pro Fallstudie mit einem Interessensberücksichtigungscode

In der nachfolgenden Tabelle sind zur Veranschaulichung einige Beispiele aufgeführt, die zeigen, welche *inhaltlichen* Interessen die relevantesten Stakeholder in den Fallstudien (*Kunden* und *Outsourcingpartner*) haben und wie die Verantwortlichen diese Interessen bei ihren inhaltlichen Gestaltungsaktivitäten berücksichtigten. Entsprechende Zitate zu diesen und weiteren Beispielen finden sich im Kapitel 11.3.11.

Stakeholder	Inhaltliches Interesse	Form der Interessensberücksichtigung	Zusammenschlussphase (Fallstudie)
Kunden	Beibehaltung des Logos der FSB	Verantwortliche behalten das Logo bei (Formulierung der Zielwelt)	Post-Closing (DAB/FSB)
Kunden	Beibehaltung der Abrechnungsfunktionalitäten der ISTA-Software	Verantwortliche formulieren die Abrechnungsfunktionalitäten der ISTA-Software als Anforderungen an das zukünftige gemeinsame Softwaresystem (Formulierung der Zielwelt)	Post-Closing (ISTA/USI)
Outsourcingpartner	Reduktion möglicher Ausführungstage für Sparpläne	Verantwortliche übernehmen die Reduktion der möglichen Ausführungstage für Sparpläne (Formulierung der Zielwelt)	Post-Closing (DAB/FSB)
Outsourcingpartner	Spezifische Anforderungen an das Format der Rechnungsdatei (wird vom Outsourcingpartner gedruckt und versandt)	Verantwortliche übernehmen die Formatanforderungen des Outsourcingpartners für die Definition des zukünftigen Dateiformats (Formulierung der Zielwelt)	Post-Closing (ISTA/USI)

Tab. 6-16:   Beispiele für inhaltliche Interessen der Stakeholder und Formen der Interessensberücksichtigung durch die Verantwortlichen bei ihren Gestaltungsaktivitäten der inhaltlichen (Sub-) Gestaltungskategorien

Die obigen Ausführungen und Beispiele belegen tendenziell, dass die Verantwortlichen Stakeholderinteressen bei den inhaltlichen Gestaltungsaktivitäten berücksichtigt haben, d. h. dass sie hinsichtlich *inhaltlicher* Gestaltungsaktivitäten stakeholderorientiert gehandelt haben.

6.3.4.2 Stakeholderorientierung der Verantwortlichen hinsichtlich der prozessualen Gestaltungsdimension

Die nachfolgende Tabelle zur Stakeholderorientierung der Verantwortlichen hinsichtlich der *prozessualen* Gestaltungsdimension zeigt, dass 100 % (DAB/FSB) bzw. 95 % (ISTA/USI) der relevanten Textpassagen darauf schließen lassen, dass die Verantwortlichen die Interessen der Stakeholder bei ihren prozessualen Gestaltungsaktivitäten berücksichtigt haben.

Dieses Ergebnis bedeutet, dass die Stakeholder eine sehr hohe Bedeutung für die Ausrichtung der prozessualen Gestaltungsaktivitäten hatten, sonst hätten die Verantwortlichen ihre Gestaltungsaktivitäten wohl weniger häufig auf die Stakeholder und mehr auf die operativen Unternehmensinteressen ausgerichtet. Diese Erkenntnis bestätigt die prozessuale Stakeholderorientierung der Verantwortlichen. Allerdings kann diese Aussage ebenfalls nur unter Vorbehalt getroffen werden, da bei über 80 % der Textstellen, die Interessen hinsichtlich prozessualer Gestaltungsaktivitäten betreffen, kein Rückschluss auf die Berücksichtigung der Interessen möglich war.

Interessensberücksichtigung	Relativer Anteil der Prozesscodes mit diesem Berücksichtigungscode (% gegenüber sämtlichen Prozesscodes mit Berücksichtigungscode) DAB/FSB	Relativer Anteil der Prozesscodes mit diesem Berücksichtigungscode (% gegenüber sämtlichen Prozesscodes mit Berücksichtigungscode) ISTA/USI
Anteil der Textpassagen/Aussagen, in denen ein Rückschluss auf die Berücksichtigung der Stakeholderinteressen eindeutig möglich ist, davon:	*12 % (D: 4 %, I: 20 %)*	*17,5 % (D: 15 %, I: 20 %)*
- Textpassage/Aussage lässt auf Berücksichtigung der Stakeholderinteressen schließen	*100 % (D: 100 %, I: 100 %)*	*95 % (D: 100 %, I: 90 %)*
- Textpassage/Aussage lässt auf *Nicht*-Berücksichtigung der Stakeholderinteressen schließen	*0 % (D: 0 %, I: 0 %)*	*5 % (D: 0 %, I: 10 %)*
Anteil der Textpassagen/Aussagen, in denen ein Rückschluss auf die Berücksichtigung der Stakeholderinteressen *nicht* eindeutig möglich ist	*88 % (D: 96 %, I: 80 %)*	*82,5 % (D: 85 %, I: 80 %)*

Tab. 6-17:   Aufteilung der Anteile der Interessensberücksichtigungscodes bei sämtlichen Prozesscodes, Basis: sämtliche Prozesscodes mit Interessensberücksichtigungscode pro Fallstudie

Ergänzend werden in der folgenden Tabelle ein paar Beispiele aufgelistet, die zeigen, welche prozessualen Interessen die Stakeholder in den Fallstudien hatten. Ebenso wird gezeigt, wie die Verantwortlichen diese Interessen hinsichtlich prozessualer Gestaltungsaktivitäten berücksichtigt haben. Die dazugehörigen Zitate und Zitate für weitere Beispiele befinden sich im Kapitel 11.3.12.

Stakeholder	Prozessuales Interesse	Form der Interessensberücksichtigung	Zusammenschluss-phase (Fallstudie)
Kunden	In Form eines Workshops eingebunden sein	Verantwortliche führen einen Workshop mit dem Kunden durch, sofern er einen solchen wünscht.	Post-Closing (DAB/FSB)
Kunden	Diskussionen zu führen hinsichtlich möglicher Migrationstermine	Verantwortliche führen Diskussionen, bis sich beide Seiten auf einen Termin einigen können	Post-Closing (ISTA/USI)
Outsourcing-partner	Fertigstellungstermine der Softwarereleases mitzubestimmen	Verantwortliche geben grundsätzlich Termine vor, aber wenn diese nicht gehalten werden, finden sie gemeinsam mit dem Outsourcingpartner eine Lösung	Post-Closing (DAB/FSB)
Outsourcing-partner	Outsourcingpartner wollten beteiligt sein	Verantwortliche haben Outsourcingpartner prozessual beteiligt, sofern es von ihnen gewünscht wurde	Post-Closing (ISTA/USI)

Tab. 6-18:   Beispiele für prozessuale Interessen der Stakeholder und Formen der Interessensberücksichtigung durch die Verantwortlichen bei ihren Gestaltungsaktivitäten der prozessualen Gestaltungskategorien

Die obigen Ausführungen und Beispiele belegen tendenziell, dass die Verantwortlichen Stakeholderinteressen bei den prozessualen Gestaltungsaktivitäten berücksichtigt haben, d. h. dass sie auch hinsichtlich *prozessualer* Gestaltungsaktivitäten stakeholderorientiert gehandelt haben.

6.3.4.3 Stakeholderorientierung der Verantwortlichen hinsichtlich der institutionellen Gestaltungsdimension

Analog zu den übrigen beiden Gestaltungsdimensionen wird die Berücksichtigung der Stakeholderinteressen bezüglich der *institutionellen* Gestaltungsaktivitäten als Indikator für die Stakeholderorientierung der Verantwortlichen hinsichtlich der institutionellen Gestaltungsdimension verwendet.

Aus der folgenden Tabelle geht hervor, dass sogar sämtliche der entsprechenden Textstellen den Rückschluss zulassen, dass die Stakeholderinteressen berücksichtigt worden sind. Dieses Ergebnis ist ein sehr starker Beleg für den Einfluss der Stakeholder auf die institutionellen Gestaltungsaktivitäten der Verantwortlichen. Das Ergebnis wird jedoch sehr stark relativiert durch die Tatsache, dass in 79 % (ISTA/USI) bzw. 98 % (DAB/FSB) der entsprechenden Textstellen kein Rückschluss auf die Interessensberücksichtigung möglich ist.

Des Weiteren konnten in den Dokumenten der Fallstudie ISTA/USI überhaupt keine Textstellen bzgl. der Stakeholderinteressen hinsichtlich institutioneller Gestaltungsaktivitäten gefunden werden. Aus diesem Ergebnis heraus ist daher keine Aussage über die *institutionelle* Stakeholderorientierung der Verantwortlichen in den untersuchten Zusammenschlüssen möglich.

Interessensberücksichtigung	Relativer Anteil der Institutionencodes mit diesem Berücksichtigungscode (% gegenüber sämtlichen Institutionencodes mit Berücksichtigungscode) DAB/FSB	Relativer Anteil der Institutionencodes mit diesem Berücksichtigungscode (%gegenüber sämtlichen Institutionencodes mit Berücksichtigungscode) ISTA/USI
Anteil der Textpassagen/Aussagen, in denen ein Rückschluss auf die Berücksichtigung der Stakeholderinteressen eindeutig möglich ist, davon:	2 % (D: 0 %, I: 4 %)	21 % (D: keine Codes vergeben, I: 21 %)
- Textpassage/Aussage lässt auf Berücksichtigung der Stakeholderinteressen schließen	100 % (D: 0 %, I: 100 %)	100 % (D: keine Codes vergeben, I: 100 %)
- Textpassage/Aussage lässt auf *Nicht*-Berücksichtigung der Stakeholderinteressen schließen	0 % (D: 0 %, I: 0 %)	0 % (D: keine Codes vergeben, I: 0 %)
Anteil der Textpassagen/Aussagen, in denen ein Rückschluss auf die Berücksichtigung der Stakeholderinteressen *nicht* eindeutig möglich ist	98 % (D: 100 %, I: 96 %)	79 % (D: keine Codes vergeben, I: 79 %)

Tab. 6-19:   Anteil der Interessensberücksichtigungscodes bei sämtlichen Institutionencodes pro Fallstudie, Basis: sämtliche Institutionencodes mit einem Interessensberücksichtigungscode

Ergänzend listet die folgende Tabelle zwei Beispiele auf, die die institutionellen Interessen der Stakeholder und die Formen der Interessensberücksichtung der Verantwortlichen aufzeigen (Zitate im Kapitel 11.3.13)

Stakeholder	Institutionelles Interesse	Form der Interessensberücksichtigung	Zusammenschlussphase (Fallstudie)
Kunde	Kunde will institutionell beteiligt sein	Verantwortliche richten eine eigene Projektorganisation mit dem Kunden ein	Post-Closing (DAB/FSB)
Outsourcing-partner	Outsourcingpartner will Teilprojektleitung einnehmen	Verantwortliche richten mit Outsourcing-partner unter Leitung des Partners ein Teilprojekt ein.	Post-Closing (ISTA/USI)

Tab. 6-20:   Beispiele für institutionelle Interessen der Stakeholder und Formen der Interessensberücksichtigung durch die Verantwortlichen bei ihren Gestaltungsaktivitäten der institutionellen Gestaltungsaspekte

Insgesamt zeigen die obigen Ausführungen und Erkenntnisse zur Stakeholderorientierung der Verantwortlichen, dass die Verantwortlichen grundsätzlich eine hohe Stakeholderorientierung haben und dass diese Aussage auf einer sehr geringen empirischen Basis beruht. Aufgrund dieser Basis werden die Erkenntnisse nur als Tendenzaussagen gewertet. Es kann daher nur tendenziell behauptet werden, dass die Stakeholder aus Sicht der Verantwortlichen eine bedeutende Rolle für die Ausrichtung der Gestaltungsaktivitäten in den untersuchten Zusammenschlüssen spielten.

Damit ist die Auswertung der Fallstudien auf der Ebene der einzelnen Gestaltungsdimensionen abgeschlossen. Etwaige Implikationen für das Framework, die sich aus den Erkenntnissen zu den Gestaltungsdimensionen ergeben, werden in Kapitel 6.5 dargelegt.

Nachdem sämtliche Fragen zur Relevanz der einzelnen Gestaltungsaspekte geklärt sind, stellt sich zur weiteren Ausrichtung des Frameworks auf die Realität die Frage, wie relevant eine Gestaltungsdimension im Vergleich zu einer anderen ist. Durch die Beantwortung dieser Frage kann eine Rangfolge der Gestaltungsdimensionen und entsprechender Gestaltungsaktivitäten ermittelt werden. Diese hilft wiederum den Verantwortlichen, ihre Ressourcen noch besser auf die wesentlichen Aktivitäten zu lenken und damit die Effizienz des Integrationsmanagements weiter zu verbessern. Die Auswertung der entsprechenden Untersuchung folgt im nächsten Abschnitt.

6.3.5 Gestaltungsdimensionsübergreifende Auswertung

Hinsichtlich der Relevanz einer Gestaltungsdimension gegenüber einer anderen konnte aus den Fallstudien folgende Erkenntnis generiert werden:

Erkenntnis 17 (3.1): *Die Gestaltungsaktivitäten der 'inhaltlichen' Gestaltungsdimension dominieren in beiden Fallstudien. Am wenigsten häufig tauchen Gestaltungsaspekte der 'institutionellen' Gestaltungsdimension auf. Diese Erkenntnis unterstützt die Aussage, dass die 'inhaltliche' Gestaltungsdimension eine relativ hohe, die 'prozessuale' Dimension eine eher mittlere und die 'institutionelle' Gestaltungsdimension eine relativ geringe Relevanz für das stakeholderorientierte Integrationsmanagement aufweisen.*

In den obigen Kapiteln konnte gezeigt werden, dass eine Reihe von Gestaltungsaktivitäten in den einzelnen Gestaltungsdimensionen eine gewisse Relevanz für das stakeholderorientierte Integrationsmanagement aufweisen. Es wurde jedoch bisher noch nicht untersucht, welche relative Bedeutung die einzelnen Gestaltungsdimensionen einnehmen.

Zur Bestimmung der Relevanz der einzelnen Gestaltungsdimensionen wurden die quantitativen Auswertungen zur Untersuchung der Relevanz der einzelnen Gestaltungsaktivitäten zusammengefasst. Die Häufigkeiten der Gestaltungsaspekt/-kategoriencodes jedes einzelnen Aspekts einer Gestaltungsdimensionsebene wurden dafür zu einer Anzahl addiert. Durch den Vergleich dieser Häufigkeiten mit den Häufigkeiten der anderen Gestaltungsdimensionen konnte festgestellt werden, welche Gestaltungsdimension insgesamt relativ häufig bzw. selten aufgetreten ist und entsprechend in den untersuchten Zusammenschlüssen relevanter bzw. weniger relevant war.

Die diesbezügliche Auswertung (folgende Tabelle) zeigt, dass die *inhaltlichen* Gestaltungsaspekte/-kategorien in beiden Fallstudien mit Abstand deutlich häufiger auftraten als die *prozessualen* oder *institutionellen*. So stellen 53 % (ISTA/USI) bzw. 61,5 % (DAB/FSB) sämtlicher Gestaltungsaspekt/-kategoriencodes Codes inhaltlicher Gestaltungskategorien dar. Die *institutionelle* Dimension taucht in beiden Fallstudien am wenigsten auf (9,5 % bzw. 17 % der Codes).

Da diese Anteile als Indikator für die Relevanz der einzelnen Gestaltungsdimensionen verwendet werden, kann daher auf Basis dieser Auswertung festgestellt werden, dass die *inhaltliche* Gestaltungsdimension deutlich relevanter für das Integrationsmanagement ist als die *prozessuale* und diese wiederum relevanter als die *institutionelle* Gestaltungsdimension ist.

Gestaltungsdimension	Relativer Anteil der Gestaltungsaspektcodes dieser Gestaltungsdimension (% gegenüber sämtlichen Gestaltungsaspektcodes) DAB/FSB	Relativer Anteil der Gestaltungsaspektcodes dieser Gestaltungsdimension (% gegenüber sämtlichen Gestaltungsaspektcodes) ISTA/USI
Inhaltliche Gestaltungsdimension	61,5 % (D: 72 %, I: 51 %)	53 % (D: 67 %, I: 39 %)
Prozessuale Gestaltungsdimension	21,5 % (D: 15 %, I: 28 %)	37,5 % (D: 29 %, I: 46 %)
Institutionelle Gestaltungsdimension	17 % (D: 13 %, I: 21 %)	9,5 % (D: 4 %, I: 15 %)

Tab. 6-21:   Anteil der Gestaltungsaspektcodes einer Gestaltungsdimension pro Fallstudie, Basis: sämtliche Gestaltungsaspektcodes der Dokumente und Interviews pro Fallstudie

Damit sind sämtliche Detailauswertungen vorgestellt. Um aus ihnen entsprechende Implikationen für das theoriegestützte Framework ableiten zu können (Kapitel 6.5), werden zunächst die Auswertungserkenntnisse kurz zusammengefasst.

6.4   Zusammenfassung der Auswertungserkenntnisse

Die Erkenntnisse der Detailauswertungen werden in diesem Kapitel zusammengefasst, um festzustellen, ob sämtliche Explorationsziele (Kapitel 6) erreicht wurden. Diese Überprüfung ist zudem zweckmäßig, um anschließend entsprechend fundierte Implikationen für das theoriegestützte Framework abzuleiten. Nachfolgend werden die wesentlichen Erkenntnisse hinsichtlich der vier Explorationsziele kurz erläutert.

1. Explorationsziel: Identifikation der Bezugspunkte und Gestaltungsdimensionen der untersuchten Zusammenschlüsse, inklusive der Identifikation neuer Bezugspunkte und Gestaltungsaspekte/-kategorien und der Anpassung der Bezugspunktdifferenzierungen

Die Fallstudienerkenntnisse zeigen, dass sämtliche theoriegestützt ermittelten Bezugspunkte und Gestaltungsdimensionen in der Praxis vorkommen, d. h. dass die Verantwortlichen durch die Kenntnis der Ausprägungen der Bezugspunkte ihre Gestaltungsaktivitäten entsprechend gesteuert haben. Es war also möglich, die wesentlichen *Stakeholdertypen*, ihre *Wertschöpfungsbeiträge* und ihre *Interessen* zu identifizieren. Ebenso konnten sowohl für die Existenz der *inhaltlichen* als auch für die Existenz der *prozessualen* und *institutionellen Gestaltungsdimension* bzw. entsprechender Gestaltungsaktivitäten Belege in beiden Fallstudien ermittelt werden.

Bei den Auswertungen des Bezugspunktes *Stakeholdertypen* wurde deutlich, dass die Stakeholder nicht nur unterschiedlichen *Ursprungsebenen* entstammen, sondern auch eine unterschiedliche *Bedeutung für die Integration* hatten. Und es wurden Belege identifiziert, die zeigten, dass diese beiden Aspekte die Gestaltungsaktivitäten der Verantwortlichen beeinflussten, d. h. dass sie beide Bezugspunkte für das Integrationsmanagement in beiden Fallstudien darstellen.

Hinsichtlich der *Ursprungsebenen* ging aus den Codierungen der Dokumente und Interviews hervor, dass die Stakeholder in beiden Fallstudien den Ursprungsebenen *Ressourcenbasis*, wie z. B. *Kunden, Aktionäre bzw. finanzierende Banken*, und *Branchenstruktur*, wie z. B. *Outsourcingpartner* und die *Bundesanstalt für Finanzdienstleistungsaufsicht (BAFin)*, angehörten, nicht jedoch der *sozialpolitischen Arena*.

153

Hinsichtlich der *Stakeholdertypen* zeigte sich, dass vor allem die *Kunden* und die *Outsourcingpartner* in beiden Fallstudien häufiger genannt wurden als die übrigen Stakeholdertypen. Dieses Ergebnis wurde als Beleg dafür gesehen, dass diese Stakeholdertypen eine größere Bedeutung für die Integration haben als die übrigen Stakeholdertypen. Unter Integration wird hierbei sowohl das Integrationsmanagement als auch die Erreichung der Akquisitions-/Integrationsziele subsummiert.

Beim Bezugspunkt *Stakeholderinteressen* stellte sich heraus, dass fast alle identifizierten Stakeholderinteressen einen Bezug zu einer Gestaltungsdimension hatten. Die übrigen, nur sehr vereinzelt auftretenden Stakeholderinteressen, die keinen Bezug zu einer Gestaltungsdimension aufwiesen, wurden daher nicht weiter differenziert und unter *sonstigen Interessen* zusammengefasst.

Die Auswertungen zum Bezugspunkt *Stakeholder-Wertschöpfungsbeiträge* ergaben, dass die Stakeholder auf sämtliche, theoriegestützt ermittelten Beitragsarten Beiträge leisten. Hierbei stellte sich des Weiteren heraus, dass die *nutzenbezogenen* Beitragsarten, *Nutzenproduzent* und *Nutzenempfänger,* am häufigsten auftauchten.

Innerhalb der drei Gestaltungsdimensionen konnten zudem einige neue Gestaltungsaspekte bzw. (Sub-)Gestaltungskategorien identifiziert werden. So wurden in der *inhaltlichen Gestaltungsdimension* bei der Gestaltungskategorie *Formulierung der Grundlagen der Integrationsplanung* drei neue Subgestaltungskategorien ermittelt: *Integrationsleitlinien, Entscheidungskriterien* und *Projektrisiken.* Bzgl. der *institutionellen Gestaltungsdimension* wurden Gestaltungsaktivitäten entdeckt, die zum Gestaltungsaspekt *Festlegung der Kommunikationsstrukturen* zusammengefasst wurden.

Umgekehrt zeigte sich beim theoriegestützt ermittelten *prozessualen Gestaltungsaspekt Festlegung der Implementierungsart,* dass die stakeholderbezogenen Prozessschritte stets integriert mit den übrigen Prozessschritten durchgeführt wurden. Diese Erkenntnis wurde als Beleg gewertet, dass die Verantwortlichen diesen Aspekt stets gleich „gestalten", so dass es sich bei diesem Aspekt nicht um einen Gestaltungsaspekt der Verantwortlichen handelt.

Da die Bezugspunkte und Gestaltungsdimensionen der untersuchten Zusammenschlüsse sowie teilweise neue Differenzierungen der Bezugspunkte und vereinzelt neue Gestaltungsaspekte bzw. Subgestaltungskategorien identifiziert werden konnten, wurde das erste Explorationsziel erreicht.

2. Explorationsziel: Bestimmung der stakeholderrelevanten Planungsprobleme und Gestaltungsaspekte/-kategorien

Bezüglich der *inhaltlichen Gestaltungsdimension* konnte in beiden Fallstudien ermittelt werden, dass sämtliche Planungsprobleme einen Stakeholderbezug aufweisen. Dieses Ergebnis wurde als Hinweis dafür gesehen, dass sämtliche Planungsprobleme für die Stakeholder relevant sind.

Aufgrund der Datenverfügbarkeit konnte die relative Bedeutung auf der Ebene der prozessualen Gestaltungskategorien bzw. der institutionellen Gestaltungsaspekte nicht ermittelt werden. Mit Hilfe von Indikatoren – Ausmaß der prozessualen bzw. institutionellen Einbindung der Stakeholder – wurde jedoch die Relevanz auf Gestaltungsdimensionsebene bestimmt. Bezüglich der *prozessualen* und *institutionellen Gestaltungsdimension* konnte gezeigt werden, dass die Stakeholder sowohl *prozessual* als auch *institutionell* eingebunden wurden. Diese Tatsache wurde als Beleg gewertet, dass die *prozessuale* und *institutionelle Gestaltungsdimension* ebenfalls für die Stakeholder relevant sind, da sie sich sonst nicht in diesen Formen eingebracht hätten.

Dieses Ergebnis wird zusätzlich dadurch unterstützt, dass beim Bezugspunkt *Stakeholderinteressen* deutlich wurde, dass die Stakeholder in beiden Fallstudien sowohl *inhaltliche* als auch *prozessuale* und *institutionelle Interessen* haben.

Da sowohl für die Planungsprobleme als auch für sämtliche Gestaltungsdimensionen die Stakeholderrelevanz bestimmt werden konnte, wurde das Ziel der Exploration diesbezüglich erreicht. Die Lücke hinsichtlich der Aussage, welche/r Gestaltungskategorie/-aspekt aus Stakeholdersicht relevant ist, konnte durch die klaren Erkenntnisse zu den stattdessen verwendeten Indikatoren der Stakeholderbeteiligung, tendenziell geschlossen werden.

3. Explorationsziel: Bestimmung der Relevanz der einzelnen Gestaltungsdimensionen für das Integrationsmanagement

Die gestaltungsdimensionsübergreifende Auswertung ergab, dass die *inhaltliche* Gestaltungsdimension in beiden Fallstudien die beiden übrigen Dimensionen dominiert. Entsprechende Textstellen konnten ihr wesentlich häufiger zugeordnet werden als den beiden anderen Gestaltungsdimensionen. Ebenso wurde in beiden Fallstudien deutlich, dass die *prozessuale* Gestaltungsdimension häufiger thematisiert wurde als die *institutionelle* Gestaltungsdimension. Diese Erkenntnis wurde als Beleg dafür verwendet, dass die inhaltliche Gestaltungsdimension am relevantesten für das Integrationsmanagement ist, gefolgt von der prozessualen Gestaltungsdimension. Die institutionelle Gestaltungsdimension hatte entsprechend in beiden Fallstudien die geringste Relevanz für das Integrationsmanagement.

Dieses Explorationsziel konnte damit ebenfalls erfüllt werden.

4. Explorationsziel: Bestimmung der Stakeholderorientierung der Verantwortlichen

Dieses Explorationsziel konnte nur teilweise erreicht werden, da die Daten in beiden Fallstudien diesbezüglich nur eingeschränkt ausgewertet werden konnten. So wurde zwar deutlich, dass die Verantwortlichen fast sämtliche Interessen der Stakeholder berücksichtigt haben. Dieses Ergebnis wurde als deutlicher Beleg für die Stakeholderorientierung der Verantwortlichen und damit für die Ausrichtung sämtlicher ihrer Gestaltungsaktivitäten auf die Bedürfnisse der Stakeholder gewertet. Allerdings ließ die Mehrheit der Codes, die sich mit den Stakeholderinteressen beschäftigten, in beiden Fallstudien keine Beurteilung der Berücksichtigung der Stakeholderinteressen zu. Dieses Manko bedeutet, dass sich bei Auswertbarkeit sämtlicher relevanter Codes eventuell ein weniger eindeutiges Bild ergeben hätte.

Damit konnten die Fallstudien keinen klaren Hinweis geben, wie umfassend die Verantwortlichen in den untersuchten Zusammenschlüssen die Stakeholderinteressen bei ihren Gestaltungsaktivitäten berücksichtigt haben. Einige Textstellen belegten aber, dass sie es tatsächlich getan haben. Hieraus folgt, dass aus den Fallstudien nicht wirklich erkennbar war, welche Bedeutung die Stakeholder für die Verantwortlichen und für die Ausrichtung ihrer Aktivitäten eingenommen haben.

Da fast sämtliche Explorationsziele komplett erreicht wurden, d. h. da umfangreiche Erkenntnisse durch die Fallstudien generiert wurden, stellt sich die Frage, welche Implikationen sich aus den gewonnenen Erkenntnissen für das Framework ergeben. Diese Implikationen werden im nächsten Kapitel (Kapitel 6.5) aufgeführt. Eine Diskussion der in den Fallstudien gewonnenen Erkenntnisse erfolgt bei Vorliegen der kompletten empirischen Basis, d. h. zusammen mit den Erkenntnissen der Interviews mit den Integrationsexperten (Kapitel 8.5).

6.5   Resultierende Implikationen für das Framework

Da das Framework die Realität möglichst zutreffend abbilden soll, erscheint es zweckmäßig, das Framework entsprechend der Erkenntnisse der Fallstudien anzupassen. Dies bedeutet, dass sämtliche unten stehenden Veränderungen des theoriegestützten Frameworks ausschließlich auf den Erkenntnissen der Fallstudien beruhen und dem Zweck dienen, das Framework realitätsnäher zu gestalten. Die Frameworkveränderungen werden nachfolgend getrennt für die Bezugspunkte und für die Gestaltungsdimensionen erläutert. Die Diskussion der Implikationen folgt in Kapitel 8.5, wenn die gesamte empirische Exploration abgeschlossen ist.

6.5.1   Resultierende Implikationen für die Bezugspunkte im Framework

Änderungen bzgl. des Bezugspunktes ‚Stakeholdertypen'

Wie bei den Auswertungen des Bezugspunktes *Stakeholdertypen* oben gezeigt, sind nicht nur die *Ursprungsebenen* der Stakeholdertypen für die Verantwortlichen bzw. für die Ausrichtung ihrer Gestaltungsaktivitäten relevant, sondern auch die *Bedeutung der Stakeholdertypen für die Integration*. Diese Differenzierung war bisher in diesem Bezugspunkt nicht explizit enthalten, so dass dieser Bezugspunkt entsprechend angepasst wird. Er wird daher aufgeteilt in den Bezugspunkt *Stakeholder-Ursprungsebenen* und einen neuen Bezugspunkt *Bedeutung der Stakeholdertypen für die Integration*.

Der erste Bezugspunkt, *Stakeholder-Ursprungsebenen,* entspricht dem bisherigen Bezugspunkt *Stakeholdertypen* mit der einzigen Änderung, dass lediglich die *Ressourcenbasis* und die *Branchenstruktur* als *Ursprungsebenen* aufgelistet werden. Die *sozialpolitische* Arena wird nicht mehr aufgeführt, da sie in den Fallstudien nicht relevant war. Im Rahmen der späteren Interviews mit den Integrationsexperten wird selbstverständlich überprüft werden, ob sie nicht doch relevant sein kann.

Der zweite Bezugspunkt, *Bedeutung der Stakeholdertypen für die Integration*, wird als neuer Bezugspunkt in das Framework eingefügt. Entsprechend der Erkenntnisse aus den Fallstudien, dass eine kleine Teilmenge der Stakeholdertypen wesentlich häufiger als die restlichen Stakeholder genannt wird, werden die Stakeholdertypen in *primäre* und *sekundäre Stakeholdertypen* eingeteilt. Die *primären Stakeholdertypen* enthalten sämtliche Stakeholder, die besonders relevant für die Integration sind. Dies bedeutet, dass sie für das Integrationsmanagement und/oder die Erreichung der Akquisitions-/Integrationsziele besonders wichtig sind. Die *sekundären Stakeholdertypen* umfassen die weniger relevanten Stakeholder. Aufgrund der Tatsache, dass die *Kunden* in beiden und die *Outsourcingpartner* immerhin bei der Fallstudie DAB/FSB deutlich häufiger genannt wurden als die übrigen Stakeholder, werden diese als *primäre* Stakeholder geführt. *Alle übrigen Stakeholder* werden entsprechend als *sekundäre* Stakeholder bezeichnet.

Änderungen bzgl. des Bezugspunktes ‚Stakeholderinteressen'

Da sich in den Fallstudien herausgestellt hat, dass nur sehr vereinzelt Stakeholderinteressen auftreten, die keinen Bezug zu einer Gestaltungsdimension haben, werden diese auch nicht weiter unterschieden. Sie wurden in den Fallstudien bereits unter *sonstige Interessen* zusammengefasst.

Somit traten in den Fallstudien vier Arten von Stakeholderinteressen auf: *inhaltliche, prozessuale, institutionelle* und *sonstige Interessen*. Entsprechend wird die Differenzierung des Bezugspunktes *Stakeholderinteressen* so geändert, dass lediglich *inhaltliche, prozessuale, institutionelle* und *sonstige Interessen* unterschieden werden.

Änderungen bzgl. des Bezugspunktes ‚Stakeholder-Wertschöpfungsbeiträge'

Da aus den Auswertungen hervorgeht, dass von den vier theoriegestützt ermittelten Beitragsarten die beiden *nutzenbezogenen* Beitragsarten, *Nutzenproduzent* und *Nutzenempfänger*, in beiden Fallstudien häufiger vorkommen als die *risikobezogenen* Arten, wird die Differenzierung dieses Bezugspunktes entsprechend angepasst. Die *nutzenbezogenen* Beitragsarten, *Nutzenproduzent* und *Nutzenempfänger*, werden daher als *primäre* Beitragsarten bezeichnet. Die beiden *risikobezogenen* Beitragsarten, *Risikoproduzent* und *Risikoträger*, entsprechend als *sekundäre* Beitragsarten.

Folgende Abbildung zeigt die aktualisierten stakeholderbezogenen Bezugspunkte des Integrationsmanagements:

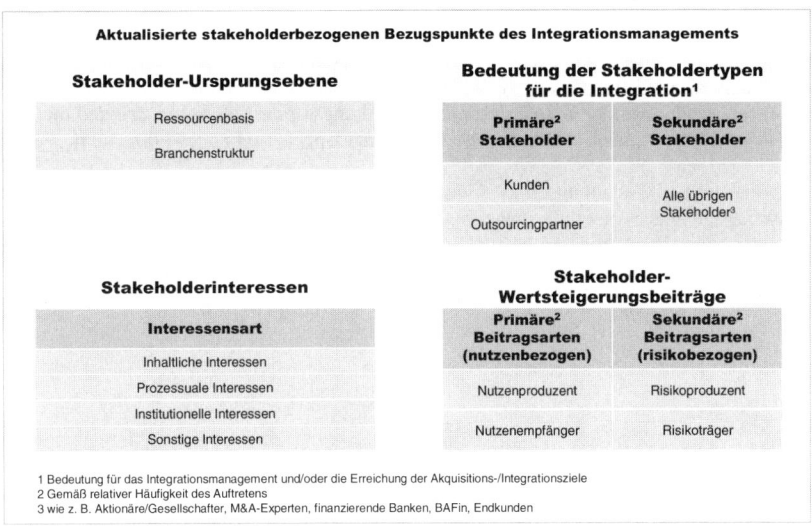

Abb. 6-1: Aktualisierte Struktur der stakeholderbezogenen Bezugspunkte auf Basis der Erkenntnisse der Fallstudien

6.5.2 Resultierende Implikationen für die Gestaltungsdimensionen im Framework

Änderungen bzgl. der institutionellen Gestaltungsdimension

Aufgrund der Tatsache, dass in beiden Fallstudien *Integrationsleitlinien, Entscheidungskriterien* und *Projektrisiken* als *Sub*gestaltungskategorien der Gestaltungskategorie *Formulierung der Grundlagen der Integrationsplanung* identifiziert wurden, werden diese entsprechend in das Framework aufgenommen.

Änderungen bzgl. der prozessualen Gestaltungsdimension

Da aus den Fallstudien hervorging, dass die theoriegestützt ermittelte Gestaltungskategorie *Festlegung der Implementierungsart* tatsächlich gar keine Gestaltungskategorie für die Verantwortlichen darstellt, wird sie aus dem Framework entfernt.

Änderungen bzgl. der institutionellen Gestaltungsdimension

Wie bei den Erkenntnissen erwähnt, wurden eine Reihe von Textstellen einem dritten Gestaltungsaspekt der institutionellen Gestaltungsdimension zugeordnet: *Festlegung der Kommunikationsstruktur*. Er wird entsprechend in das Framework aufgenommen.

Gestaltungsdimensionsübergreifende Änderungen

In den Fallstudien stellte sich heraus, dass die *inhaltliche Gestaltungsdimension* deutlich relevanter ist als die *prozessuale* und diese wiederum relevanter ist als die *institutionelle* Gestaltungsdimension. Entsprechend wird die *inhaltliche* Gestaltungsdimension als *primäre Gestaltungsdimension* und ihre Gestaltungsaspekte entsprechend als *primäre Gestaltungsaspekte* bezeichnet. Analog werden die *prozessualen* Gestaltungsaspekte als *sekundäre* und die *institutionellen* Gestaltungsaspekte als *tertiäre* Gestaltungsaspekte im Framework geführt.

Die aktualisierten Gestaltungsdimensionen des Integrationsmanagements lassen sich unter Berücksichtigung der Änderungen wie folgt darstellen:

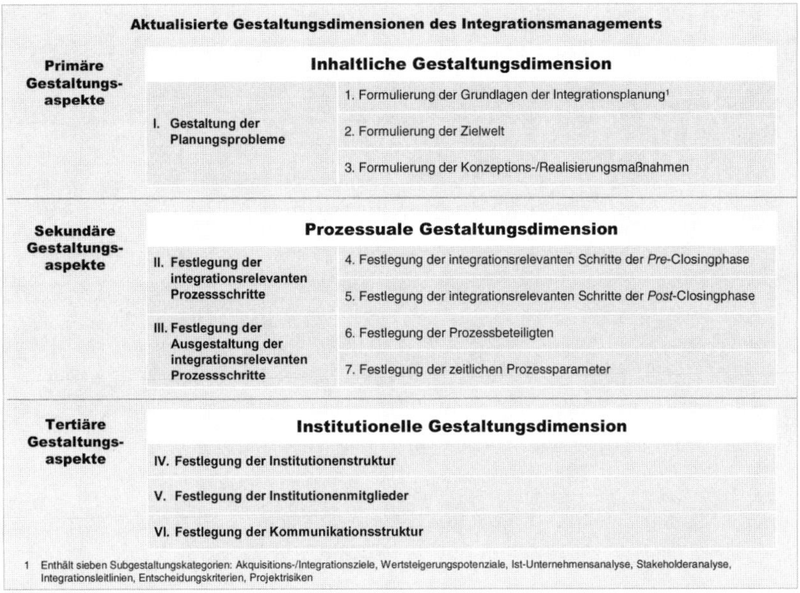

Aktualisierte Gestaltungsdimensionen des Integrationsmanagements

Primäre Gestaltungsaspekte	**Inhaltliche Gestaltungsdimension**	
	I. Gestaltung der Planungsprobleme	1. Formulierung der Grundlagen der Integrationsplanung[1]
		2. Formulierung der Zielwelt
		3. Formulierung der Konzeptions-/Realisierungsmaßnahmen
Sekundäre Gestaltungsaspekte	**Prozessuale Gestaltungsdimension**	
	II. Festlegung der integrationsrelevanten Prozessschritte	4. Festlegung der integrationsrelevanten Schritte der *Pre*-Closingphase
		5. Festlegung der integrationsrelevanten Schritte der *Post*-Closingphase
	III. Festlegung der Ausgestaltung der integrationsrelevanten Prozessschritte	6. Festlegung der Prozessbeteiligten
		7. Festlegung der zeitlichen Prozessparameter
Tertiäre Gestaltungsaspekte	**Institutionelle Gestaltungsdimension**	
	IV. Festlegung der Institutionenstruktur	
	V. Festlegung der Institutionenmitglieder	
	VI. Festlegung der Kommunikationsstruktur	

1 Enthält sieben Subgestaltungskategorien: Akquisitions-/Integrationsziele, Wertsteigerungspotenziale, Ist-Unternehmensanalyse, Stakeholderanalyse, Integrationsleitlinien, Entscheidungskriterien, Projektrisiken

Abb. 6-2: Aktualisierte Struktur der Gestaltungsdimensionen nach den Erkenntnissen der Fallstudien

Die Implikationen verdeutlichen, dass die Fallstudien zu einigen Änderungen und Konkretisierungen des theoriegestützten Frameworks beigetragen haben. Auf der einen Seite konnte die Gültigkeit der Bezugspunkte und Gestaltungsdimensionen bestätigt werden. Auf der anderen Seite führten die Fallstudien zu einigen Modifizierungen auf der Ebene der Bezugspunkt-Differenzierungen und der Gestaltungsaspekte.

Dieses aktualisierte Framework stellt die Grundlage für den nächsten Evaluierungsschritt gemäß des Forschungsprozesses (Kapitel 5.2) dar: Interviews mit Integrationsexperten. In diesem Schritt können die vorgenommenen Änderungen selbstverständlich wieder zurückgenommen werden bzw. weitere Veränderungen hinzukommen.

7   Erkenntnisse der Interviews mit Integrationsexperten

Wie in der Einleitung (Kapitel 1.4) erwähnt, dienen die Interviews mit den Integrationsexperten dazu, das mit den Fallstudien aktualisierte Framework mit Hilfe einer breiteren empirischen Basis zu erweitern und abzustützen, so dass es die Realität noch exakter abbildet. Die Exploration mit Hilfe der Interviews mit den Integrationsexperten verfolgt daher folgende Ziele:

1. *Validierung der im aktualisierten Framework enthaltenen Bezugspunkte bzw. Bezugspunktdifferenzierungen und Gestaltungsaspekte/-kategorien und damit der grundsätzlichen Relevanz einer Gestaltungsdimension*

Um dieses Ziel zu erreichen, werden analog zu den Fallstudien entsprechend dem an die HCCA angelehnten Forschungsvorgehen dieser Arbeit die Abschriften der Interviews codiert (Roller/Mathes/Eckert 1995: 168f.; Kapitel 5.2.2.3). Mit Hilfe dieser Codes werden die Abschriften anschließend ausgewertet.

Hierbei werden zunächst die von den Integrationsexperten in den Interviews genannten Beispiele aus unterschiedlichen Zusammenschlüssen daraufhin untersucht, welche Bezugspunkte und Gestaltungsaspekte/-kategorien sie enthalten. Wird ein entsprechendes Beispiel identifiziert, bedeutet dies, dass der im Beispiel auftretende Aspekt tatsächlich in der Praxis eine Relevanz hat. Mit Hilfe dieser Beispiele kann daher die grundsätzliche Relevanz eines Bezugspunktes bzw. Gestaltungsaspekts für das Integrationsmanagement belegt werden.

Zugleich wird bei den Beispielen ermittelt, inwiefern die Verantwortlichen einen Aspekt tatsächlich mitgestaltet haben (notwendige Eigenschaft eines Gestaltungsaspekts/-kategorie, Kapitel 3.3.2) bzw. inwiefern ein Aspekt die Gestaltungsaktivitäten der Verantwortlichen beeinflusst hat (notwendige Eigenschaft eines Bezugspunktes, Kapitel 4.1.3). Gelingen diese Nachweise, ist aufgrund der verwendeten Bezugspunkt- bzw. Gestaltungsaspekt-Definition belegt, dass es sich bei dem Inhalt des Beispiels tatsächlich um einen Bezugspunkt- bzw. Gestaltungsaspekt handelt und der Bezugspunkt- bzw. Gestaltungsaspekt entsprechend als solcher im Framework enthalten sein muss. Durch Beispiele aus unterschiedlichen Zusammenschlüssen werden die Erkenntnisse der Fallstudien unterstützt und die Frameworkbestandteile entsprechend zusätzlich validiert.

Sollten bisher noch nicht identifizierte Aspekte in den Fallstudien auftreten, die die Eigenschaft eines Bezugspunktes bzw. Gestaltungsaspekts/-kategorie erfüllen, wird bei ihnen zusätzlich ihre Relevanz aus Stakeholdersicht überprüft. Diese Überprüfung erfolgt, da das Framework schließlich nur solche Bestandteile enthalten soll, die in der Praxis aus Stakeholdersicht relevant sind. Kann eine solche Relevanz aufgezeigt werden, werden diese Aspekte neu in das Framework aufgenommen.

Sollte sich umgekehrt herausstellen, dass ein im aktualisierten Framework enthaltener Aspekt in sämtlichen Beispielen aus den Interviews nicht bestätigt wird, so wird er nicht aus dem Framework entfernt, da er bei den Fallstudien eine Relevanz hatte. Allerdings wird seine Bedeutung hierdurch stark relativiert und die Strukturierung des Frameworks entsprechend angepasst.

2. *Explorationsziel: Bestimmung der relativen Bedeutung jeder einzelnen Gestaltungs-dimension für die Stakeholder*

Damit das Framework die Realität noch zutreffender abbildet, interessiert nicht nur welche Aspekte überhaupt im Framework enthalten sind, sondern auch, welche Bedeutung sie für die Stakeholder und relativ zu den übrigen Gestaltungsdimensionen haben. Hierbei wird analog zu den Fallstudien ein häufigeres Vorkommen eines Aspekts als Indikator für eine relativ gesehen höhere Relevanz eines Aspekts aus Stakeholdersicht und damit für das Integrationsmanagement interpretiert.

Um diese Differenzierungen bzw. Relationen nicht nur auf Gestaltungsdimensions-, sondern auch auf Kategorieebene zu bestätigen, wäre eine umfassende und detaillierte Untersuchung sämtlicher in den Beispielen der Integrationspartner erwähnten Zusammenschlüsse notwendig. Aus forschungsökonomischen Gründen konnte eine solche Untersuchung nicht erfolgen. Daher beschränkt sich die diesbezügliche Auswertung auf die Ermittlung von Tendenzaussagen, wie relevant eine Gestaltungsdimension gegenüber einer anderen ist. Es kann sich bei den auf Basis der Beispiele ermittelten Relevanzen nur um Tendenzaussagen handeln, da eine komplette Untersuchung der einzelnen Zusammenschlüsse zu anderen relativen Bedeutungen einer Gestaltungsdimension kommen könnte.

Analog zum vorangegangenen Kapitel wird zunächst die Datengrundlage der Interviews vorgestellt (Kapitel 7.1). Anschließend werden die wichtigsten Erkenntnisse der Interviews zu den stakeholderbezogenen Bezugspunkten (Kapitel 7.2) und den Gestaltungsdimensionen (Kapitel 7.3) erläutert. Die Erkenntnisse werden daraufhin zusammengefasst (Kapitel 7.4), um die entsprechenden Implikationen für das Framework leichter herzuleiten (Kapitel 7.5). Die Diskussion der Ergebnisse erfolgt nach Vorstellung des endgültigen Frameworks in Kapitel 8.5.

7.1 Integrationsexperten

Als Datengrundlage für die nachfolgenden Erkenntnisse dient die Erfahrung von fünf Integrationsexperten. Mit ihnen wurden jeweils Interviews zwischen 50 Minuten und 2 Stunden durchgeführt, insgesamt über 7 Stunden.

Ihre Integrationserfahrungen und Funktionen bei Integrationen sind in folgender Tabelle aufgeführt:

Int.-Nr.	Aktuelle Tätigkeit	Erfahrungs-basis (Anzahl an Zusammen-schlüssen)	Rolle bei Integrationen	Branchen der an den Zusammenschlüssen be-teiligten Unternehmen
1	Externer Berater	2	Externer Projektlei-ter	Banken, Sparkassen
2	Externer Berater	5	Integrationsmana-ger/Projektmanager	Banken, Sparkassen, Invest-mentgesellschaften
3	Externer Berater	60 - 80	Projektmanager; Sparringspartner für Lenkungsausschuss, Integrationsverant-wortlicher	Stahlindustrie, Nahrungs-/ Ge-nussmittelhandel, Glasindust-rie, Handel, Catering, Immobi-lien, produzierendes Gewerbe
4	Director Mergerintegration	120	Verantwortlicher für die Financial Due Diligence/ Valuation; Coach für Wissenstransfer hinsichtlich Mer-gerintegration	Logistik
5	Bereichsleiter Unterneh-mensentwicklung und Or-ganisation	12	Durchführung von Due Diligences	(Nutz-)Fahrzeugzuliefer-industrie, Railindustrie

Tab. 7-1:   Übersicht der Funktionen und des Erfahrungshintergrundes der Integrationsexperten

7.2   Auswertung der stakeholderbezogenen Bezugspunkte

Analog zu den Auswertungen der stakeholderbezogenen Bezugspunkte der Fallstudien erfolgt die Vorstellung der diesbezüglichen Erkenntnisse aus den Interviews mit den Integrationsex-perten entsprechend der Explorationsziele. Zunächst werden daher die Erkenntnisse zur Iden-tifikation der im aktualisierten Framework verwendeten Differenzierungsmerkmale der Be-zugspunkte *Stakeholder-Ursprungsebenen, Bedeutung der Stakeholdertypen für die Integrati-on, Stakeholderinteressen* und *Wertschöpfungsbeiträge der Stakeholder* vorgestellt (Kapitel 7.2.1). Anschließend (Kapitel 7.2.2) folgen die Ausführungen zu den Untersuchungen, ob die-se in den Beispielen identifizierten Merkmale tatsächlich die Gestaltungsaktivitäten der Ver-antwortlichen beeinflusst haben und damit tatsächlich in den Beispielen der Integrationsex-perten Bezugspunkte des Integrationsmanagements darstellen.

7.2.1   Identifikation der relevanten Differenzierungsmerkmale der Bezugspunkte in den genannten Beispielen

Zunächst wird ermittelt, welche der in den Fallstudien identifizierten Differenzierungsmerk-male überhaupt in den Beispielen der Integrationsexperten auftreten. Diese Überprüfung fin-det statt, um die Relevanz der bisher identifizierten Differenzierungsmerkmale zu bestätigen bzw. zu korrigieren. Hinsichtlich dieser grundsätzlichen *Identifikation der Differenzierungs-merkmale* konnten aus den Interviews mit den Integrationsexperten folgende Erkenntnisse ge-neriert werden:

Erkenntnis 1 (1.1): Analog zu den Fallstudien entstammen die identifizierten Stakeholder vorwiegend aus den Ursprungsebenen ‚Ressourcenbasis' und ‚Branchenstruktur'. Anders als

in den Fallstudien werden jedoch auch Stakeholder genannt, die grundsätzlich der ‚sozialpolitischen Arena' zugeordnet werden.

Erkenntnis 2 (1.2): *Wie in den Fallstudien konnten zwei Gruppen von Stakeholdern identifiziert werden: eine erste Gruppe, die in fast allen bzw. allen Interviews genannt wurde und eine zweite Gruppe, die nur vereinzelt genannt wurde. Zur ersten Gruppe gehörten in den Beispielen der Integrationsexperten ‚Kunden', ‚Gesellschafter/Aktionäre' und ‚lokale politische Akteure'. Diese Tatsache wird als Indikator dafür gesehen, dass es Stakeholdertypen gibt, die eine eher höhere Bedeutung für die Integration haben, und solche, die eine eher geringere Bedeutung einnehmen. Die aufgrund der Erkenntnisse der Fallstudien vorgenommene Aufteilung der Stakeholdertypen in ‚primäre' und ‚sekundäre' Typen wurde damit ebenfalls bestätigt.*

Erkenntnis 3 (1.3): *Alle in den Fallstudien ermittelten Stakeholdertypen wurden auch von den Integrationsexperten als Stakeholder genannt. Zusätzlich erwähnten sie ‚Lieferanten' und ‚lokale politische Akteure' als Stakeholder.*

Erkenntnis 4 (1.4): *Analog zu den Erkenntnissen aus den Fallstudien bestätigten die Interviews mit den Integrationsexperten, dass die Stakeholder auf sämtlichen vier Arten einen Beitrag zur Wertschöpfung leisten: als ‚Nutzenproduzent', ‚Nutzenempfänger', ‚Risikoproduzent' und ‚Risikoträger'. Hierbei leisteten die Stakeholder vor allem Beiträge als ‚Nutzenproduzenten'. ‚Risikobezogene' Wertschöpfungsbeiträge traten wie in den Fallstudien weniger häufig auf.*

Erkenntnis 5 (1.5): *Die Erkenntnis der Fallstudien, dass eine Einteilung in die vier Interessensarten ‚inhaltliche', ‚prozessuale', ‚institutionelle' und ‚sonstige Interessen', zweckmäßig ist, konnte durch die Interviews bestätigt werden. Allerdings konnten die Integrationsexperten – anders als in den Fallstudien – nicht bestätigen, dass die ‚institutionellen Interessen' der Stakeholder den Verantwortlichen bekannt waren bzw. von den Stakeholdern geäußert wurden. Die Bedeutung der ‚prozessualen Interessen' relativierte sich ebenfalls, da aus den Beispielen der Interviews hervorging, dass die Stakeholder von sich aus keine ‚prozessualen Interessen' geäußert haben, dass diese aber vereinzelt aus ihren Reaktionen deutlich wurden.*

Die Herleitung dieser Erkenntnisse folgt in den nächsten Abschnitten getrennt nach Bezugspunkt, also für die *Stakeholder-Ursprungsebenen,* für die *Bedeutung der Stakeholdertypen für die Integration,* für die *Wertschöpfungsbeiträge der Stakeholder* und für die *Stakeholderinteressen.*

7.2.1.1 Stakeholder-Ursprungsebenen

Analog zu der in den Fallstudien vorgefundenen Situation entstammen die Stakeholder, die von den Integrationsexperten genannt wurden, zu relativ gleichen Teilen grundsätzlich der *Ressourcenbasis* und der *Branchenstruktur* (folgende Tabelle). Ihre Anzahl (3 - 4) stimmt ebenfalls mit den Erkenntnissen aus den Fallstudien überein. Allerdings wurden abweichend zu den Fallstudien auch *lokale politische Akteure* als Stakeholder genannt. Diese gehören gemäß Post/Preston/Sachs (2002: 55; Kapitel 1.1.1) grundsätzlich der Ursprungsebene der *sozialpolitischen Arena* an.

Identifizierter Stakeholdertyp	Grundsätzliche Ursprungsebene des Stakeholdertyps		
	Ressourcenbasis	Branchenstruktur	Sozialpolitische Arena
Kunden	XX		
Aktionäre/Gesellschafter	XX		
Lokale politische Akteure			XX
Lieferanten		XX	
Outsourcingpartner		XX	
M&A-Experten		XX	
BAFin		XX	
Finanzierende Banken	XX		
Anzahl identifizierter Stakeholdertypen	3	4	1

Tab. 7-2:   Grundsätzliche Ursprungsebenen der in den Interviews identifizierten Stakeholdertypen

Damit bestätigt sich doch die Differenzierung des theoriegestützten Frameworks, dass auch Stakeholder der sozialpolitischen Arena für das Integrationsmanagement relevant sind. Zum anderen bestätigt dieses Ergebnis die Erkenntnis der Fallstudien, dass die Ursprungsebenen *Ressourcenbasis* und *Branchenstruktur* deutlich häufiger auftreten als die Ebene der *sozialpolitischen Arena*.

7.2.1.2 Bedeutung der Stakeholdertypen für die Integration

Wie aus folgender Tabelle hervorgeht, wurden in den Interviews eine Reihe von Stakeholdertypen erwähnt. Hierbei fällt wie bei den Fallstudien auf, dass es zwei Gruppen von Stakeholdertypen gibt: Eine erste Gruppe mit Stakeholdertypen, die in fast allen Interviews als relevante Stakeholder genannt werden. Darüber hinaus gibt es jedoch eine zweite Gruppe von Stakeholdertypen, die nur vereinzelt genannt werden. Hieraus wird gefolgert, dass sie in den Zusammenschlüssen eine geringere Bedeutung haben. Die Erkenntnis der Fallstudien, dass sich die Stakeholder in eher bedeutendere und eher unbedeutendere Stakeholdertypen aufteilen lassen, wird also tendenziell bestätigt.

Kunden, Gesellschafter/Aktionäre und *lokale politische Akteure* gehören zu den Stakeholdertypen, die in fast allen Interviews genannt wurden. Umgekehrt wurden *Lieferanten, Outsourcingpartner* und *M&A-Experten* in nur zwei der fünf Interviews als Stakeholdertypen bezeichnet. Die *BAFin* und *Finanzierende Banken* wurden jeweils sogar nur von einem Gesprächspartner erwähnt (Tabelle 7-3).

Stakeholdertyp \ Interview	1	2	3	4	5	Nennungsquote
Kunden	Ja	Ja	Ja	Ja	Ja	100 %
Gesellschafter/Aktionäre	Ja	Ja	Ja	--	Ja	80 %
Lokale politische Akteure	--	Ja	Ja	Ja	Ja	80 %
Lieferanten	--	Ja	Ja	--	--	40 %
Outsourcingpartner	Ja	Ja	--	--	--	40 %
M&A-Experten	Ja	--	--	Ja	--	40 %
BAFin	Ja	--	--	--	--	20 %
Finanzierende Banken	--	--	Ja	--	--	20 %

Tab. 7-3:   Relevanz der Stakeholdertypen in den einzelnen Interviews mit Integrationsexperten

Diese Tabelle zeigt auch, dass eine sehr große Übereinstimmung zwischen den in den Fallstudien relevanten Stakeholdertypen und den in den Interviews mit den Integrationsexperten genannten Stakeholdertypen existiert. Sechs der acht in den Interviews genannten Stakeholdertypen spielten auch in den Fallstudien eine Rolle. Lediglich die *Lieferanten* und *lokale politische Akteure* konnten in den Fallstudien nicht identifiziert werden.

Diese Ausführungen bestätigen damit die aus den Fallstudien abgeleitete Differenzierung der Stakeholdertypen in *primäre* und *sekundäre* Stakeholdertypen für die Integration.

7.2.1.3 Wertschöpfungsbeiträge der Stakeholder

Die Auswertung der Interviews hinsichtlich der Relevanz der einzelnen Wertschöpfungsbeitragsarten der Stakeholder bestätigt ebenfalls die Erkenntnis der Fallstudien: die Stakeholder leisten auf sämtlichen vier Arten Beiträge: als *Nutzenproduzent,* als *Nutzenempfänger,* als *Risikoproduzent* und *Risikoträger.* Hierbei dominieren wie in den Fallstudien insgesamt die *nutzenbezogenen Arten* deutlich die *risikobezogenen Arten* (67,5 % vs. 32,5 % der Nennungen). Einziger Unterschied zu den Erkenntnissen aus den Fallstudien ist, dass die Stakeholder stärker als *Risikoproduzent* einen Beitrag leisten und weniger als *Nutzenempfänger* (folgende Tabelle).

Wertschöpfungs-Perspektive	Relativer Anteil der Wertschöpfungscode-Art (% gegenüber übrigen Wertschöpfungscode-Arten)
Nutzenperspektive Davon:	*67,5 %*
- Nutzenproduzent	52,5 %
- Nutzenempfänger	15 %
Risikoperspektive Davon:	*32,5 %*
- Risikoproduzent	28,7 %
- Risikoträger	3,8 %

Tab. 7-4:   Anteile der Wertschöpfungsbeitragsarten an den Wertschöpfungscodes der Interviews mit den Integrationsexperten, Basis: sämtliche Wertschöpfungscodes der Interviews mit den Integrationsexperten

Wie aus dieser Tabelle hervorgeht, leisten die Stakeholder vor allem als *Nutzenproduzenten* einen Beitrag zur Wertschöpfung. Des Weiteren fällt auf, dass die Anteile der Nutzenperspektive (67,5 %) und der Risikoperspektive (32,5 %) nur marginal von den Werten der Fallstudien abweichen (69,5 / 70 % bzw. 30 % / 30,5 %). Diese Werte bestätigen damit die Fallstudienergebnisse.

Diese Ausführungen unterstützen damit die aus den Fallstudien abgeleitete Differenzierung der Wertschöpfungsbeiträge in *primäre* und *sekundäre* Beitragsarten. Der Unterschied, dass die Risikoproduzenten-Beiträge häufiger auftraten als die Nutzenempfänger-Beiträge wird durch die höheren Nutzenproduzenten-Beiträge relativiert, so dass weiterhin die nutzenbezogenen Beitragsarten als die insgesamt primären Arten aufgefasst werden.

7.2.1.4 Stakeholderinteressen

Analog zu den Erkenntnissen der Fallstudien zeigte sich, dass eine Einteilung in *inhaltliche, prozessuale, institutionelle* und *sonstige Interessen* zweckmäßig war, um die erkennbaren Interessen der Stakeholder umfassend und einfach zu differenzieren. So ließen sich wie in den Fallstudien fast alle identifizierten Stakeholderinteressen aus den Beispielen der Integrationsexperten einer Gestaltungsdimension zuordnen. Die übrigen Interessen, die nur vereinzelt auftraten, konnten daher übersichtlich wiederum zu *sonstigen Interessen* zusammengefasst werden.

Anders als in den Fallstudien konnten die Integrationsexperten kein Beispiel finden, in denen die *institutionellen Interessen* der Stakeholder deutlich wurden und damit den Verantwortlichen bekannt waren. Die *institutionellen Interessen* haben in den Beispielen der Integrationsexperten nicht das Integrationsmanagement beeinflusst.

Hinsichtlich der *prozessualen Interessen* ergab sich ebenfalls ein leicht relativiertes Bild gegenüber den diesbezüglichen Erkenntnissen aus den Fallstudien: In den von den Integrationsexperten genannten Beispielen äußerten keine Stakeholder von sich aus *prozessuale Interessen*. Diese wurden den Verantwortlichen jedoch vereinzelt aus den Reaktionen der Stakeholder deutlich. In den Fallstudien konnten hingegen einige Beispiele identifiziert werden, in denen die Stakeholder ein *prozessuales* Interesse geäußert haben, wie z. B. die Interessen der Kunden hinsichtlich des Migrationstermins ihrer Daten (Fallstudie ISTA/USI).

Wie aus der folgenden Tabelle hervorgeht, wurden in sämtlichen Interviews *inhaltliche Interessen* der Stakeholder thematisiert, die *prozessualen* und *institutionellen Interessen* wurden dagegen selten bzw. gar nicht erwähnt.

Interview Interessensart	1	2	3	4	5	Nennungsquote
Inhaltliche Interessen	Ja	Ja	Ja	Ja	Ja	100 %
Prozessuale Interessen	Ja	Ja	Ja	--	--	60 %
Institutionelle Interessen	--	--	--	--	--	0 %
Sonstige Interessen	Ja	Ja	Ja	Ja	--	80 %

Tab. 7-5:   Identifizierte Interessensarten in den einzelnen Interviews mit Integrationsexperten

Dieses Ergebnis steht insofern im Widerspruch zum Ergebnis der Fallstudien, als dass die Stakeholder in den Fallstudien *institutionelle* Interessen hatten, diese auch äußerten und diese von den Verantwortlichen beim Integrationsmanagement berücksichtigt wurden. Dieses ging aus den Beispielen der Integrationsexperten nicht hervor.

Bei isolierter Betrachtung der Erkenntnisse aus den Interviews hinsichtlich der Stakeholderinteressen sind also lediglich *inhaltliche, prozessuale* und *sonstige* Interessen relevant für das Integrationsmanagement.

Nachdem damit für sämtliche Bezugspunkte geklärt ist, welche Differenzierungsmerkmale in den Beispielen der Integrationsexperten relevant waren, ist zu klären, ob es sich tatsächlich auch um Bezugspunkte handelt. Entsprechend der Bezugspunktdefinition (Kapitel 4.1.3) stellt sich daher die Frage, ob die Differenzierungsmerkmale auch in den Beispielen der Integrationsexperten die Gestaltungsaktivitäten der Verantwortlichen beeinflusst haben. Diese Frage wird im nächsten Abschnitt beantwortet.

7.2.2 Bestätigung des Einflusses auf die Gestaltungsaktivitäten der Verantwortlichen

Hinsichtlich der Untersuchung des Einflusses der Differenzierungsmerkmale der Bezugspunkte auf die Gestaltungsaktivitäten der Verantwortlichen konnten folgende Erkenntnisse generiert werden:

Erkenntnis 6 (1.6): *Aus den in den Interviews genannten Beispielen ging wie aus den Fallstudien hervor, dass sämtliche identifizierte Differenzierungsmerkmale die Gestaltungsaktivitäten der Verantwortlichen beeinflusst haben. ,Stakeholder-Ursprungsebenen', ,Bedeutung der Stakeholdertypen für die Integration', ,Wertschöpfungsbeiträge der Stakeholder' und ,Stakeholderinteressen' stellen daher in den genannten Beispielen tatsächlich einen Bezugspunkt für das Integrationsmanagement dar.*

Zum Belegen dieser Erkenntnis werden in den nachfolgenden Abschnitten jeweils einige Beispiele aufgelistet, die den Einfluss des Bezugspunkt-Differenzierungsmerkmals auf die Gestaltungsaktivitäten der Verantwortlichen veranschaulichen.

7.2.2.1 Differenzierungsmerkmale der ,Stakeholder-Ursprungsebenen'

In den Interviews wurden verschiedene Beispiele genannt, die zeigen, wie die Kenntnis der *Stakeholder-Ursprungsebene* die Gestaltungsaktivitäten der Verantwortlichen beeinflusst hat. Diese Beispiele bestätigen damit aufgrund der verwendeten Bezugspunktdefinition (Kapitel 4.1.3), dass es sich tatsächlich um einen Bezugspunkt für das Integrationsmanagement handelt. So wurden beispielsweise mit *Lieferanten*, einem Stakeholdertyp der grundsätzlich der *Branchenstruktur* zugeordnet wird, Konditionen neu verhandelt. Mit *finanzierenden Banken*, die grundsätzlich der *Ressourcenbasis* angehören, hingegen ging es um die Bereitstellung von Informationen. Diese Bereitstellung war die Bedingung der Banken, dass sie finanzielle Ressourcen zur Verfügung stellen, damit letztlich die Transaktion und Integration entsprechend ausgeführt werden konnte.

Eine Auswahl von Beispielen, die den Einfluss der Existenz und Kenntnis der *Stakeholder-Ursprungsebene* auf die Gestaltungsaktivitäten der Verantwortlichen zeigt, ist in nachfolgender Tabelle aufgeführt. Aus ihr geht hervor, dass die Verantwortlichen je nach Ursprungsebene des Stakeholders ganz unterschiedliche Aktivitäten ergreifen. Die Originalzitate befinden sich im Kapitel 11.4.1.

Stakeholder	Grundsätzliche Ursprungsebene	Einfluss der Stakeholder-Ursprungsebene auf die Gestaltungsaktivitäten
Finanzierende Banken	Ressourcenbasis (Bereitstellung von Ressourcen)	Die Verantwortlichen händigen ihren Integrationsplan, inkl. Synergieberechnung, (bereits) in der Pre-Closingphase an Banken aus. Die Banken überprüfen damit die Umsetzbarkeit und finanziellen Auswirkungen der Transaktion, bevor sie finanzielle Ressourcen bereitstellen.
Lieferanten	Branchenstruktur (Industrielles Umfeld des Unternehmens)	Die Verantwortlichen haben sich in der Post-Closingphase mit Lieferanten getroffen, um mit ihnen Änderungen der Aufteilung der Wertschöpfungskette zu besprechen. Aufgrund des veränderten Volumens wurden auch die Konditionen neu verhandelt.
Lokale politische Akteure	Sozialpolitische Arena (Soziales/politisches Umfeld des Unternehmens)	Die Verantwortlichen haben sich kurz nach Closing mit kommunalen Vertretern getroffen und Standortgarantien abgegeben. Dieser Schritt beeinflusste das Renommee des Unternehmens vor Ort positiv. Hierdurch wurde die Zusammenarbeit mit den kommunalen Vertretern unterstützt und die Rekrutierung neuer Mitarbeiter erleichtert.

Tab. 7-6:   Beispiele für den Einfluss der Stakeholder-Ursprungsebene auf die Gestaltungsaktivitäten der Verantwortlichen

Diese Beispiele belegen damit, dass der Bezugspunkt *Stakeholder-Ursprungsebenen* tatsächlich ein Bezugspunkt des Integrationsmanagements darstellt.

7.2.2.2 Differenzierungsmerkmale der ‚Bedeutung der Stakeholdertypen für die Integration'

Wie aus der obigen Tabelle (Tab. 7-6) hervorgeht, wurden in den Interviews eine Reihe von Beispielen genannt, die zeigen, dass die Existenz unterschiedlicher Stakeholder-Ursprungsebenen und mit ihnen die Existenz unterschiedlicher Stakeholdertypen die Gestaltungsaktivitäten der Verantwortlichen beeinflusst.

Zugleich zeigen diese Beispiele, dass der Einfluss der Stakeholder entsprechend ihrer Bedeutung für die Integration variiert. So hatten die relativ wenig auftretenden *finanzierenden Banken* beispielsweise lediglich dahingehend einen Einfluss auf die Gestaltungsaktivitäten, dass die Verantwortlichen ihnen den Integrationsplan und die Synergieberechnung ausgehändigt haben. Die *Kunden*, die in sämtlichen Interviews genannt wurden, hatten hingegen einen wesentlich größeren Einfluss auf die Gestaltungsaktivitäten: Die Verantwortlichen haben sie prozessual in das Projekt eingebunden und in vielen Gesprächen eine Reihe von Verbesserungen für den Ablauf der zukünftigen Zusammenarbeit entwickelt.

Diese Ausführungen zeigen, dass die *Bedeutung der Stakeholdertypen für die Integration* tatsächlich einen Bezugspunkt für das Integrationsmanagement darstellt.

7.2.2.3 Differenzierungsmerkmale der ‚Wertschöpfungsbeiträge der Stakeholder'

In den Interviews mit den Integrationsexperten wurden einige Beispiele genannt, die gezeigt haben, wie der *Wertschöpfungsbeitrag der Stakeholder* die Gestaltungsaktivitäten der Verantwortlichen beeinflusst hat.

In der nachfolgenden Tabelle sind Beispiele aus den Interviews aufgeführt, die den Einfluss der *Wertschöpfungsbeiträge der Stakeholder* auf die Gestaltungsaktivitäten der Verantwortlichen belegen. Ausführlichere Darstellungen mit den Originalzitaten und weitere Beispiele befinden sich im Kapitel 11.4.2.

Bei-tragsart	Stake-holder	Wertschöpfungsbeitrag	Einfluss des Beitrags auf die Gestaltungsaktivitäten	Zusammen-schlussphase
Nutzen-/Risiko-produzent	Lokale politische Akteure	Lokale politische Akteure wählen diejenigen Unternehmen aus, die im Vergabeplan berücksichtigt werden. Diese Unternehmen erhalten dadurch Umsatzerlöse. (Zuführung/Garantie von finanziellen Ressourcen)	Verantwortliche überprüfen, ob das Akquisitionsobjekt protegiert wird oder nicht.	Pre-Closing
Nutzen-produzent /-empfänger	Lieferanten	Lieferanten geben Input hinsichtlich möglicher Verbesserungen in der Zusammenarbeit. (Bereitstellung von Know-how)	Verantwortliche führen umfangreichen Diskussionsprozess mit Lieferanten und setzen Lösungen entsprechend um.	Post-Closing
Risi-koträger	Kunden	Kunde trägt das Risiko, dass die Dienstleistungsqualität des integrierenden Unternehmensverbundes während der Integrationsaktivitäten abnimmt, so dass er selbst Nachteile hat.	Verantwortliche achten bei der inhaltlichen und zeitlichen Planung der Integrationsaktivitäten darauf, dass Dienstleistungsqualität durchgehend erhalten bleibt.	Post-Closing

Tab. 7-7:   Beispiele für den Einfluss der Wertschöpfungsbeiträge der Stakeholder auf die Gestaltungsaktivitäten der Verantwortlichen

Diese Ausführungen bestätigen damit, dass der Bezugspunkt *Wertschöpfungsbeiträge der Stakeholder* tatsächlich ein Bezugspunkt des Integrationsmanagements ist.

7.2.2.4 Differenzierungsmerkmale der ‚Stakeholderinteressen'

Aufgrund der von den Integrationsexperten genannten Beispiele ließ sich ebenfalls die Erkenntnis der Fallstudien bestätigen, dass die *Stakeholderinteressen* die Gestaltungsaktivitäten der Verantwortlichen beeinflussen (nachstehende Tabelle).

Folgende Tabelle zeigt Beispiele für die in den Interviews genannten *Stakeholderinteressen* und ihren Einfluss auf die Gestaltungsaktivitäten. Die dazugehörigen Originalzitate befinden sich im Kapitel 11.4.3.

Interes- sensart	Stakeholder	Stakeholderinteresse	Einfluss auf die Gestaltungsaktivitäten
Inhaltliche Interessen	Kunden	Informationsbedürfnis hinsicht- lich der geplanten Gestaltung der Logistikkette und der Ferti- gungsseite	Verantwortliche überprüfen das politische Netzwerk des Akquisitionsobjekts, da dieses für die Beibehaltung der lokalen Wertschöp- fung notwendig ist (Zusammenschlussbei- spiel aus China).
Prozessuale Interessen	BAFin	Reibungsloser Ablauf des Ak- quisitions-/Integrations- prozesses	Verantwortliche planen Integrationsaktivitä- ten so, dass reibungsloser Ablauf möglich ist.
Sonstige In- teressen	Lieferanten	Ausbau des Geschäftsvolumens	Verantwortliche berücksichtigen dieses Inte- resse bei ihrer Verhandlungsstrategie bzgl. der Konditionen mit dem Lieferanten.
	Gesellschaf- ter	Finanzielle Interessen	Verantwortliche haben Business Plan ent- sprechend den finanziellen Interessen des Gesellschafters entwickelt.

Tab. 7-8:   Beispielhafte Stakeholderinteressen für die identifizierten Interessensarten sowie ihren Einfluss
auf die Gestaltungsaktivitäten der Verantwortlichen in den einzelnen Interviews mit Integrationsexperten

Diese Beispiele bestätigen, dass die *Stakeholderinteressen* in der Praxis tatsächlich einen Bezugspunkt für das Integrationsmanagement bilden.

Nachdem die Gültigkeit der Bezugspunkte für das Integrationsmanagement überprüft wurde,
stellt sich die Frage, inwiefern die bisher identifizierten Gestaltungsaspekte/-kategorien auch
in den Beispielen der Integrationsexperten eine Rolle spielten und ob weitere identifiziert
werden konnten. Die diesbezüglichen Erkenntnisse finden sich im nachfolgenden Abschnitt.

7.3   Auswertung der Gestaltungsdimensionen

Die Auswertung der Gestaltungsdimensionen erfolgt wie die Auswertung der Bezugspunkte
entsprechend den Explorationszielen. Zunächst werden daher die in den Beispielen genannten
Gestaltungsaspekte/(Sub-)Gestaltungskategorien identifiziert und untersucht, inwiefern die
Verantwortlichen tatsächlich bei diesen Aspekten mitgewirkt haben (Kapitel 7.3.1). Um nur
solche Aspekte zu betrachten, die aus Stakeholdersicht relevant sind, folgt darauf die entsprechende Überprüfung der Relevanz der Gestaltungsdimensionen aus Sicht der Stakeholder
(Kapitel 7.3.2).

7.3.1   Identifikation der relevanten Gestaltungsaspekte/-kategorien der
genannten Beispiele und Mitwirkungsmöglichkeiten der
Verantwortlichen

Analog zu den Bezugspunkten werden zunächst die in den Beispielen der Integrationsexperten genannten Gestaltungsaspekte/-kategorien identifiziert. Im zweiten Schritt werden sie daraufhin überprüft, ob sie tatsächlich von den Verantwortlichen mitgestaltet wurden. Auf diese
Weise wird ermittelt, welche Gestaltungsaspekte tatsächlich in den Beispielen für das Integrationsmanagement relevant waren. Hinsichtlich der *Identifikation der relevanten Gestaltungs-
aspekte/-kategorien und der Mitwirkungsmöglichkeiten der Verantwortlichen* konnten aus den
Interviews mit den Integrationsexperten folgende Erkenntnisse generiert werden:

*Erkenntnis 7 (2.1): Analog zu den Erkenntnissen aus den Fallstudien konnten sämtliche im
aktualisierten Framework enthaltenen Gestaltungsaspekte/(Sub-)Gestaltungskategorien in*

den Beispielen der Integrationsexperten identifiziert werden. Dies gilt auch für die in den Fallstudien neu identifizierten inhaltlichen Subgestaltungskategorien ('Integrationsleitlinien', 'Entscheidungskriterien' und 'Projektrisiken') und für den institutionellen Gestaltungsaspekt 'Festlegung der Kommunikationsstruktur'. Die Relevanz sämtlicher Aspekte für das Integrationsmanagement wird durch diese Erkenntnis stark unterstützt.

Erkenntnis 8 (2.2): *Analog zu den Erkenntnissen aus den Fallstudien ging aus den Beispielen der Interviews mit den Integrationsexperten hervor, dass sämtliche identifizierten Aspekte tatsächlich von den Verantwortlichen mitgestaltet wurden. Es handelt sich damit tatsächlich um relevante Gestaltungsaspekte/(Sub-)Gestaltungskategorien des Integrationsmanagements.*

In den nachfolgenden Abschnitten werden entsprechende Beispiele aufgeführt, die die Existenz der Gestaltungskategorien und die Mitwirkungsmöglichkeiten der Verantwortlichen in den Beispielen belegen.

7.3.1.1 Inhaltliche Gestaltungsdimension

Für sämtliche der im aktualisierten Framework genannten (Sub-)Gestaltungskategorien konnten in den Abschriften der Interviews mit den Integrationsexperten Textstellen identifiziert werden. Dieses Ergebnis bedeutet, dass auch die in den Fallstudien ermittelten Planungsprobleme *Integrationsleitlinien, Entscheidungskriterien* und *Projektrisiken* von den Interviewpartnern thematisiert wurden. Beispiele werden nachfolgend aufgeführt.

Ebenso zeigen die nachfolgenden Beispiele, dass sämtliche identifizierten Planungsprobleme von den Verantwortlichen mitgestaltet wurden. Diese Erkenntnis bestätigt damit, dass es sich bei den im aktualisierten Framework enthaltenen (Sub-)Gestaltungskategorien um (Sub-)Gestaltungskategorien des Integrationsmanagements handelt.

Nachfolgend wird zu jeder (Sub-)Gestaltungskategorie exemplarisch ein Beispiel aufgeführt, das den Einfluss der Existenz und der Kenntnis eines Planungsproblems auf die Gestaltungsaktivitäten der Verantwortlichen zeigt. Die entsprechenden Originalzitate befinden sich im Kapitel 11.4.4.

---

1. Gestaltungskategorie: **Formulierung der Grundlagen der Integrationsplanung**

a) Akquisitions-/Integrationsziele

Ein Integrationsexperte berichtete, dass die Verantwortlichen meist in einem Workshop die konkreten Ober- und Subziele der Integration zu Beginn der Post-Closingphase ausformulierten. Hierzu erarbeitete meist der Hauptintegrationsverantwortliche Vorschläge, er moderierte auch den Workshop. Weitere Teilnehmer waren Vorstände und eventuell weitere Führungskräfte. Dieses Beispiel zeigt, wie umfangreich die Verantwortlichen die *Akquisitions-/Integrationsziele* mitgestaltet haben.

b) Wertsteigerungspotenziale

In einem Interview wurde von einem Zusammenschluss berichtet, bei dem das Due Diligence Team in der Pre-Closingphase mit einer sehr geringen Datenbasis Ertragssynergien von 12 Mio. und 5 Mio. aus Kostensynergien ermittelt hat. Nach dem Closing haben die Verantwortlichen die Synergien abermals bestimmt. Bei dieser detaillierten Untersuchung stammten nur 3 Mio. aus dem Umsatz und 14 Mio. aus den Kosten. Auch in diesem Beispiel haben die Verantwortlichen durch ihre Mitwirkung die Ausprägung dieses Planungsproblems mitgestaltet.

---

c) Ist-Unternehmensanalyse

Ein Integrationsexperte erwähnte, dass die Verantwortlichen in der Analysephase nach dem Closing vor allem die Prozesse der beiden Banken untersucht und bewertet haben, um relevante Abweichungen zu identifizieren und zu bestimmen, welche Prozesse zukünftig für das integrierte Unternehmen notwendig sind. Die Verantwortlichen haben in diesem Zusammenschluss die *Ist-Unternehmensanalyse* mitgestaltet.

d) Integrationsleitlinien

Ein Integrationsexperte erzählte, dass die Verantwortlichen am Anfang des Integrationsprojektes grundsätzliche Leitlinien formuliert haben. Diese beinhalteten die strategische Richtung des Unternehmens und die für den gültigen Grundsätze für den Zusammenschluss. Ihre Existenz beeinflusste die anschließende Projektarbeit. Die Verantwortlichen haben also ursächlich an den *Integrationsleitlinien* mitgewirkt.

e) Entscheidungskriterien

Ein Integrationsexperte berichtete, dass die Verantwortlichen einen standardisierten Prozess für die Beurteilung der Sinnhaftigkeit eines Akquisitionsvorhabens eingerichtet haben. Hierbei haben sie als oberstes Kriterium das Ausmaß der Wertsteigerung, die durch die Transaktion und Integration erzielt werden soll, verwendet. Hierzu untersuchen die Verantwortlichen vor allem, welcher Mehrwert für den Kunden erzielt werden kann. Die Verantwortlichen haben also selbst das wesentliche *Entscheidungskriterium* für den Zusammenschluss festgelegt.

f) Projektrisiken

In einem Beispiel haben sich die Verantwortlichen regelmäßig in Sitzungen über die projekt- und teilprojektspezifischen Risiken unterhalten. Im Bedarfsfall haben sie entsprechende Maßnahmen ergriffen, um das Eintreten des Risikos zu verhindern. Die Verantwortlichen haben damit sehr detailliert bei den *Projektrisiken* mitgearbeitet.

g) Stakeholderanalyse

Ein Integrationsexperte teilte übergreifend mit, dass die Verantwortlichen Kunden und Lieferanten einladen und entsprechend nach ihren Bedürfnissen fragen. Allerdings würde dieser Schritt aus seiner Sicht zu selten erfolgen. Aus dieser Aussage geht jedoch hervor, dass die Verantwortlichen an der Stakeholderanalyse beteiligt sind, da sie die Stakeholdertypen identifizieren mussten, bevor sie einzelne konkrete Stakeholder eingeladen haben. Eine solche Stakeholder-Identifikation bildet einen wesentlichen Bestandteil der Stakeholderanalyse. Sie haben daher die *Stakeholderanalyse* mitgestaltet.

2. Gestaltungskategorie: **Formulierung der Zielwelt**

Ein Integrationsexperte erzählte, dass die Verantwortlichen bei einem Zusammenschluss frühzeitig die zukünftige organisatorische Struktur des Unternehmensverbundes festgelegt haben. Hierdurch konnten diese Leiter ihre entsprechenden Synergiepotenziale analysieren. Die Verantwortlichen haben insofern bei der *Formulierung der Zielwelt* mitgewirkt.

3. Gestaltungskategorie: **Formulierung von Konzeptions- und Realisierungsmaßnahmen**

In einem Interview wurde das Beispiel genannt, dass sich die Verantwortlichen in der Initialisierungsphase nach dem Closing zusammengesetzt haben. In diesem Treffen wurden u. a. die Aufgaben, die im Laufe des Projektes zu erarbeiten sind, sowie der dazugehörige Zeitplan durchgesprochen und beschlossen. Die Verantwortlichen haben damit entscheidend die Formulierung von Konzeptions- und Realisierungsmaßnahmen mitgestaltet.

Diese Beispiele bestätigen damit die Erkenntnis der Fallstudien, dass die Verantwortlichen sämtliche im aktualisierten Framework enthaltenen inhaltlichen (Sub-)Gestaltungskategorien tatsächlich mitgestalten.

7.3.1.2 Prozessuale Gestaltungsdimension

Für sämtliche der im aktualisierten Framework enthaltenen *prozessualen Gestaltungsaspekte/ -kategorien* konnten in den Abschriften der Interviews mit den Integrationsexperten ebenfalls Textstellen identifiziert werden. Dieses Ergebnis bedeutet, dass die in den Fallstudien ermittelten Gestaltungsaspekte/-kategorien in den Beispielen der Interviews relevant waren. Entsprechende Beispiele werden nachfolgend aufgeführt.

Aus dieser Erkenntnis folgt auch, dass der Gestaltungsaspekt *Festlegung der Implementierungsart der stakeholderrelevanten Schritte* analog zu den Fallstudien in den Beispielen der Integrationsexperten nicht als Gestaltungsaspekt identifiziert werden konnte. Dieser Aspekt stellt keinen Gestaltungsaspekt dar, da aus den Beispielen hervorging, dass sämtliche stakeholderrelevanten Prozessschritte stets integriert mit den übrigen Schritten implementiert waren.

Des Weiteren geht aus den untenstehenden Beispielen hervor, dass alle im Framework enthaltenen *prozessualen* Gestaltungsaspekte/-kategorien tatsächlich von den Verantwortlichen im Rahmen der Integration gestaltet werden. Damit ist bestätigt, dass es sich bei ihnen ebenfalls tatsächlich um Gestaltungsaspekte/-kategorien des Integrationsmanagements handelt.

Nachfolgend sind entsprechend Beispiele aufgeführt, die die Existenz der einzelnen prozessualen Gestaltungskategorien und die diesbezügliche Mitwirkungsmöglichkeiten der Verantwortlichen belegen. Die Originalzitate befinden sich im Kapitel 11.4.5.

---

1. Gestaltungsaspekt: **Festlegung der integrationsrelevanten Prozessschritte**

a) Festlegung der integrationsrelevanten Prozessschritte der Pre-Closingphase

Ein Interviewpartner berichtete von einem Zusammenschluss, in dem die Verantwortlichen in der Pre-Closingphase verschiedene Schritte festgelegt und ausgeführt haben: Ausarbeitung der Schritte direkt nach Closing, Bestimmung der Auswirkungen der strategischen Überlegungen auf die Synergien und damit auf den Kaufpreis sowie Erstellung eines konkreten Integrationsplans. Die Verantwortlichen haben also einige Prozessschritte der Pre-Closingphase mitgestaltet.

b) Festlegung der integrationsrelevanten Prozessschritte der Post-Closingphase

In den Interviews wird diesbezüglich das Beispiel genannt, dass die Verantwortlichen die Integrationspläne aufstellen. Hierbei bestimmen die Verantwortlichen auf Basis ihrer Erfahrung aus anderen Zusammenschlüssen, auf Basis des angestrebten Knowledge-Transfers sowie unter Berücksichtigung weiterer spezifischer Gegebenheiten des Integrationsobjekts die im Integrationsplan aufgeführten Meilensteine. Zusätzlich legen sie fest, welche Ziele durch entsprechende Schritte zuerst angegangen werden sollen. Durch diese Aktivitäten werden die Prozessschritte der Post-Closingphase weitgehend festgelegt.

2. Gestaltungsaspekt: **Festlegung der Ausgestaltung der integrationsrelevanten Prozessschritte**

a) Festlegung der Prozessbeteiligten

Ein Integrationsexperte erzählte, dass bei einem Zusammenschluss die Verantwortlichen einen Kunden gezielt ausgewählt und mit ihm das geplante Vorgehen intensiv diskutiert haben. Die Verantwortlichen haben hierbei auch die Vorstände der beteiligten Unternehmen miteinbezogen. Die Verantwortlichen haben also sehr bewusst die Prozessbeteiligten festgelegt.

In einem Interview wurde berichtet, dass der Integrationsmanager bei einem Zusammenschluss den groben Rahmen für den Gesamtablauf der Integration vorgegeben hat. Hierbei hat er auch die Phasen der Integration und entsprechende Zeitvorgaben an alle Beteiligten herausgegeben. Der Verantwortliche hat in diesem Fall also weitgehend die groben zeitlichen Prozessparameter mitgestaltet.

Diese Beispiele unterstützen damit die Erkenntnis der Fallstudien, dass die Verantwortlichen sämtliche im aktualisierten Framework enthaltenen prozessualen Gestaltungskategorien tatsächlich mitgestalten.

7.3.1.3 Institutionelle Gestaltungsdimension

Auch für sämtliche der im aktualisierten Framework enthaltenen *institutionellen Gestaltungsaspekte* wurden von den Integrationsexperten Beispiele genannt, die zeigen, dass diese Aspekte beim Integrationsmanagement relevant sind. Diese Aussage bedeutet, dass auch für den im theoriegestützt noch nicht enthaltenen, aber in den Fallstudien neu identifizierten institutionellen Gestaltungsaspekt *Festlegung der Kommunikationsstruktur* von den Gesprächspartnern Beispiele angeführt wurden. Ausgewählte Belege werden nachfolgend kurz dargestellt.

Die Beispiele zeigen auch analog zu den Fallstudien, dass alle im aktualisierten Framework enthaltenen *institutionellen* Gestaltungsaspekte tatsächlich von den Verantwortlichen im Rahmen der Integration mitgestaltet wurden.

Nachfolgend sind entsprechende Beispiele aufgeführt, die die Existenz jedes institutionellen Gestaltungsaspekts und die diesbezügliche Mitwirkung der Verantwortlichen belegen. Die Originalzitate befinden sich im Kapitel 11.4.6.

1. Gestaltungsaspekt: **Festlegung der Institutionenstruktur**

In einem Interview fasste ein Integrationsexperte über sämtliche Zusammenschlüsse zusammen, dass es stets eine Institutionenstruktur gibt mit einem Integrationsverantwortlichen und Integrationsteams. Die Verantwortlichen haben insofern diese Struktur mitgestaltet, als dass es ihnen oblag, sie während des Projektes anzupassen.

2. Gestaltungsaspekt: **Festlegung der Institutionenmitglieder**

Ein Integrationsexperte erwähnte, dass die Verantwortlichen jeweils in Zusammenarbeit mit dem Hauptintegrationsverantwortlichen bestimmen, wer Mitglied in ihrem Team ist. Die Institutionenmitglieder werden insofern von den Verantwortlichen mitfestgelegt.

3. Gestaltungsaspekt: **Festlegung der Kommunikationsstrukturen**

Aus einem in den Interviews genannten Beispiel geht hervor, dass die Verantwortlichen für die Regelung ihrer Kommunikationsstrukturen zuständig waren, d. h. sie haben einen Sitzungsturnus festgelegt, in dem sie sich treffen. Insofern haben die Verantwortlichen die Kommunikationsstrukturen mitgestaltet.

Diese Beispiele bestätigen damit die Erkenntnis der Fallstudien, dass die Verantwortlichen tatsächlich bei der Gestaltung sämtlicher im aktualisierten Framework enthaltenen institutionellen Gestaltungsaspekte mitwirken.

Nachdem nun geklärt ist, welche Gestaltungsaspekte für das Integrationsmanagement tatsächlich relevant sind, stellt sich die Frage, inwiefern diese auch aus Stakeholdersicht relevant sind. Das Framework zum stakeholderorientierten Integrationsmanagement soll schließlich nur solche Gestaltungsaspekte enthalten, die aus Stakeholdersicht relevant sind. Diese Eigenschaft der identifizierten Gestaltungsaspekte wird daher nachfolgend überprüft.

7.3.2 Untersuchung der Relevanz der Gestaltungskategorien aus Sicht der Stakeholder

Hinsichtlich der Untersuchung der Relevanz der Gestaltungskategorien aus Sicht der Stakeholder konnten folgende Erkenntnisse durch die Beispiele der Integrationsexperten generiert werden.

Erkenntnis 9 (2.3): Die von den Integrationsexperten genannten Beispiele weisen hinsichtlich der inhaltlichen (Sub-)Gestaltungskategorien einen geringeren Stakeholderbezug auf als die entsprechenden Kategorien in den Fallstudien. Da jedoch keine umfassende und detaillierte Untersuchung der von den Integrationsexperten angesprochenen Zusammenschlüsse aufgrund des Untersuchungsdesigns möglich war, gilt diese Aussage nur für die genannten Beispiele und lässt keine verlässlichen Rückschlüsse auf das Gesamtbild der angesprochenen Zusammenschlüsse zu. Es kann daher lediglich festgestellt werden, dass die inhaltlichen (Sub-)Gestaltungskategorien grundsätzlich für die Stakeholder eine gewisse Relevanz haben.

Erkenntnis 10 (2.4): Hinsichtlich der prozessualen Gestaltungskategorien wurde im Gegensatz zu den Fallstudien in den Interviews mit den Integrationsexperten deutlich, dass nur vereinzelt Stakeholder prozessual beteiligt wurden, d. h. die Stakeholder hatten prozessual nur eine geringe Relevanz. Die Bedeutung der prozessualen Gestaltungsaktivitäten wird durch diese Erkenntnis tendenziell relativiert. Es kann daher ebenfalls lediglich gefolgert werden, dass die prozessualen Gestaltungskategorien grundsätzlich für die Stakeholder eine eingeschränkte Relevanz haben.

Erkenntnis 11 (2.5): Bezüglich der institutionellen Gestaltungsaspekte geht aus den Beispielen hervor, dass die strategisch relevantesten Stakeholder grundsätzlich nicht Mitglied einer Projektinstitution waren. Lediglich die Unternehmensberater waren als Integrationsverantwortliche institutionell verankert. Diese Tatsache relativiert die Bedeutung der institutionellen Gestaltungsaktivitäten für die Stakeholder sehr. Es wird daher angenommen, dass die institutionellen Gestaltungsaktivitäten aus Sicht der Stakeholder kaum relevant sind.

Diese Erkenntnisse werden nachfolgend kurz erläutert.

Inhaltliche (Sub-)Gestaltungskategorien

Die von den Integrationsexperten genannten Beispiele verdeutlichen, dass die Stakeholder nur vereinzelt bei den *inhaltlichen* (Sub-)Gestaltungskategorien eine Rolle gespielt haben. Hiermit konnte das Ergebnis der Fallstudien nicht ganz bestätigt werden. Dort bestand bei ca. 30 % aller Planungsproblem-Textstellen ein Stakeholderbezug (Kapitel 6.3.3.1, Tab. 6-12). Dieses Ergebnis relativiert die Bedeutung der inhaltlichen Gestaltungskategorien aus Sicht der Stakeholder.

Prozessuale Gestaltungskategorien

Aus den genannten Beispielen geht ebenfalls hervor, dass die Stakeholder bei den prozessualen Gestaltungskategorien nur selten eine Rolle spielten. Insgesamt zeigte sich bei den Interviews, dass die Stakeholder nur vereinzelt *prozessual* bei Zusammenschlüssen eingebunden waren. Diese Erkenntnis korreliert mit der Erkenntnis 5 der Interviews mit den Integrationsexperten (Kapitel 7.2.1), dass die Stakeholder relativ selten prozessuale Interessen haben. Dieses Ergebnis steht im Widerspruch zum Bild der Fallstudien: Während die Stakeholder dort sehr stark prozessual eingebunden waren, waren sie in den Beispielen der Integrationsexperten weit weniger umfangreich prozessual eingebunden. Diese Erkenntnis relativiert damit die Bedeutung der prozessualen Gestaltungskategorien für die Stakeholder.

Institutionelle Gestaltungsaspekte

Außerdem geht aus keinem der von den Integrationsexperten genannten Beispiele hervor, dass die strategisch relevantesten Stakeholder in einer oder mehreren Projektinstitutionen Mitglied gewesen sind. Aus den genannten Aussagen ist lediglich erkennbar, dass *externe Unternehmensberater* institutionell verankert waren (als Integrationsverantwortliche). Diese Tatsache relativiert die Bedeutung der *institutionellen* Gestaltungsaktivitäten aus Stakeholdersicht und damit für das stakeholderorientierte Integrationsmanagement sehr. Die institutionellen Gestaltungsaktivitäten hatten in den Beispielen der Integrationsexperten praktisch keine Relevanz für die Stakeholder.

Diese Ausführungen zur Relevanz der Gestaltungskategorien/-dimensionen zeigen, dass die in den Fallstudien vorgefundene Stakeholderrelevanz sämtlicher Gestaltungskategorien nicht immer gegeben sein muss. Vor allem die Bedeutung der *institutionellen* Gestaltungsdimension aus Sicht der Stakeholder wurde stark relativiert. Diese Erkenntnis passt damit zu den Erkenntnissen der Fallstudien, in denen die *institutionelle* Gestaltungsdimension ebenfalls am wenigsten relevant war gegenüber den anderen beiden Gestaltungsdimensionen.

Mit Hilfe dieser umfangreichen Erkenntnisse können eine Reihe von Implikationen für das Framework abgeleitet werden (Kapitel 7.5). Damit die Ableitungen nachvollziehbarer sind, werden zunächst die Auswertungserkenntnisse der Interviews mit den Integrationsexperten kurz zusammengefasst (Kapitel 7.4).

7.4   Zusammenfassung der Auswertungserkenntnisse

Die Erkenntnisse aus der Auswertung der Interviews mit den Integrationsexperten werden nachfolgend zusammengefasst, damit aus ihnen leichter die entsprechenden Implikationen für das Framework (Kapitel 7.5) abgeleitet werden können.

1. Explorationsziel: Validierung der im aktualisierten Framework enthaltenen Bezugspunkte bzw. Bezugspunktdifferenzierungen und Gestaltungsaspekte/-kategorien und damit der grundsätzlichen Relevanz einer Gestaltungsdimension

Die Auswertungen der Interviews mit den Integrationsexperten bestätigen durchgehend die in den Fallstudien identifizierten Bezugspunkte und Gestaltungsdimensionen. Für alle im aktualisierten Framework enthaltenen Bezugspunkte und Gestaltungsdimensionen haben die Interviewpartner Beispiele angeführt. Diese Erkenntnis bedeutet, dass die nach den Fallstudien vorgenommenen Änderungen auf Bezugspunktebene validiert werden konnten.

So zeigte sich in den Interviews hinsichtlich des Bezugspunktes *Stakeholdertypen*, dass tatsächlich nicht nur die *Ursprungsebenen der Stakeholdertypen* die Gestaltungsaktivitäten der Verantwortlichen beeinflussen, sondern auch die relative *Bedeutung der Stakeholdertypen* für das Integrationsmanagement bzw. für die Erreichung der Akquisitions-/Integrationsziele. Die entsprechend auf Basis der Fallstudienerkenntnisse durchgeführte Aufteilung der Bezugspunkte wurde also validiert.

Auf der Ebene der Bezugspunkt*differenzierungen* konnten die Erkenntnisse der Fallstudien zum größten Teil ebenfalls bestätigt werden, allerdings gab es auch Abweichungen. So wurde hinsichtlich des Bezugspunktes *Bedeutung der Stakeholdertypen* wie in den Fallstudien deutlich, dass es tatsächlich Stakeholdertypen gibt, die tendenziell eine relativ stärkere Bedeutung haben als andere Stakeholdertypen. In den Interviews gehörten zur ersten Gruppe die *Stakeholdertypen Kunden, Gesellschafter/Aktionäre* und *lokale politische Akteure*. Bei den Fallstudien waren hingegen *Kunden* und *Outsourcingpartner* besonders relevant.

Hinsichtlich des Bezugspunktes *Stakeholderinteressen* bestätigte sich die Erkenntnis der Fallstudien, dass fast sämtliche Interessen der Stakeholder den Gestaltungsdimensionen zugeordnet werden können und nur noch vereinzelt *andere Interessen* existieren, die daher unter *sonstige Interessen* zusammengefasst werden können. Allerdings spielten anders als in den Fallstudien die *institutionellen Interessen* der Stakeholder bei den Beispielen der Integrationsexperten praktisch gar keine Rolle. Ähnlich wie bei den Fallstudien spielten die *prozessualen Interessen* eine eindeutig geringere Rolle als die *inhaltlichen Interessen*.

Die aufgrund der Fallstudienerkenntnisse veränderte Differenzierung des Bezugspunktes *Stakeholder-Wertschöpfungsbeiträge* konnte durch die Interviews tendenziell weitgehend bestätigt werden. Analog zu den Fallstudien leisteten die Stakeholder in den von den Integrationsexperten genannten Beispielen auf sämtliche vier Arten Beiträge, wobei wiederum die *nutzenbezogenen* Beiträge insgesamt deutlich überwogen: ca. 67,5 % der Beiträge waren *nutzenbezogen*, in den Fallstudien waren es ca. 70 %. Einziger kleiner Unterschied gegenüber den Fallstudien: Die Beiträge als *Risikoproduzent* lagen an zweiter Stelle, noch über den Beiträgen als *Nutzenempfänger*.

Beim Bezugspunkt *Stakeholder-Ursprungsebenen* zeigte sich im Gegensatz zu den Fallstudien, dass doch Stakeholdertypen der *sozialpolitischen Arena* bei Integrationen relevant sind. In fast allen Interviews wurden *lokale politische Akteure* als Stakeholder erwähnt und entsprechende Beispiele von den Integrationsexperten genannt, die zeigten, dass diese Stakeholder der *sozialpolitischen Arena* angehören und einen Einfluss auf die Gestaltungsaktivitäten der Verantwortlichen ausgeübt haben.

Bei den Gestaltungsdimensionen wurden sämtliche, im aktualisierten Framework enthaltene Gestaltungsdimensionen und ihre Gestaltungsaspekte/-kategorien bestätigt. Diese Erkenntnis beinhaltet, dass der aufgrund der Fallstudienerkenntnisse eingefügte *institutionelle* Gestaltungsaspekt *Festlegung der Kommunikationsstruktur* auch in den Interviews mit den Integrationsexperten bestätigt wurde. Gleiches gilt für die in den Fallstudien identifizierten *inhaltlichen* Subgestaltungskategorien *Integrationsleitlinien, Entscheidungskriterien* und *Projektrisiken*.

Des Weiteren wurde durch die Beispiele auch die Erkenntnis der Fallstudien tendenziell bestätigt, dass die stakeholderrelevanten Prozessschritte stets integriert mit den übrigen Schritten ausgeführt werden. Hieraus wurde entsprechend gefolgert, dass eine losgelöste Implementierung der stakeholderrelevanten Schritte in der Praxis üblicherweise nicht vorkommt, so dass konsequenterweise der Aspekt *Festlegung der Implementierungsart* wie bei den Fallstudien kein Gestaltungsaspekt der Verantwortlichen darstellt.

Diese Erkenntnisse zeigen, dass dieses Explorationsziel erreicht wurde.

2. *Explorationsziel: Bestimmung der relativen Bedeutung jeder einzelnen Gestaltungsdimension für die Stakeholder*

Die Integrationsexperten verdeutlichten mit einigen Beispielen, wie relevant die *inhaltliche Gestaltungsdimension* für die Stakeholder und damit für das stakeholderorientierte Integrationsmanagement ist. Hiervon zeugten Beispiele mit Planungsproblemen, die einen Stakeholderbezug aufwiesen.

Hinsichtlich der *prozessualen Gestaltungsdimension* wurde anders als in den Fallstudien nur vereinzelt von einer *prozessualen Einbindung* der Stakeholder berichtet. Diese Tatsache bestätigt damit die Erkenntnis der Fallstudien, dass die *prozessuale Gestaltungsdimension* weniger relevant für die Stakeholder ist als die *inhaltliche Gestaltungsdimension*.

Hinsichtlich der *institutionellen Gestaltungsdimension* ging aus den Beispielen der Integrationsexperten hervor, dass die Stakeholder grundsätzlich nicht *institutionell* beteiligt sind. Die einzige Ausnahme bildeten *Unternehmensberater*, die in einem Beispiel als Integrationsverantwortliche *institutionell* verankert waren. Diese Erkenntnis unterstützt insofern ebenfalls die Erkenntnis der Fallstudien, dass die *institutionelle Gestaltungsdimension* eine geringere Relevanz für die Stakeholder hat als die *inhaltliche Gestaltungsdimension*. Allerdings zeigt sie deutlicher als in den Fallstudien, dass die *institutionelle Gestaltungsdimension* tendenziell auch weniger relevant ist als die *prozessuale Gestaltungsdimension*.

Die Erkenntnis, dass die inhaltliche Gestaltungsdimension am relevantesten und die *institutionelle* Gestaltungsdimension am wenigsten relevant für die Stakeholder und damit für das stakeholderorientierte Integrationsmanagement ist, zeigt, dass auch dieses Explorationsziel erfüllt wurde.

Nachdem sämtliche Explorationsziele erreicht wurden, stellt sich die Frage, welche Implikationen sich aus den gewonnenen Erkenntnissen ableiten lassen. Diese Implikationen werden im nächsten Kapitel vorgestellt.

7.5 Resultierende Implikationen für das Framework

Auf Basis der Erkenntnisse der Interviews mit den Integrationsexperten lassen sich eine Reihe von Implikationen für die Weiterentwicklung des Frameworks zum stakeholderorientierten Integrationsmanagement ableiten. Sie sind nachfolgend getrennt für die Bezugspunkte (Kapitel 7.5.1) und die Gestaltungsdimensionen (Kapitel 7.5.2) aufgeführt. Die Diskussion der Implikationen bzw. des endgültigen Frameworks erfolgt im nächsten Kapitel nach ausführlicher Darstellung des endgültigen Frameworks (Kapitel 8.5).

7.5.1 Resultierende Implikationen für die Bezugspunkte im Framework

Aufgrund der vielfältigen Erkenntnisse der Interviews mit den Integrationsexperten hinsichtlich der Bezugspunkte ergeben sich Änderungen bei den meisten Bezugspunkten.

Änderungen bzgl. des Bezugspunktes ‚Stakeholder-Ursprungsebenen'

Dadurch, dass Beispiele der Integrationsexperten gezeigt haben, dass doch Stakeholder der *sozialpolitischen Arena* einen Einfluss auf die Gestaltungsaktivitäten der Verantwortlichen haben, wird die *sozialpolitische Arena* entsprechend dem ursprünglichen, theoriegestützten Framework wieder als dritte Ursprungsebene in das Framework aufgenommen.

Da die Ursprungsebene *sozialpolitische Arena* im Gegensatz zu den beiden übrigen Ursprungsebenen *Ressourcenbasis* und *Branchenstruktur* nur in einer der beiden Explorationsstufen relevant ist, wird sie als *sekundäre* Ursprungsebene bezeichnet. Die beiden anderen werden aufgrund ihrer Relevanz in sämtlichen Explorationsstufen als *primäre* Ursprungsebenen gezählt.

Änderungen bzgl. des Bezugspunktes 'Bedeutung der Stakeholdertypen für die Integration'

Da es leichte Unterschiede zwischen der Zusammensetzung der Gruppe der primären Stakeholder auf Basis der Fallstudien und auf Basis der Beispiele der Integrationsexperten gibt, haben die diese Stakeholdertypen nicht in sämtlichen Zusammenschlüssen eine primäre Bedeutung. Die Differenzierung dieses Bezugspunktes wird daher angepasst.

Es werden nunmehr *primäre, sekundäre* und *tertiäre* Stakeholdertypen unterschieden. Als *primäre* Stakeholder zählen sämtliche Stakeholder, die kontinuierlich *primäre* Stakeholder sind, d. h. sowohl in den Fallstudien als auch in den Beispielen der Integrationsexperten sehr relevant waren: *Kunden. Sekundäre* Stakeholder sind sämtliche Stakeholder, die teilweise *primäre* Stakeholder sind, d. h. bei den Fallstudien oder den Beispielen der Integrationsexperten *primäre* Stakeholder waren: *Outsourcingpartner, Gesellschafter/Aktionäre, lokale politische Akteure.* Die *tertiären* Stakeholder umfassen sämtliche Stakeholder, die nie eine besondere Relevanz für die Integration hatten: Sämtliche übrigen Stakeholder, d. h. *M&A-Experten, Lieferanten, finanzierende Banken, Endkunden, BAFin*, etc.

Änderungen bzgl. des Bezugspunktes 'Stakeholderinteressen'

Hinsichtlich der Stakeholderinteressen relativierte sich ebenfalls das diesbezügliche Bild aus den Fallstudien. Entsprechend wird auch hier die Differenzierung des Bezugspunktes angepasst.

Analog zum Bezugspunkt *Bedeutung der Stakeholdertypen für die Integration* werden *primäre, sekundäre* und *tertiäre* Interessensarten unterschieden. Da die *inhaltlichen* Interessen in beiden Explorationsstufen sehr häufig bzw. am häufigsten auftraten, stellen sie eine *primäre* Interessensart dar. Während die *prozessualen* Interessen bei den Fallstudien noch recht ausgeprägt waren, tauchten sie in den Beispielen der Integrationsexperten nur in passiver Form auf. Aufgrund dieses gemischten Bildes und aufgrund ihrer Relevanz in beiden Explorationsstufen werden sie als *sekundäre* Interessensart gezählt. Da die *institutionellen* Interessen in den Beispielen der Integrationsexperten gar keine Rolle spielten, bei den Fallstudien jedoch relevant waren, zählen sie als *tertiäre* Interessensart. Da die *sonstigen Interessen* sowohl in den Fallstudien als auch in den Interviews mit den Integrationsexperten vereinzelt auftraten und damit ebenfalls in beiden Explorationsstufen relevant waren, stellen sie ebenfalls eine *sekundäre* Interessensart dar.

Aufgrund dieser Änderungen ergibt sich die in folgender Abbildung dargestellte endgültige Struktur der Bezugspunkte im Framework zum stakeholderorientierten Integrationsmanagement.

Endgültige stakeholderbezogenen Bezugspunkte des Integrationsmanagements

Stakeholder-Ursprungsebenen

Primäre[1] Ebenen	Sekundäre[1] Ebenen
Ressourcenbasis	Sozialpolitische Arena
Branchenstruktur	

Bedeutung der Stakeholdertypen für die Integration[2]

Primäre Stakeholder	Sekundäre Stakeholder	Tertiäre Stakeholder
Kunden	Gesellschafter/ Aktionäre	Alle übrigen Stakeholder[3]
	Outsourcingpartner	
	Lokale politische Akteure	

Stakeholderinteressen

Primäre Interessen	Sekundäre Interessen	Tertiäre Interessen
Inhaltliche Interessen	Prozessuale Interessen	Institutionelle Interessen
	Sonstige Interessen	

Stakeholder-Wertsteigerungsbeiträge

Primäre Beitragsarten (nutzenbezogen)	Sekundäre Beitragsarten (risikobezogen)
Nutzenproduzent	Risikoproduzent
Nutzenempfänger	Risikoträger

1 Gemäß relativer Häufigkeit des Auftretens in den Explorationsstufen
2 Bedeutung für das Integrationsmanagement und/oder die Erreichung der Akquisitions-/Integrationsziele
3 Wie z. B. M&A-Experten, finanzierende Banken, BAFin, Endkunden

Abb. 7-1: Endgültige Struktur der stakeholderbezogenen Bezugspunkte auf Basis der Erkenntnisse der Fallstudien und der Interviews mit den Integrationsexperten

7.5.2 Resultierende Implikationen für die Gestaltungsdimensionen im Framework

Hinsichtlich der Gestaltungsdimensionen ergeben sich aufgrund der obigen Erkenntnisse, die weitestgehend die Erkenntnisse der Fallstudien bestätigen, keine Änderungen hinsichtlich der Gestaltungsdimensionen.

Die in folgender Abbildung dargestellte endgültige Struktur der Gestaltungsdimensionen des stakeholderorientierten Integrationsmanagements entspricht damit der Struktur, die bereits nach den Fallstudien im aktualisierten Framework enthalten war (Kapitel 6.5.2).

Endgültige Gestaltungsdimensionen des stakeholderorientierten Integrationsmanagements

Primäre Gestaltungs- aspekte	**Inhaltliche Gestaltungsdimension**	
	I. Gestaltung der Planungsprobleme	1. Formulierung der Grundlagen der Integrationsplanung[1]
		2. Formulierung der Zielwelt
		3. Formulierung der Konzeptions-/Realisierungsmaßnahmen
Sekundäre Gestaltungs- aspekte	**Prozessuale Gestaltungsdimension**	
	II. Festlegung der integrationsrelevanten Prozessschritte	4. Festlegung der integrationsrelevanten Schritte der *Pre*-Closingphase
		5. Festlegung der integrationsrelevanten Schritte der *Post*-Closingphase
	III. Festlegung der Ausgestaltung der integrationsrelevanten Prozessschritte	6. Festlegung der Prozessbeteiligten
		7. Festlegung der zeitlichen Prozessparameter
Tertiäre Gestaltungs- aspekte	**Institutionelle Gestaltungsdimension**	
	IV. Festlegung der Institutionenstruktur	
	V. Festlegung der Institutionenmitglieder	
	VI. Festlegung der Kommunikationsstruktur	

1 Enthält sieben Subgestaltungskategorien: Akquisitions-/Integrationsziele, Wertsteigerungspotenziale, Ist-Unternehmensanalyse, Stakeholderanalyse, Integrationsleitlinien, Entscheidungskriterien, Projektrisiken

Abb. 7-1: Endgültige Struktur der Gestaltungsdimensionen auf Basis der Erkenntnisse der Fallstudien und der Interviews mit den Integrationsexperten

Der insgesamt moderate Änderungsbedarf des Frameworks aufgrund der Erkenntnisse aus den Interviews bestätigt, dass die Fallstudien bereits eine sehr gute Grundlage für die in der Praxis relevanten Bezugspunkte und Gestaltungsaspekte des stakeholderorientierten Integrationsmanagements darstellen.

Damit ist die empirische Exploration des Frameworks abgeschlossen. Bevor die in der Exploration gewonnenen Erkenntnisse diskutiert (Kapitel 8.5) und mit anderen Forschungsergebnissen verglichen bzw. entsprechende Implikationen für die Theorie (Kapitel 8.6) erläutert werden, wird das gesamte Framework zusammenfassend vorgestellt (Kapitel 8.1-8.4).

8 Endgültiges Framework zum stakeholderorientierten Integrationsmanagement

In den vorangegangenen beiden Kapiteln wurde deutlich, welche Bezugspunkte und Gestaltungsaspekte des theoriegestützten Frameworks zum stakeholderorientierten Management (Kapitel 4) tatsächlich in der Praxis eine Rolle spielen. Zusätzlich wurde aufgezeigt, um welche *nicht* im theoriegestützten Framework enthaltenen Bezugspunkte und Gestaltungsaspekte das theoriegestützte Framework ergänzt werden muss, um die Realität korrekter abzubilden. Ziel dieses Kapitels ist es, das endgültige Framework, das sich aus den Erkenntnissen der Fallstudien und der Interviews mit den Integrationsexperten ergibt, ausführlich darzustellen. Hierfür wird zunächst das Ziel des Frameworks nochmals kurz aufgeführt, bevor die Metastruktur des Frameworks dargelegt wird (Kapitel 8.1). Anschließend folgen die Grob- und die Detailstruktur des endgültigen Frameworks zum stakeholderorientierten Integrationsmanagement (Kapitel 8.2 bzw. 8.3) sowie eine kurze Gesamtwürdigung des endgültigen Frameworks (Kapitel 8.4). Zur weiteren Beurteilung des Frameworks wird es mit bestehenden Arbeiten verglichen und entsprechend diskutiert (Kapitel 8.5). Hierauf aufbauend und auf Basis der Erkenntnisse der Arbeit werden die Implikationen für die Theorie abgeleitet (Kapitel 8.6). Die Implikationen für die Praxis folgen nach dem Aufzeigen konkreter, besonders stakeholderorientierter Gestaltungsaktivitäten (Kapitel 9.6).

Analog den in Kapitel 4 aufgeführten Zielen verfolgt das Framework folgendes Ziel:

Darstellung sämtlicher Bezugspunkte und Gestaltungsaspekte, die bei der Umsetzung eines stakeholderorientierten Integrationsmanagements aus Sicht der Integrationsverantwortlichen relevant sind.

Dieses Framework stellt ein deskriptives Framework dar, d. h. es beschreibt den Untersuchungsgegenstand (stakeholderorientiertes Integrationsmanagement). Es handelt sich damit nicht um ein explikatives Framework, das versucht, die Ursachen für die Ausprägungen der einzelnen Aspekte des Frameworks bzw. des Integrationsmanagements zu erklären.

8.1 Metastruktur des endgültigen Frameworks

Die Erkenntnisse aus den Fallstudien und Interviews haben gezeigt, dass sich die Aspekte, die für die Umsetzung eines stakeholderorientierten Integrationsmanagements wesentlich sind, in die zwei Blöcke *stakeholderbezogene Bezugspunkte* und *Gestaltungsaspekte des Integrationsmanagements* trennen lassen.

Die *stakeholderbezogenen Bezugspunkte* beinhalten sämtliche stakeholderbezogenen Aspekte, die die Verantwortlichen kennen müssen, damit sie ihre Gestaltungsaktivitäten systematisch mehr oder weniger stark auf die Stakeholder ausrichten können (Kapitel 4).

Die *Gestaltungsaspekte des Integrationsmanagements* umfassen sämtliche Aspekte, die die Integrationsverantwortlichen gestalten können, um die Erreichung der Akquisitions- und Integrationsziele zu unterstützen (Kapitel 4).

Die Trennung der relevanten Aspekte in diese zwei Blöcke lehnt sich damit an die Trennung an, die im theoriegestützten Framework vorgenommen wurde (Kapitel 4.1). Die Metastruktur des endgültigen Frameworks ist in folgender Abbildung dargestellt:

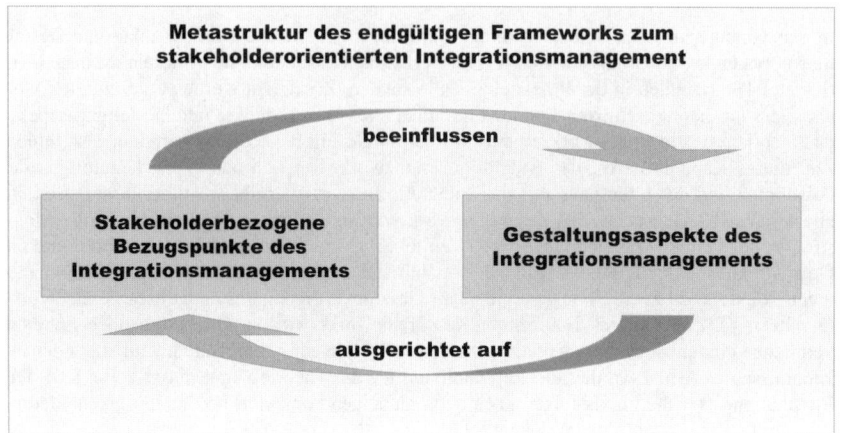

Abb. 8-1: Metastruktur des endgültigen Frameworks zum stakeholderorientierten Integrationsmanagement

Gegenüber des theoriegestützten Frameworks (Kapitel 4) wurde der dort enthaltene Themen-block *Gestaltungsdimensionen des Integrationsmanagements* im endgültigen Framework in *Gestaltungsaspekte des Integrationsmanagements* umbenannt, um die begriffliche Komplexität zu reduzieren.

Der dritte Themenblock des theoriegestützten Frameworks bildete die *Stakeholderorientierung* (Kapitel 4.1.2). Da die Fallstudien und die Interviews gezeigt haben, dass die Stakeholderorientierung integraler Bestandteil der Ausprägungen der Gestaltungsaspekte ist, wird sie nicht mehr getrennt aufgeführt. An ihre Stelle tritt lediglich ein Pfeil, der von den Gestaltungsaspekten ausgeht und auf die stakeholderbezogenen Bezugspunkte gerichtet ist. Er verdeutlicht, dass die Gestaltungsaspekte auf die Bezugspunkte ausgerichtet sein müssen, damit sie stakeholderorientiert sind.

8.2 Grobstruktur des endgültigen Frameworks

Die Erkenntnisse der Fallstudien und Interviews konnten die Grobstruktur des theoriegestützten Frameworks (Kapitel 4.1) weitgehend bestätigen. Die Grobstruktur enthält die nächste inhaltliche Ebene in den beiden Themenblöcken. Diese wird getrennt für jeden der beiden Themenblöcke nachfolgend erläutert.

8.2.1 Stakeholderbezogene Bezugspunkte

Die Grobstruktur der *stakeholderbezogenen Bezugspunkte* des theoriegestützten Frameworks (Kapitel 4.1.3) konnte durch die Erkenntnisse aus den Fallstudien und den Interviews fast vollständig bestätigt werden. Lediglich der stakeholderbezogene Bezugspunkt *Stakeholdertypen* wurde aufgrund der Explorationserkenntnisse in zwei Bezugspunkte aufgeteilt: *Stakeholder-Ursprungsebenen* und *Bedeutung der Stakeholder für die Integration*. Das endgültige

Framework enthält daher neben diesen beiden Bezugspunkten die *stakeholderbezogenen Bezugspunkte Stakeholderinteressen* und *Stakeholder-Wertschöpfungsbeiträge.*

Der Bezugspunkt *Stakeholder-Ursprungsebenen* differenziert die Ursprungsebenen, aus denen die unterschiedlichen Stakeholdertypen stammen können: *Ressourcenbasis, Branchenstruktur* und *sozialpolitische Arena* (Post/Preston/Sachs 2002: 55, Kapitel 1.1.1).

Der Bezugspunkt *Bedeutung der Stakeholdertypen* für die Integration enthält sämtliche Stakeholder-Gruppen, die einen Einfluss auf die Erschließung der Wertsteigerungspotenziale bzw. auf das Integrationsmanagement haben können. Entsprechend ihrer Bedeutung hierfür werden sie eingruppiert. In den Fallstudien und Interviews hat sich gezeigt, dass die Stakeholdertypen *Kunden* am häufigsten relevant sind, gefolgt von den Stakeholdertypen *Outsourcingpartner, Gesellschafter/Aktionäre* und *lokale politische Akteure.*

Der Bezugspunkt *Stakeholderinteressen* bezeichnet die Interessen und Bedürfnisse der Stakeholder, deren Realisierung sich die Stakeholder im Rahmen des Zusammenschlusses wünschen bzw. deren Realisierung erforderlich ist, damit die Wertsteigerungspotenziale erschlossen werden können. In den Fallstudien und Interviews wurden vor allem *inhaltliche* Stakeholderinteressen hinsichtlich der Gestaltung der gemeinsamen Schnittstellen sowie hinsichtlich der zukünftigen Funktionalitäten der wichtigsten IT-Systeme identifiziert.

Der Bezugspunkt *Stakeholder-Wertschöpfungsbeiträge* beschreibt die Beiträge, die die Stakeholder hinsichtlich der Erschließung der Wertsteigerungspotenziale leisten. In den Fallstudien und Interviews wurde beispielsweise deutlich, dass die Stakeholder überwiegend einen nutzenbezogenen Beitrag leisten, wie z. B. die Kunden und Outsourcingpartner, wenn sie Knowhow bereitstellen, mit dessen Hilfe zukünftige Prozesse konzeptioniert werden konnten.

8.2.2 Gestaltungsaspekte

Die Grobstruktur der *Gestaltungsaspekte* des theoriegestützten Frameworks (Kapitel 4.1.3) konnte durch die Erkenntnisse aus den Fallstudien und den Interviews ebenfalls weitgehend bestätigt werden. Die Gestaltungsaspekte werden im endgültigen Framework daher zu den drei Aspektarten *inhaltliche Gestaltungsaspekte, prozessuale Gestaltungsaspekte* und *institutionelle Gestaltungsaspekte* zusammengefasst (bisher unter dem Begriff Gestaltungsdimensionen).

Die *inhaltlichen Gestaltungsaspekte* umfassen sämtliche Aktivitäten der Integrationsverantwortlichen hinsichtlich der Gestaltung der Planungsprobleme. Hierzu gehören beispielsweise die Anordnung bzw. Durchführung von Analysen hinsichtlich der bisherigen Prozesse und die Konzeption der zukünftigen Prozesse.

Die *prozessualen Gestaltungsaspekte* beinhalten sämtliche Anstrengungen der Integrationsverantwortlichen hinsichtlich der Gestaltung des Akquisitions- und Integrationsprozesses. Hierunter fallen beispielsweise die Durchführung von Meetings mit den wichtigsten Kunden, um ihre Einstellung zur geplanten Akquisition und zu den Integrationsplänen zu ermitteln und/oder Ansätze zur Verbesserung der Zusammenarbeit zu entwickeln.

Die *institutionellen Gestaltungsaspekte* umfassen sämtliche Unternehmungen der Integrationsverantwortlichen hinsichtlich der Gestaltung der Integrationsinstitutionen. In den Fallstudien und Interviews wurde diesbezüglich beispielsweise deutlich, dass die Verantwortlichen für bestimmte Projektinstitutionen einen 14-tägigen Besprechungsrhythmus einrichteten.

In den Fallstudien und den Interviews hat sich herausgestellt, dass die *inhaltlichen Gestaltungsaspekte* wesentlich bedeutender für das stakeholderorientierte Integrationsmanagement sind als die beiden anderen Gestaltungsaspektarten. Die *inhaltlichen Gestaltungsaspekte* werden daher im endgültigen Framework als *primäre Gestaltungsaspekte* bezeichnet. Die *prozessualen Gestaltungsaspekte* waren immerhin in beiden Explorationsstufen relevant, aber eben weniger häufig relevant als die *inhaltlichen Gestaltungsaspekte*. Sie werden daher als *sekundäre Gestaltungsaspekte* bezeichnet. Da die *institutionellen Gestaltungsaspekte* nur in den Fallstudien relevant waren, bilden sie die *tertiären Gestaltungsaspekte*.

8.2.3 Zusammenfassende Darstellung der Grobstruktur des endgültigen Frameworks

Entsprechend der vorangegangenen Ausführungen lässt sich die Grobstruktur des endgültigen Frameworks graphisch folgendermaßen darstellen:

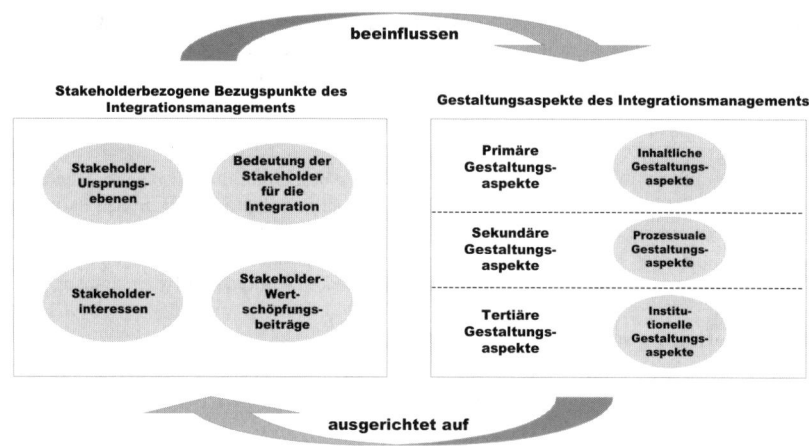

Abb. 8-2: Grobstruktur des endgültigen Frameworks zum stakeholderorientierten Integrationsmanagement

Diese Abbildung zeigt, dass es bei den stakeholderbezogenen Bezugspunkten gegenüber dem auf Basis der Fallstudien aktualisierten Frameworks (Kapitel 6.5.1) lediglich durch die Aufteilung des Bezugspunktes *Stakeholdertypen* in die beiden Bezugspunkte *Stakeholder-Ursprungsebenen* und *Bedeutung der Stakeholder für die Integration* eine Änderung gegeben hat. Bei den Gestaltungsaspekten wird die Aufteilung in primäre, sekundäre und tertiäre Gestaltungsaspekte und die Zuordnung der entsprechenden Aspekte als Neuerung deutlich. Durch diese kleineren Änderungen bestätigt sich, dass das aktualisierte Framework bereits die Realität gut abgebildet hat. Im nächsten Abschnitt wird deutlich, ob dies auch auf der Detailebene der Fall war.

8.3 Detailstruktur des endgültigen Frameworks

Die Erkenntnisse der Fallstudien und Interviews konnten die Detailstruktur des theoriegestützten Frameworks (Kapitel 4.2) inhaltlich weitgehend bestätigen und an einzelnen Stellen erweitern. Zusätzlich konnte die Detailstruktur der stakeholderbezogenen Bezugspunkte mit Hilfe der empirischen Erkenntnisse neu geordnet werden. Die Detailstruktur enthält jeweils die nächste inhaltliche Ebene in den beiden Themenblöcken *stakeholderbezogene Bezugspunkte* und *Gestaltungsaspekte*. Diese Ebene stellt gleichzeitig die tiefste Ebene dar, die allgemeingültig formuliert werden kann. Sie wird analog der Grobstruktur getrennt für jeden Themenblock des Frameworks nachfolgend vorgestellt.

8.3.1 Stakeholderbezogene Bezugspunkte

Die vier stakeholderbezogenen Bezugspunkte *Stakeholder-Ursprungsebenen, Bedeutung der Stakeholdertypen für die Integration, Stakeholderinteressen* und *Stakeholder-Wertschöpfungsbeiträge* werden nachfolgend mit ihren spezifischen Untergliederungen erläutert.

8.3.1.1 Stakeholder-Ursprungsebenen

Dieser Bezugspunkt entstand auf Basis der Exploration aus dem Bezugspunkt *Stakeholdertypen* des theoriegestützten Frameworks. Er umfasst die gemäß der verwendeten Stakeholderdefinition (Post/Preston/Sachs 2002: 55, Kapitel 1.1.1) unterscheidbaren Ursprungsebenen *Ressourcenbasis, Branchenstruktur* und *sozialpolitische Arena*.

Die Stakeholder der *Ressourcenbasis*, wie z. B. grundsätzlich *Kunden* und *Aktionäre*, stellen notwendige Ressourcen bereit, ohne die ein Unternehmen seine Geschäftstätigkeit nicht aufnehmen kann. Die Stakeholder der *Branchenstruktur*, wie z. B. grundsätzlich *Outsourcingpartner* und *Lieferanten*, werden für ein Unternehmen aktuell, wenn es mit seinen Aktivitäten mindestens in einer Branche agiert und durch diese Stakeholdertypen beeinflusst wird. Jedes Unternehmen ist auch in ein *sozialpolitisches Umfeld* eingebettet und wird von den diesbezüglichen Stakeholdertypen, wie z. B. grundsätzlich *lokale politische Akteure*, auch in seiner Tätigkeit beeinflusst, so dass diese Ebene ebenfalls eine relevante Ursprungsebene darstellt.

Aufgrund der Erkenntnis der Exploration zeigte sich, dass die Stakeholdertypen der *Ressourcenbasis* und der *Branchenstruktur* besonders relevant bei einer Integration sind. Ihre Ursprungsebenen werden entsprechend als *primäre* Ebenen im Framework bezeichnet. Da die *sozialpolitische Arena* und entsprechende Stakeholdertypen nur in den Fallstudien relevant waren, bilden sie demgegenüber eine *sekundäre* Ebene.

Folgende Abbildung verdeutlicht die endgültige Untergliederung des stakeholderbezogenen Bezugspunktes Stakeholder-Ursprungsebenen:

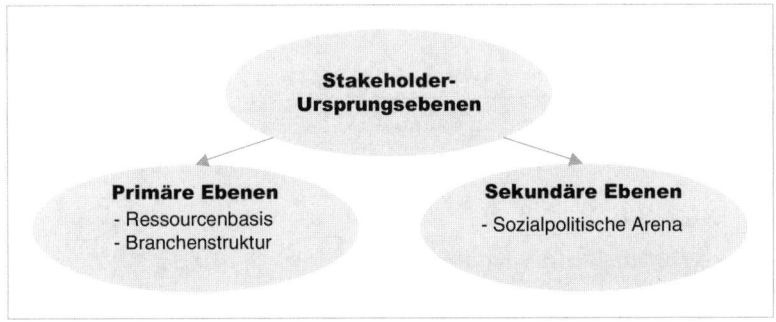

Abb. 8-3: Endgültige Untergliederung des stakeholderbezogenen Bezugspunktes *Stakeholder-Ursprungsebene*

8.3.1.2 Bedeutung der Stakeholdertypen für die Integration

Der stakeholderbezogene Bezugspunkt *Bedeutung der Stakeholdertypen für die Integration* ist ebenfalls aus dem Bezugspunkt *Stakeholdertypen* des theoriegestützten Frameworks hervorgegangen. Er umfasst sämtliche Stakeholdertypen entsprechend ihrer Relevanz für das Integrationsmanagement bzw. für die Erreichung der Akquisitions-/Integrationsziele.

Es zeigte sich im Zuge der Exploration, dass es Stakeholdertypen gibt, die stets sehr häufig genannt wurden und damit als sehr relevant für das Integrationsmanagement bzw. für die Erreichung der Akquisitions-/Integrationsziele galten, wie z. B. *Kunden* (*primäre* Stakeholder). Es gab aber auch Stakeholdertypen, die nur manchmal bzw. in geringem Umfang erwähnt wurden, wie z. B. *M&A-Experten* oder *finanzierende Banken* (*tertiäre* Stakeholder). Außerdem gab es eine Gruppe von Stakeholdertypen, die entweder bei den Fallstudien oder bei den Beispielen der Integrationsexperten sehr relevant waren. Hierzu gehörten *Gesellschafter/Aktionäre*, *Outsourcingpartner* und *lokale politische Akteure* (*sekundäre* Stakeholder). Entsprechend wurde auch der Bezugspunkt differenziert: in *primäre, sekundäre* und *tertiäre Stakeholdertypen* für die Integration, wobei Integration sowohl das Integrationsmanagement als auch die Erreichung der Akquisitions-/Integrationsziele beinhaltet.

Die besondere Bedeutung eines Stakeholdertyps für die Integration und die entsprechende häufige Nennung in der Exploration kann z. B. dadurch entstehen, dass er zeitlich besonders umfangreich in die Akquisitions- und Integrationsaktivitäten eingebunden ist, damit die Integrationsaktivitäten überhaupt konzipiert und umgesetzt werden können, die für die Erreichung der Akquisitions- und Integrationsziele notwendig sind. Zu denken ist hier an die umfangreiche Einbindung von *Outsourcingpartner* für die Definition der zukünftigen gemeinsamen operativen Schnittstellen.

Stakeholder können beispielsweise auch dann eine besondere Rolle für die Erschließung der Wertsteigerungspotenziale haben, wenn durch ihre Aktivitäten nach der Umsetzung der Integrationsaktivitäten die Akquisitions- und Integrationsziele erreicht werden, z. B. durch verstärkte Inanspruchnahme des neuen Produkt- und Dienstleistungsspektrums durch die *Kunden* oder durch die umfangreiche Berücksichtigung des Unternehmensverbundes durch die *lokalen politischen Akteure* bei zukünftigen Auftragsvergaben.

Folgende Abbildung verdeutlicht die Untergliederung des stakeholderbezogenen Bezugspunktes *Bedeutung der Stakeholdertypen für die Integration*:

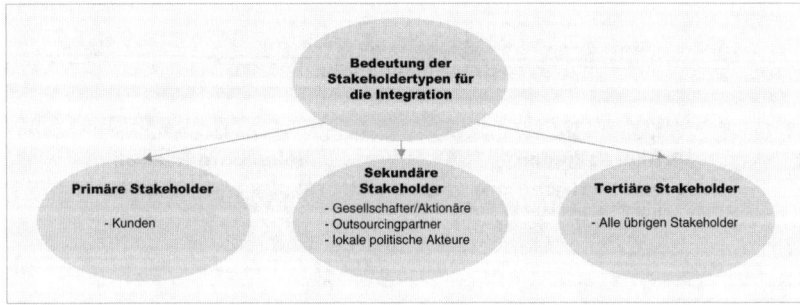

Abb. 8-4: Endgültige Untergliederung des stakeholderbezogenen Bezugspunktes *Stakeholdertypen*

8.3.1.3 Stakeholderinteressen

Bei den Stakeholderinteressen zeigte sich, dass sie übersichtlich und umfassend in *inhaltliche, prozessuale, institutionelle* und *sonstige Interessen* eingeteilt werden können.

Hinsichtlich dieser Interessensarten wurde in den Fallstudien und Interviews mit den Integrationsexperten deutlich, dass nicht alle Interessensarten gleich häufig vorkommen. So zeigte sich gerade in den Beispielen der Integrationsexperten, dass die *inhaltlichen* Interessen am häufigsten auftreten und entsprechend *primäre* Interessen darstellen. Die *prozessualen* Interessen traten in den Beispielen der Integrationsexperten viel seltener auf als die *inhaltlichen* Interessen. Sie waren aber in den Fallstudien durchaus relevant für die Stakeholder. Sie werden daher als *sekundäre* Interessensart bezeichnet. Als solche zählen auch die *sonstigen Interessen*, da diese in fast jedem Interview erwähnt wurden, aber in den Fallstudien nur vereinzelt sichtbar waren. Die *institutionellen* Interessen spielten in den Beispielen der Integrationsexperten – anders als in den Fallstudien – gar keine Rolle. Sie zählen deshalb als *tertiäre* Interessen.

Beispielhafte Interessen der relevantesten Stakeholder waren häufig spezifische Interessen hinsichtlich der Gestaltung des zukünftigen Dienstleistungs- und Produktspektrums (inhaltliche Interessen). Ebenso konnte ermittelt werden, dass Stakeholder teilweise exakte Vorstellungen haben, wie lange Integrationen höchstens dauern dürfen (prozessuale Interessen). Schließlich zeigte sich in den Fallstudien auch, dass manche Stakeholder die Einrichtung einer eigenen Projektorganisation wünschen (institutionelle Interessen).

Der stakeholderbezogene Bezugspunkt *Stakeholderinteressen* wird daher im endgültigen Framework wie folgt untergliedert:

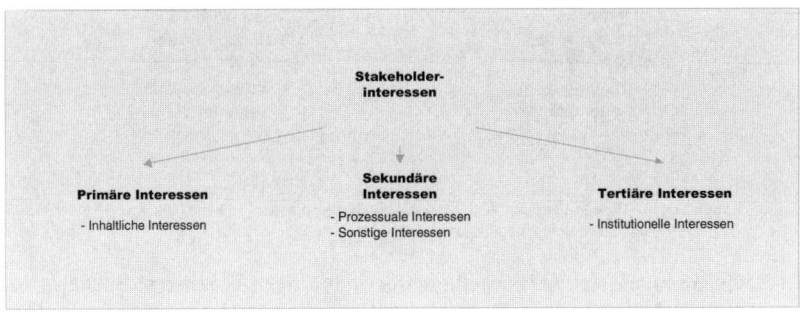

Abb. 8-5: Endgültige Untergliederung des stakeholderbezogenen Bezugspunktes *Stakeholderinteressen* im endgültigen Framework

8.3.1.4 Stakeholder-Wertschöpfungsbeiträge

Im theoriegestützten Framework wurden die Wertschöpfungsbeiträge der Stakeholder unterschieden in *Nutzenproduzent, Risikoproduzent, Nutzenempfänger* und *Risikoträger* (Kapitel 4.2.1.3). Da in den Fallstudien deutlich wurde, dass die Stakeholder vor allem nutzenbezogene Beiträge leisten, also als Nutzenproduzent und Nutzenempfänger, wurde die Differenzierung entsprechend angepasst: in *nutzen*bezogene *(Nutzenproduzent* und *Nutzenempfänger)* und *risiko*bezogene Wertschöpfungsbeitragsarten (*Risikoproduzent* und *Risikoträger*), wobei die *nutzenbezogenen* Arten aufgrund ihrer größeren Relevanz als *primäre* Arten bezeichnet werden (Kapitel 6.5.1). Diese Differenzierung konnte auch in den Interviews bestätigt werden.

So wurde in der empirischen Exploration beispielsweise deutlich, dass *Kunden* von den integrationsbedingten Veränderungen profitieren (Beitrag als *Nutzenempfänger*), z. B. bei der Nutzung von Systemfunktionalitäten, die zuvor nicht implementiert waren. Umgekehrt sind aber auch viele Beispiele in den Fallstudien und Interviews aufgetaucht, die den Beitrag der *Kunden* als *Nutzenproduzent* belegen: Sie stellen Ressourcen bereit, um ihrerseits notwendige EDV-Veränderungen reibungslos umsetzen zu können. Die *Outsourcingpartner* fungierten teilweise als *Risikoproduzent*, wenn der Fortgang der Integrationsaktivitäten von ihren Arbeitsergebnissen abhing und sie diese nicht rechtzeitig liefern konnten. Als *Risikoträger* agierten beispielsweise wiederum die *Kunden*, da ihnen nicht garantiert werden konnte, dass sämtliche IT-Systemänderungen und Datentransfers ohne Schwierigkeiten durchgeführt werden können.

Der stakeholderbezogene Bezugspunkt *Wertschöpfungsbeiträge* wird daher im endgültigen Framework wie folgt untergliedert:

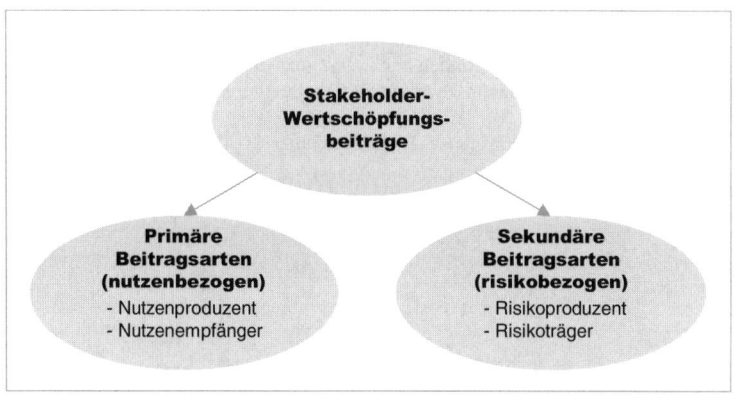

Abb. 8-6: Endgültige Untergliederung des stakeholderbezogenen Bezugspunktes *Stakeholder-Wertschöpfungsbeiträge* im endgültigen Framework

8.3.1.5 Zusammenfassende Darstellung der endgültigen Detailstruktur der stakeholderbezogenen Bezugspunkte

Auf Basis der vorangegangenen Ausführungen lassen sich die stakeholderbezogenen Bezugspunkte zusammenfassend wie folgt darstellen:

Abb. 8-7: Endgültige Detailstruktur der stakeholderbezogenen Bezugspunkte des Frameworks zum stakeholderorientierten Integrationsmanagement

Die endgültige Detaillierung der stakeholderbezogenen Bezugspunkte zeigt, dass es auf Bezugspunktebene keine Veränderungen zum aktualisierten Framework auf Basis der Fallstudienerkenntnisse gegeben hat. Zum anderen sind aber mit Hilfe der Erkenntnisse der Interviews für sämtliche Bezugspunkte Priorisierungen der entsprechenden Untergliederung bzw. Differenzierungsmerkmale möglich. Dieses Ergebnis zeigt, dass die Fallstudien bereits sehr gut gewählt waren, da sämtliche Bezugspunkte bei ihnen identifiziert werden konnten. Es bestätigt aber auch die Verwendung mehrerer Integrationsexperten mit unterschiedlichen Erfahrungen, da durch diese ein viel breiteres und differenzierteres Bild deutlich wurde. Dieses Bild hat erst die Priorisierungen der Differenzierungsmerkmale der Bezugspunkte ermöglicht.

Im nachfolgenden Abschnitt wird geklärt, ob die Fallstudien und das aktualisierte Framework bei den Gestaltungsaspekten eine ähnlich gute Basis gebildet haben.

8.3.2   Gestaltungsaspekte

Nachfolgend werden die spezifischen Untergliederungen der drei Gestaltungsaspektarten, *inhaltliche, prozessuale* und *institutionelle Gestaltungsaspekte,* erläutert.

8.3.2.1 Inhaltliche Gestaltungsaspekte

Im theoriegestützten und im aktualisierten Framework (Kapitel 6.5.2) existierte ein inhaltlicher Gestaltungsaspekt: *Gestaltung der Planungsprobleme.* Er umfasste wiederum die drei Gestaltungskategorien *Formulierung der Grundlagen der Integrationsplanung, Formulierung der Zielwelt* und *Formulierung von Konzeptions-/ Realisierungsmaßnahmen.* Diese Untergliederung konnte in den Interviews bestätigt werden und wird daher auch im endgültigen Framework verwendet.

Innerhalb dieser Untergliederung umfasste die Gestaltungskategorie *Formulierung der Grundlagen der Integrationsplanung* im theoriegestützten und aktualisierten Framework wiederum folgende vier Subgestaltungskategorien: *Akquisitions-/Integrationsziele*, *Wertsteigerungspotenziale*, *Ist-Unternehmensanalyse* und *Stakeholderanalyse*. Auch diese Subgestaltungskategorien konnten in den Interviews bestätigt werden.

Beispielsweise wurde in der empirischen Exploration deutlich, dass die Verantwortlichen maßgeblich an der Detaillierung und Bestimmung der Wertsteigerungspotenziale und damit auch der Integrationsziele durch die Anordnung bzw. Durchführung von entsprechenden Analysen mitwirkten (Beispiel für die Mitwirkung an der *Formulierung der Grundlagen der Integrationsplanung*). Die *Formulierung der Zielwelt* beeinflussten die Verantwortlichen z. B. dadurch, dass sie sich mit Kunden trafen und kundenspezifische Fragestellungen hinsichtlich des zukünftigen Dienstleistungs- und Produktspektrums erörterten und die hierbei erzielten Ergebnisse bei den weiteren Gestaltungsaktivitäten verwendeten, z. B. durch die Informationsweiterleitung an weitere Projektinstitutionen. Aus den Fallstudien und Interviews wurde ebenso deutlich, dass die Verantwortlichen bei der *Formulierung der Konzeptions-/Realisierungsmaßnahmen* mitwirkten, in dem sie beispielsweise maßgeblich die Projektorganisation, die Projektaufgaben und wesentliche Meilensteine mitbestimmten.

Darüber hinaus konnten in den Fallstudien und Interviews drei weitere Subgestaltungskategorien der Gestaltungskategorie *Formulierung der Grundlagen der Integrationsplanung* identifiziert werden: *Integrationsleitlinien*, *Entscheidungskriterien* und *Projektrisiken* (Kapitel 6.3.1.1 bzw. 7.3.1.1).

Damit ergibt sich folgende endgültige Detailstruktur für den inhaltlichen Gestaltungsaspekt, die sich mit der Struktur im aktualisierten Framework (Kapitel 6.5.2) deckt:

Inhaltlicher Gestaltungsaspekt	Gestaltungskategorien	Sub-Gestaltungskategorien
I. Gestaltung der Planungsprobleme	1. Formulierung der Grundlagen der Integrationsplanung	- Akquisitions/Integrationsziele - Wertsteigerungspotenziale - Ist-Unternehmensanalyse - Stakeholderanalyse - Integrationsleitlinien - Entscheidungskriterien - Projektrisiken
	2. Formulierung der Zielwelt	(Eine weitere Spezifizierung ist für das Framework nicht praktikabel.)
	3. Formulierung von Konzeptions-/Realisierungsmaßnahmen	(Eine weitere Spezifizierung ist für das Framework nicht praktikabel.)

Tab. 8-1:   Endgültige Detailstruktur des inhaltlichen Gestaltungsaspekts

Die aus den Fallstudien und Interviews ersichtliche hohe Relevanz, der inhaltliche Umfang und die Heterogenität der Gestaltungskategorie *Formulierung der Grundlagen der Integrationsplanung* rechtfertigt, dass sie weiter detailliert wird (mit Hilfe der sieben identifizierten Subgestaltungskategorien). Auf diese Vertiefung wird bei den übrigen Gestaltungskategorien verzichtet, da die Subgestaltungskategorien dieser Gestaltungskategorien weniger heterogen sind als bei der Gestaltungskategorie *Formulierung der Grundlagen der Integrationsplanung* bzw. um die Komplexität des Frameworks zu beschränken. So wären beispielsweise als Subgestaltungskategorien der Zielwelt folgende sechs Kategorien denkbar: Stakeholder, Strategie, Aufbauorganisation, Ablauforganisation, Systeme und Unternehmenskultur.

8.3.2.2 Prozessuale Gestaltungsaspekte

Die *Festlegung der integrationsrelevanten Prozessschritte*, die *Festlegung der Ausgestaltung der integrationsrelevanten Prozessschritte* und die *Festlegung der Implementierungsart der stakeholderbezogenen Prozessschritte* bildeten im theoriegestützten Framework die prozessualen Gestaltungsaspekte. Die ersten beiden Gestaltungsaspekte konnten in den Fallstudien und Interviews bestätigt werden. Bei der *Festlegung der Implementierungsart der stakeholderbezogenen Prozessschritte* stellte sich in den Fallstudien heraus, dass dieser Gestaltungsaspekt stets nur in einer einzigen Ausprägung vorkommt (integrierte Implementierung) und daher nicht von den Verantwortlichen gestaltet wird. Er wurde daher nach den Fallstudien aus dem Framework entfernt.

In den Fallstudien und Interviews wurde deutlich, dass die Verantwortlichen beispielsweise den Due Diligence Prozess, inklusive der einzelnen Prozessschritte explizit geplant haben (Beispiel für die Mitwirkung bei der *Festlegung der integrationsrelevanten Prozessschritte*). Des Weiteren haben die Verantwortlichen auch mitbestimmt, wann welche Meilensteine in der Integrationsphase erledigt sein müssen (Beispiel für die Mitwirkung bei der *Festlegung der Ausgestaltung der integrationsrelevanten Prozessschritte*).

Die theoriegestützten Gestaltungskategorien der ersten beiden Gestaltungsaspekte (*Festlegung der integrationsrelevanten Prozessschritte der Pre-Closingphase*, *Festlegung der integrationsrelevanten Prozessschritte der Post-Closingphase*, *Festlegung der Prozessbeteiligten* und *Festlegung der zeitlichen Prozessparameter*) konnten ebenfalls in beiden Explorationsstufen abgestützt werden.

Da keine zusätzlichen prozessualen Gestaltungskategorien und -aspekte gefunden wurden, besitzen die prozessualen Gestaltungsaspekte die folgende Detailstruktur, die der Struktur des auf Basis der Fallstudien aktualisierten Frameworks entspricht (Kapitel 6.5.2):

Prozessuale Gestaltungsaspekte	Gestaltungskategorien
II. Festlegung der integrationsrelevanten Prozessschritte	4. Festlegung der integrationsrelevanten Schritte der *Pre*-Closingphase
	5. Festlegung der integrationsrelevanten Schritte der *Post*-Closingphase
III. Festlegung der Ausgestaltung der integrationsrelevanten Prozessschritte	6. Festlegung der Prozessbeteiligten
	7. Festlegung der zeitlichen Prozessparameter

Tab. 8-2:   Endgültige Detailstruktur der prozessualen Gestaltungsaspekte

8.3.2.3 Institutionelle Gestaltungsaspekte

Die institutionellen Gestaltungsaspekte umfassten im theoriegestützten Framework die beiden Gestaltungsaspekte *Festlegung der Institutionenstruktur* und *Festlegung der Institutionenmitglieder*. Diese beiden Gestaltungsaspekte konnten in den Fallstudien und Interviews bestätigt werden.

So zeigten die Fallstudien und Interviews, dass die Verantwortlichen maßgeblich die Projektorganisation mitbestimmten, d. h. dass sie beispielsweise die Anzahl der Projektteams und ihre Aufgaben festlegten, und auch mitüberlegten, welche Stakeholder Mitglieder in den Projektinstitutionen sein sollten, um die Aufgaben abzuarbeiten.

Zusätzlich wurde die *Festlegung der Kommunikationsstruktur* als dritter institutioneller Gestaltungsaspekt in den Fallstudien und Interviews identifiziert.

So haben die Verantwortlichen z. B. dafür gesorgt, dass mit den wichtigsten Kunden und Outsourcingpartnern eigene Projektorganisationen etabliert wurden und hierbei systematisch alle vier bis sechs Wochen Besprechungen stattfanden.

Damit ergibt sich folgende Detailstruktur für die institutionellen Gestaltungsaspekte, die mit der Detailstruktur der institutionellen Gestaltungsaspekte im aktualisierten Framework (Kapitel 6.5.2) identisch ist:

Institutionelle Gestaltungsaspekte	Gestaltungskategorien
IV. Festlegung der Institutionenstruktur (inklusive Aufgaben der Institutionen)	**(Eine weitere Spezifizierung ist für das Framework nicht praktikabel.)**
V. Festlegung der Institutionenmitglieder	**(Eine weitere Spezifizierung ist für das Framework nicht praktikabel.)**
VI. Festlegung der Kommunikationsstruktur	**(Eine weitere Spezifizierung ist für das Framework nicht praktikabel.)**

Tab. 8-3:   Endgültige Detailstruktur der institutionellen Gestaltungsaspekte

Die institutionellen Gestaltungsaspekte werden nicht weiter detailliert, d. h. es wurden keine Gestaltungskategorien in dieser Arbeit erarbeitet, da die institutionellen Gestaltungsaspekte gegenüber den Gestaltungsaspekten der übrigen beiden Gestaltungsdimensionen die geringste Relevanz haben und um das Framework nicht zu überfrachten.

8.3.2.4 Übergeordnete Betrachtung der Gestaltungsaspekte

Aus den Fallstudien und Beispielen der Integrationsexperten ging hervor, dass die *inhaltlichen* Gestaltungsaspekte am relevantesten für das stakeholderorientierte Integrationsmanagement sind. Ebenso stellte sich heraus, dass die *institutionellen* Gestaltungsaspekte insgesamt am wenigsten relevant aus Sicht der Stakeholder sind. Die Bedeutung der *prozessualen* Gestaltungsaspekte lag zwischen denen der beiden anderen Gestaltungsaspektarten.

Damit das Framework diese unterschiedlichen Bedeutungen der Gestaltungsaspektarten widerspiegelt werden die *inhaltlichen* Gestaltungsaspekte als *primäre*, die *prozessualen* als *sekundäre* und die *institutionellen* Gestaltungsaspekte als *tertiäre* Gestaltungsaspekte im Framework gekennzeichnet.

8.3.2.5 Zusammenfassende Darstellung der endgültigen Detailstruktur der Gestaltungsaspekte

Auf Basis der vorangegangenen Ausführungen lässt sich die Detailstruktur der Gestaltungsaspekte zusammenfassend wie folgt darstellen:

Endgültige Gestaltungsdimensionen des stakeholderorientierten Integrationsmanagements

Primäre Gestaltungsaspekte	**Inhaltliche Gestaltungsdimension**	
	I. Gestaltung der Planungsprobleme	1. Formulierung der Grundlagen der Integrationsplanung[1]
		2. Formulierung der Zielwelt
		3. Formulierung der Konzeptions-/Realisierungsmaßnahmen
Sekundäre Gestaltungsaspekte	**Prozessuale Gestaltungsdimension**	
	II. Festlegung der integrationsrelevanten Prozessschritte	4. Festlegung der integrationsrelevanten Schritte der *Pre*-Closingphase
		5. Festlegung der integrationsrelevanten Schritte der *Post*-Closingphase
	III. Festlegung der Ausgestaltung der integrationsrelevanten Prozessschritte	6. Festlegung der Prozessbeteiligten
		7. Festlegung der zeitlichen Prozessparameter
Tertiäre Gestaltungsaspekte	**Institutionelle Gestaltungsdimension**	
	IV. Festlegung der Institutionenstruktur	
	V. Festlegung der Institutionenmitglieder	
	VI. Festlegung der Kommunikationsstruktur	

1 Enthält sieben Subgestaltungskategorien: Akquisitions-/Integrationsziele, Wertsteigerungspotenziale, Ist-Unternehmensanalyse, Stakeholderanalyse, Integrationsleitlinien, Entscheidungskriterien, Projektrisiken

Abb. 8-8: Endgültige Detailstruktur der Gestaltungsaspekte des Frameworks zum stakeholderorientierten Integrationsmanagement

Aus den obigen Ausführungen geht hervor, dass sich die Detailstruktur der Gestaltungsaspekte des Integrationsmanagements gegenüber dem aktualisierten Framework auf Basis der Fallstudien nicht geändert hat. Dieses Ergebnis bestätigt damit, dass das aktualisierte Framework bereits die Realität sehr gut abgebildet hat.

Hiermit ist das endgültige Framework detailliert vorgestellt. Diese Tatsache wird genutzt, um eine kurze Gesamtwürdigung des Frameworks zu geben, bevor die im Framework enthaltenen Ergebnisse und Erkenntnisse vor dem Hintergrund anderer Arbeiten reflektiert (Kapitel 8.5) und Implikationen für die Theorie abgeleitet werden (Kapitel 8.6).

8.4 Gesamtwürdigung des endgültigen Frameworks zum stakeholderorientierten Integrationsmanagement

Das endgültige Framework weist leichte Modifikationen und Erweiterungen gegenüber dem theoriegestützten und auf Basis der Fallstudien aktualisierten Framework auf. Am deutlichsten ist der vermeintliche Wegfall des Themenblocks ‚Stakeholderorientierung' sichtbar. Dieser Themenblock ist jedoch nicht tatsächlich weggefallen, da die modifizierten Untergliederungen der Bezugspunkte und Gestaltungsaspekte verdeutlichen, welche thematischen Aspekte verstärkt zu beobachten und zu bearbeiten sind, damit das Integrationsmanagement stakeholderorientiert ist.

Der relativ geringe Änderungsgrad gegenüber dem auf Basis der Fallstudien aktualisierten Framework bestärkt die Relevanz der im Framework enthaltenen thematischen Aspekte. Mit dem endgültigen Framework liegt daher eine Strukturierungshilfe vor, die Akquisitions- und

Integrationsverantwortliche für die Strukturierung und Ausrichtung ihrer Gestaltungsaktivitäten nutzen können, um die Erreichung der Akquisitions- und Integrationsziele, vor allem der Erschließung der stakeholderbezogenen Wertsteigerungspotenziale zu unterstützen.

Die zentrale Forschungsfrage ist mit diesem Framework beantwortet. Um die Bedeutung der gewonnenen Erkenntnisse und Ergebnisse besser zu verstehen, werden sie mit anderen Arbeiten verglichen (Kapitel 8.5) und für die Ableitung von Implikationen für die Theorie verwendet (Kapitel 8.6). Entsprechende Implikationen für die Praxis folgen nach der Beantwortung der für die Praxis relevanten Detailforschungsfrage hinsichtlich der ableitbaren Hinweise für besonders stakeholderorientierte Gestaltungsaktivitäten (Kapitel 9.6).

8.5   Diskussion der Ergebnisse

Um die Aussagekraft und Bedeutung der in den Fallstudien und Interviews mit den Integrationsexperten gewonnenen Erkenntnisse und Implikationen weiter zu verbessern, werden sie mit den Erkenntnissen anderer Forschungsarbeiten verglichen (Kapitel 8.5.1 – 8.5.2). Durch eine solche Einordnung der Ergebnisse der Arbeit können diese zusätzlich validiert werden. Zugleich wird durch die Einordnung deutlich, in welchen Bereichen die Arbeit Erkenntnisse generiert hat, die bisher nicht explizit im Fokus anderer Arbeiten gestanden haben. Die Implikationen, die sich aus den Ergebnissen der Arbeit für die Theorie ableiten lassen, werden anschließend aufgeführt (Kapitel 8.6). Implikationen für die Praxis und Ansätze für weitere Forschungsvorhaben folgen später (Kapitel 9.6 bzw. 10.5).

Entsprechend dem Aufbau des endgültigen Frameworks werden die Ergebnisse der Arbeit diskutiert. Zunächst folgt die Diskussion der Ergebnisse zu den Bezugspunkten (Kapitel 8.5.1), danach die Diskussion der Ergebnisse zu den Gestaltungsdimensionen (Kapitel 8.5.2).

8.5.1   Diskussion der Ergebnisse zu den Bezugspunkten

8.5.1.1 Stakeholder-Ursprungsebenen

Dominanz der Ursprungsebenen ‚Ressourcenbasis' und ‚Branchenstruktur'

Hinsichtlich des Bezugspunktes *Stakeholder-Ursprungsebenen* ist ein wesentliches Ergebnis der Arbeit, dass nicht alle drei Stakeholder-Ursprungsebenen, die im Stakeholder View-Konzept enthalten sind (Post/Preston/Sachs 2002: 55) die gleiche Relevanz für das Integrationsmanagement haben, sondern dass die Ursprungsebenen *Ressourcenbasis* und *Branchenstruktur* wesentlich häufiger auftreten als die Ursprungsebene der *sozialpolitischen Arena*.

Dieses Ergebnis wird durch Hawranek (2004: 67f.) bestätigt. Er hat in seiner Arbeit die Schnittstellen zwischen sämtlichen Beteiligten im Zusammenschlussprozess analysiert. Hierbei zählt er neben unterschiedlichen Mitarbeitergruppen, die aus dieser Arbeit ausgegrenzt sind, 17 verschiedene Gruppen auf, die am Zusammenschlussprozess beteiligt sind und diesen beeinflussen. Diese stellen im Sinne dieser Arbeit Stakeholder des Zusammenschlussprozesses dar (Kapitel 1.1.1). Ordnet man diese 17 Gruppen entsprechend der von Post/Preston/ Sachs (2002: 54f.) verwendeten Systematik, so lassen sich lediglich zwei von seinen Gruppen, *Öffentliche Institutionen* und *(Sozial-)Verbände*, grundsätzlich der *sozialpolitischen Arena* zuordnen. Aus der Zuordnung folgt auch, dass fünf Gruppen der *Ressourcenbasis* angehören, wie z. B. *Kunden*, *Kreditinstitute* und *Aufsichtsrat*, und 10 Gruppen der *Branchenstruktur*. Unter letztere fallen beispielsweise *Unternehmens-, Steuerberater* oder *Wirtschaftsprüfer*.

Im Kapitel 11.5.1 ist diese Zuordnung einsehbar. Diese Verhältnisse zeigen damit deutlich, dass die Stakeholder der sozialpolitischen Arena auch bei seiner umfassenden (Literatur-) Analyse der Stakeholder des Zusammenschlussprozesses die geringste Relevanz haben. Die diesbezügliche Erkenntnis der Arbeit stimmt also mit dem Ergebnis von Hawranek überein.

Relative gleiche Relevanz der ‚Ressourcenbasis' und der ‚Branchenstruktur'

Bei Hawranek geht aus der Zuordnung der Stakeholder zu den Ursprungsebenen ebenfalls hervor, dass die meisten Stakeholder der *Branchenstruktur* angehören (2004: 67f.). Dieses Ergebnis entspricht damit zunächst *nicht* dem Ergebnis dieser Arbeit, dass jeweils ungefähr gleich viele Stakeholder eines Zusammenschlusses grundsätzlich der *Ressourcenbasis* und der *Branchenstruktur* entstammen. Die Ursache für diese scheinbare Diskrepanz liegt in der unterschiedlichen Zusammenfassung von Beteiligten zu einem Stakeholdertyp. So wurden in dieser Arbeit *Unternehmensberater, Investmentberater* und *Juristen* unter dem Stakeholdertyp *M&A-Experten* zusammengefasst. Nimmt man eine ähnliche Zusammenfassung bei der Auflistung und Zuordnung von Hawranek (2004: 67f.) vor, so können schließlich vier Stakeholdertypen der Branchenstruktur zugeordnet werden: *M&A-Experten, Lieferanten, (Branchen-)Verbände* und *Gewerkschaften*. Damit sind bei ihm fünf Stakeholdertypen der *Ressourcenbasis* und vier Stakeholdertypen der *Branchenstruktur* bei Zusammenschlüssen relevant. Diese ungefähr gleiche Anzahl steht damit im Einklang mit dem diesbezüglichen Ergebnis dieser Arbeit.

Einfluss der Stakeholder-Ursprungsebene auf die Gestaltungsaktivitäten der Verantwortlichen

Hinsichtlich des Ergebnisses, dass die Ursprungsebene eines Stakeholders einen Einfluss auf die Gestaltungsaktivitäten der Verantwortlichen hat, ist dem Autor keine Arbeit bekannt, die diesen Zusammenhang untersucht hat. Allerdings wird dieses Ergebnis grundsätzlich durch die Basisprinzipien des Resource-Based-View (RBV) und des Industry-Structure-View (ISV) gestützt.

Da der RBV auf dem Resources-Conduct-Performance-Paradigma und der ISV auf dem Structure-Conduct-Performance-Paradigma beruht (Becker 2005: 161f), verwenden beide Paradigmen unterschiedliche Managementaktivitäten, um einen Wettbewerbsvorteil zu erzielen. Anders formuliert: Möchte ein Unternehmen bzw. dessen Management Wettbewerbsvorteile entsprechend der RBV erzielen, wird es sich auf Stakeholder der *Ressourcenbasis* konzentrieren und entsprechende Gestaltungsaktivitäten ergreifen, um einzigartige Ressourcenbündel zu erzeugen und um damit Wettbewerbsvorteile zu generieren. Umgekehrt wird sich ein Unternehmen, das von der Gültigkeit des ISV zur Erzielung von Wettbewerbsvorteilen ausgeht, auf die Stakeholder der *Branchenstruktur* fokussieren und entsprechende Gestaltungsaktivitäten durchführen, die zur überlegenen Positionierung des Unternehmens und damit zu Wettbewerbsvorteilen führen.

Aus dieser Logik folgt, dass die Verantwortlichen in Abhängigkeit vom verfolgten Managementansatz und entsprechend unterschiedlichem Stakeholderfokus andere Gestaltungsaktivitäten ergreifen werden. Genau diese Erkenntnis wurde in den Fallstudien und den Beispielen der Integrationsexperten deutlich: In Abhängigkeit von der Ursprungsebene wurden Gestaltungsaktivitäten ergriffen. Die Ursprungsebene hatte damit einen Einfluss auf die Gestaltungsaktivitäten der Verantwortlichen. Sie bildete insofern einen Bezugspunkt für das Integrationsmanagement.

Die Erkenntnis, dass die Stakeholder-Ursprungsebene einen Bezugspunkt darstellt, ist also vor dem Hintergrund der Gültigkeit des RBV und des ISV nachvollziehbar. Sie bedeutet damit aber auch, dass die Verantwortlichen der Fallstudien und der Interviewbeispiele stets beide Managementansätze verfolgt haben, da sie Gestaltungsaktivitäten ergriffen haben, die sowohl Stakeholder der *Ressourcenbasis* als auch der *Branchenstruktur* umfassten. Da die Verantwortlichen jedoch auch Gestaltungsaktivitäten ergriffen haben, die auf der Existenz und Kenntnis von Stakeholdern der *sozialpolitischen Arena* beruhen, bestätigt diese Arbeit auch die grundsätzliche Gültigkeit des Stakeholder View-Konzepts (SHV, Post/Preston/Sachs 2002: 56f.). Wie in Kapitel 2.2.2 erläutert, geht es davon aus, dass Stakeholder sämtlicher drei Ursprungsebenen für die Erzielung von Wettbewerbsvorteilen notwendig sind. Diese Notwendigkeit wurde von den Verantwortlichen gesehen: Sie haben Stakeholder aus sämtlichen drei Ursprungsebenen als relevant für das Integrationsmanagement betrachtet und entsprechende Gestaltungsaktivitäten ergriffen.

8.5.1.2 Bedeutung der Stakeholdertypen für die Integration

Relativ hohe Bedeutung der Kunden

Da die Erschließung von zusammenschlussbedingten Wertsteigerungspotenzialen im Fokus der Arbeit steht und diese Erschließung meist eines der wichtigsten Akquisitions-/Integrationsziele darstellt, hat dieser Aspekt in den Dokumenten und Interviews den größten Raum eingenommen. Eine häufige Erwähnung eines Stakeholders bedeutete daher eine hohe Relevanz hinsichtlich der Erreichung dieses Akquisitions-/Integrationsziels und damit auch für das Integrationsmanagement bzw. allgemein für die Integration. Da die *Kunden* in den beiden Explorationsstufen am meisten genannt wurden, hatten sie entsprechend die größte Bedeutung für die Integration, d. h. für das Integrationsmanagement bzw. die Erschließung solcher Wertsteigerungspotenziale.

Diese herausgehobene Stellung der *Kunden* für das Integrationsmanagement wird durch die Arbeit von Homburg/Bucerius (2004: 153f.) untermauert. Sie ermittelten, dass das Management der Kundenbeziehungen während eines Zusammenschlusses den Integrationserfolg sehr stark beeinflusst. Entsprechend schlagen sie ein marktorientiertes Integrationsmanagement vor, das bei sämtlichen Entscheidungen die Nutzengenerierung für die Kunden betrachtet (Homburg/Bucerius 2004: 155f.).

Einteilung der Stakeholdertypen in mehrere Gruppen / Relativ hohe Bedeutung der Outsourcingpartner und Gesellschafter/Aktionäre

Das Ergebnis dieser Arbeit, dass die *Outsourcingpartner* und die *Gesellschafter/Aktionäre* ebenfalls eine relativ hohe Bedeutung für die Integration hatten und das Ergebnis, dass die Stakeholdertypen entsprechend ihrer Bedeutung in mehrere Gruppen eingeteilt werden können, wird von Sachs/Rühli (2006: 40) unterstützt. Sie untersuchten drei Telekommunikationsunternehmen hinsichtlich ihrer Stakeholder. Hierbei zeigte sich, dass die *Kunden* zusammen mit den *Mitarbeitern* am häufigsten erwähnt wurden (17 – 20 % der Nennungen). Mit Abstand folgte eine zweite Gruppe (7 – 11 % der Nennungen), in der sich u. a. *Investoren* und *Business Partner* befanden. Aufgrund der relativen Häufigkeiten lässt sich bei Sachs/Rühli eine dritte Gruppe (Stakeholdertypen mit 2 – 3 % der Nennungen) sowie eine vierte Gruppe mit allen übrigen Stakeholdern bilden (16 % der Nennungen). Die von Sachs/Rühli ermittelten Werte zeigen die hervorgehobene Relevanz der *Kunden*, sowie abgeschwächt der *Investoren*, also u. a. *Aktionäre/Gesellschafter*, und der *Business Partner*, in dieser Arbeit *Outsourcingpartner* genannt. Sie bestätigen damit die Ergebnisse dieser Arbeit.

Lediglich die *lokalen politischen Akteure*, die in dieser Arbeit der zweiten Gruppe von Stakeholdern angehören, spielen bei den von Sachs/Rühli untersuchten Unternehmen eine geringere Rolle: sie, *Government und Politicians*, liegen mit 3 % bzw. 2,2 % in der dritten Gruppe von Stakeholdern. Die Ursache für den Unterschied mag darin liegen, dass Sachs/Rühli ausschließlich Unternehmen in der Schweiz untersuchten, in denen die Bedeutung der *lokalen politischen Akteure* hinsichtlich der Erreichung der Akquisitions-/Integrationsziele begrenzt ist. Die Beispiele der Integrationsexperten dieser Arbeit stammten u. a. aus China. Dort ist es sehr gut nachvollziehbar, dass die *lokalen politischen Akteure* einen bedeutenden Einfluss auf den Integrationserfolg ausüben können.

Eine ähnliche Einteilung der Stakeholdertypen hat Clarkson (1995: 106f.) vorgenommen. Er unterscheidet primäre und sekundäre Gruppen. Zu den primären Stakeholdern zählt er solche Stakeholder, ohne deren kontinuierliche Teilnahme ein Unternehmen nicht überleben kann. Typischerweise zählt er hierzu Aktionäre und Investoren, Mitarbeiter, Kunden und Lieferanten. Sekundäre Stakeholder sind entsprechend Stakeholder, die nicht kritisch für das Überleben des Unternehmens sind. Die Einteilbarkeit der Stakeholder gemäß ihrer Bedeutung wird durch die diesbezügliche Erkenntnis der Arbeit bestätigt.

Einfluss der Bedeutung der Stakeholdertypen auf die Gestaltungsaktivitäten der Verantwortlichen

In dieser Arbeit konnte gezeigt werden, dass die *Bedeutung eines Stakeholders für die Integration* einen Einfluss auf die Gestaltungsaktivitäten der Verantwortlichen hat. Eine Arbeit, die einen solchen Zusammenhang empirisch untersucht hat, existiert nach bestem Wissen des Autors nicht. Ebenso ist keine Arbeit bekannt, die sich allgemeiner damit auseinandergesetzt hat, inwiefern sich die Gestaltungsaktivitäten von Managern in Abhängigkeit von der Bedeutung eines Stakeholders für ein Unternehmen verändern.

Zur Stützung dieser Erkenntnis der Arbeit wird auf die obigen Ausführungen zum RBV und ISV verwiesen: Da stakeholderspezifische Aktivitäten von den Verantwortlichen ergriffen werden und da je nach Sichtweise der Verantwortlichen (RBV vs. ISV) andere Stakeholder als bedeutender betrachtet werden, ergreifen die Manager andere Gestaltungsaktivitäten. Beispielsweise wird eine Führungskraft, die entsprechend dem RBV handelt, *Mitarbeiter* als wesentlich relevanteren Stakeholder für den Unternehmenserfolg bezeichnen als die *Lieferanten*. Ein solcher Verantwortlicher wird entsprechend mehr Ressourcen verwenden, die sich mit den *Mitarbeitern* befassen, als Ressourcen, die sich mit den *Lieferanten* beschäftigen. Die Bedeutung des Stakeholders für den Unternehmenserfolg hat insofern einen Einfluss auf die Gestaltungsaktivitäten der Verantwortlichen. RBV und ISV stützen daher das Ergebnis dieser Arbeit, dass die *Bedeutung eines Stakeholders für die Integration* einen Einfluss auf die Gestaltungsaktivitäten der Verantwortlichen hat.

8.5.1.3 Stakeholderinteressen

Dominanz der inhaltlichen Interessen gegenüber anderen Interessensarten

Das Ergebnis, dass Stakeholder vor allem *inhaltliche Interessen* und weniger *institutionelle, prozessuale* oder *sonstige Interessen* haben, bestätigt die Quellen, die bei der Erarbeitung dieses Bezugspunktes genannt wurden (Kapitel 4.2.1.2: Harrison/St. John 1994: 62; Hawranek 2004: 75). Die Bedeutung der *inhaltlichen Interessen* für die Stakeholder wird zusätzlich von Salecker (1995: 130) unterstützt. Er untersuchte in seiner Arbeit den Kommunikationsauftrag bei Zusammenschlüssen am Beispiel der Akquisition der Hoesch AG durch die Krupp GmbH. Hierbei listet er u. a. die Ziele der Stakeholder auf. So ist beispielsweise die Stadt Dortmund an der Sicherung der Arbeitsplätze in Dortmund interessiert und der Aufsichtsrat/Vorstand der Hoesch AG möchte das eigene Strategie-Konzept „Hoesch 2000" durchführen. Diese beiden Interessen betreffen jeweils die *Formulierung der Zielwelt*. Sie stellen also ein *inhaltliches Interesse* dar. Lediglich die WestLB als Hausbank der Krupp GmbH befürwortet jedes „vernünftige" Konzept und formuliert damit kein *inhaltliches Interesse*, sondern ist letztlich am langfristigen Erfolg des Unternehmensverbundes interessiert. Dieses Interesse lässt sich als ein Interesse an der Langfristigkeit der Geschäftsbeziehung interpretieren und damit den *sonstigen Interessen* zuordnen. Aus keinen der übrigen bei ihm aufgelisteten Stakeholdercharakterisierungen geht ein *prozessuales* oder *institutionelles Interesse* der Stakeholder hervor. Die Bedeutung der *inhaltlichen Interessen* der Stakeholder gegenüber anderen Interessensarten wird damit also tendenziell bestätigt.

Relevanz der prozessualen und institutionellen Interessen

Wie bereits in Kapitel 4.2.1.2 erwähnt, sind keine Arbeiten bekannt, die sich mit den prozessualen oder institutionellen Interessen der Stakeholder bei Zusammenschlüssen beschäftigen, so dass kein diesbezüglicher Ergebnisvergleich möglich ist.

Einfluss der Stakeholderinteressen auf die Gestaltungsaktivitäten der Verantwortlichen

Die Erkenntnis, dass die *Stakeholderinteressen* die Gestaltungsaktivitäten der Verantwortlichen beeinflussen, stimmt ebenfalls mit den Ergebnissen von Salecker (1995: 130f.) überein. In seiner konzeptionellen Arbeit leitet er sämtliche Kommunikationsmaßnahmen der Verantwortlichen auf Basis der Stakeholdercharakterisierungen, die u. a. die Ziele und damit die Interessen der Stakeholder enthalten. Die diesbezügliche Erkenntnis der Arbeit wird also durch Salecker bestätigt.

8.5.1.4 Wertschöpfungsbeiträge der Stakeholder

Dominanz der nutzenbezogenen Beitragsarten

Die Ergebnisse, dass die Stakeholder auf alle vier Arten Beiträge und hierbei vor allem *nutzenbezogene* Beiträge leisten, bestätigen teilweise die Ergebnisse von Sachs/Rühli (2006: 18). Sie fanden für drei Unternehmen der schweizerischen Telekommunikationsindustrie heraus, dass die meisten Stakeholder als *Nutzenempfänger* Beiträge leisten und in geringerem Maße als *Risikoproduzent* oder *Risikoträger*. Der Beitrag der Stakeholder als *Nutzenproduzent*, konkret als Wissenslieferant, war insgesamt bei ihrer Untersuchung kaum ausgeprägt. Mit diesen Ergebnissen wird zumindest die Erkenntnis dieser Arbeit bestätigt, dass die *nutzenbezogenen Beiträge* insgesamt überwiegen.

Anders jedoch als in dieser Arbeit dominieren bei Sachs/Rühli die Beiträge der Stakeholder als Nutzen*empfänger*. Die Ursache für diesen Unterschied kann darin gesehen werden, dass der Fokus der Untersuchungen unterschiedlich war: Während Sachs/Rühli die grundsätzlichen Beiträge der Stakeholder über einen großen Zeitraum betrachtet haben, konzentriert sich diese Arbeit lediglich auf ein einziges, zeitlich meist relativ kurzes Ereignis gegenüber der Unternehmensgeschichte, auf den Akquisitions- und Integrationsprozess. Die Ergebnisse von Sachs/Rühli und dieser Arbeit müssen sich daher nicht wirklich widersprechen: Wäre in dieser Arbeit die Vergangenheit der beteiligten Unternehmen ebenfalls abgefragt und ausgewertet worden, hätte durchaus insgesamt herauskommen können, dass die Stakeholder mehr Nutzen*empfänger* als Nutzen*produzent* sind, so dass das Ergebnis dieser Arbeit durch Sachs/Rühli bestätigt wäre.

Hinsichtlich des Ergebnisses dieser Arbeit, dass die *Beitragsart der Stakeholder* die Gestaltungsaktivitäten der Verantwortlichen beeinflusst, existiert nach bestem Wissen des Autors keine empirische Arbeit, die diesen Aspekt bisher untersucht hat. Allerdings bestätigt dieses Ergebnis den Ansatz von Löw/Weide (2000: 244f.). Diese Autoren segmentieren konzeptionell die Stakeholder auf Basis ihres Inputs für die Produktion von Bankprodukten, also ihres Beitrags für die Wertschöpfung. In Abhängigkeit von diesen Inputs bzw. diesen Stakeholdersegmentierungen ermitteln sie entsprechende Stakeholderinteressen. Diese wandeln sie anschließend in Werttreiber für die Stakeholder um und setzen diese als Steuerungsgrößen für die Bank ein. Damit bilden letztlich die Beiträge der Stakeholder bei ihnen die Grundlage für die Steuerung der Bank und damit für die Gestaltungsaktivitäten der Verantwortlichen, so dass das diesbezügliche Ergebnis dieser Arbeit bestätigt wird.

Diese Ausführungen zeigen, dass die einzelnen Ergebnisse zu den Bezugspunkten zum größten Teil durch andere Arbeiten gestützt sind bzw. diese bestätigen oder bisher noch nicht explizit thematisiert worden sind. Es stellt sich die Frage, ob auch die Ergebnisse zu den Gestaltungsdimensionen ähnlich umfangreich mit den Ergebnissen anderer Arbeiten übereinstimmen bzw. aus ihnen hergeleitet werden können.

8.5.2 Diskussion der Ergebnisse zu den Gestaltungsdimensionen

Die Ergebnisse zu den Gestaltungsdimensionen werden getrennt für jede Gestaltungsdimension und anschließend gestaltungsdimensionsübergreifend diskutiert.

8.5.2.1 Inhaltliche Gestaltungsdimension

Das Ergebnis, dass sämtliche theoriegestützten Planungsprobleme, also *Akquisitions-/Integrationsziele, Ist-Unternehmensanalyse, Wertsteigerungspotenziale* und *Stakeholderanalyse*, in der Praxis tatsächlich beim Integrationsmanagement relevant sind, bestätigt die entsprechenden Arbeiten in diesen Aspekten.

So wird hinsichtlich der *Akquisitions-/Integrationsziele* die empirische Erkenntnis von Bauch (2004: 174f.) vollumfänglich durch diese Arbeit unterstützt. In ihren Fallstudien findet sie heraus, dass die Integrationsverantwortlichen ihre Aktivitäten an den strategischen Absichten der Transaktion ausrichten.

Analog wird Steinbock (2000: 38) hinsichtlich der *Ist-Unternehmensanalyse* bestätigt: Im Rahmen des Fallbeispiels des Mergers zwischen der Schweizerischen Bankgesellschaft und dem schweizerischen Bankverein zur UBS AG zeigte er, dass die Verantwortlichen die bestehenden IT-Systeme analysiert und hinsichtlich drei Kriterien bewertet haben, um das zukünftige gemeinsame IT-System zu bestimmen. Die Verantwortlichen haben also diesen Aspekt der Ist-Unternehmensanalyse mitgestaltet.

Durch das Ergebnis dieser Arbeit hinsichtlich der *Ist-Unternehmensanalyse* ist auch die Beobachtung von Gerds/Schewe (2004: 129) nachvollziehbar: Sie zeigten bei ihrer empirischen Untersuchung, dass einige Unternehmen die Verantwortlichen speziell auf dem Gebiet der „Aufnahme der Geschäftsprozesse" (Process Mapping) geschult haben, damit die Verantwortlichen die Geschäftsprozesse systematisch während der Integrationsphase aufnehmen können. Entsprechend haben die Verantwortlichen in diesen Fällen wie auch in den Fallstudien dieser Arbeit an der Ist-Unternehmensanalyse mitgewirkt.

Hinsichtlich der Mitgestaltung der *Wertsteigerungspotenziale* wird die Erkenntnis von Bauch (2004: 230) bestätigt: Wie in Kapitel 3.3.3.1 erwähnt, fand sie heraus, dass die Verantwortlichen frühzeitig Studien zur Identifizierung und Bewertung von Synergiepotenzialen durchführen.

Die Erkenntnis, dass die Verantwortlichen der Fallstudien implizit eine *Stakeholderanalyse* durchgeführt haben, d. h. Stakeholder identifiziert, charakterisiert und entsprechend Aktivitäten ergriffen haben, kann durch keine sonstige *empirische* Arbeit gestützt oder widerlegt werden. Sie bestätigt aber den diesbezüglichen Ansatz von Salecker, der in seiner konzeptionellen Arbeit eine explizite *Stakeholderanalyse* bei Zusammenschlüssen mit Bestimmung der jeweiligen Interessen vorschlägt, um entsprechende Kommunikationsmaßnahmen zu bestimmen (1995: 140f.).

Zusätzlich wurde in dieser Arbeit ermittelt, dass die Verantwortlichen *Integrationsleitlinien* mitgestalten und dass diese die weiteren Gestaltungsaktivitäten der Verantwortlichen beeinflussen. So bestand in einer Fallstudie eine Leitlinie darin, die zukünftig zentral und dezentral zu erbringenden Funktionen festzulegen. Diese Gestaltungsmöglichkeit der Verantwortlichen ist bisher nach Wissen des Autors ebenfalls nicht in der Akquisitionsforschung explizit eigenständig thematisiert worden. Eine Ursache hierfür könnte darin liegen, dass solche Leitlinien bei anderen Autoren unter den *Akquisitions-/Integrationszielen* subsummiert wurden, die meist sehr früh mit den Verantwortlichen festgelegt werden. In der Stakeholder Management-Forschung ist ein ähnlicher Aspekt jedoch thematisiert worden: die Etablierung von gemeinsamen Zielen, um vertrauensvolle Beziehungen zwischen Unternehmen und Stakeholder zu erzielen (Svendsen 1998: 69). Solche Ziele können Integrationsleitlinien darstellen, wenn sie mit den Stakeholdern zusammen erarbeitet worden sind. Dieser Aspekt im Ansatz von Svendsen zum Aufbau von kollaborativen Stakeholderbeziehungen konnte also durch diese Arbeit bestätigt werden.

Hinsichtlich der in beiden Explorationsstufen identifizierten Subgestaltungskategorie *Entscheidungskriterien* konnte die Arbeit von Gates/Very (2003: 178) identifiziert werden, die in einer Fallstudie kurz erwähnt, dass die Verantwortlichen Kriterien für die Stellenbesetzung entwickelt haben. Eine weitere Arbeit, die sich mit Entscheidungskriterien beschäftigt, stammt von Topp (1999). Er untersucht umfassend den Entscheidungsprozess in der Pre-Closingphase bei Zusammenschlüssen von Banken. Hierbei nennt er den Kapitalwert, also die Differenz zwischen den zu erwartenden Erträgen und Kosten einer Fusion, als das Entscheidungskriterium für bzw. gegen eine Fusion, das die Verantwortlichen verwenden sollen (Topp 1999: 36). Die Bestimmung weiterer Entscheidungskriterien wird bei ihm jedoch ebenfalls nicht thematisiert.

Als Ursache, warum die Entscheidungskriterien bisher nicht stärker untersucht wurden, kommt ihre mangelnde Eingrenzbarkeit in Betracht: Im Laufe einer Integration sind mehrere Tausend Entscheidungen zu treffen und pro Entscheidung sind wiederum gegebenenfalls mehrere Kriterien zu bestimmen. Eine wissenschaftliche Untersuchung müsste daher auf wenige Entscheidungen fokussiert sein, damit sie durchgeführt werden könnte. Damit würde die Arbeit jedoch nur einen marginalen Ausschnitt des Integrationsmanagements betrachten, so dass die Relevanz der Arbeit für die Weiterentwicklung des Integrationsmanagements begrenzt wäre. Damit bildet die Analyse gewisser Entscheidungskriterien lediglich einen sehr begrenzten Anreiz für eine wissenschaftliche Untersuchung und ist eventuell deshalb bisher unterblieben.

Die neu identifizierte Subgestaltungskategorie *Projektrisiken* wurde bisher ebenfalls kaum in der Akquisitionsforschung thematisiert. Lediglich Mitchell (1989: 48) erwähnt, dass die Gefahren für die Integration meist nicht beachtet werden. Er bestätigt damit zumindest, dass die Bestimmung der Projektrisiken eine mögliche Gestaltungsaktivität darstellen kann. Diese Subgestaltungskategorie unterstützt selbst wiederum Ansätze der Projektmanagement-Literatur. Entsprechend den Prinzipien des Project Management Institute bildet das Risikomanagement eines von neun Gestaltungsfeldern des Projektmanagements (Gartner/Wuttke 2000: 147f.). Diese Tatsache unterstützt damit die Erkenntnis der Arbeit, dass die *Projektrisiken* von den Verantwortlichen mitgestaltet werden.

Die *Formulierung der Zielwelt* hingegen bildet, wie in den Ausführungen in Kapitel 3.3.3.2 aufgezeigt, eine Gestaltungsaktivität, die in sehr vielen Arbeiten der Akquisitionsforschung ausführlich diskutiert wird, z. B. Jansen (2001), Pablo (1994), Scheiter (1989). Diese Aktivitäten werden durch die diesbezügliche Erkenntnis dieser Arbeit bestätigt.

Analog verhält es sich mit der Subgestaltungskategorie *Formulierung von Konzeptions-/Realisierungsmaßnahmen*. Die diesbezüglichen Gestaltungsaktivitäten der Verantwortlichen werden in der Akquisitionsforschung meist unter dem Aspekt der Erstellung eines Integrationsplans thematisiert (Bauch 2004: 76; Hase 1996: 76f.; Waco/Wery 2004: 48). Die entsprechend in den Explorationsstufen ermittelten Gestaltungsaktivitäten stehen damit in Einklang mit den Erkenntnissen solcher Arbeiten.

Es bleibt damit festzuhalten, dass diese Arbeit bezüglich der inhaltlichen Gestaltungsdimension entweder einzelne Ergebnisse bestätigt hat, die bereits in anderen Arbeiten erzielt worden sind, oder Ergebnisse generiert hat, die bisher noch nicht stark thematisiert wurden, wie z. B. die Bedeutung der Stakeholderanalyse, der Entscheidungskriterien und der Projektrisiken als Gestaltungskategorien der Verantwortlichen.

Im nächsten Abschnitt wird analog untersucht, inwiefern die Ergebnisse hinsichtlich der prozessualen Gestaltungsdimension durch andere Arbeiten gestützt werden können.

8.5.2.2 Prozessuale Gestaltungsdimension

In den Explorationsstufen konnte gezeigt werden, dass die Verantwortlichen die *integrationsrelevanten Schritte der Pre-Closingphase festlegen*. Diese Gestaltungskategorie ist nach Wissen des Autors bisher nicht expliziter Fokus einer *empirischen* Arbeit gewesen. Die Existenz dieser Gestaltungskategorie in den untersuchten Zusammenschlüssen bestätigt aber *konzeptionelle* Arbeiten der Akquisitionsforschung dahingehend, dass sich die Pre-Closingphase in eine Reihe von (integrationsrelevanten) Schritten aufteilen lässt und diese entsprechend von den Verantwortlichen im Rahmen des Integrationsmanagements festgelegt werden müssen (Wirtz 2003: 119f.). So unterscheiden Lucks/Meckl (2002: 73f.) insgesamt zwölf integrationsrelevante Schritte in ihrem prozessorientierten Integrationsmanagementkonzept, z. B. das Screening potenzieller Akquisitionsobjekte, die Erstellung eines Führungskonzepts für den Unternehmensverbund, die Durchführung einer Due Diligence und die Erstellung eines Pre-Closing-Integrationsplans. Dieser Ansatz und das hier betrachtete Ergebnis dieser Arbeit stimmen insofern überein: Im Rahmen des Integrationsmanagements müssen die Schritte der Pre-Closingphase festgelegt werden, damit sie systematisch ablaufen kann.

Die Erkenntnis dieser Arbeit, dass die *integrationsrelevanten Schritte der Post-Closingphase* von den Verantwortlichen *festgelegt* werden, bestätigt ebenfalls die Ergebnisse mehrerer Arbeiten. So haben Gates/Very (2003: 178) im Zusammenhang mit der Fragestellung, wann und wie der Integrationserfolg gemessen werden kann, ein Unternehmen identifiziert, in dem vor dem Closing einer Akquisition ein kompletter Integrationsplan von den Verantwortlichen aufgestellt und genehmigt wird. Dieser enthält sämtliche Schritte der Post-Closingphase, inklusive Verantwortliche, Starttermin, Fertigstellungszeitpunkt der Meilensteine und Namen der beteiligten Personalressourcen. Die Verantwortlichen haben hier also sehr detailliert die integrationsrelevanten Schritte der Post-Closingphase festgelegt. Die *Festlegung der integrationsrelevanten Schritte der Post-Closingphase* bilden bei Hartmann (2002: 65) sogar einen expliziten Bestandteil seiner Integrationsplanungsdefinition, die er für die Untersuchung von Integrationen von Unternehmen in den neuen Bundesländern verwendet. Es zeigt sich also, dass die Festlegung der integrationsrelevanten Schritte der Post-Closingphase als Gestaltungsaktivität der Verantwortlichen bereits etabliert ist.

Die Tatsache, dass die Verantwortlichen die *Prozessbeteiligten festlegen*, steht ebenfalls im Einklang mit der Arbeit von Gates/Very (2003: 178): Wie gerade erwähnt, enthielt der vorgefundene Integrationsplan die Namen der beteiligten Personalressourcen. Die Verantwortlichen haben also für jeden Prozessschritt festgelegt, wer zu beteiligen ist. Die diesbezügliche Erkenntnis dieser Arbeit bestätigt auch die konzeptionellen Arbeiten von Hawranek (2004) und Wirtz (2003). Hawranek untersuchte die Schnittstellen bei Zusammenschlüssen und stellte fest, dass die Verantwortlichen im Rahmen des Integrationsmanagements eine Reihe von Gruppen prozessual beteiligen (2004: 67f.). Wirtz baut sogar ein „Kundenmanagement" in sein Integrationsmanagementkonzept ein (2003: 379f.). Im Rahmen dieses Kundenmanagements betont er, dass die Kunden *„eng in die unternehmensinternen Abläufe und Veränderungsprozesse integriert werden"* (Wirtz 2003: 382) müssen, z. B. durch Gespräche. Er sieht es also als zielführend für das Integrationsmanagement an, dass die Kunden prozessual beteiligt werden. Damit wird klar, dass diese Arbeit in Einklang mit diesen Ergebnissen der anderen Arbeiten steht.

Auch die als prozessuale Gestaltungskategorie ermittelte *Festlegung der zeitlichen Prozessparameter* bestätigt andere Arbeiten: Sie unterstützt das diesbezügliche Element im Integrationsmanagementansatz von Bauch (2004) bzw. in der Betrachtung von Gerpott/Schreiber (1994) zur Integrationsgeschwindigkeit. Bauch fand mittels einer Fallstudie heraus, dass die Verantwortlichen die sachlichen Prioritäten der einzelnen Prozessschritte festgelegt und entsprechend die Terminplanung für diese Prozessschritte durchgeführt haben (Bauch 2004: 145). Diesen Sachverhalt nutzte sie als eine Grundlage für das Element „Vorbereitung – Planung des Integrationsprozesses" des Managements des Integrationsprozesses in dem von ihr entwickelten Bezugsrahmen zur Post Merger Integration (Bauch 2004: 190). Gerpott/Schreiber (1994: 101) betonen, dass die Gestaltung der Integrationsgeschwindigkeit den Integrationserfolg beeinflusst. Die Verantwortlichen müssten daher bewusst überlegen, wie lange der Zeitraum für die Durchführung der Integrationsmaßnahmen ist (Zeitraumaspekte) und wann und in welcher Reihenfolge, welche Integrationsmaßnahmen zu ergreifen sind (Zeitpunktsaspekte). Die Verantwortlichen müssen also auch hier die zeitlichen Prozessparameter festlegen.

Der Nachweis der Existenz der genannten prozessualen Gestaltungsaspekte bestätigt zudem die Anwendbarkeit diesbezüglicher Projektmanagementansätze. Kolisch (2003: 211) liefert ein Beispiel für die Übertragung des Projektmanagementansatzes auf Integrationen. Er verwendet die Projektablaufplanung des Projektmanagementansatzes und hält sie für einen erforderlichen Bestandteil des Integrationsmanagements, der entsprechend von den Verantwortlichen durchzuführen ist. Die in den untersuchten Zusammenschlüssen dieser Arbeit festgestellten prozessualen Gestaltungsaktivitäten der Verantwortlichen weisen sehr ähnliche Inhalte auf, wie die von Kolisch genannten Aktivitäten der Projektablaufplanung. Damit bestätigen sie die grundsätzliche Übertragbarkeit des Projektmanagementansatzes auf das Integrationsmanagementkonzept.

Das Ergebnis, dass die *stakeholderrelevanten Prozesse stets integriert* und nicht losgelöst mit den übrigen Prozessen *implementiert* werden, bestätigt Freeman (1984) und widerlegt den

Ansatz von Sauter-Sachs (1992). Freeman hatte Stakeholderaspekte in den Strategischen Management Prozess integriert. Im Gegensatz dazu verwendete Sauter-Sachs (1992: 195) einen eigenständigen Prozess für die Implementierung des Stakeholder View-Konzepts.

Die Erkenntnisse, dass neben den Mitarbeitern *auch andere Stakeholder prozessual* in die integrationsrelevanten Prozessschritte *eingebunden* sind und dass tendenziell fast alle *Stakeholderinteressen* berücksichtigt werden, konnten aufgrund fehlender Arbeiten nicht durch die Akquisitionsforschung gestützt bzw. widerlegt werden. Allerdings bestätigen diese Erkenntnisse tendenziell den Ansatz der Collaborative Planning Theory (Kumar/Paddison 2000: 206). Diese bezieht alle Stakeholder in den Planungsprozess ein, um letztlich Konsensentscheidungen zu erzielen, deren Akzeptanzrate höher ist als die Rate von Nichtkonsensentscheidungen. In den Fallstudien der Arbeit wurden einige Stakeholder prozessual eingebunden und ihre Interessen wurden gemäß der auswertbaren Daten fast alle berücksichtigt, so dass davon auszugehen ist, dass Konsensentscheidungen getroffen wurden. Damit wird die grundsätzliche Anwendbarkeit der Collaborative Planning Theory bei Zusammenschlüssen unterstützt.

Diese Ausführungen zu den Ergebnissen der prozessualen Gestaltungsdimension zeigen ebenfalls, dass grundsätzlich einzelne Erkenntnisse anderer Arbeiten bestätigt werden konnten. Vereinzelt wurde aber auch wiederum deutlich, dass manche Aspekte bisher noch nicht empirisch untersucht wurden, wie z. B. die Aspekte, ob grundsätzlich viele Stakeholder in die Unternehmensprozesse prozessual eingebunden werden und ob tatsächlich fast alle Stakeholderinteressen stets berücksichtigt werden.

8.5.2.3 Institutionelle Gestaltungsdimension

Die Gestaltungsaspekte *Festlegung der Institutionenmitglieder* und *Festlegung der Institutionenstruktur* stehen im Widerspruch zur Arbeit von Bauch (2004). Im Rahmen der Herleitung ihres fallstudienbasierten Bezugsrahmens zur Post Merger Integration fand sie heraus, dass – anders als in den untersuchten Zusammenschlüssen dieser Arbeit – die Verantwortlichen lediglich den Hauptintegrationsverantwortlichen bestimmt haben und keine Institutionen festgelegt haben. Die Abarbeitung der jeweiligen Integrationsmaßnahmen oblag in dem von ihr untersuchten Zusammenschluss einzelnen Führungskräften (Bauch 2004: 145). Bei ihr haben also die Verantwortlichen keine Institutionenmitglieder und keine Institutionenstruktur festgelegt. Die Ursache für diese andersartigen Ergebnisse kann ein geringerer Umfang der Integrationsaktivitäten in der Fallstudie von Bauch sein, so dass die Einrichtung von Institutionen nicht notwendig erschien.

Dass die Festlegung von Institutionenstrukturen und -mitgliedern in der Praxis durch Verantwortliche tatsächlich erfolgt und dass damit die Erkenntnisse dieser Arbeit bestätigt werden, geht aus der Arbeit von Mitchell (1989) hervor. Er nennt ein Beispiel, in dem die Verantwortlichen eine Taskforce mit erfahrenen Managern aus beiden beteiligten Unternehmen einrichten, um zügig die neue Organisationsstruktur zu entwickeln (Mitchell 1989: 45). Auch konzeptionell wird unter Verwendung des Projektmanagementansatzes (Kolisch 2003: 209f.) die Einrichtung einer Projektorganisation, d. h. die Etablierung einer Institutionenstruktur und die Bestimmung der Institutionenmitglieder, als ein Erfolgsfaktor des Integrationsmanagements und damit als eine wesentliche Gestaltungsaktivität der Verantwortlichen bezeichnet (Hartmann 2002: 69f.; Wisskirchen/Naujoks/Matouschek 2003: 327f.). Die diesbezüglichen Erkenntnisse dieser Arbeit bestätigen damit die Ergebnisse sämtlicher Arbeiten außer der Arbeit von Bauch (2004).

Hinsichtlich des in den Explorationsstufen neu identifizierten Gestaltungsaspekts *Festlegung der Kommunikationsstruktur* konnte keine *empirische* Arbeit in der Akquisitionsforschung gefunden werden, die sich mit den diesbezüglichen Gestaltungsaktivitäten der Verantwortlichen beschäftigt hat. Allerdings erwähnen Wisskirchen/Naujoks/Matouschek (2003: 330) in ihrer *konzeptionellen* Arbeit, dass ein Projektarbeitsmodus eingerichtet werden sollte. Hierunter verstehen sie unter anderem eine Meetingstruktur, aus der für alle Verantwortlichen hervorgeht, welche Informationen sie an wen und zu welchem Zeitpunkt zu kommunizieren haben. Diese konzeptionellen Überlegungen werden also durch die Erkenntnis dieser Arbeit bestätigt.

In den Arbeiten der Akquisitionsforschung konnte hinsichtlich der institutionellen Einbindung von Stakeholdern lediglich die diesbezügliche Einbindung der Mitarbeiter identifiziert werden (Mitchell 1989: 45). Die Erkenntnis der Arbeit, dass *andere Stakeholder* bei Zusammenschlüssen *nur im Einzelfall institutionell* beteiligt sind, kann daher nicht durch bestehende *empirische* Arbeiten der Akquisitionsforschung gestützt oder widerlegt werden. Allerdings unterstützt diese Erkenntnis konzeptionelle Arbeiten der Business & Society Forschung. Dort wird im Rahmen des Stakeholder Management-Konzepts grundsätzlich die Einrichtung von Institutionen propagiert, die sich mit Stakeholderbelangen beschäftigen (Goodpaster 1991: 66; Svendsen 1998: 86, 124) bzw. sogar vereinzelt Stakeholder außer den Mitarbeiter haben, wie z. B. Verwaltungsräte, die Kunden oder Mitglieder von Aktivistengruppen enthalten (Harrison/St. John 1996: 53).

Diese Arbeit konnte hinsichtlich der institutionellen Gestaltungsdimension ebenfalls weitgehend einzelne Erkenntnisse bestehender Arbeiten bestätigen. Es wurde jedoch auch deutlich, dass sie erstmals empirisch die Relevanz der *Festlegung der Kommunikationsstruktur* für die Gestaltungsaktivitäten der Verantwortlichen ermittelt hat.

8.5.2.4 Gestaltungsdimensionsübergreifende Ergebnisse

Gestaltungsdimensionsübergreifend wurde in den Explorationsstufen festgestellt, dass die inhaltlichen Aktivitäten für die Stakeholder wesentlich relevanter sind als die prozessualen oder institutionellen, was durch die erkennbaren Interessen der Stakeholder unterstützt wurde. Nach Wissen des Autors existieren keine *empirischen* Arbeiten, weder in der Akquisitionsforschung noch in der Business & Society Forschung, die sich explizit mit diesem Themenkomplex befassen und eine vergleichbare Aussage generiert haben.

Diese Erkenntnis der Arbeit bestätigt jedoch tendenziell die *konzeptionellen* Arbeiten zum Stakeholder Management-Konzept. Beim Stakeholder Management-Konzept werden meist aufbauend auf einer Stakeholderanalyse entsprechende Gestaltungsaktivitäten ergriffen. Falls eine Arbeit eine solche Stakeholderanalyse thematisiert und dabei die Interessen der Stakeholder ein Element darstellen, nach denen sich dann die Gestaltungsaktivitäten richten sollen, so führen diese Arbeiten hierbei meist *inhaltliche Stakeholderinteressen* auf.

Beispielsweise erwähnen Harrison/St. John (1994: 62f.), dass *Kunden* vor allem an exzellenten Produkten und Dienstleistungen, großer Auswahl, geringen Preisen und Wahrheit in Werbebotschaften interessiert sind. *Lieferanten* sind ihrer Meinung an einer gleichbleibenden Nachfrage, hoher Nachfrage, hohen Preisen für bezogene Waren und zügige Bezahlung interessiert. *Lokale politische Akteure* interessieren sich vor allem für Arbeitsmöglichkeiten, starke lokale Wirtschaft, Gebühren und Steuern.

Diese Auswahl zeigt, dass den Stakeholdern fast nur *inhaltliche Interessen* zugeordnet werden. Entsprechend ist davon auszugehen, dass die Verantwortlichen sich auf diese inhaltlichen Interessen bei ihren Gestaltungsaktivitäten fokussieren. Es ist daher anzunehmen, dass die Verantwortlichen etwaige prozessuale oder institutionelle Interessen der Stakeholder nicht kennen und daher nicht berücksichtigen, so dass sie Stakeholder nur vereinzelt prozessual bzw. institutionell einbinden, um die inhaltlichen Interessen zu befriedigen.

Zur Unterstützung dieser Argumentation zur vereinzelten prozessualen und institutionellen Einbindung von Stakeholdern schlagen Harrison/St. John lediglich vor (1994: 62), dass die Kunden und Lieferanten in die Gestaltungs- und Testteams involviert (institutionelle Einbindung) sowie dass Kundenbefragungen (prozessuale Einbindung) durchgeführt werden. Diese Ausführungen unterstützen damit die Erkenntnis der Arbeit, dass die inhaltlichen Aktivitäten wesentlich relevanter sind als die prozessualen oder institutionellen Aktivitäten der Verantwortlichen.

Das Ergebnis, dass tendenziell fast alle Interessen der Stakeholder durch die Verantwortlichen berücksichtigt werden, widerlegt die Darstellung Jansens (2004). Er beklagt, dass in der Praxis bei Zusammenschlüssen Kunden und Ko-Produzenten völlig vernachlässigt werden (Jansen 2004: 372f.). Dieser Missstand existierte in den Fallstudien dieser Arbeit auf jeden Fall nicht.

Gestaltungsdimensionsübergreifend lässt sich damit festhalten, dass diese Arbeit empirisch Erkenntnisse generiert hat, die so noch nicht empirisch ermittelt wurden. Auch konzeptionell wurden hinsichtlich der Relevanz der Stakeholder für die Verantwortlichen andere Ergebnisse vermutet (Jansen 2004).

Insgesamt zeigen diese Vergleiche, dass die Arbeit weitgehend bestehende Einzelerkenntnisse stützt bzw. dass sich die Ergebnisse dieser Arbeit mit den Ergebnissen anderer Arbeiten decken. Allerdings wird ebenso deutlich, dass eine Reihe von Ergebnissen bisher entweder nur konzeptionell hergeleitet oder sogar noch gar nicht untersucht wurden. Entsprechende Ansätze für weitere Forschungsprojekte werden später (Kapitel 10.5) unter Berücksichtigung der Grenzen dieser Arbeit (Kapitel 10.4) aufgeführt. Zunächst sollen zum Abschluss der Ergebnisdiskussion die sich aus den Ergebnissen dieser Arbeit ergebenden Implikationen für die Theorie dargestellt werden (Kapitel 8.6).

8.6 Implikationen der Ergebnisse für die Theorie

Wie bereits vereinzelt angedeutet, haben die Ergebnisse und Erkenntnisse dieser Arbeit eine Reihe von Implikationen für die Theorie. Sie werden in den nachfolgenden Abschnitten getrennt für die betroffenen Theorien bzw. theoretischen Konzepte vorgestellt.

8.6.1 Stakeholder View (Strategische Management-Forschung)

Gewichtung der Stakeholder-Ursprungsebenen

Im Stakeholder View-Konzept werden sämtliche drei Ursprungsebenen der Stakeholder, *Ressourcenbasis, Branchenstruktur* und *sozialpolitische Arena*, gleichgewichtig nebeneinander verwendet. Das Konzept geht davon aus, dass Stakeholder aus sämtlichen drei Ursprungsebenen stammen können und die Beziehungen zu ihnen gepflegt werden müssen, um eine möglichst gute Grundlage für langfristige Wettbewerbsvorteile zu erzielen (Post/Preston/Sachs 2002).

In dieser Arbeit konnte gezeigt werden, dass die Ursprungsebenen der *Ressourcenbasis* und der *Branchenstruktur* wesentlich relevanter waren für das Integrationsmanagement als die Ebene der *sozialpolitischen Arena*. Damit wird zunächst die Gültigkeit des Stakeholder View-

Konzepts bestätigt, da sämtliche drei Ursprungsebenen tatsächlich auch beim Integrationsmanagement relevant sind. Allerdings impliziert die Dominanz der beiden erstgenannten Ebenen, dass diese Ebenen bzw. dass die Beziehungen zu Stakeholdern dieser Ebenen insgesamt wichtiger für die Erreichung der Akquisitions-/Integrationsziele sind als die Beziehungen zu den Stakeholdern der *sozialpolitischen Arena*. Entsprechend könnte bzw. müsste das Stakeholder View-Konzept angepasst werden: Für die Erzielung langfristiger Wettbewerbsvorteile sind insgesamt die beiden Ursprungsebenen, *Ressourcenbasis und Branchenstruktur*, und die Beziehungen zu den Stakeholdern dieser Ursprungsebenen wichtiger als die Ebene der *sozialpolitischen Arena* und ihre Stakeholder. Entsprechend sollte bzw. muss das Management sich bei seinen Anstrengungen vor allem auf die Gestaltung und Verbesserung der Beziehungen mit den Stakeholdern der *Ressourcenbasis* und der *Branchenstruktur* konzentrieren, um die Potenziale der Stakeholderbeziehungen maximal für die Verbesserung der langfristigen Wettbewerbsposition zu nutzen.

Diese Gewichtung der Ursprungsebenen würde das Stakeholder View-Konzept weiter verfeinern und entsprechend gezieltere Hinweise für das Management geben. Dem Autor sind keine Arbeiten bekannt, die das Stakeholder View-Konzept in diese Richtung weiterentwickeln.

Konkretisierung der Gewichtung einzelner Stakeholdertypen

Eine zentrale Aussage des Stakeholder View-Konzepts ist, dass langfristig alle Stakeholder aus der Beziehung mit dem Unternehmen einen Nutzen erzielen müssen, sonst beenden sie die Beziehung. Zur Erzielung eines Stakeholdernutzens ist die Kenntnis und Berücksichtigung der Stakeholderinteressen sehr wichtig. Diesbezüglich hat Böhi (1995: 82f., 196) ergänzt, dass die Manager das Kriterium der strategischen Relevanz eines Stakeholders zur Priorisierung der Stakeholderinteressen verwenden sollen, um Entscheidungen leichter und nutzenmaximierend treffen zu können. Aus seiner Arbeit und aus der Arbeit von Haksever/Chaganti/Cook (2004: 304) geht daher hervor, dass die Manager zwar langfristig die Interessen sämtlicher Stakeholder berücksichtigen müssen, dass sie aber die Interessen der strategisch relevanten Stakeholder priorisieren müssen (Kapitel 2.3.1). Diese Autoren geben jedoch anschließend keine Priorisierung der Stakeholdertypen, die grundsätzlich relevanter sind als andere: Böhi fokussiert sich ausschließlich auf die Entwicklung einer Methodik, *wie* die strategisch relevantesten Stakeholder bestimmt werden können und Haksever/Chaganti/Cook erwähnen lediglich (2004: 294), dass *Gesellschafter/Aktionäre, Mitarbeiter, Kunden, Lieferanten* und die *allgemeine Gesellschaft* die wichtigsten Stakeholder sind.

In dieser Arbeit konnte eine stärkere, grundsätzlich für die betrachteten bzw. erwähnten Zusammenschlüsse gültige Abstufung der Stakeholder ermittelt werden. Aus ihr geht hervor, dass die *Kunden* stets die wichtigsten Stakeholder für das Integrationsmanagement sind, gefolgt von *Gesellschaftern/Aktionären, Outsourcingpartnern* und *lokalen politischen Akteuren*. Die *Mitarbeiter* tauchen nicht auf, da sie aus der Arbeit ausgegrenzt waren. Unter der Annahme, dass dieses Ergebnis tatsächlich grundsätzlich gilt, d. h. unabhängig von einer Zusammenschlusssituation, dann impliziert es für das Stakeholder View-Konzept, dass genau diese Stakeholder und ihre Interessen bei sämtlichen Entscheidungen zu priorisieren sind. Das Stakeholder View-Konzept würde durch eine konkretisierende Aussage hinsichtlich der Bedeutung der einzelnen Stakeholdertypen für die Erzielung von Wettbewerbsvorteilen noch präziser den Managern helfen, ihre Ressourcen effektiv und effizient einzusetzen, um durch die Gestaltung und Optimierung der relevanten Stakeholderbeziehungen nachhaltige Wettbewerbsvorteile zu erzielen. Es ist dem Autor nicht bekannt, dass andere Arbeiten das Stakeholder View-Konzept in diese Richtung verfeinern wollen.

Im Stakeholder View-Konzept wird bisher hinsichtlich der Wertschöpfungsbeiträge der Stakeholder lediglich erwähnt, dass es vier Arten gibt: *Nutzenproduzent, Nutzenempfänger, Risikoproduzent* und *Risikoträger* (Post/Preston/Sachs 2002: 19; Kapitel 1.1.1). In dieser Arbeit konnte gezeigt werden, dass die Stakeholder bei Zusammenschlüssen vor allem *nutzenbezogene* Beiträge leisten. Dieses Ergebnis impliziert für das Stakeholder View-Konzept, dass eine Gewichtung der Wertschöpfungsbeiträge möglich ist. Zugleich gibt eine solche Gewichtung den Verantwortlichen konkretere Hinweise, welche Beitragsarten relevanter sind, so dass sie ihre Ressourcen effektiver und effizienter bei der Gestaltung der Stakeholderbeziehungen einsetzen können, um die relevanten Beiträge der Stakeholder zu optimieren. Wenn die Verantwortlichen wissen, dass Stakeholder grundsätzlich vor allem nutzenbezogene Beiträge leisten, werden sie ihre Anstrengungen verstärken, in jeder Stakeholderbeziehung die nutzenbezogenen Beiträge zu maximieren. Aus diesen Anstrengungen sollte wiederum eine vertiefte Stakeholderbeziehung und damit eine Maximierung der Vorteile aus der Beziehung resultieren, so dass sich langfristig entsprechende Wettbewerbsvorteile einstellen sollten.

Dass eine solche Gewichtung auch unabhängig von einer Zusammenschlusssituation möglich ist, konnten Sachs/Rühli (2006: 16) bestätigen. Sie fanden bei der Analyse der Stakeholderbeiträge von schweizerischen Telekommunikationsunternehmen heraus, dass die Stakeholder überwiegend nutzenbezogene Wertschöpfungsbeiträge leisten. Da ihr Forschungsprojekt jedoch noch nicht abgeschlossen ist, haben sie diesbezüglich noch keine Implikationen für die Theorie aus ihren Ergebnissen abgeleitet. Die Erweiterung des Stakeholder View-Konzepts um eine solche Gewichtung der Beitragsarten würde die Effektivität des Konzepts weiter verbessern.

Gewichtung bei der externen Ausrichtung des Unternehmenskerns

Das Stakeholder View-Konzept beinhaltet unter anderem, dass der Unternehmenskern, also die *Strategie, Struktur* und *Kultur* eines Unternehmens, auf die externe Umwelt und potenzielle Chancen und Risiken ausgerichtet wird (Post/Preston/Sachs 2002: 62). Hierbei wird nicht spezifiziert, ob eines dieser Elemente dominanter ist.

Die Erkenntnisse dieser Arbeit zeigen, dass die *inhaltlichen Gestaltungsaktivitäten* deutlich relevanter für das stakeholderorientierte Integrationsmanagement sind als die *prozessualen* und *institutionellen Gestaltungsaktivitäten*. Diese Erkenntnisse implizieren, dass die *Strategie* bei der Ausrichtung des Unternehmenskerns zumindest die *Struktur* dominieren sollte, damit die Ausrichtung stakeholderorientiert ist. Hinsichtlich der Stellung der *Kultur* kann keine Aussage getroffen werden, da sie aus der Arbeit ausgeklammert wurde. Eine solche Gewichtung würde den Verantwortlichen einen weiteren konkreteren Hinweis für ihre Gestaltungsaktivitäten geben als dies das Stakeholder View-Konzept derzeit aufgrund fehlender Gewichtung der Kernelemente kann. Eine Arbeit, die eine solche Gewichtung im Rahmen des Stakeholder View-Konzepts untersucht, ist nicht bekannt.

Diese Ausführungen zeigen, dass das Stakeholder View-Konzept durch die Erkenntnisse dieser Arbeit in einigen Aspekten konkretisiert werden kann, wodurch seine Wirksamkeit gesteigert werden kann. Zur fundierten Validierung der vorgeschlagenen Erweiterungen sind entsprechende Forschungsprojekte notwendig. Auf sie wird später eingegangen (Kapitel 10.4). Vorher werden mögliche Implikationen der Erkenntnisse der Arbeit auf andere theoretische Konzepte, wie z. B. das Stakeholder Management-Konzept, vorgestellt.

8.6.2 Stakeholder Management (Business & Society-Forschung)

Verfeinerung der Stakeholderanalyse

In den bisherigen Arbeiten zum Stakeholder Management-Konzept bildet die Stakeholderanalyse ein wesentliches Element (Freeman 1984: 64f.; Schuppisser 2002: 9f; Kapitel 2.3.1). Hierbei werden u. a. die Ansprüche bzw. die Interessen der Stakeholder bestimmt (Freeman 1984: 56f.). Meist beschränken sich die aufgezählten Interessen jedoch auf *inhaltliche* und *finanzielle Interessen*.

Die Fallstudien dieser Arbeit haben gezeigt, dass Stakeholder zumindest bei Zusammenschlüssen auch *prozessuale, institutionelle* und *sonstige Interessen* haben. Insgesamt wurde in der Exploration deutlich, dass sich die Stakeholderinteressen gut in *inhaltliche, prozessuale, institutionelle* und *sonstige Interessen* einteilen lassen. Des Weiteren zeigte sich, dass die Interessensart jeweils spezifische Gestaltungsaktivitäten der Verantwortlichen ausgelöst hat. Diese Ergebnisse implizieren, dass die Stakeholderanalyse im Rahmen des Stakeholder Management-Konzepts weiter systematisiert werden könnte mit Hilfe einer Einteilung der Stakeholderinteressen bzw. -ansprüche in *inhaltliche, prozessuale, institutionelle* und *sonstige Interessen/Ansprüche*. Auf Basis dieser Einteilung könnten auf der *Prozess-Ebene* des Stakeholder Management-Konzepts, d. h. bei der Implementierung entsprechender Strategien, Strukturen und Prozesse, fokussiertere und stakeholderorientiertere Aktivitäten durchgeführt werden als diese auf Basis der derzeit üblichen Stakeholderanalyse möglich sind. Eine solche Systematisierung der Stakeholderinteressen würde das Stakeholder Management-Konzept verfeinern. Es sind keine Arbeiten bekannt, die das Stakeholder Management-Konzept bzw. die Stakeholderanalyse in diese Richtung erweitern und verfeinern wollen.

Gewichtung innerhalb der transaktionalen Ebene

Das Stakeholder Management-Konzept betont einige Aspekte, die bei der Gestaltung der *transaktionalen Ebene*, also der Ebene der tatsächlichen Interaktionen des Unternehmens mit den Stakeholdern, beachtet werden müssen. So muss das Unternehmen über den grundsätzlichen Ansatz, wie ein Unternehmen mit einem Stakeholder umgehen möchte, entscheiden (Freeman 1984: 164f.). Ebenso wird proklamiert, dass Fairness und Gerechtigkeit Leitlinien der Interaktionen bilden sollten (Schuppisser 2002: 83).

Nach Wissen des Autors werden in den bestehenden Arbeiten jedoch keine Hinweise hinsichtlich der *relativen Bedeutung von Inhalten,* der *prozessualen Gestaltung* bzw. der *institutionellen Gestaltung der Stakeholderinteraktionen* gegeben. Würde den Verantwortlichen jedoch bekannt sein, welche Gestaltungsart aus Sicht der Stakeholder relevanter ist, könnten sie ihre Ressourcen entsprechend stakeholderorientierter ausrichten, so dass für die Stakeholder Nutzen generiert würde und die Stakeholderbeziehungen zusätzlich gestärkt würden.

In dieser Arbeit wurde gezeigt, dass diesbezüglich bei Zusammenschlüssen eine eindeutige Rangordnung existiert. Es wurde ermittelt, dass die *Inhalte* aus Sicht der Stakeholder wesentlich relevanter beim Integrationsmanagement waren als die *prozessuale* oder *institutionelle Gestaltung*. Überträgt man diese Erkenntnis auf das Stakeholder Management-Konzept so folgt daraus, dass die Verantwortlichen bei der Gestaltung der Interaktionen stärker auf die Inhalte der Interaktion als auf die prozessuale bzw. institutionelle Gestaltung der Interaktion achten sollten, wenn sie ihre Aktivitäten möglichst umfassend auf die Stakeholder ausrichten wollen. Durch diese Gewichtung würde das Stakeholder Management-Konzept weiter verfeinert und noch wirksamer. Arbeiten, die das Stakeholder Management-Konzept in diese Richtung weiterentwickeln wollen, sind dem Autor nicht bekannt.

Zusammenfassend lässt sich hinsichtlich der Implikationen der Arbeit auf das Stakeholder Management-Konzept feststellen, dass es durch die Ergebnisse der Arbeit weiter verfeinert und damit in seiner Wirksamkeit verbessert werden kann.

8.6.3 Integrationsmanagement (Akquisitionsforschung)

Beitrag der Stakeholder zur Erreichung der Akquisitions-/Integrationsziele

Bisher wird in der Akquisitionsforschung unter dem Begriff des Integrationsmanagements vor allem die Zusammenführung der Systeme, der Strukturen, der Ressourcen und der Kulturen zu einer Einheit verstanden (Hornung 1998: 25; Kapitel 3.3.1). Die Stakeholder werden hierbei nicht als wesentliche Ressourcen betrachtet und spielen auch bei der Zusammenführung keine bedeutende Rolle. Die Zusammenführungsarbeit wird mehrheitlich von den Mitarbeitern der beteiligten Unternehmen und M&A-Experten erledigt (Hawranek 2004: 61f.). Falls Stakeholder in größerem Maße beteiligt sind, dann lediglich als Kommunikationspartner, genauer gesagt als Informationsempfänger (Salecker 1995: 121f.).

In dieser Arbeit konnte gezeigt werden, welche Beiträge unterschiedliche Stakeholder, v. a. Kunden, Outsourcingpartner, Gesellschafter/Aktionäre und lokale politische Akteure, im Rahmen eines Zusammenschlusses leisten. Diese Beiträge dienen vor allem dazu, die beteiligten Unternehmen zu einer Einheit zusammenzuführen und Wertsteigerungspotenziale zu erschließen. Diese Erkenntnis der Arbeit impliziert, dass die Stakeholder und ihre Beiträge zur Unternehmenszusammenführung in das Integrationsmanagement-Konzept integriert werden sollten, damit das Potenzial, das in den Stakeholderbeziehungen steckt, für die Zusammenführung und die Erschließung der Wertsteigerungspotenziale umfassend und systematisch genutzt werden kann. Eine diesbezügliche Erweiterung des Integrationsmanagement-Konzepts würde die Wirksamkeit des Integrationsmanagement-Konzepts hinsichtlich der Erschließung der Wertsteigerungspotenziale, die meist das Haupt-Akquisitions-/Integrationsziel bilden, unterstützen. Es ist keine Arbeit bekannt, die diesen Aspekt der Stakeholder in das Integrationsmanagement-Konzept integriert.

Integration von stakeholderbezogenen Bezugspunkten

Die bisherigen Integrationsmanagementkonzepte zeichnen sich dadurch aus, dass sie sich meist auf eine Gestaltungsdimension, v. a. auf die inhaltliche Gestaltungsdimension fokussieren (z. B. Blöcher 2004; Biberacher 2003; Carleton/Lineberry 2004). Eine gestaltungsdimensionsübergreifende Betrachtung ist selten. In der neueren Literatur betrachten lediglich Bauch (2004) und Ellis (2004) sämtliche drei Gestaltungsdimensionen. Außer den Akquisitions-/Integrationszielen werden von ihnen jedoch keine weiteren übergeordneten Bezugspunkte genannt, die für die Integrationsverantwortlichen bei der Ausrichtung ihrer Gestaltungsaktivitäten Hinweise liefern.

Die Erkenntnisse dieser Arbeit zeigen, dass es sehr wohl weitere übergeordnete Bezugspunkte gibt, die bei der Ausrichtung der Gestaltungsaktivitäten hilfreich sind, um die Aktivitäten systematisch auf die Stakeholder auszurichten und um damit die Zusammenführung der Unternehmen nutzenmaximierender zu gestalten. Diese Erkenntnis impliziert, dass grundsätzlich übergeordnete Bezugspunkte für das Integrationsmanagement existieren und entsprechend in eine Integrationsmanagementkonzeption integriert werden sollten. Die Erweiterung der Integrationsmanagement-Konzepte um solche Bezugspunkte würde ebenfalls zu einer verbesserten Wirkungsweise des Integrationsmanagement-Konzepts beitragen. Es sind keine Arbeiten bekannt, die eine Verbesserung der Wirkungsweise des Integrationsmanagement-Konzepts auf diese Weise anstreben.

Aufgrund des bisher beschränkten Stakeholderbezugs der Integrationsmanagement-Konzepte (lediglich für Kommunikationsmaßnahmen) beinhalten diese Konzepte lediglich die Elemente, die sachlich für die Zusammenführung der beteiligten Unternehmen notwendig sind.

Durch die Erkenntnisse dieser Arbeit und den von ihr verwendeten Fokus auf die Verwendung der Stakeholderbeziehungen für die Verbesserung des Integrationsmanagements werden erstmals Aspekte in ein Integrationsmanagement-Konzept integriert, die für die reine Zusammenführung der Unternehmen nicht notwendig sind: stakeholderbezogene Bezugspunkte und die inhaltliche Subgestaltungskategorie *Stakeholderanalyse*. Durch diese Elemente wird jedoch die Sicht der Stakeholder in das Integrationsmanagement integriert. Diese Elemente und diese Sicht ermöglichen erst, dass das Integrationsmanagement stakeholderorientiert ablaufen kann. Sie sind aber nach herkömmlicher Betrachtung nicht explizit für die Zusammenführung der Unternehmen notwendig. Eine solche Integration und entsprechend verbesserte Ausrichtung der Aktivitäten auf die Stakeholder unterstützt die Nutzung der Stakeholderbeziehungen für die Erreichung der Akquisitions-/Integrationsziele. Eine Erweiterung der Integrationsmanagement-Konzepte um eine Stakeholdersicht würde also ihre Wirksamkeit verbessern. Es ist keine Arbeit bekannt, die solche Elemente in ein Integrationsmanagement-Konzept integriert und es dadurch schafft, das Integrationsmanagement hinsichtlich der Zusammenführung des Unternehmens und der Erreichung der Akquisitions-/Integrationsziele weiter zu verbessern.

Diese möglichen Implikationen auf die Integrationsmanagement-Konzepte zeigen, dass diese durch die Erkenntnisse der Arbeit in ihrer Wirksamkeit weiter verbessert werden können. Zur Validierung dieser Implikationen sind ebenfalls weitere Forschungsprojekte notwendig. Diese werden später vorgestellt (Kapitel 10.4).

Mit diesen Implikationen endet die Darstellung der Erkenntnisse hinsichtlich des Frameworks zum stakeholderorientierten Integrationsmanagement. Damit bleibt lediglich die Beantwortung der letzten Detailforschungsfrage (Kapitel 1.3) hinsichtlich der Identifikation von konkreten Beispielen besonders stakeholderorientierter Gestaltungsaktivitäten der Verantwortlichen offen. Diese Frage wird daher im folgenden Kapitel beantwortet.

9 Good Practices zur stakeholderorientierten Gestaltung des Integrationsmanagements

Wie in der Einleitung erwähnt (Kapitel 1.3), bildet folgende Frage die letzte Detailfrage der zentralen Forschungsfrage dieser Arbeit:

Welche Hinweise für besonders stakeholderorientierte Gestaltungsaktivitäten leiten sich aus dem Framework und den untersuchten Zusammenschlüssen ab?

Diese Frage soll beantwortet werden, um konkrete Beispiele für besonders stakeholderorientierte Gestaltungsaktivitäten vorzustellen. Dieses Ziel wird verfolgt, um Integrationsverantwortlichen in der Praxis aufzuzeigen, welche Gestaltungsaktivitäten andere Integrationsverantwortliche durchgeführt haben. Durch die Beispiele soll auch deutlich werden, welche Stakeholder-Ursprungsebenen, -typen, -interessen, und - Wertschöpfungsbeiträge sie dabei berücksichtigt haben und inwiefern dadurch die Erschließung von Wertsteigerungspotenzialen unterstützt wurde. Letztlich dienen die Beispiele aber vor allem dazu, die Rolle der Integrationsverantwortlichen für die Gestaltung der Integration und für die Erschließung der (stakeholderbezogenen) Wertsteigerungspotenziale zu verdeutlichen. Mit Hilfe dieser Beispiele aus der Praxis können die Verantwortlichen zudem Hinweise erhalten, um ähnliche Aktivitäten bei den von Ihnen zu verantwortenden Zusammenschlüssen rechtzeitig durchzuführen, um die Erschließung der Wertsteigerungspotenziale zu unterstützen und um damit die Erfolgswahrscheinlichkeit der jeweiligen Akquisition und Integration zu steigern.

Um dieses Ziel der Arbeit zu erreichen, wurden relevante Textpassagen bzw. Aussagen in den Fallstudien und Interviews mit den Integrationsexperten mit einem Code versehen („Good Practice"-Code). Dieser Code wurde vergeben, wenn aus der Textpassage bzw. Aussage hervorging, dass die Stakeholderinteressen berücksichtigt wurden und die Verantwortlichen spezifische Gestaltungsaktivitäten durchgeführt haben. Letztlich konnten für fast alle der fünf Gestaltungsaspekte bzw. sieben Gestaltungskategorien des endgültigen Frameworks besonders stakeholderorientierte Beispiele identifiziert werden. Sie werden nachfolgend vorgestellt. Entsprechend der Frameworkstruktur (Kapitel 8) folgen zunächst die Beispiele für *inhaltliche Gestaltungsaspekte* (Kapitel 9.1), anschließend für *prozessuale* und *institutionelle Gestaltungsaspekte* (Kapitel 9.2 bzw. 9.3). Anschließend erfolgt eine kurze Zusammenfassung entsprechend der Zusammenschluss-Phase, in denen die Beispiele stattgefunden haben (Kapitel 9.4). Die Beispiele beschränken sich auf Beispiele mit den *primären* Stakeholdertypen *Kunden, Outsourcingpartner, lokale politische Akteure* und *Gesellschafter/Aktionäre*. Nach einer kurzen Gesamtwürdigung der aufgeführten besonders stakeholderorientierten Gestaltungsaktivitäten (Kapitel 9.5) werden zum Schluss mögliche Implikationen für die Praxis aufgezeigt (Kapitel 9.6).

9.1 Besonders stakeholderorientierte inhaltliche Gestaltungsaktivitäten

9.1.1 Formulierung der Grundlagen der Integrationsplanung

9.1.1.1 Kundenbezogene Aktivitäten

In der Fallstudie ISTA/USI wurde folgendes Beispiel als Good Practice der *Formulierung der Grundlagen der Integrationsplanung* identifiziert (Beispiel 1): *Entwicklung und konsequente Umsetzung von Integrationszielen und -leitlinien in der Pre- und Post-Closingphase, die die zentralen Kundenbedürfnisse berücksichtigen.*

Gestaltungsaktivitäten der Verantwortlichen

Die Verantwortlichen haben während des gesamten Akquisitions- und Integrationsprozesses das Ziel verfolgt, die Funktionalitäten der Haupt-IT-Systeme von ISTA und USI im zukünftigen gemeinsamen IT-System beizubehalten. Sie strebten dieses Ziel an, um zukünftig sämtlichen Kunden mindestens den bisherigen Dienstleistungsstandard sowie weitere Funktionalitäten, die bisher nur den Kunden eines Unternehmens zur Verfügung gestanden haben, anbieten zu können. Dieses Commitment haben die Verantwortlichen, in diesem Fall vor allem der Präsident und der CEO von ISTA NA sowie die Vertriebsmitarbeiter, sämtlichen großen Kunden innerhalb der ersten 10 Tage nach dem Closing in persönlichen Gesprächen vor Ort mitgeteilt.

Berücksichtigte Stakeholderinteressen

Durch die Entwicklung und konsequente Umsetzung dieses Integrationszieles bzw. dieser Integrationsleitlinie konnten die produktbezogenen inhaltlichen Interessen bzw. Mindestanforderungen der Kunden befriedigt werden, da das bisherige Dienstleistungsspektrum auch zukünftig bereitgestellt wird. Die Berücksichtigung dieser Interessen erschien den Verantwortlichen sehr wichtig, da der Funktionsumfang ein wesentliches Kriterium der Kunden für die Wahl des Abrechnungsdienstleisters darstellt.

Resultierende Unterstützung der Erschließung der Wertsteigerungspotenziale

Durch die genannten Gestaltungsaktivitäten der Verantwortlichen wurde die Erschließung der kundenbezogenen Wertsteigerungspotenziale unterstützt: durch das erweiterte Funktionalitätenspektrum kann die Zufriedenheit der bestehenden Kunden verbessert und die Attraktivität für neue Kunden erhöht werden. Bei Unterlassung dieser Aktivitäten und dadurch bedingter Ausdünnung des Leistungsspektrums war davon auszugehen, dass Kunden abwandern, so dass die Erreichung kundenbezogener Wertsteigerungsziele eher verfehlt worden wäre.

9.1.1.2 Outsourcingpartnerbezogene Aktivitäten

In der Fallstudie DAB/FSB wurde folgendes Beispiel als Good Practice der *Formulierung der Grundlagen der Integrationsplanung* identifiziert (Beispiel 2): *Frühzeitige Überprüfung der Realisierbarkeit outsourcingpartnerbezogener Integrationsziele in der Pre-Closingphase.*

Gestaltungsaktivitäten der Verantwortlichen

Die Verantwortlichen haben zu Beginn des Akquisitionsprozesses persönliche Gespräche mit einem zentralen Outsourcingpartner der DAB, ihrem Partner für die Abwicklung der Wertpapiertransaktionen, geführt. Hierbei haben sie ihre Pläne hinsichtlich der zukünftigen Abwicklung der Wertpapiertransaktionen vorgestellt, v. a. ihren Plan, dass der Outsourcingpartner zukünftig auch für die Abwicklung sämtlicher Wertpapiertransaktionen der FSB-Depots zuständig ist. Des Weiteren haben sie abgeklärt, ob der Outsourcingpartner in dem Zeitraum, in dem die notwendigen Integrationsaktivitäten durchgeführt werden sollen, die Möglichkeiten hat, ein solches Projekt abzuwickeln, d. h. entsprechende Ressourcen bereitzustellen.

Berücksichtigte Stakeholderinteressen

In den Gesprächen der Verantwortlichen mit dem Outsourcingpartner konnte das inhaltliche Interesse und die Fähigkeit des Outsourcingpartners, die Abwicklungstätigkeiten für die DAB und damit die Geschäftsbeziehung mit der DAB auszubauen, abgeprüft werden. Durch die anschließende Integration entsprechend den in den Gesprächen vorgestellten Plänen wurde dieses Stakeholderinteresse berücksichtigt. Zugleich wurde das prozessuale Interesse des Outsourcingpartners, die notwendigen Integrationsaktivitäten zu einem Zeitpunkt durchzuführen, wenn es dem Outsourcingpartner passt, berücksichtigt.

Resultierende Unterstützung der Erschließung der Wertsteigerungspotenziale

Durch die Überprüfung der Realisierbarkeit des Integrationsziels, sämtliche Wertpapiertransaktionen durch einen Outsourcingpartner abzuwickeln, konnte das hierin liegende Wertsteigerungspotenzial überhaupt erst erschlossen werden. Das Wertsteigerungspotenzial bestand in der Senkung der Kosten bzw. Preise für die Abwicklung einer Wertpapierorder aufgrund des deutlich gestiegenen Volumens. Es ist anzunehmen, dass eine Unterlassung dieser Abklärung zu einem längeren Integrationsprozess geführt hätte. Diesbezügliche Kostensenkungen hätten dadurch erst später realisiert werden können.

9.1.1.3 Gesellschafter-/Aktionärsbezogene Aktivitäten

In den Interviews mit den Integrationsexperten wurde folgendes Beispiel als Good Practice der *Formulierung der Grundlagen der Integrationsplanung* identifiziert (Beispiel 3): *Detaillierte Berechnung bzw. Überprüfung der in der Pre-Closingphase ermittelten und zu realisierenden Wertsteigerungspotenziale zu Beginn der Post-Closingphase.*

Gestaltungsaktivitäten der Verantwortlichen

Die Verantwortlichen haben in der Pre-Closingphase die Wertsteigerungspotenziale bzw. Synergien aufgrund der zurückhaltenden Informationsbereitstellung des Akquisitionsobjektes mit einer gewissen Unsicherheit beziffert. In den ersten drei Monaten der Post-Closingphase haben sie die Wertsteigerungspotenziale bzw. Synergien exakt evaluiert. Die Überprüfung hat Gesamtsynergien in gleicher Höhe ergeben wie die Berechnung in der Pre-Closingphase. Allerdings hat sich ihre Aufteilung umgedreht: währen in der ersten Berechnung noch 70 % aus

Umsatzsynergien und 30 % aus Kostensynergien stammten, waren es bei der detaillierten Berechnung lediglich 25 % aus Umsatzsynergien und 75 % aus Kostensynergien. Da Kostensynergien in der Regel wesentlich schneller realisiert werden können, haben die Verantwortlichen die Integrationsaktivitäten entsprechend angepasst.

Berücksichtigte Stakeholderinteressen

Unter der Annahme, dass die erzielten Synergien zu einem gewissen Teil an die Gesellschafter/Aktionäre ausgeschüttet werden, sind ihre finanziellen Interessen durch die von den Verantwortlichen durchgeführte detaillierte Berechnung in der Post-Closingphase und entsprechende Anpassung der Integrationsaktivitäten schneller befriedigt worden als bei Umsetzung des ursprünglichen Integrationsaktivitätenplans.

Resultierende Unterstützung der Erschließung der Wertsteigerungspotenziale

Durch die Gestaltungsaktivitäten der Verantwortlichen, also durch die detaillierte Neuberechnung der Synergie- bzw. Wertsteigerungspotenziale konnten früher als in der Pre-Closingphase geplant Wertsteigerungen erschlossen werden. Es ist davon auszugehen, dass auch insgesamt mehr Wertsteigerungen erzielt werden konnten, da die Integrationsaktivitäten auf die Erschließung von Wertsteigerungspotenzialen ausgerichtet waren, die auf Basis einer detaillierten Analyse ermittelt wurden.

9.1.2 Formulierung der Zielwelt

9.1.2.1 Kundenbezogene Aktivitäten

In der Fallstudie ISTA/USI wurde folgendes Beispiel als Good Practice der *Formulierung der Zielwelt* identifiziert (Beispiel 4, Teil A): *Gespräche mit den wichtigsten Kunden kurz nach Closing, um ihre detaillierten Bedürfnisse hinsichtlich des zukünftigen Produkt- und Dienstleistungsspektrums aufzunehmen.*

Gestaltungsaktivitäten der Verantwortlichen

Wie oben erwähnt (Kapitel 9.1.1.1, Beispiel 1), haben die Verantwortlichen sämtliche großen Kunden innerhalb der ersten 10 Tage nach dem Closing in persönlichen Gesprächen vor Ort besucht und ihre Pläne vorgestellt. In diesen Gesprächen wurden zudem systematisch die wichtigsten Erwartungen und Bedürfnisse der Kunden abgefragt. Diese äußerten, dass sie ein standardisiertes Pricing, konsolidierte Kontaktpunkte und konsolidierte Plattformen und Funktionalitäten erwarten. Diese Informationen haben die Verantwortlichen anschließend bei der Formulierung der Zielwelt, beispielsweise bei der Bestimmung des zukünftigen IT-Systems berücksichtigt.

Berücksichtigte Stakeholderinteressen

Die produktbezogenen inhaltlichen Interessen der Kunden wurden von den Verantwortlichen berücksichtigt: es wurde das IT-System von USI ausgewählt, da es Funktionalitäten ermöglichte, die auf dem IT-System von ISTA NA nicht ohne weiteres darstellbar waren.

Aufgrund der Gespräche und der Inputs seitens der Kunden konnte die Zielwelt, in diesem Fall vor allem die IT-Systemwelt, viel exakter an den Bedürfnissen der Kunden ausgerichtet werden. Hierdurch wurde die Wahrscheinlichkeit, dass ein Kunde abwandert, vermindert. Hierdurch wurde die Gefahr, dass Werte aufgrund einer an den Kundenbedürfnissen vorbei-gehenden Zielwelt vernichtet werden, verringert.

9.1.2.2 Outsourcingpartnerbezogene Aktivitäten

In der Fallstudie DAB/FSB wurde folgendes Beispiel als Good Practice der *Formulierung der Zielwelt* identifiziert (Beispiel 5): *Regelmäßige Gespräche mit einem zentralen Outsourcing-partner in der Post-Closingphase, um die zukünftigen Prozesse und ihre Schnittstellen so zu definieren, dass sie die Rahmenbedingungen und Interessen des Outsourcingpartners berück-sichtigen.*

Gestaltungsaktivitäten der Verantwortlichen

Die Verantwortlichen haben sich regelmäßig mit einem zentralen Outsourcingpartner der DAB, dem Abwicklungspartner für sämtliche Wertpapiertransaktionen getroffen. Gegenstand dieser Gespräche war vor allem die detaillierte Festlegung der zukünftigen Prozesse und den aus ihnen resultierenden Schnittstellen. Hierbei haben sowohl der Outsourcingpartner als auch die DAB/FSB Vorschläge hinsichtlich der zukünftigen Gestaltung eingebracht.

Berücksichtigte Stakeholderinteressen

Der Outsourcingpartner wird durch seine technische Infrastruktur in der Umsetzung der Pro-zesse limitiert. Er hat daher das Interesse bzw. die Möglichkeit, die Prozesse nur in solchen Ausprägungen zu realisieren, die er technisch umsetzen kann und die möglichst effizient sind, um seinen eigenen Ressourceneinsatz zu minimieren. Die Verantwortlichen haben diese Ge-gebenheiten in den Gesprächen zur Kenntnis genommen und entsprechend bei der Wahl der Implementierungsalternative eines Prozesses berücksichtigt.

Zusätzlich hatte der Outsourcingpartner das Interesse, automatisierte Lösungen für diejenigen Prozesse zu finden, die für ihn aufgrund des spezifischen FSB-Geschäfts neu waren, da er die gefundenen Implementierungslösungen gegebenenfalls zu einem späteren Zeitpunkt anderen Kunden auch anbieten kann. Das Interesse, diesbezügliches Prozesswissen zu erlangen, konn-te ebenfalls durch die regelmäßigen Gesprächen mit den Verantwortlichen befriedigt werden.

Resultierende Unterstützung der Erschließung der Wertsteigerungspotenziale

Durch die Gestaltungsaktivitäten der Verantwortlichen, also durch die Gespräche mit dem Abwicklungspartner, sind ihnen die technischen und ökonomischen Rahmenbedingungen ih-res Outsourcingpartners im Detail für jeden zu realisierenden Prozess bekannt gewesen. Dank dieser Kenntnis konnten sie für jeden Prozess die jeweils effizienteste und realisierbare Alter-native auswählen. Vereinzelt wurde bewusst auf die effizienteste Alternative verzichtet, um wichtige Kundenbedürfnisse zu befriedigen. Durch die Berücksichtigung der Gegebenheiten beim Outsourcingpartner konnte schließlich für jeden Prozess eine Lösung gefunden werden, die auch realisierbar war und auch realisiert wurde. Hierdurch konnten die entsprechenden Prozesse meist sehr standardisiert und damit kostengünstig abgewickelt werden, so dass der Outsourcingpartner zu Preiszugeständnissen für die Wertpapierabwicklung bereit war. Diese Zugeständnisse bedeuteten für ihn absolut gesehen keine verringerten Einnahmen, da er nun ein wesentlich höheres Wertpapiertransaktionsvolumen für die DAB/FSB abwickeln durfte. Es ist davon auszugehen, dass die neuen Prozesse ohne die ausführlichen Abstimmungsgespräche zu einem höheren Implementierungsaufwand geführt hätten und dadurch erst später einsetzbar gewesen wären. Diesbezügliche Wertsteigerungspotenziale konnten dank der Abstimmungsgespräche früher erschlossen werden.

9.1.2.3 Gesellschafter/Aktionärsbezogene Aktivitäten

In den Interviews mit den Integrationsexperten wurde folgendes Beispiel als Good Practice der *Formulierung der Zielwelt* identifiziert (Beispiel 6): *Gespräche mit den Gesellschaftern in der Post-Closingphase hinsichtlich für sie relevanter Aspekte der Zielwelt, um weiterhin ihre Unterstützung zu erhalten, v. a. wenn die Gesellschafter zeitgleich lokale politische Akteure sind.*

Gestaltungsaktivitäten der Verantwortlichen

In einem der genannten Zusammenschlüsse haben die Verantwortlichen nach dem Closing ein Standortkonzept für den Unternehmensverbund entwickelt. Dieses beinhaltete auch Vorschläge, welche Standorte mit anderen zusammengelegt und dadurch aufgelöst werden können bzw. sollten, um die Ausschöpfung der Synergiepotenziale zu maximieren. Mit diesen Vorschlägen sind die Verantwortlichen zu den Gesellschaftern gegangen, in diesem Fall zu den Gemeinden, Städten und Landkreisen, und haben ihren Vorschläge vorgestellt. Die Gesprächspartner haben daraufhin ihre Kritik zu den Vorschlägen geäußert. Diese Kritik haben die Verantwortlichen bei der Überarbeitung des Standortkonzepts teilweise berücksichtigt, so dass die Gemeinden, Städte und Landkreise in ihrer Funktion als Gesellschafter dem überarbeiteten Konzept zugestimmt haben.

Berücksichtigte Stakeholderinteressen

Als Gesellschafter haben die Gemeinden, Städte und Landkreise neben den finanziellen Belangen ein Interesse, dass möglichst viele Arbeitsplätze in ihrer Region erhalten bleiben. Für sie steht daher in der Regel die Maximierung der Ausschöpfung möglicher Synergiepotenziale nicht im Vordergrund. Sie favorisieren Lösungen, die mit den geringsten negativen Auswirkungen auf die lokale Arbeitsplatzsituation verknüpft sind. Ihre Interessen wurden von den Verantwortlichen bei der Überarbeitung des Standortkonzepts daher teilweise berücksichtigt.

Resultierende Unterstützung der Erschließung der Wertsteigerungspotenziale

Durch die Aktivitäten der Verantwortlichen, hier die Gespräche mit den Gesellschaftern, konnten spezifische Informationen eingeholt werden. Diese haben dazu beigetragen, dass die Verantwortlichen ein Standortkonzept entwickeln konnten, das die Zustimmung der Gemeinden, Städte und Landkreise erhalten hat. Durch diese Zustimmung wurde die weitere positive Einstellung dieser Gesellschafter zum fusionierten Unternehmen unterstützt. Aufgrund dieser Unterstützung konnten die weiteren Umsetzungsmaßnahmen angestoßen werden, so dass das Standortkonzept und die mit ihm verbundenen Synergiepotenziale realisiert werden konnten. Es ist anzunehmen, dass ohne die Gespräche und ohne die Berücksichtigung der Gesellschafterinteressen einzelne Gesellschafter eine negative Einstellung zum fusionierten Unternehmen hätten bekommen können. Diese negative Einstellung hätte gegebenenfalls zur Folge gehabt, dass eventuell wichtige Realisierungsentscheidungen blockiert worden wären, so dass die angestrebten Wertsteigerungspotenziale erst später oder nicht in der möglichen Höhe hätten realisiert werden können.

9.1.3 Formulierung von Konzeptions- und Realisierungsmaßnahmen

Kundenbezogene Aktivitäten

In der Fallstudie ISTA/USI wurde folgendes Beispiel als Good Practice der *Formulierung von Konzeptions- und Realisierungsmaßnahmen* mit Kundenbezug identifiziert (Beispiel 4, Teil B): *Gespräche mit den wichtigsten Kunden kurz nach Closing, um ihre detaillierten Bedürfnisse hinsichtlich des zukünftigen Produkt- und Dienstleistungsspektrums aufzunehmen und daraus entsprechende Konzeptions-/Realisierungsmaßnahmen abzuleiten.*

Gestaltungsaktivitäten der Verantwortlichen

Wie im Beispiel 4, Teil A aufgeführt, haben die Verantwortlichen nach dem Closing innerhalb kurzer Zeit mit sämtlichen wichtigen Kunden Gespräche geführt und in diesen Gesprächen die detaillierten Bedürfnisse der Kunden an das zukünftige Produkt- und Dienstleistungsspektrum abgefragt. Mit Hilfe dieser Informationen haben die Verantwortlichen anschließend entsprechende Konzeptions-/Realisierungsmaßnahmen entwickelt. In diesem Fall konnten durch diese Gespräche die notwendigen Programmieraktivitäten abgeleitet werden. Diese Programmieraktivitäten umfassten solche Aktivitäten, die für die Verantwortlichen aus der zuvor durchgeführten Delta-Analyse der jeweiligen Haupt-IT-Systeme nicht ersichtlich waren.

Berücksichtigte Stakeholderinteressen

Durch diese Gestaltungsaktivitäten konnten die Verantwortlichen die detaillierten produktbezogenen Interessen und Bedürfnisse der Kunden erfahren. Diese haben sie anschließend bei der Programmierung des Ziel-IT-Systems berücksichtigt.

Resultierende Unterstützung der Erschließung der Wertsteigerungspotenziale

Durch diese Gestaltungsaktivitäten der Verantwortlichen konnten Konzeptions-/Realisierungsmaßnahmen entwickelt werden, in diesem Fall Funktionalitäten im Zielsystem, die zur Befriedigung der Kundenbedürfnisse beitragen. Durch diesen Beitrag wurde die Gefahr der Kundenabwanderung verringert sowie die Attraktivität für neue Kunden gesteigert. Die Erschließung diesbezüglicher Wertsteigerungspotenziale wurde unterstützt.

9.2 Besonders stakeholderorientierte prozessuale Gestaltungsaktivitäten

9.2.1 Festlegung der integrationsrelevanten Prozessschritte

9.2.1.1 Kundenbezogene Aktivitäten

In den Interviews mit den Integrationsexperten wurde folgendes Beispiel als Good Practice der *Festlegung der integrationsrelevanten Prozessschritte* identifiziert (Beispiel 7): *Detaillierte Analyse in der Pre-Closingphase, welcher Kundennutzen durch einen Zusammenschluss generiert wird.*

Ein Integrationsexperte berichtete von einem Unternehmen, in dem die Verantwortlichen bei sämtlichen Akquisitionsvorhaben detailliert herausarbeiten, welcher Kundennutzen durch einen Zusammenschluss generiert wird. Die Ergebnisse dieser Analyse verwenden die Verantwortlichen anschließend, um die Alternativen für die Formulierung der Zielwelt und entsprechende Realisierungsmaßnahmen zu entwickeln und zu implementieren.

Berücksichtigte Stakeholderinteressen

Die Verantwortlichen berücksichtigen durch die Ausarbeitung des Kundennutzens das Interesse der Kunden, ein bisher nicht existierendes Produkt/Produkteigenschaft bzw. Dienstleistung anzubieten, das ihnen einen Mehrwert gegenüber existierenden Angeboten bietet.

Resultierende Unterstützung der Erschließung der Wertsteigerungspotenziale

Durch die Gestaltungsaktivitäten der Verantwortlichen wird detailliert ein Verständnis über die Kundenbedürfnisse erzielt. Dieses Verständnis erlaubt es, die Zielwelt im Rahmen der Möglichkeiten an den herausgefundenen Interessen des Kunden auszurichten und entsprechende Realisierungsmaßnahmen zu entwickeln und umzusetzen. Letztlich sollte hierdurch die Wahrscheinlichkeit gestiegen sein, dass der zukünftige Unternehmensverbund die in der Pre-Closingphase ermittelten Nutzenpotenziale erschließen kann.

Hätten die Verantwortlichen diese Gestaltungsaktivitäten, in diesem Fall die detaillierte Analyse und Ermittlung des Kundennutzens eines Zusammenschlusses in der Pre-Closingphase, nicht durchgeführt, wäre die Wahrscheinlichkeit gestiegen, dass ein Zusammenschluss mit geringerem Kundenmehrwert zustande gekommen wäre. Entsprechende Wertsteigerungspotenziale hätten nicht existiert und hätten entsprechend auch nicht erschlossen werden können.

9.2.1.2 Lokalpolitikerbezogene Aktivitäten

In den Interviews mit den Integrationsexperten wurde folgendes Beispiel als Good Practice der *Festlegung der integrationsrelevanten Prozessschritte* identifiziert (Beispiel 8): *Analyse der Bedürfnisse und Bedeutung der politischen Sphäre bei der Formulierung der Wertsteigerungspotenziale und Zielwelt in der Pre-Closingphase.*

Gestaltungsaktivitäten der Verantwortlichen

In einem Interview mit einem Integrationsexperten wurde berichtet, dass die Verantwortlichen bei der Auswahl möglicher Akquisitionsobjekte, bei der Bestimmung der jeweiligen Wertsteigerungspotenziale und bei der Formulierung der Zielwelt die politische Sphäre analysiert haben. Hierbei wurde untersucht, wie das Akquisitionsobjekt im politischen Netzwerk verankert ist und welche Bedeutung dieses Netzwerk bei der Auftragsvergabe hat. Die Verankerung ist in ausgewählten Regionen entscheidend, um überhaupt bei bestimmten Aufträgen in die engere Wahl zu kommen. Auf Basis dieser Analyse konnten die Verantwortlichen bessere Annahmen hinsichtlich möglicher Wertsteigerungspotenziale und der Formulierung der Zielwelt treffen. Sie konnten damit erfolgsversprechendere Zusammenschlusspartner herausfiltern. Aufgrund dieser Analyse konnten sie zudem leichter beurteilen, welcher Teil der Wertschöpfung lokal verbleibt, um bei entsprechenden Auftragsvergaben berücksichtigt zu werden.

Lokale politische Akteure haben das Interesse, dass ein Teil der Wertschöpfung lokal erfolgt. Eine solche lokale Wertschöpfung bildet in manchen Fällen die Voraussetzung, dass ein Unternehmen überhaupt bei der Auftragsvergabe berücksichtigt wird.

Resultierende Unterstützung der Erschließung der Wertsteigerungspotenziale

Durch die Festlegung der Verantwortlichen, in der Pre-Closingphase die Verankerung und Bedeutung der politischen Sphäre bei möglichen Akquisitionsobjekten zu untersuchen, ist die Wahrscheinlichkeit gestiegen, dass sie einen Partner für den zukünftigen Unternehmensverbund bzw. für das zukünftige gemeinsame Jointventure auswählen, der bei der Auftragsvergabe berücksichtigt wird.

9.2.2 Festlegung der Prozessbeteiligten

9.2.2.1 Kundenbezogene Aktivitäten

In den Interviews mit den Integrationsexperten wurde folgendes Beispiel als Good Practice der *Festlegung der Prozessbeteiligten* identifiziert (Beispiel 9): *Detailliertes Gespräch mit dem wichtigsten Kunden des Akquisitionsobjektes in der Pre-Closingphase, um seine Einstellung zum Akquisitionsvorhaben und Hinweise für die Gestaltung der Zielwelt zu erhalten.*

Gestaltungsaktivitäten der Verantwortlichen

Ein Integrationsexperte erwähnte einen Zusammenschluss, in dem die Verantwortlichen während der Pre-Closingphase mit Zustimmung des Akquisitionsobjektes mit dem wichtigsten Kunden des Akquisitionsobjektes gesprochen haben. In diesem Gespräch haben die Verantwortlichen ihre Pläne für das Akquisitionsvorhaben, inklusive ihrer Pläne für die Gestaltung der Zielwelt, in diesem Fall vor allem die Pläne hinsichtlich des Kerns der operativen Aktivitäten, vorgestellt. Der Gesprächspartner hat daraufhin seine positive Einstellung zu diesen Plänen mitgeteilt und dabei bereits Hinweise gegeben, die die Verantwortlichen für die Detaillierung der Zielwelt verwenden konnten. Diese Hinweise waren so fruchtbar, dass die Verantwortlichen sie weitergeleitet haben und entsprechende Fachteams mit der Ausgestaltung des Kerns der operativen Aktivitäten beauftragt haben.

Berücksichtigte Stakeholderinteressen

Der Kunde hat ein inhaltliches Interesse am Schwerpunkt der operativen Tätigkeiten des geplanten Unternehmensverbundes. Dieses Interesse hat er im Gespräch dargelegt und die Verantwortlichen haben es bei der weiteren Formulierung der Zielwelt verwendet.

Resultierende Unterstützung der Erschließung der Wertsteigerungspotenziale

Durch die Gestaltungsaktivitäten der Verantwortlichen, also das Gespräch mit dem wichtigsten Kunden des Akquisitionsobjektes und der Abfrage der Einstellung zum Akquisitionsvorhaben und zur Zielwelt in der Pre-Closingphase, konnten die Verantwortlichen die Interessen und Bedürfnisse des wichtigsten Kunden des Akquisitionsobjektes erfahren. Mit Hilfe dieser Informationen konnten sie die Gestaltung der Zielwelt viel konkreter auf die Bedürfnisse des wichtigsten Kunden ausrichten. Die Wahrscheinlichkeit, dass der wichtigste Kunde nach Vollzug der Akquisition abwandern würde, konnte durch diese Aktivitäten minimiert werden.

Die Erschließung der kundenbezogenen Wertsteigerungspotenziale konnte durch die Ausrichtung auf die Kundenbedürfnisse unterstützt werden.

9.2.2.2 Outsourcingpartnerbezogene Aktivitäten

In der Fallstudie DAB/FSB wurde folgendes Beispiel als Good Practice der *Festlegung der Prozessbeteiligten* identifiziert (Beispiel 10): *Frühzeitige und umfangreiche Einbeziehung von Outsourcingpartnern in der Post-Closingphase bei der Durchführung von Konzeptions-/Realisierungsmaßnahmen, die für sie relevant sind.*

Gestaltungsaktivitäten der Verantwortlichen

Die Verantwortlichen haben zwei Outsourcingpartner, in diesem Fall zwei Softwarefirmen, die zentrale Anwendungen der DAB entwickeln, sehr früh und umfangreich in die Integrationsaktivitäten involviert. Die Verantwortlichen haben sie bereits in der Fachkonzeptphase eingebunden und haben sie die DV-Konzepte teilweise selbstständig erstellen lassen. Anschließend ist die entsprechende systemtechnische Umsetzung der DV-Konzepte auch durch sie erfolgt. Während der gesamten Einbindung haben regelmäßig Treffen stattgefunden, in denen die Outsourcingpartner den Verantwortlichen Vorschläge gemacht haben, welche systemtechnische Alternativen hinsichtlich der Umsetzung eines Geschäftsprozesses möglich sind sowie Fragen zu den Fachkonzepten gestellt. Die Verantwortlichen haben in diesen Gesprächen für die Klärung der Fragen der Outsourcingpartner gesorgt sowie die bevorzugte Alternative für die Umsetzung eines Prozesses bestimmt.

Berücksichtigte Stakeholderinteressen

Durch die Gestaltungsaktivitäten der Verantwortlichen, also durch die frühe und umfangreiche Einbindung der Systementwickler und die Durchführung regelmäßiger Gespräche mit ihnen, konnten die Fachkonzepte und vor allem die DV-Konzepte so verfasst werden, dass die Systementwickler wenig Rückfragen hatten. Dieses Interesse der Systementwickler, eindeutige DV-Konzepte als Vorlage für ihre Programmieraktivitäten zu haben, wurde dadurch befriedigt.

Des Weiteren hatten diese Outsourcingpartner ein Interesse, umfangreich an der Erstellung des Fachkonzepts beteiligt zu sein, um ihr prozesstechnisches Wissen zu verbessern. Denn analog zum Abwicklungspartner der DAB konnten sie dieses Wissen bei weiteren Kunden verwenden und dort kompetenter auftreten und dadurch gegebenenfalls leichter neue Kunden gewinnen und Erträge generieren.

Resultierende Unterstützung der Erschließung der Wertsteigerungspotenziale

Durch die Durchführung der regelmäßigen Gespräche der Verantwortlichen mit den Systementwicklern konnte die Qualität des gesamten Konzeptions- und Implementierungsprozesses für die erweiterten Systemfunktionalitäten hoch und die Kosten gering gehalten werden. Diese Ziele wurden erreicht, da das Ausmaß der Rückfragen durch die frühe Einbeziehung begrenzt wurde und dadurch, dass die Konzepte aufgrund der Berücksichtigung der Vorschläge der Systementwickler viel stärker auf die systemtechnische Umsetzung ausgerichtet werden konnten. Die durch die Systemerweiterung mögliche Zusammenlegung der Wertpapier- und Depotprozesse für die DAB- und FSB-Depots führte zur Erschließung von Kostensynergien. Der Wartungs- und Administrationsaufwand konnte gesenkt werden. Zur Erschließung dieser Synergien haben die Gestaltungsaktivitäten der Verantwortlichen beigetragen. Es ist davon auszugehen, dass die mit der systemtechnischen Zusammenlegung verbundenen Kostensynergien ohne die Gespräche erst später und gegebenenfalls in geringerem Maße hätten realisiert werden können.

9.2.2.3 Gesellschafter-/Aktionärsbezogene Aktivitäten

In der Fallstudie ISTA/USI wurde folgendes Beispiel als Good Practice der *Festlegung der Prozessbeteiligten* identifiziert (Beispiel 11): *Vorstellung der Synergiekalkulation und Wirtschaftlichkeitsberechnung eines Akquisitionsvorhabens in Gesprächen mit den Gesellschaftern in der Pre-Closingphase, um ihre Zustimmung zur Akquisition zu erhalten.*

Gestaltungsaktivitäten der Verantwortlichen

Die Verantwortlichen haben in der Pre-Closingphase mit dem Gesellschafter, einem britischen Finanzinvestor, Gespräche geführt. Die Verantwortlichen haben in diesen Gesprächen die Synergiekalkulation und die Wirtschaftlichkeitsberechnung des Akquisitionsvorhabens vorgestellt und damit die Rechtfertigung für die benötigten finanziellen Mittel dargestellt. Mit der Zustimmung des Gesellschafters konnten die Verantwortlichen den Akquisitionsprozess fortsetzen und ihre Integrationsüberlegungen weiter detaillieren.

Berücksichtigte Stakeholderinteressen

Der Gesellschafter hatte primär ein finanzielles Interesse. Das diesbezügliche Informationsinteresse des Gesellschafters haben die Verantwortlichen dadurch befriedigt, dass sie dem Gesellschafter aufgezeigt haben, welche Synergien und Erträge aus dem Akquisitions- und Integrationsvorhaben zu erwarten sind.

Resultierende Unterstützung der Erschließung der Wertsteigerungspotenziale

Durch die Gestaltungsaktivitäten der Verantwortlichen, in diesem Fall durch die Durchführung der Gespräche mit dem Gesellschafter und der Erläuterung der Wirtschaftlichkeitsberechnung, konnten sie die Zustimmung des Gesellschafters zum Akquisitions- und Integrationsvorhaben erhalten. Diese Zustimmung ermöglichte die Akquisition überhaupt, da der Gesellschafter mit seiner Zustimmung entsprechende finanzielle Mittel bereitstellte. Durch die Gestaltungsaktivitäten der Verantwortlichen wurde die Einholung der Zustimmung des Gesellschafters unterstützt, so dass überhaupt mit der Erschließung sämtlicher mit der Akquisition und Integration zusammenhängender Wertsteigerungspotenziale begonnen werden konnte.

9.2.2.4 Lokalpolitikerbezogene Aktivitäten

In den Interviews mit den Integrationsexperten wurde folgendes Beispiel als Good Practice der *Festlegung der Prozessbeteiligten* identifiziert (Beispiel 12): *Durchführung eines Gesprächs mit der Kommune kurz nach Closing, in der der bedeutendste Standort des gekauften Unternehmens liegt, und Abgabe eines Commitments hinsichtlich der Aspekte, die für die Kommune relevant sind, z. B. Standortgarantien.*

Gestaltungsaktivitäten der Verantwortlichen

In einem Interview mit einem Integrationsexperten wurde erzählt, dass die Verantwortlichen bei einem Zusammenschluss innerhalb der ersten Woche nach dem Closing zur lokalen Kommune gegangen sind und bekräftigt haben, dass die lokalen Produktionsstätten weiter produzieren würden.

Durch die Gestaltungsaktivitäten der Verantwortlichen konnte das Interesse der lokalen politischen Akteure, dass die lokalen Arbeitsplätze erhalten bleiben, befriedigt werden.

Resultierende Unterstützung der Erschließung der Wertsteigerungspotenziale

Durch die Gestaltungsaktivitäten verbesserte das Unternehmen die Zusammenarbeit mit den Behörden: Die Unterstützung der lokalen Behörden bei der Erteilung von Genehmigungen konnte sichergestellt werden, so dass diesbezüglich keine Hindernisse für die zukünftige Geschäftstätigkeit erwartet wurden.

Zusätzlich führten die Gestaltungsaktivitäten, das Gespräch und das Commitment, zu einer Imageverbesserung, die die Rekrutierung lokaler Mitarbeiter erleichterte, so dass sich die Versorgung mit ausreichend qualifizierten Arbeitskräften verbesserte und sich die Rekrutierungskosten verringerten.

9.2.3 Festlegung der zeitlichen Prozessparameter

9.2.3.1 Kundenbezogene Aktivitäten

In der Fallstudie ISTA/USI wurde folgendes Beispiel als Good Practice der *Festlegung der zeitlichen Prozessparameter* identifiziert (Beispiel 13): *In der Post-Closingphase Abstimmung der Zeitpunkte mit den Kunden, an denen Veränderungen an ihren Schnittstellen vorgenommen werden.*

Gestaltungsaktivitäten der Verantwortlichen

Die Verantwortlichen haben mit sämtlichen Kunden Gespräche geführt, deren Daten von dem bisherigen IT-System auf das zukünftige IT-System migriert werden müssen. Hierbei haben die Kunden Zeitpunkte genannt, die für sie einen günstigen Zeitpunkt für die Datenmigration darstellen. Diese Zeitpunkte haben die Verantwortlichen bei der Erstellung der Migrationsliste verwendet.

Berücksichtigte Stakeholderinteressen

Die Kunden haben ein prozessuales Interesse, dass die Datenmigrationen an bestimmten Zeitpunkten stattfinden. Dieses Interesse haben die Verantwortlichen bei den wichtigsten Kunden berücksichtigt.

Resultierende Unterstützung der Erschließung der Wertsteigerungspotenziale

Durch die Gestaltungsaktivitäten der Verantwortlichen, in diesem Fall durch die Abstimmung möglicher Zeitpunkte für die Datenmigration, konnten die Verantwortlichen eine Migrationsliste erstellen, die sehr stark auf die Interessen der wichtigsten Kunden ausgerichtet ist. Durch diese Ausrichtung wurde die Wahrscheinlichkeit, dass ein wichtiger Kunde abwandert, minimiert. Die Ausschöpfung des Kostensenkungspotenzials, das sich durch Zusammenlegung des bisherigen Kundenstamms auf ein gemeinsames IT-System ergibt, konnte durch die Gestaltungsaktivitäten und die aus ihnen resultierende Minimierung der Kundenabwanderung unterstützt werden.

9.2.3.2 Outsourcingpartnerbezogene Aktivitäten

In der Fallstudie DAB/FSB wurde folgendes Beispiel als Good Practice der *Festlegung der zeitlichen Prozessparameter* identifiziert (Beispiel 14): *In der Post-Closingphase Abstimmung der Zeitpunkte mit den Outsourcingpartnern, an denen die Arbeitsergebnisse der Outsourcingpartner vorliegen müssen.*

Gestaltungsaktivitäten der Verantwortlichen

Die Verantwortlichen haben mit den Outsourcingpartnern, in diesem Fall mit den Systementwicklern, im Laufe der Post-Closingphase Gespräche geführt, in denen festgelegt wurde, welche Funktionalitäten von den Systementwicklern zu welchem Zeitpunkt fertiggestellt werden. Hierbei haben die Systementwickler mitgeteilt, welche Funktionalitäten aufgrund der Programmieranforderungen und der Ressourcenkapazitäten bis wann bereitgestellt werden können. Die Verantwortlichen haben dann abgewogen, welche Funktionalitäten in der ersten Stufe verwirklicht sein sollten.

Berücksichtigte Stakeholderinteressen

Die Outsourcingpartner haben das Interesse, qualitativ hochwertige Arbeit zu liefern. Hierfür ist es notwendig, dass ihre Ressourcen nicht langfristig zu stark überlastet sind. Die Verantwortlichen haben diese Ressourcenrestriktion bei der Festlegung der Reihenfolge, in denen Funktionalitäten programmiert werden sollten, berücksichtigt. Letztlich konnte ein Kompromiss gefunden werden, so dass wesentliche Funktionalitäten zum geplanten Termin programmiert waren.

Resultierende Unterstützung der Erschließung der Wertsteigerungspotenziale

Durch die Gestaltungsaktivitäten der Verantwortlichen konnte die Reihenfolge der Programmieraktivitäten so gesteuert werden, dass aus Sicht der Verantwortlichen wesentliche Funktionen zum geplanten Termin zur Verfügung standen. Hierdurch konnte die Erschließung des Kostensenkungspotenzials durch die Zusammenlegung der Geschäftsprozesse auf ein System unterstützt werden. Ohne die Abstimmungen wäre das Risiko gestiegen, dass wesentliche Funktionalitäten nicht zu Beginn zur Verfügung gestanden hätten, so dass der Zusammenlegungstermin hätte verschoben werden müssen bzw. hoher manueller Aufwand zur Abwicklung des Geschäfts aufgrund fehlender systemtechnischer Realisierung entstanden wäre. Hierdurch hätte das Kostensenkungspotenzial aus der Systemzusammenlegung erst später realisiert werden können und wäre dadurch geringer ausgefallen.

9.3 Besonders stakeholderorientierte institutionelle Gestaltungsaktivitäten

9.3.1 Kundenbezogene Aktivitäten

In der Fallstudie DAB/FSB wurde folgendes Beispiel, das sämtliche drei institutionelle Gestaltungsaspekte *Festlegung der Institutionenstruktur, Festlegung der Institutionenmitglieder* und *Festlegung der Kommunikationsstrukturen* umfasst, als Good Practice identifiziert (Beispiel 15): *Einrichtung einer eigenen Projektorganisation mit den wichtigsten Kunden in der Post-Closingphase, sofern die Kunden eine solche wünschen.*

Die Verantwortlichen haben mit dem wichtigsten Vertriebspartner der FSB eine eigene Projektorganisation eingerichtet. Diese Organisation umfasste ein eigenes Projektteam mit Mitgliedern der DAB/FSB und des Vertriebspartners sowie einen institutionalisierten vier- bis sechswöchigen Besprechungsrhythmus.

Berücksichtigte Stakeholderinteressen

Durch diese Gestaltungsaktivitäten der Verantwortlichen, in diesem Fall durch die Einrichtung einer eigenen Projektorganisation konnte das Interesse des Vertriebspartners, institutionalisiert in das Integrationsprojekt eingebunden zu sein, befriedigt werden. Des Weiteren hatte der Vertriebspartner ein Interesse, sämtliche für ihn relevante Prozesse in der Zielwelt mitzugestalten. Durch die häufigen Treffen konnte dieses Interesse ebenfalls weitgehend berücksichtigt werden.

Resultierende Unterstützung der Erschließung der Wertsteigerungspotenziale

Durch die Gestaltungsaktivitäten der Verantwortlichen, vor allem durch die institutionalisierte Kommunikationsstruktur, war der Vertriebspartner sehr eng in das Projekt eingebunden. Dank der eingerichteten Projektorganisation konnte der Vertriebspartner die für ihn relevanten Prozesse mitgestalten. Hierdurch waren den Verantwortlichen seine Interessen detailliert bekannt. Sie konnten entsprechend die relevanten Prozesse auf die Bedürfnisse dieses Vertriebspartners ausrichten. Zusätzlich wusste der Vertriebspartner durch die institutionalisierte Einbindung stets über den aktuellen Projektstand Bescheid und konnte entsprechend die Veränderungen, die auf seiner Seite durchzuführen waren, zeitlich und ressourcentechnisch so planen, dass sie mit dem Integrationsprojekt abgestimmt waren. Durch diese enge Abstimmung konnten die DAB/FSB-seitigen Anpassungen sofort auch vom wichtigsten Vertriebspartner genutzt werden. Die Wertsteigerungspotenziale durch die Verwendung eines gemeinsamen IT-Systems konnten umgehend nach der Implementierung des angepassten gemeinsamen IT-Systems mit diesem Partner erschlossen werden.

Es ist anzunehmen, dass ohne die Einrichtung einer eigenen Projektorganisation die Wahrscheinlichkeit gestiegen wäre, dass der Vertriebspartner die notwendigen Änderungen auf seiner Seite nicht rechtzeitig oder nicht vollständig richtig hätte umsetzen können. Hierdurch hätte es eher zu Verzögerungen bei der Verwendung der Zielprozesse und der mit ihnen verbundenen Kostensenkungen kommen können, so dass die realisierbaren Wertsteigerungen geringer ausgefallen wären.

9.3.2 Outsourcingpartnerbezogene Aktivitäten

In der Fallstudie ISTA/USI wurde folgendes Beispiel, das sämtliche drei institutionelle Gestaltungsaspekte *Festlegung der Institutionenstruktur, Festlegung der Institutionenmitglieder* und *Festlegung der Kommunikationsstrukturen* umfasst, als Good Practice identifiziert (Beispiel 16): *Einrichtung einer eigenen Projektorganisation in der Post-Closingphase unter Leitung des Outsourcingpartners und unter Berücksichtigung seiner Bedürfnisse.*

Gestaltungsaktivitäten der Verantwortlichen

Die Verantwortlichen haben in der Post-Closingphase mit ihrem Outsourcingpartner, der bisher für die Verbuchung von Schecks von ISTA-Kunden zuständig war (Lock-box-Dienstleister), Gespräche geführt. In diesen Gesprächen haben sie ihm ihre Pläne für die Zielwelt vorgestellt. Er sollte zukünftig nicht nur für die ISTA-Kunden, sondern auch für ehemalige USI-Kunden zuständig sein. Da die Projektmanagementressourcen auf Seiten von ISTA/USI knapp wurden und der Anpassungsbedarf auf Seiten des Outsourcingpartners wesentlich größer war, haben die Verantwortlichen den Outsourcingpartner gefragt, ob er die entsprechenden Projektaktivitäten leiten könnte. Zur Leitung dieser Aktivitäten wurde letztlich eine eigene Projektorganisation unter der Leitung des Outsourcingpartners eingerichtet. Diese Einrichtung folgte erst zu dem Zeitpunkt, an dem es dem Outsourcingpartner am besten passte. Da der überwiegende Teil der Änderungen auf Seiten des Outsourcingpartners stattfand, haben die Verantwortlichen ihm weitgehend freie Hand bei den Änderungen gelassen.

Berücksichtigte Stakeholderinteressen

Durch die Gestaltungsaktivitäten der Verantwortlichen, in diesem Fall durch das Gespräch mit dem Outsourcingpartner, durch die Darlegung der Pläne für die Zielwelt und durch die Äußerung des Wunsches, dass eine eigene Projektorganisation unter der Leitung des Outsourcingpartners eingerichtet wird, konnte der Outsourcingpartner die Konzeption und Umsetzung der notwendigen Änderungen in seinem Sinne steuern, da er die Projektleitung innehatte. Durch diese Aktivitäten konnte auch sein prozessuales Interesse berücksichtigt werden, das Projekt zu einem von ihm gewählten Starttermin beginnen zu lassen.

Resultierende Unterstützung der Erschließung der Wertsteigerungspotenziale

Durch die Gestaltungsaktivitäten der Verantwortlichen konnte der Outsourcingpartner die Änderungen weitgehend in seinem Sinne direkt implementieren, d. h. die Zusammenlegung und Ausführung dieser Aktivitäten für sämtliche ISTA/USI-Kunden funktionierte ohne größere Probleme. Die mit dieser Zusammenlegung verbundenen Kostensenkungspotenziale konnten dadurch bestmöglich erschlossen werden. Es ist anzunehmen, dass die Lösung ohne die Einrichtung der eigenen Projektorganisation aufgrund der dadurch bedingten geringeren Abstimmung nicht so stark auf die Bedürfnisse des Outsourcingpartners ausgerichtet gewesen wäre, so dass die möglichen Kostensenkungen nicht erzielt worden wären.

9.4 Zusammenfassung der besonders stakeholderorientierten Gestaltungsaktivitäten

Die vorstehenden 16 Beispiele zeigen, dass die Verantwortlichen durch ihre Gestaltungsaktivitäten die Erschließung der Wertsteigerungspotenziale zusammen mit den Stakeholdern deutlich beeinflussen können. Zur Verdeutlichung der verschiedenen, besonders stakeholderorientierten Beispiele werden diese nachfolgend getrennt für die Pre- und Post-Closingphase aufgezählt.

9.4.1 Besonders stakeholderorientierte Beispiele der Pre-Closingphase

Kundenbezogene Beispiele:

- *Detaillierte Analyse, welcher Kundennutzen durch einen Zusammenschluss generiert wird.*
- *Detailliertes Gespräch mit dem wichtigsten Kunden des Akquisitionsobjektes, um seine Einstellung zum Akquisitionsvorhaben und Hinweise für die Gestaltung der Zielwelt zu erhalten.*

- *Entwicklung und konsequente Umsetzung von Integrationszielen und -leitlinien, die die zentralen Kundenbedürfnisse berücksichtigen.*

Outsourcingpartnerbezogene Beispiele:

- *Frühzeitige Überprüfung der Realisierbarkeit outsourcingpartnerbezogener Integrationsziele.*

Gesellschafter-/Aktionärsbezogene Beispiele:

- *Vorstellung der Synergiekalkulation und Wirtschaftlichkeitsberechnung eines Akquisitionsvorhabens in Gesprächen mit den Gesellschaftern, um ihre Zustimmung zur Akquisition zu erhalten.*

Lokalpolitikerbezogene Beispiele:

- *Analyse der Bedürfnisse und Bedeutung der politischen Sphäre bei der Formulierung der Wertsteigerungspotenziale und Zielwelt.*

9.4.2 Besonders stakeholderorientierte Beispiele der Post-Closingphase

Kundenbezogene Beispiele

- *Entwicklung und konsequente Umsetzung von Integrationszielen und -leitlinien, die die zentralen Kundenbedürfnisse berücksichtigen.*
- *Gespräche mit den wichtigsten Kunden kurz nach Closing, um ihre detaillierten Bedürfnisse hinsichtlich des zukünftigen Produkt- und Dienstleistungsspektrums aufzunehmen und daraus entsprechende Konzeptions-/Realisierungsmaßnahmen abzuleiten.*
- *Abstimmung der Zeitpunkte mit den Kunden, an denen Veränderungen an ihren Schnittstellen vorgenommen werden.*
- *Einrichtung einer eigenen Projektorganisation mit den wichtigsten Kunden, sofern die Kunden eine solche wünschen.*

Outsourcingpartnerbezogene Beispiele

- *Frühzeitige und umfangreiche Einbeziehung von Outsourcingpartnern bei der Durchführung von Konzeptions-/Realisierungsmaßnahmen, die für sie relevant sind.*
- *Regelmäßige Gespräche mit einem zentralen Outsourcingpartner, um die zukünftigen Prozesse und ihre Schnittstellen so zu definieren, dass sie die Rahmenbedingungen und Interessen des Outsourcingpartners berücksichtigen.*
- *Abstimmung der Zeitpunkte mit den Outsourcingpartnern, an denen die Arbeitsergebnisse der Outsourcingpartner vorliegen müssen.*
- *Einrichtung einer eigenen Projektorganisation unter Leitung des Outsourcingpartners und unter Berücksichtigung seiner Bedürfnisse.*

Gesellschafter-/Aktionärsbezogene Beispiele

- *Gespräche mit den Gesellschaftern hinsichtlich für sie relevanter Aspekte der Zielwelt, um weiterhin ihre Unterstützung zu erhalten, v. a. wenn die Gesellschafter zeitgleich lokale politische Akteure sind.*

Lokalpolitikerbezogene Beispiele

- *Kurz nach Closing ein Gespräch mit der Kommune, in der der bedeutendste Standort des gekauften Unternehmens liegt, und die Abgabe eines Commitments hinsichtlich der Aspekte, die für die Kommune relevant sind, z. B. Standortgarantien.*

Stakeholderübergreifende Beispiele:

- *Detaillierte Berechnung bzw. Überprüfung der in der Pre-Closingphase ermittelten und zu realisierenden Wertsteigerungspotenziale zu Beginn der Post-Closingphase.*

9.5 Gesamtwürdigung der besonders stakeholderorientierten Gestaltungsaktivitäten

Die aufgeführten Beispiele zeigen, dass die Verantwortlichen in sämtlichen Gestaltungsaspekten hinsichtlich verschiedener Stakeholder ihre Gestaltungsaktivitäten so bestimmen können, dass sie die Stakeholderinteressen berücksichtigen und dadurch zur Erreichung der Akquisitions- und Integrationsziele, v. a. zur Erschließung der stakeholderbezogenen Wertsteigerungspotenziale, einen Beitrag leisten. Durch diese Beispiele wird die Verantwortung der Akquisitions- und Integrationsverantwortlichen für die Zielerreichung umfangreich bestätigt.

Diese Beispiele verdeutlichen die Bedeutung der Stakeholder für die Erreichung der Akquisitions- und Integrationsziele. Ohne die Einbindung relevanter Stakeholder oder ohne die Ausrichtung der Gestaltungsaktivitäten auf sie ist eine Erreichung der Akquisitions- und Integrationsziele nicht möglich. Durch diese Erkenntnis wird das Potenzial der übergeordneten Idee der Arbeit, mit dem stakeholderorientierten Integrationsmanagement einen neuen Ansatz für das Integrationsmanagement zu untersuchen und zu entwickeln, deutlich.

Die Umsetzung eines solch neuen Integrationsmanagementansatzes führt zu einer Reihe von Implikationen für die Praxis. Diese werden im nachfolgenden Kapitel erläutert.

9.6 Implikationen für die Praxis

Aus den Erkenntnissen der Arbeit und den besonders stakeholderorientierten Gestaltungsaktivitäten lassen sich einige Implikationen für die kaufenden Unternehmen, für die Akquisitions-/Integrationsverantwortlichen und für die Stakeholder ableiten.

Implikationen für die kaufenden Unternehmen

Durch die Erkenntnisse dieser Arbeit sollten sämtliche Führungskräfte eines Unternehmens sehr viel stärker sensibilisiert sein, welche Bedeutung Stakeholder für den langfristigen Unternehmenserfolg haben. Es wurde sehr deutlich, welche Bedeutung sie für einen Zusammenschluss haben und dass gefestigte Beziehungen zu den Stakeholdern zu vielfältigen Vorteilen für das Unternehmen führen. Das Unternehmen kann und wird sich bei konsequenter Umsetzung des Stakeholderansatzes stärker auf die Stakeholder ausrichten, so dass die langfristige Wettbewerbsfähigkeit des Unternehmens steigt.

Der in dieser Arbeit dargestellte Integrationsmanagementansatz erlaubt kaufenden Unternehmen, ihre Zusammenschlüsse sehr systematisch durchzuführen. Dies kann zu einem effizienteren Einsatz von Führungskräften führen, die sich anderen, für das Unternehmen ebenfalls wichtigen Aufgaben widmen können. Diese Kapazitäten wären ohne den vorgestellten Integrationsmanagementansatz für die Integration gebunden gewesen.

Durch das Aufzeigen der Potenziale, die in den Stakeholderbeziehungen stecken, ergeben sich neue Ansätze für die Bewertung von möglichen Akquisitionsobjekten. Wurden bisher die Stakeholderbeziehungen eines Objekts nicht in die Analyse einbezogen, erfolgt dies aufgrund der jetzt erkannten Bedeutung der Stakeholder. Hierdurch werden eventuell bisher unattraktive Übernahmeziele attraktiv, so dass die Erschließung neuer Märkte leichter möglich ist.

Implikationen für die Akquisitions-/Integrationsverantwortlichen

Das Framework stellt einen neuen Integrationsmanagementansatz dar, den die Akquisitions-/Integrationsverantwortlichen nutzen können. Er enthält sämtliche Gestaltungsdimensionen/ -aspekte und Bezugspunkte, deren Kenntnis für eine systematische Ausrichtung der Gestaltungsaktivitäten der Verantwortlichen notwendig ist. Hierdurch wird den Verantwortlichen ein umfassender Integrationsmanagementansatz zur Verfügung gestellt. Er sollte daher zu einer systematischeren Steuerung des Akquisitions- und Integrationsprozesses führen als andere Integrationsmanagementansätze.

Da dieser Ansatz die Bedeutung der Stakeholder für die Erreichung der Akquisitions-/Integrationsziele verdeutlicht, trägt er dazu bei, dass die Verantwortlichen wesentlich sensibler mit den Stakeholdern während des Zusammenschlussprozesses umgehen. Dieser veränderte Umgang wird zu gefestigteren Stakeholderbeziehungen führen, die wiederum eine reibungslosere Integration ermöglichen sollten.

Durch die stärkere Sensibilisierung der Verantwortlichen für die Stakeholder und ihre Bedeutung wird es auch zu einer verstärkten Einbindung der Stakeholder beim Zusammenschluss kommen. Hierdurch werden die Verantwortlichen gezielter als bisher überlegen, mit welchen Aktivitäten sie die Potenziale der Beziehungen zu den Stakeholdern bestmöglich nutzen können, so dass sich ihre Gestaltungsaktivitäten gegenüber der Situation ohne den vorgestellten Integrationsmanagementansatz verändern.

Durch die im Framework angegebenen stakeholderbezogenen Bezugspunkte wird den Verantwortlichen explizit deutlich, worauf sie bei der Ausrichtung ihrer Aktivitäten achten sollten. Hierbei zeigte sich, dass sie vor allem auf die Kunden, die inhaltlichen Interessen und die Maximierung der nutzenbezogenen Beiträge achten sollten. Entsprechend werden sie diese Bereiche gezielt angehen.

Das Framework zeigt ihnen zusätzlich sämtliche relevante Gestaltungsaspekte auf. Sie erfahren also durch das Framework, in welchen Aspekten sie überhaupt aktiv werden müssen. Durch diese Eigenschaft des Frameworks können sie sicherstellen, dass sie sämtliche wichtigen Aspekte mit ihren Aktivitäten auch tatsächlich abdecken. Sie sollten daher beruhigter die Integration steuern.

Dank der identifizierten besonders stakeholderorientierten Gestaltungsaktivitäten werden ihnen darüber hinaus konkrete Aktivitäten aufgeführt, die andere Verantwortliche ergriffen haben. Hierdurch erhalten sie praktische Hinweise zur Implementierung des Frameworks. Diese Beispiele sollten ebenfalls ihr eigenes Management der Integration erleichtern.

Insgesamt ermöglichen die Erkenntnisse dieser Arbeit durch ihre Ausrichtung auf die Stakeholder, dass die Integration systematischer und reibungsloser erfolgt. Zugleich sollte sie auch zu einer verbesserten Erschließung der Wertsteigerungspotenziale führen. Hierüber sollten die Verantwortlichen besonders erfreut sein, wenn sie vom Erfolg der Integration persönlich profitieren.

Implikationen für die Stakeholder

Die Stakeholder werden durch die Erkenntnisse der Arbeit ebenfalls dahingehend sensibilisiert, welche Potenziale ihre Beziehung zum Unternehmensverbund hat. Haben sie ihre Beziehung zu den am Zusammenschluss beteiligten Unternehmen als reine Zweckbeziehung Ware/Dienstleistung gegen Bezahlung betrachtet, so stellen sie durch die Erkenntnisse der Arbeit fest, inwiefern die Beziehung grundsätzlich durch sie gestaltet werden kann. Hieraus ergibt sich, dass die Stakeholder verstärkt ihr eigenes Stakeholdernetzwerk analysieren und überlegen, welche Potenziale sie noch nicht ausgeschöpft haben.

Die Stakeholder erlangen zusätzlich eine Sensibilität hinsichtlich der Gestaltungsmöglichkeiten bei Zusammenschlüssen. Haben sie bisher üblicherweise von den Zusammenschlüssen aus der Presse erfahren und integrationsbedingte Veränderungen der operativen Beziehung zur Kenntnis genommen, so wissen sie nun, dass sie auf die Gestaltung des zukünftigen Unternehmensverbundes und auf die dafür notwendigen Prozessschritte in ihrem Sinne Einfluss nehmen können. Es ist daher davon auszugehen, dass die Stakeholder solche Chancen wahrnehmen und von sich aus verstärkt ihre Interessen im Zuge eines Zusammenschlusses äußern werden und Ressourcen zur Umsetzung von Veränderungen bereitstellen.

Für die Stakeholder ergeben sich insgesamt verbesserte Beziehungen zu den beteiligten Unternehmen während des Zusammenschlussprozesses und auch danach. Sie erfahren also durch die Beteiligung an der Umsetzung des stakeholderorientierten Integrationsmanagements eine Nutzensteigerung.

Diese Ausführungen bestätigen damit, dass die Umsetzung eines stakeholderorientierten Integrationsmanagementansatzes in der Praxis zu einer Reihe von Implikationen führt. Mit diesen Ausführungen ist zugleich die letzte Detailforschungsfrage beantwortet worden. Im nachfolgenden Kapitel werden sämtliche Ergebnisse und Beiträge der Arbeit zusammengefasst und dabei auch die Grenzen der Arbeit sowie Ansätze für weitere Forschungsvorhaben aufgezeigt.

10 Zusammenfassung und Ausblick

In diesem Kapitel werden zusammenfassend die wichtigsten Beiträge (Kapitel 10.1) und Implikationen (Kapitel 10.2) der Ergebnisse der Arbeit aufgeführt. Des Weiteren werden die Grenzen der Arbeit (Kapitel 10.3) aufgezeigt und als Ausblick mögliche Ansätze für die weitere Forschung (Kapitel 10.4) vorgestellt. Die Arbeit schließt mit einer kurzen Schlussbemerkung (Kapitel 10.5).

10.1 Beiträge der Arbeit

Entsprechend der zentralen Forschungsfrage und den Detailfragen dieser Arbeit (Kapitel 1.3) hat sie drei Hauptbeiträge geleistet: Zunächst wurde ein theoriegestütztes Framework zum stakeholderorientierten Integrationsmanagement entwickelt. Dieses Framework konzentriert sich auf die Gestaltungsaktivitäten der Akquisitions-/Integrationsverantwortlichen und relevante Bezugspunkte für die Ausrichtung ihrer Aktivitäten. Anschließend wurde ein methodischer Ansatz zur Untersuchung stakeholderorientierter Gestaltungsaktivitäten bei Zusammenschlüssen vorgestellt und verwendet. Des Weiteren wurden eine Reihe von Erkenntnissen generiert, inwiefern und welche besonders stakeholderorientierten Gestaltungsaktivitäten in der Praxis verwendet werden. Diese Beiträge werden in den folgenden Abschnitten erläutert.

10.1.1 Theoriegestütztes und empirisch fundiertes Framework

In Kapitel 4 wurde ein theoriegestütztes Framework zum stakeholderorientierten Integrationsmanagement entwickelt. Dieses basierte vor allem aus den Forschungserkenntnissen zum Stakeholder View, zum Stakeholder Management und zum Integrationsmanagement. Es wurde anschließend mit Hilfe von zwei Fallstudien und fünf Interviews mit Integrationsexperten weiter verfeinert und empirisch untermauert.

Das endgültige Framework (Kapitel 8) besteht aus zwei Themenbereichen: Den stakeholderbezogenen Bezugspunkten und den Gestaltungsaspekten des Integrationsmanagements. Stakeholderbezogene Bezugspunkte umfassen sämtliche Aspekte, deren Kenntnis für die Akquisitions- und Integrationsverantwortlichen notwendig ist, um ihre Gestaltungsaktivitäten mehr oder weniger stark auf die Stakeholder auszurichten. Die Gestaltungsaspekte umfassen sämtliche Aspekte, die von den Verantwortlichen gestaltet werden können, eine Relevanz für die Stakeholder haben können und die zur Erreichung der Akquisitions-/Integrationsziele, meist u. a. zur Erschließung der Wertsteigerungspotenziale, beitragen.

Durch die Exploration konnten vier stakeholderbezogene Bezugspunkte hergeleitet werden: *Stakeholder-Ursprungsebenen, Bedeutung der Stakeholder für die Integration, Stakeholderinteressen* und *Wertschöpfungsbeiträge der Stakeholder*. Die Exploration führte ebenfalls dazu, dass die theoretisch abgeleiteten Untergliederungen der Bezugspunkte modifiziert wurden. Im endgültigen Framework werden *primäre* und *sekundäre Ursprungsebenen*, aus denen die Stakeholder stammen, unterschieden. Als *primäre* Ebenen wurden die *Ressourcenbasis* und die *Branchenstruktur* identifiziert, als *sekundäre* Ebene die *sozialpolitische Arena*.

Es zeigte sich, dass die *Stakeholder* hinsichtlich ihrer *Bedeutung* in drei Gruppen aufgeteilt werden können: Eine *primäre* Gruppe mit Stakeholdern, die stets sehr wichtig sind (*Kunden*), eine *sekundäre* Gruppe mit Stakeholdern, die bei einzelnen Zusammenschlüssen sehr wichtig sein können (*Outsourcingpartner, Gesellschafter/Aktionäre* und *lokale politische Akteure*) und eine *tertiäre* Gruppe mit den *übrigen Stakeholdern.* Die *Mitarbeiter* wurden aus dieser Arbeit ausgegrenzt, da sie bereits sehr häufig Gegenstand von Untersuchungen zum Integrationsmanagement waren (Gerpott 1995: 882f.; Jansen 2004: 424f.; Sewing 1996: 66f.; Kapitel 1.1.1). Sie sind daher nicht in der Einteilung enthalten.

Die *Stakeholderinteressen* konnten ebenfalls entsprechend ihrer Relevanz differenziert werden. Als *besonders relevante (primäre)* Interessen gelten sämtliche *inhaltlichen* Interessen der Stakeholder, wie z. B. das Interesse an einer spezifischen Ausgestaltung der zukünftigen gemeinsamen operativen Schnittstellen. Als üblicherweise vorkommende (*sekundäre*) Interessensarten wurden die *prozessualen* und *sonstigen* Interessen identifiziert, wie z. B. finanzielle Interessen der Gesellschafter, identifiziert. Als insgesamt eher weniger relevante (*tertiäre*) Interessen erwiesen sich die *institutionellen* Interessen der Stakeholder, wie z. B. das Interesse, in den Integrationsprojektteams ordentliches Mitglied zu sein.

Bei den *Wertschöpfungsbeiträgen der Stakeholder* stellte sich heraus, dass diese primär *nutzenbezogene* Beiträge (*Nutzenproduzent oder Nutzenempfänger*) leisten, z. B. durch die Bereitstellung von Know-how und Mitarbeiterressourcen. Weniger häufig traten *risikobezogene* Wertschöpfungsbeiträge der Stakeholder auf (*Risikoproduzent, Risikoträger*).

Für die Gestaltungsaspekte des Integrationsmanagements wurden in der Theorie drei Gestaltungsaspektarten identifiziert: *inhaltliche, prozessuale* und *institutionelle.* Die empirische Exploration zeigte, dass sich sämtliche Gestaltungsaspekte in der Praxis diesen drei Gestaltungsaspektarten zuordnen lassen. Auch die aus der Theorie abgeleiteten Untergliederungen konnten weitgehend bestätigt werden. Vereinzelt wurden neue Gestaltungsaspekte/-kategorien in den Fallstudien und Interviews identifiziert. Im endgültigen Framework bilden die *Gestaltung der Planungsprobleme* den einzigen *inhaltlichen* Gestaltungsaspekt. Als *prozessuale* Gestaltungsaspekte werden die *Festlegung der integrationsrelevanten Prozessschritte* und die *Festlegung der Ausgestaltung der integrationsrelevanten Prozessschritte* verwendet. Die *Festlegung der Institutionenstruktur,* die *Festlegung der Institutionenmitglieder* und die *Festlegung der Kommunikationsstruktur* machen die *institutionellen* Gestaltungsaspekte aus.

Das theoriegestützte und durch die empirische Exploration fundierte und erweiterte Framework zeigt mit seinen Bestandteilen auf, in welchen Gestaltungsaspekten die Akquisitions- und Integrationsverantwortlichen Aktivitäten ergreifen können und welche Bezugspunkte sie dabei kennen und berücksichtigen müssen, wenn sie ihre Aktivitäten auf die Stakeholder ausrichten wollen, um die Erreichung der Akquisitions-/Integrationsziele, v. a. die Erschließung der stakeholderbezogenen Wertsteigerungspotenziale, zu unterstützen. Dieses Framework bietet damit eine Strukturierungshilfe für ein bisher unerforschtes Thema: Wie können die Verantwortlichen die Stakeholderbeziehungen systematisch und effektiv nutzen, um die Akquisitions- und Integrationsziele, v. a. die Erschließung der stakeholderbezogenen Wertsteigerungspotenziale, zu erreichen?

Die Grenzen hinsichtlich der Ergebnisse der Arbeit werden nach der Vorstellung sämtlicher Beiträge und Implikationen der Arbeit diskutiert (Kapitel 10.3).

10.1.2 Methodischer Ansatz

Um das endgültige Framework zu entwickeln, wurde ein qualitativer Forschungsansatz gewählt, der auf zwei Fallstudien und fünf Interviews mit Integrationsexperten basiert. Es wurde also ein Multifallstudien-Design verwendet. In diesem fungierten die stakeholderbezogenen Bezugspunkte und die Gestaltungsaspekte des Integrationsmanagements als Unteranalyseeinheiten (Kapitel 5.1.1).

Für die Datenerhebung wurden in beiden Fallstudien jeweils 14 – 15 existierende interne Dokumente zum Akquisitions- und Integrationsvorhaben sowie 7 – 9 im Durchschnitt einstündige Interviews mit Projektmitgliedern verwendet. Diese Interviews und auch die nach den Fallstudien durchgeführten fünf Interviews mit den Integrationsexperten wurden als problemzentrierte Interviews geführt. Diese Interviewform verwendet eine Frageliste, von der situativ relevante Fragen ausgewählt werden. Antwortmöglichkeiten werden nicht vorgegeben (Kapitel 5.1.2).

Die Datenanalyse erfolgte in Anlehnung an die hermeneutic-classificatory-content-analysis (HCCA; Kapitel 5.1.3). Diese Methode wurde als Grundlage verwendet, da sie für die Analyse großer Textmengen, die ein komplexes soziales Phänomen beschreiben, geeignet erschien (Kapitel 5.1.3). Zentraler Bestandteil der verwendeten Methode war ein Kategoriennetzwerk, dessen Kategorien aus dem theoriegestützten Framework und aus dem empirischen Material gebildet wurden. Mit Hilfe dieses Kategoriennetzwerkes wurden sämtliche Dokumente und Interviewaussagen kodiert. Mit Hilfe dieser Codes wurden quantitative und qualitative Analysen durchgeführt. So konnte die relative Bedeutung einzelner Aspekte durch quantitative Auswertungen herausgefunden werden. Mit Hilfe einer qualitativen Analyse konnten die tatsächlichen Ausprägungen sämtlicher Bezugspunkte und Gestaltungsaspekte des Frameworks ermittelt werden.

Mit Hilfe dieses Vorgehens konnten nicht nur sämtliche Aspekte des theoriegestützten Frameworks evaluiert, sondern dabei auch neue Aspekte identifiziert bzw. Begründungen für die Modifikation der Untergliederungen der Bezugspunkte und Gestaltungsaspekte geliefert werden. Allerdings wurden durch die relativ nichtstandardisierte Interviewform der problemzentrierten Interviews nicht sämtliche Aspekte in allen Interviews in gleicher Tiefe behandelt, so dass hinsichtlich der Untersuchung der Bedeutung der Stakeholder aus Sicht der Akquisitions-/Verantwortlichen nur Tendenzaussagen möglichen waren. Tendenziell wurde hierbei ermittelt, dass die Stakeholder eine sehr hohe Bedeutung bei den Verantwortlichen einnehmen, da aus den Daten hervorging, dass fast alle identifizierten Stakeholderinteressen von den Verantwortlichen berücksichtigt wurden. Diese Untersuchung wurde ergänzend vorgenommen. Ihre Ergebnisse flossen nicht in die Frameworkentwicklung ein, so dass diesbezüglich keine Einschränkungen der Aussagekraft der Frameworkbestandteile folgen. Weitere Grenzen aufgrund des gewählten Vorgehens werden in Kapitel 10.3 aufgeführt.

10.1.3 Besonders stakeholderorientierte Gestaltungsaktivitäten

Mit dem verwendeten methodischen Ansatz konnte nicht nur ein Framework sondern auch das zweite Ziel der Arbeit erreicht werden: Die Identifikation besonders stakeholderorientierter Gestaltungsaktivitäten der Verantwortlichen. Hierfür wurde bei der Analyse des Datenmaterials ein spezifischer „Good Practice"-Code vergeben, wenn aus einer Textpassage hervorging, dass die Verantwortlichen gewisse Gestaltungsaktivitäten unter Berücksichtigung der Stakeholderinteressen durchgeführt haben und wenn ersichtlich bzw. anzunehmen war, dass durch diese Gestaltungsaktivitäten die Erreichung der Akquisitions-/Integrationsziele, vor allem die Erschließung der stakeholderbezogenen Wertsteigerungspotenziale, unterstützt wurde.

Durch diese Codierung bzw. Analyse konnten sechs sehr interessante besonders stakeholderorientierte Gestaltungsaktivitäten der Pre-Closingphase und elf Beispiele für Gestaltungsaktivitäten der Post-Closingphase identifiziert werden (Kapitel 9.4). Hierbei wurden Beispiele für die relevantesten Stakeholdertypen ermittelt. Die Beispiele zeigten, dass gewisse Analysen essentiell für die Unterstützung der Erschließung der stakeholderbezogenen Wertsteigerungspotenziale sind. Hierzu gehörten beispielsweise die Bestimmung des zusammenschlussbedingten Kundennutzens in der Pre-Closingphase und Gespräche der Verantwortlichen mit den einzelnen Stakeholdern hinsichtlich ausgewählter Aspekte, wie z. B. Gespräche mit wichtigen Outsourcingpartnern in der Post-Closingphase hinsichtlich der detaillierten Gestaltung der zukünftigen Schnittstellen.

Diese Ausführungen zeigen, dass die Arbeit eine Vielzahl von Erkenntnissen und Ergebnissen generiert hat, aus denen sowohl für die Theorie als auch für die Praxis Implikationen abgeleitet werden können. Sie werden im nächsten Abschnitt zusammenfassend vorgestellt.

10.2   Implikationen der Arbeit

Die Erkenntnisse und Ergebnisse dieser Arbeit haben Implikationen auf die dargestellten und verwendeten theoretischen Grundlagen des Stakeholder View-, des Stakeholder Management- und des Integrationsmanagement-Konzepts (Kapitel 2 und 3). Des Weiteren ergeben sich bei Ihrer Umsetzung eine Reihe von Implikationen für die Praxis. Diese wurden bereits an anderer Stelle ausführlich vorgestellt (Kapitel 8.6 bzw. 9.6). Die dort dargestellten Implikationen werden daher nachfolgend kurz zusammengefasst.

10.2.1   Implikationen für die Theorie

Entsprechend der verwendeten theoretischen Grundlage führt die Arbeit vor allem zu Implikationen für den *Stakeholder View, das Stakeholder Management* und *das Integrationsmanagement-Konzept* (Kapitel 8.6).

Stakeholder View-Konzept

Wie in Kapitel 8.6.1 ausführlich dargestellt, konnte die Arbeit zeigen, dass die im Stakeholder View-Konzept gleichgewichtig verwendeten Ursprungsebenen bei Integrationen eine jeweils unterschiedliche Relevanz haben: hohe Relevanz für die *Ressourcenbasis* und *Branchenstruktur*, niedrige Relevanz für die *sozialpolitische Arena*. Damit das Stakeholder View-Konzept möglichst zutreffend die Realität abbildet, müsste eine solche Gewichtung in das Konzept aufgenommen werden.

Analog konnte aus den Ergebnissen abgeleitet werden, dass nicht sämtliche Stakeholdertypen die gleiche Bedeutung für die Integration hatten. Die *Kunden* nahmen eine dominante Position vor den *Outsourcingpartnern, Gesellschaftern/Aktionären* und *lokalen politischen Akteuren* ein. Übrige Stakeholder spielten nur selten eine Rolle. Eine solch konkrete Gewichtung der Stakeholdertypen ist im Stakeholder View-Konzept ebenfalls bisher nicht enthalten. Aufgrund der Ergebnisse dieser Arbeit erscheint eine solche Konkretisierung überlegenswert.

Ebenso könnte eine Konkretisierung der Gewichtungen der im Stakeholder View-Konzept unterschiedenen *Wertschöpfungsbeiträge der Stakeholder* vorgenommen werden. Aus den Ergebnissen der Arbeit geht klar hervor, dass die Stakeholder vor allem *nutzen*bezogene (Nutzenproduzent, Nutzenempfänger) und weniger *risiko*bezogene (Risikoproduzent, Risikoträger) Beiträge leisten. Bisher werden im Stakeholder View nur die grundsätzlichen Beitragsarten vorgenommen, es wird aber keine Gewichtung genannt. Eine solche Gewichtung würde die Realitätsnähe des Stakeholder View-Konzepts – zumindest für Zusammenschlüsse – ebenfalls verbessern.

Des Weiteren zeigt die Arbeit, dass die inhaltlichen Gestaltungsaktivitäten für die Stakeholder relevanter sind als die *prozessualen* und *institutionellen* Aktivitäten. Diese Tatsache wurde als Hinweis gewertet, dass bei der externen Ausrichtung des Unternehmenskerns (Strategie,

Struktur und Kultur) zumindest die Strategie relevanter ist als die Struktur. Da die Kultur ausgegrenzt wurde, konnte zu ihrer Bedeutung keine Aussage getroffen werden. Eine solche Dominanz ist bisher nicht im Stakeholder View-Konzept enthalten. Eine Einführung einer solchen Gewichtung würde ebenfalls die Realitätsnähe des Konzepts erhöhen.

Stakeholder Management-Konzept

Entsprechend den Ausführungen in Kapitel 8.6.2 konnte aus den Erkenntnissen der Arbeit für das Stakeholder Management-Konzept Hinweise für die Verfeinerung der Stakeholderanalyse generiert werden. Es zeigte sich, dass sich die Stakeholderinteressen in *inhaltliche, prozessuale, institutionelle* und *sonstige Interessen* einteilen lassen. Bei der bisherigen im Rahmen des Stakeholder Management-Konzepts verwendeten Stakeholderanalyse werden meist jedoch nur *inhaltliche* und *finanzielle Interessen* bzw. Ansprüche betrachtet. Eine Berücksichtigung der als ebenfalls relevant ermittelten *prozessualen* und *institutionellen Interessen* und entsprechenden Ansprüche würde die Stakeholderanalyse umfassender gestalten. Hierdurch könnten gezieltere Strategien gegenüber den einzelnen Stakeholdern entwickelt und entsprechende Prozesse und Strukturen implementiert werden. Durch diese Maßnahmen würde letztlich die Wirksamkeit des Stakeholder Management-Konzepts gesteigert.

Aus den Erkenntnissen der Arbeit gehen auch Hinweise für die Gestaltung der transaktionalen Ebene der Stakeholderinteraktionen hervor. Da ermittelt wurde, dass die Inhalte aus Stakeholdersicht wesentlich relevanter als die prozessuale oder institutionelle Gestaltung der Interaktionen ist, ist anzunehmen, dass eine entsprechende Gewichtung der Anstrengungen der Verantwortlichen bei der Gestaltung der Stakeholderinteraktionen effektiver ist als ohne eine stakeholderorientierte Gewichtung der Anstrengungen. Ein auf diese Weise erweitertes Stakeholdermanagement-Konzept würde daher wirksamer sein als das bisher in der Literatur diskutierte Konzept.

Integrationsmanagement-Konzept

Wie in Kapitel 8.6.3 dargestellt, zeigten die Erkenntnisse der Arbeit, dass die Stakeholder einen bedeutenden Beitrag zur Erreichung der Akquisitions-/Integrationsziele leisten. Da meist die Zusammenführung der beteiligten Unternehmen unter Erschließung zusammenschlussbedingter Wertsteigerungspotenziale ein wesentliches Ziel des Integrationsmanagements bildet, würde eine Integration der Stakeholder in das Integrationsmanagement die Erreichung solcher Ziele erleichtern. Eine diesbezügliche Erweiterung des Integrationsmanagement-Konzepts würde die Wirksamkeit des Konzepts verbessern.

Aus den Erkenntnissen der Arbeit geht außerdem hervor, dass verschiedene stakeholderbezogene Bezugspunkte existieren, deren Kenntnis den Verantwortlichen hilft, ihre Gestaltungsaktivitäten auf die Stakeholder auszurichten. Solche Bezugspunkte sind mit Ausnahme der Akquisitions-/Integrationszielen bisher nicht in den Integrationsmanagement-Konzepten enthalten. Ihre Integration würde zu einem effektiveren Einsatz der Ressourcen für die Integrationsaktivitäten führen und die Verwendung der Potenziale der Stakeholderbeziehungen für die Erreichung der Akquisitions-/Integrationsziele unterstützen. Die Wirksamkeit des Integrationsmanagement-Konzepts würde durch die Erweiterung um stakeholderbezogene Bezugspunkte bei seiner Umsetzung zielgerichteter und damit wirksamer werden.

Diese Ausführungen zeigen Möglichkeiten auf, die Realitätsnähe und/oder die Wirksamkeit der verschiedenen Konzepte zu verbessern. Diesbezügliche Ansätze für die weitere Forschung werden später dargestellt (Kapitel 10.4). Als Nächstes werden die Implikationen der Ergebnisse der Arbeit für die Praxis zusammengefasst.

10.2.2 Implikationen für die Praxis

Wie in Kapitel 9.6 ausführlich dargestellt, können aus den Erkenntnissen und Ergebnissen der Arbeit eine Reihe von Implikationen für die Praxis abgeleitet werden. Im Einzelnen werden Implikationen für *die kaufenden Unternehmen, die Akquisitions-/Integrationsverantwortlichen* und für *die Stakeholder* unterschieden. Die wesentlichen Implikationen werden nachfolgend kurz erläutert.

Implikationen für die kaufenden Unternehmen

Die Umsetzung des stakeholderorientierten Integrationsmanagements sollte zu einer langfristigen Steigerung der Wettbewerbsfähigkeit führen, da die Manager für die Stakeholder und die Potenziale der Stakeholderbeziehungen sensibilisiert sind und entsprechend verstärkt ihre Aktivitäten auf die Stakeholder ausrichten werden.

Durch diese Sensibilisierung werden die Unternehmen auch potenzielle Akquisitionsobjekte unter Einbeziehung ihres Stakeholdernetzwerkes bewerten. Hierdurch können bisher aufgrund der Vernachlässigung der Potenziale des Stakeholdernetzwerks unattraktive Objekte attraktiv werden, so dass das Unternehmenswachstum durch Akquisitionen erleichtert wird.

Implikationen für die Akquisitions-/Integrationsverantwortlichen

Das endgültige Framework stellten einen systematischen stakeholderorientierten Integrationsmanagementansatz dar. Die Anwendung des Frameworks sollte daher die Verantwortlichen bei der Durchführung der Integration unterstützen, so dass die Verantwortlichen systematischer und damit wirkungsvoller vorgehen können. Das Framework steigert also die Wirksamkeit der Verantwortlichen als Integrationsmanager.

Durch die Auseinandersetzung mit dem stakeholderorientierten Integrationsmanagementansatz sollte die Sensibilisierung der Verantwortlichen für die Bedeutung der Stakeholderbeziehungen steigen. Die Verantwortlichen werden bei Umsetzung des Ansatzes entsprechend ihre Gestaltungsaktivitäten verstärkt auf die Stakeholder ausrichten, so dass das Framework einen Einfluss auf ihr Verhalten ausübt.

Die Stakeholder werden durch die Erkenntnisse und Ergebnisse der Arbeit für das Potenzial ihrer Beziehung zu den beteiligten Unternehmen sowie für die Gestaltbarkeit der Beziehung sensibilisiert. Sie werden daher verstärkt ihr eigenes Stakeholdernetzwerk analysieren und entsprechend ihre Aktivitäten anpassen. Dieses gesteigerte Engagement sollte zu einer Festigung ihrer Beziehungen zu den beteiligten Unternehmen bzw. zu ihren eigenen Stakeholdern führen. Hieraus sollte eine Nutzensteigerung für die Stakeholder resultieren.

Diese zusammenfassenden Ausführungen über die Implikationen der Ergebnisse der Arbeit für die Praxis verdeutlichen, welches Potenzial die Umsetzung eines stakeholderorientierten Integrationsmanagements bzw. allgemein die Umsetzung eines stakeholderorientierten Verhaltens für alle Beteiligten besitzt.

Insgesamt zeigen die Implikationen, dass das Framework zum stakeholderorientierten Integrationsmanagement umfassende Konsequenzen haben kann. Dass diese nicht automatisch eintreten, liegt unter anderem an den Grenzen der Arbeit. Diese werden nachfolgend erläutert.

10.3 Grenzen der Arbeit

Bei der Vorstellung der Erkenntnisse der Explorationsstufen (Kapitel 6 und 7) und bei der Diskussion der Ergebnisse (Kapitel 8.5) wurden Aspekte deutlich, die mit der Arbeit nicht zufriedenstellend gelöst werden konnten. In diesem Abschnitt sollen solche Grenzen der Arbeit und ihre Ursachen vorgestellt werden. Sie dienen zugleich als wesentliche Grundlage für Ansätze für die weitere Forschung (Kapitel 10.4). Grenzen der Arbeit können aufgrund der Annahmen, der Datenbasis und der Methodik der Arbeit, d. h. vor allem der Methodik der Datenerhebung und der Methodik der Datenauswertung, existieren.

Grenzen aufgrund der Annahmen der Arbeit

Dieser Arbeit liegt eine instrumentelle Verwendung des Stakeholderansatzes zugrunde (Donaldson/Preston 1995: 74): Durch die Fokussierung des Managements auf die Stakeholderbeziehungen und durch ihre aktive Gestaltung wird der Unternehmenserfolg positiv beeinflusst. Die Gültigkeit dieser instrumentellen Sicht bei Zusammenschlüssen wurde angenommen. Entsprechend bestand der Fokus der Arbeit nicht im Nachweis der Gültigkeit dieser Annahme, sondern in der konkreten Ausgestaltung der Managementaktivitäten bei Zusammenschlüssen.

Durch diesen Fokus kann die Arbeit keine erschöpfende Aussage treffen, ob diese Annahme überhaupt bei Zusammenschlüssen zutrifft, so dass die Erkenntnisse stets vor diesem Hintergrund gesehen werden müssen. Dieser Nachteil des Fokus wird jedoch dadurch zum Teil kompensiert, dass aus einzelnen Aussagen im Rahmen der Interviews der Fallstudien deutlich hervorgeht, dass die Erschließung der Wertschöpfungspotenziale durch die Gestaltung der Stakeholderbeziehungen während des Zusammenschlusses positiv beeinflusst wird: Dadurch dass die Verantwortlichen die Stakeholder inhaltlich, prozessual und institutionell einbeziehen und entsprechende Bedürfnisse berücksichtigen, wird die Erschließung der Wertsteigerungspotenziale und damit der Unternehmenserfolg unterstützt.

Des Weiteren bedeutet die Vernachlässigung der Betrachtung der Auswirkungen der Gestaltungsaktivitäten der Verantwortlichen, dass sich diese Arbeit gezielt auf die Ausgestaltung des Frameworks zum stakeholderorientierten Integrationsmanagement konzentrieren kann.

Die Qualität dieses Frameworks ist für die Weiterentwicklung der entsprechenden Theorien und für die Anwendung in der Praxis aus Sicht des Autors bedeutender als die Bestätigung der Gültigkeit der instrumentellen Sichtweise des Stakeholderansatzes bei Zusammenschlüssen.

Grenzen aufgrund der Datenbasis

Für die detaillierte Ausgestaltung des Frameworks wurden zwei Fallstudien und eine Reihe von Beispielen aus fünf Interviews mit Integrationsexperten verwendet. Eine Allgemeingültigkeit der Erkenntnisse kann bei dieser Datenbasis nicht postuliert werden. Diese Einschränkung der Aussagekraft der gewonnenen Erkenntnisse wurde jedoch in Kauf genommen, da ansonsten kaum detaillierte Analysen einzelner Fälle möglich gewesen wären, so dass entsprechend detaillierte Frameworkerkenntnisse nicht hätten generiert werden können.

Die für die Fallstudien ausgewählten Fälle sind beides relativ kleine Akquisitionen. Das jeweilige Transaktionsvolumen liegt deutlich unter dem durchschnittlichen Transaktionsvolumen von ca. 65 Mio. $ (Basis: Wilmerhale 2006, Kapitel 1). Des Weiteren nimmt die Informationstechnologie in beiden Fällen aufgrund des jeweiligen Geschäftsfokus eine zentrale Bedeutung ein. Ebenso handelt es sich bei beiden Zusammenschlüssen um Zusammenschlüsse auf nationaler Ebene. Diese Homogenitäten limitieren die Ermittlung unterschiedlichster Ausprägungen in ausgewählten Aspekten. Dieser Nachteil wird jedoch durch den spezifischen Zugang zu beiden Fällen wettgemacht. Beide Fälle wurden bewusst und nicht zufällig ausgewählt, da der Autor jeweils einen spezifischen Zugang hatte, so dass davon ausgegangen wird, dass die Bereitstellung von Daten leichter bzw. umfangreicher erfolgte als bei einem Fall ohne spezifischen Zugang. Darüber hinaus bieten die verwendeten Fälle in weiteren Aspekten, wie z. B. hinsichtlich des Landes, in dem der Zusammenschluss stattfindet, und hinsichtlich der Branche, Heterogenitäten, die tendenziell eine bessere Basis für divergierende Resultate darstellen.

Diese Arbeit hat einige Aspekte ausgegrenzt, die entsprechend die Datenbasis verringerten und damit nicht für die Erkenntnisgenerierung zur Verfügung standen. So wurde das Unternehmenskernelement *Kultur*, der Stakeholdertyp *Mitarbeiter*, sämtliche Controllingaktivitäten der Verantwortlichen und das mittelbare Stakeholdernetzwerk ausgegrenzt bzw. nicht detailliert betrachtet. Gerade die Ausgrenzung der Mitarbeiter und des mittelbaren Stakeholdernetzwerkes impliziert, dass einige stakeholderbezogene Aspekte nicht betrachtet wurden und daher nicht im endgültigen Framework zum stakeholderorientierten Integrationsmanagement enthalten sind. Diese Unvollständigkeit des Frameworks wird jedoch durch die Tiefe der Erkenntnisse hinsichtlich der ermittelten relevanten Aspekte des Frameworks kompensiert. Wären die ausgegrenzten Elemente auch Gegenstand der Untersuchung gewesen, wäre ein geringerer Detaillierungsgrad der Untersuchung notwendig geworden mit entsprechend negativen Konsequenzen für die Erkenntnistiefe.

Grenzen aufgrund der Methodik der Datenerhebung

Dem Prinzip der Triangulation (Yin 2003: 97 f.; Kapitel 5.2.2.2) folgend, wurden für die Datenerhebung in den Fallstudien mehrere Quellen verwendet: Dokumente und Interviews. Die untersuchten Dokumente wurden allerdings ausschließlich von Unternehmensmitgliedern erstellt. Ebenso waren fast alle Interviewpartner Mitarbeiter der beteiligten Unternehmen. Lediglich in der Fallstudie DAB/FSB konnten zwei Gespräche mit Outsourcingpartnern geführt werden. Dadurch, dass praktisch keine Gespräche mit anderen relevanten Stakeholdern geführt bzw. keine Dokumente verwendet wurden, die außerhalb des Unternehmens angefertigt wurden, konnte die Sichtweise der übrigen Stakeholder nicht direkt ermittelt werden. Es ist daher davon auszugehen, dass eine direkte Befragung der Stakeholder weitere Informationen geliefert hätte, die für die Konkretisierung des Frameworks förderlich gewesen wären. Diesem Nachteil wurde jedoch dadurch begegnet, dass die Ergebnisse der Fallstudien zumindest hinsichtlich der Frameworkstrukturierung durch Externe (Integrationsexperten) evaluiert werden konnten. Die grundsätzliche Bestätigung der Fallstudienerkenntnisse durch die Interviews mit den Integrationsexperten zeigt zudem, dass die verwendeten Datenquellen bei den Fallstudien eine gute Datengrundlage bildeten.

Bei der Datenerhebung der Fallstudien wurde auf eine Identifikation bzw. eine Abfrage der direkten und indirekten Auswirkungen der einzelnen Gestaltungsaktivitäten verzichtet. Es konnte daher nicht ermittelt werden, welche Gestaltungsaktivität im Detail wie stark zu welchem Beitrag der Stakeholder hinsichtlich der Erschließung der Wertsteigerungspotenziale geführt hat. Wäre diese Information miterhoben und anschließend ausgewertet worden, wären womöglich andere Gewichtungen hinsichtlich der Relevanz einzelner Gestaltungsaktivitäten ermittelt worden. Da die Interviews nicht unbegrenzt geführt werden konnten, hat der Verzicht dieser Abfrage jedoch umgekehrt eine umfassende Betrachtung der Ausprägung der Gestaltungsaktivitäten und der entsprechenden Bezugspunkte ermöglicht, so dass das Framework diesbezüglich detailliert aufgestellt werden konnte.

Bei den Interviews im Rahmen der Fallstudien wurde auf eine direkte Abfrage der relevanten Gestaltungsaspekte, Stakeholdertypen, Interessensarten, Berücksichtigung der Stakeholderinteressen, etc. verzichtet. Aufgrund der resultierenden Datenbasis wurden sofern möglich Indikatoren verwendet, die z. B. auf der Auswertung von relativen Häufigkeiten basierten, um entsprechende Aussagen zu generieren. Die Verwendung der Indikatoren impliziert, dass sie eventuell die Realität nicht zutreffend darstellen. Dieser Nachteil wurde jedoch bewusst in Kauf genommen, da davon ausgegangen wurde, dass die Antworten der Gesprächspartner aufgrund ihres meist nur partiellen Einblicks in den Zusammenschlussprozess und in die verwendeten Gestaltungsaktivitäten die Realität noch weniger treffend widergespiegelt hätten. Zudem ist die Verwendung von Indikatoren in diesem Bereich verbreitet. So verwenden Bucerius/Schulze-Wehninck (2004: 519) das Ausmaß, in dem kundenbezogene Überlegungen maßgeblich für Entscheidungen sind, als Indikator für das Ausmaß der Kundenorientierung.

Bei der Datenerhebung wurde auf eine umfassende Erhebung von Situationsvariablen, wie z. B. die Größe der beteiligten Unternehmen, die Umsatz-/Gewinnentwicklung, die Entwicklung der Beschäftigtenzahlen, Kennzahlen zur Produktivität oder Innovationskraft der beteiligten Unternehmen, Grad der Feindlichkeit der Übernahme, etc. verzichtet. Eine solche Erhebung und entsprechende Berücksichtigung bei der Auswertung hätte gegebenenfalls zur Identifikation weiterer Bezugspunkte für die Gestaltungsaktivitäten der Verantwortlichen geführt, die eventuell stärker die Ausrichtung der Gestaltungsaktivitäten beeinflusst haben als die identifizierten stakeholderbezogenen Bezugspunkte. Die hieraus vermeintlich geringere Realitätsnähe des Frameworks wurde ebenfalls bewusst in Kauf genommen, da eine solche Einbeziehung die Verwendung einer großen Stichprobe notwendig gemacht hätte. Entsprechend hätte der Datenerhebungsaufwand nicht zu bewältigende Dimensionen erreicht oder die Untersuchungstiefe pro Fall hätte verringert werden müssen, so dass schließlich die Realitätsnähe ebenfalls zurückgegangen wäre.

Grenzen aufgrund der Methodik der Datenauswertung

Die Datenauswertung basierte auf der Codierung der Dokumente und Interviewabschriften. Diese Codierung wurde ausschließlich durch den Autor der Arbeit vorgenommen. Die Reproduzierbarkeit der Codierung konnte dadurch nicht ermittelt werden, entsprechend bergen die Codierungen das Risiko, dass sie durch die subjektive Interpretation des Autors beeinflusst wurden. Eine Codierung durch mehrere Personen hätte dieses Problem verringert. Andererseits hätte eine solche Codierung den Auswertungsprozess aufgrund notwendiger Einarbeitungszeit der übrigen Codierer deutlich verlängert. Zudem wäre aufgrund der in jedem Fall begrenzten Einarbeitung und entsprechend geringerer Themenkenntnis eine objektivere Codierung auch nicht garantiert gewesen.

Diese aufgezeigten Grenzen zeigen, dass die Ergebnisse noch fundierter hätten ausfallen können. Es wurde jedoch auch deutlich, dass mögliche Alternativen letztlich zu nicht akzeptablen negativen Konsequenzen geführt hätten. Insgesamt haben sich daher die verwendeten Annahmen, die Datenbasis und das gewählte Vorgehen als zweckmäßig erwiesen.

Wie bereits vereinzelt angesprochen, sind weitere Forschungsanstrengungen notwendig, um die Aussagekraft der Ergebnisse dieser Arbeit weiter zu erhöhen. Beispiele für solche Ansätze sind im nächsten Abschnitt aufgeführt.

10.4 Ansätze für die weitere Forschung

Aufgrund der Ergebnisse und Grenzen der Arbeit ergeben sich vielfältige Ansätze für die weitere Forschung.

Ansätze aufgrund der Ergebnisse der Arbeit

Ein wesentlicher Nutzen des Frameworks für die Integrationsverantwortlichen liegt in der Gewichtung der Bezugspunktdifferenzierungen. Durch diese Gewichtungen erfahren sie direkt, auf welche Stakeholdertypen, Interessensarten, Beitragsarten und auf welche Ursprungsebenen sie besonders achten müssen, wenn sie ihre Gestaltungsaktivitäten stakeholderorientiert ausrichten möchten. Da die empirische Basis dieser Arbeit aus zwei Fallstudien und fünf Experteninterviews bestand, spiegeln die Gewichtungen das aus dieser Basis ermittelte Bild wieder. Es wäre daher interessant, mit Hilfe einer sehr großen empirischen Basis ein fundierteres Bild hinsichtlich der Gewichtungen zu ermitteln, da dann die Realitätsnähe und entsprechend die Wirksamkeit des Frameworks noch weiter verbessert werden könnte.

Eine Arbeit mit einer solch umfassenden empirischen Basis könnte auch dazu dienen, die Gültigkeit der Bezugspunkte zu überprüfen und eine differenzierte Sicht ihrer Wirkung zu ermitteln. Aufgrund der Ergebnisse der Arbeit konnten vier stakeholderbezogene Bezugspunkte identifiziert werden, die die Verantwortlichen bei der Ausrichtung ihrer Gestaltungsaktivitäten verwendet haben. Bei Verwendung einer breiten empirischen Basis könnte zusätzlich betrachtet werden, welche Gestaltungsaktivitäten bei Vorliegen gewisser Bezugspunktdifferenzierungsmerkmale besonders relevant sind. Beispielsweise könnte dadurch geklärt werden, ob die Kunden üblicherweise einen besonderen Wert auf Gespräche kurz nach Closing legen, in denen ihre Interessen hinsichtlich der Zielwelt abgefragt werden oder ob es aus Kundensicht nutzengenerierender ist, sie kontinuierlich prozessual in den Integrationsprozess einzubinden und hierbei sämtliche inhaltlich relevanten Themen konsensorientiert zu lösen. Durch eine solche Arbeit könnte die Wirksamkeit des Frameworks ebenfalls weiter verbessert werden.
Aus den Ergebnissen der Arbeit geht hervor, dass das Framework ein beschreibendes und kein explikatives Framework ist. Es zeigt daher beispielsweise nicht auf, warum die Stakeholder vorwiegend inhaltliche Interessen haben bzw. warum aus Stakeholdersicht die inhaltlichen Gestaltungsaktivitäten relevanter sind als die institutionellen. Die Erforschung der Ursachen der festgestellten Ausprägungen könnte weitere Kenntnisse generieren, die die Realitätsnähe und damit die Wirksamkeit des Frameworks weiter verbessern könnten. Zu denken

ist beispielsweise an die Identifikation von Faktoren oder Bezugspunkten, die die bisherigen Elemente des Frameworks wesentlich beeinflussen und dadurch ebenfalls interessant für die Verantwortlichen sind, damit sie noch gezielter ihre Aktivitäten auf die Stakeholder ausrichten können.

Die Ergebnisse der Arbeit zeigen, dass einige Aspekte des Projektmanagementansatzes durch eine stakeholderorientierte Ausrichtung der Integrationsgestaltung neue Inhalte erhalten, wie z. B. eine Stakeholderanalyse als eine weitere Grundlage für das Risikomanagement des Projektes. Eine Arbeit, die ein stakeholderorientiertes Integrationsmanagement aus der Projektmanagementsicht untersucht, wird sicherlich weitere Ansatzpunkte für die Erweiterung der Projektmanagementelemente finden. Sie könnte sich aber auch analog der Identifikation von besonders stakeholderorientierten Gestaltungsaktivitäten auf die Identifikation von stakeholderorientierten Projektmanagementaktivitäten konzentrieren und entsprechende Good Practices einer breiten Öffentlichkeit zugänglich machen.

Ansätze aufgrund der Grenzen der Arbeit

Dadurch, dass die Kultur als eines der drei Kernelemente des Unternehmens neben Strategie und Struktur und auch die Mitarbeiter als ein wesentlicher Stakeholder für die Umsetzung der Integration aus der Betrachtung dieser Arbeit ausgegrenzt waren, konnten keine Bezugspunkte und Gestaltungsaktivitäten ermittelt werden, die sich aus diesen beiden Aspekten ergeben. Eine Arbeit, die diese beiden Aspekte ebenfalls betrachtet, würde sehr wahrscheinlich weitere Bezugspunkte und Gestaltungsaspekte ermitteln. Hierdurch könnte der Realitätsgehalt und die Wirksamkeit des Frameworks weiter gestärkt werden.

Diese Arbeit verwendete Zusammenschlüsse als Basis und Fokus des Frameworks. Es wäre daher sicherlich interessant, anstatt Zusammenschlüsse Jointventures oder andere dauerhafte Kooperationsformen zu betrachten und zu untersuchen, wie diese stakeholderorientiert eingerichtet werden könnten.

Dieses Framework fokussiert sich vor allem auf die *Integrations*gestaltung. Der *Akquisitions*prozess bis zur Grundsatzentscheidung, ob ein Objekt gekauft werden soll, wird nur insofern einbezogen, als dass dort integrationsrelevante Schritte erfolgen. Es wäre aufgrund dieser eingeschränkten Betrachtung des Akquisitionsprozesses interessant, wie ein Framework aussehen würde, das das Akquisitionsmanagement betrachtet. Hierdurch könnte gezielt untersucht werden, welche Stakeholder in der Pre-Closingphase in welcher Form einbezogen werden sollten, damit die Entscheidung zur Akquisition noch schneller und reibungsloser erzielt werden kann. Ein solches Framework würde daher eine ideale Ergänzung des bisherigen Frameworks darstellen und entsprechend hilfreich für die Verantwortlichen sein.

Diese Arbeit verwendete bei den Fallstudien ausschließlich unternehmensinterne Dokumente und fast ausschließlich unternehmensinterne Interviewpartner. Würde eine Arbeit ebenfalls weitere Stakeholder, wie Kunden, Outsourcingpartner oder lokale politische Akteure, als Datenquellen verwenden, könnten zusätzliche Informationen hinsichtlich der tatsächlich aus ihrer Sicht relevanten Aspekte und Gestaltungsaktivitäten generiert werden. Hierdurch würde die Realitätsnähe des Frameworks und entsprechend seine Wirksamkeit ebenfalls weiter gestärkt.

In einer weiteren Arbeit mit großer empirischer Basis könnten Muster bzw. Unterschiede hinsichtlich bestimmter Zusammenschlussmerkmale, wie z. B. hinsichtlich der Branchen der beteiligten Unternehmen, der Richtung der Transaktion (horizontal, vertikal), des Transaktionsvolumens, etc. erhoben werden. Aus dem Vergleich gewisser Merkmalskombinationen und den jeweils als relevant ermittelten Gestaltungsaktivitäten könnte eine weitere Differenzierung des Frameworks erfolgen: Es könnten für spezifische Zusammenschlussmerkmalskombinationen relevante Gestaltungsaktivitäten ermittelt werden, so dass die Verantwortlichen noch gezielter wissen, welche Gestaltungsaktivitäten sie in ihrer Situation ergreifen sollten, damit sie möglichst stakeholderorientiert sind. Durch eine auf diese Weise erzielbare noch exaktere Ausrichtung der Gestaltungsaktivitäten auf die Zusammenschlusssituation könnten die Potenziale der Stakeholderbeziehungen für die Erreichung der Akquisitions-/Integrationsziele noch stärker genutzt werden. Die Wirksamkeit eines solchen Frameworks wäre daher sehr hoch.

Bei den Auswertungen dieser Arbeit wurde vielfältig auf Indikatoren zurückgegriffen, um gewisse Erkenntnisse und Ergebnisse zu erzielen. Um die auf diese Weise ermittelten Ergebnisse zu validieren, wäre es interessant, im Rahmen einer großen empirischen Arbeit die Datenerhebung so durchzuführen, dass auf die Verwendung von Indikatoren verzichtet werden kann. Würden hierbei Bezugspunkte, Gestaltungsaspekte und ihre Gewichtungen ermittelt, die denen aus dieser Arbeit ähnlich sind, würde dieses Ergebnis die Gültigkeit des in dieser Arbeit entwickelten Frameworks weiter verbessern.

Ebenfalls mit Hilfe einer breit angelegten empirischen Studie könnte der Vorteil quantifiziert werden, der sich durch die Verwendung eines systematischen stakeholderorientierten Integrationsmanagements gegenüber einem nicht stakeholderorientierten Integrationsmanagement ergibt. Hierdurch würde der Vorteil des stakeholderorientierten Integrationsmanagementansatzes für die Erreichung der Akquisitions-/Integrationsziele deutlich, d. h. beispielsweise für die Erschließung der Wertsteigerungspotenziale oder für die Verbesserung der Wettbewerbsfähigkeit des Unternehmensverbundes. Durch eine solche Veranschaulichung der Zweckmäßigkeit des stakeholderorientierten Integrationsmanagementansatzes würde die Akzeptanz für den Ansatz deutlich gesteigert.

Des Weiteren wäre interessant, welche Veränderungen sich für das Framework ergeben würden, wenn auch das mittelbare Stakeholdernetzwerk und nicht nur die direkten dyadischen Stakeholderbeziehungen im Fokus der Betrachtung stehen. Bei einer solchen Betrachtung ist davon auszugehen, dass zusätzliche Hinweise für die Bezugspunkte und die Ausrichtung der Gestaltungsaktivitäten generiert werden könnten, so dass das Framework die Realität noch besser abbilden könnte und entsprechend noch wirksamer wäre.

Diese Ausführungen zeigen, dass die Ergebnisse der Arbeit die Forschungsfragen beantwortet haben. Es wird jedoch auch deutlich, dass sie zu einer Reihe neuer Fragen führen, deren Beantwortung die Aussagekraft der Ergebnisse weiter verstärkt.

10.5 Schlussbemerkung

Diese Arbeit hat gezeigt, wie umfangreich Integrationsmanagement sein kann und welche Bedeutung die Akquisitions-/Integrationsverantwortlichen und die Stakeholder haben, um eine Integration erfolgreich durchzuführen und um die Wettbewerbsfähigkeit der beteiligten Unternehmen langfristig zu steigern. Die Arbeit hat hierbei eine Reihe neuer Aspekte für die wissenschaftliche Diskussion und Theorieentwicklung sowie für die Praxis herausgearbeitet.

Aufgrund der Aktualität und der gesamtwirtschaftlichen Dimension der weltweiten Zusammenschlüsse ist zu hoffen, dass die Leser dieser Arbeit nun für den Stakeholderansatz grundsätzlich und seine Anwendung beim Integrationsmanagement im Besonderen sensibilisiert sind. Ebenso ist zu hoffen, dass diese Sensibilisierung sich in ihrem Handeln niederschlägt und einige der genannten und/oder weitere Forschungsanstrengungen weiterverfolgt werden sowie Integrationen stakeholderorientiert(er) gesteuert werden, um die Erfolgswahrscheinlichkeit von Zusammenschlüssen und die Wettbewerbsfähigkeit der beteiligten Unternehmen weiter zu steigern.

11   Anhang

11.1   Anhang zu Kapitel 3

11.1.1   Differenzierung der Synergieeffekte

Differenzierung der Synergieeffekte nach Reissner (1992: 108f.):

- *Integrationssynergieeffekte* (Reissner 1992: 113f.): Diese Effekte entstehen durch die aktive Kombination bzw. Integration ähnlicher Wertketteninhalte oder durch die Restrukturierung von Wertketteninhalten und anschließender Integration. Ansatzpunkte für diese Synergien sind sämtliche Wertkettenglieder des Akquisitionsobjektes und dabei das effizientere Management der betroffenen Ressourcen oder die Überprüfung ihrer Notwendigkeit. In der Regel steht bei Integrationssynergien die Erzielung von Kostenvorteilen im Vordergrund, vereinzelt aber auch die Leistungsdifferenzierung.
- *Zentralisationssynergieeffekte* (Reissner 1992: 110f.): In diesen Fällen werden weitgehend identische Wertschöpfungsaktivitäten zusammengefasst und zentral ausgeführt. Durch eine solche Zentralisation werden Doppelarbeiten vermieden, Kapazitäten besser ausgelastet und Erfahrungskurveneffekte schneller realisiert. Neben den erzielbaren Kostenvorteilen können auch Differenzierungsvorteile entstehen, da durch eine Zusammenlegung ein erweitertes Dienstleistungsspektrum entstehen kann („alles aus einer Hand"). Zu diesen Effekten zählen die Verbundvorteile, die durch gestiegene Einflussmöglichkeiten entstehen, z. B. größere Verhandlungsmacht gegenüber Banken und Lieferanten hinsichtlich Konditionen aufgrund einer Zentralisation der Beschaffungsbereiche.
- *Transfersynergieeffekte* (Reissner 1992: 117f.): Hierunter fallen Vorteile aufgrund der Übertragung (erfolgs-)kritischer Fähigkeiten oder Potenziale vom Käufer zum gekauften Unternehmen, ohne anschließende Zusammenlegung der Wertschöpfungsaktivitäten. Durch diese Übertragung wird das empfangende Unternehmen befähigt, selbst Erfolgspotenziale aufzubauen. Prinzipiell sind sowohl Kosten-, als auch Differenzierungsvorteile aufgrund solcher Übertragungen möglich. In der Praxis werden sie vorwiegend für die Erzielung von Differenzierungsvorteilen verwendet, z. B. durch die Übertragung von Prozess-Know-how, so dass das gekaufte Unternehmen in der Lage ist, seine Produkte schneller auszuliefern als die Wettbewerber.
- *Ergänzungs-/Zugangssynergieeffekte* (Reissner 1992: 115f.): Diese Synergieeffekte ergeben sich durch die abgestimmte Nutzung getrennt operierender Wertkettenaktivitäten. Sie fallen vor allem im Marketing und Vertrieb an. Hierunter fallen auch die Erschließung neuer Kundensegmente aufgrund des zusätzlichen Produkt- und Dienstleistungsangebotes.
- *Ausgleichssynergieeffekte* (Reissner 1992: 119f.): Diese Verbundeffekte umfassen diverse Ausgleichsphänomene im Zusammenhang mit Zusammenschlüssen. Hierzu gehören zum einen Vorteile aufgrund eines verminderten Risikos dank unterschiedlicher Wertschöpfungsketten (Risikoausgleich), zum anderen Vorteile aufgrund einer gleichmäßigeren Kapazitätsauslastung (Zyklizitätsausgleich) sowie Vorteile bei der Mittelbindung und -freisetzung (Portfoliobalance) und Verwendung von Abschreibungsmöglichkeiten (steuerliche Ausgleichssynergie).

11.1.2 Prozessmodell von Lucks/Meckl

Prozessmodell von Lucks/Meckl (2002: 73f.)

Zur Verdeutlichung der Komplexität der integrationsrelevanten Prozessschritte und zur Verdeutlichung der Gestaltungsmöglichkeiten der Akquisitions- und Integrationsverantwortlichen wird das Prozessmodell von Lucks/Meckl (2002: 73f.) vorgestellt. Ihr Modell beschreibt wesentliche Einzelaufgaben (Prozessschritte) in einem gleichbleibenden Detaillierungsgrad für sämtliche Phasen eines Akquisitionsvorhabens. Es unterscheidet sich damit positiv von anderen Arbeiten, die entweder eine Phase bzw. einen Aspekt als Schwerpunkt behandeln oder die den gesamten Ablauf bzw. das gesamte Vorhaben nur auf einem sehr abstrakten Niveau beschreiben.

Das Modell von Lucks/Meckl basiert auf der These, dass der *„M&A-Prozess in Teilprozesse aufgeteilt werden kann"* (2002: 55). Zur Abgrenzung der Teilprozesse verwenden sie die Ähnlichkeit der abzuarbeitenden Aufgaben und die dafür benötigten Kompetenzen. Lucks/Meckl unterscheiden Kern- und Unterstützungsprozesse (2002: 55f.). Als Kernprozesse definieren sie:

- Strategieplanungsprozess: Dieser Prozess beinhaltet die Bestimmung der Vorteilhaftigkeit von M&A als Wachstumsstrategie sowie die Ermittlung von geeigneten Kandidaten zur Erreichung der strategischen Ziele. Schwerpunkt des Prozesses ist die Vorfeldphase.
- Strukturentwicklungs- und -durchsetzungsprozess: Dieser Prozess beschäftigt sich vor allem mit der Entwicklung und Umsetzung der Transaktionsstruktur, aber auch mit der Festlegung von Umsetzungsmaßnahmen in der Integrationsphase. Schwerpunkt dieses Prozesses ist die Transaktionsphase.
- Personalveränderungsprozess: Dieser Prozess behandelt sämtliche Aspekte, die mit den Veränderungen des Faktors Personal zusammenhängen. Schwerpunkt des Prozesses ist die Integrationsphase.

Die Unterstützungsprozesse, d. h. die Prozesse, die nicht zwingend für die Integration, die aber sinnvoll zur Steigerung ihrer Erfolgswahrscheinlichkeit sind, gliedern sie in (Lucks/Meckl 2002: 57f.):

- Informationsprozess: Ziel dieses Prozesses ist die Informationsbeschaffung während des gesamten Akquisitionsablaufs, um richtige Entscheidungen zu treffen.
- Bewertungsprozess: Dieser Prozess beinhaltet die detaillierte Bewertung des Kaufobjektes. Da die Bewertung essentiell für die Verhandlungen ist, fassen Lucks/Meckl die hierfür notwendigen Aktivitäten in einem eigenen Prozess zusammen.
- Kommunikationsprozess: Dieser Prozess umfasst sämtliche Kommunikationsaktivitäten während des gesamten Akquisitions- und Integrationsprozesses.
- Controllingprozess: Der Controllingprozess, bestehend aus Prämissen-, Fortschritts- und Konsistenzkontrolle, soll rechtzeitig Fehlentwicklungen aufzeigen und Korrekturmaßnahmen initiieren, so dass der Gesamterfolg erzielt wird.

Diese Differenzierung der Kern- und Unterstützungsprozesse zeigt, dass auch Lucks/Meckl auf oberster Ebene die Stakeholder praktisch nicht explizit berücksichtigen. Die einzige Ausnahme bildet der Personalveränderungsprozess, der sämtliche mitarbeiterbezogenen Aktivitäten enthält und separat aufgeführt wird.

Folgende Abbildung zeigt die von Lucks/Meckl genannten Prozesse und Einzelaufgaben (Prozessschritte) im Ablauf eines Zusammenschlusses:

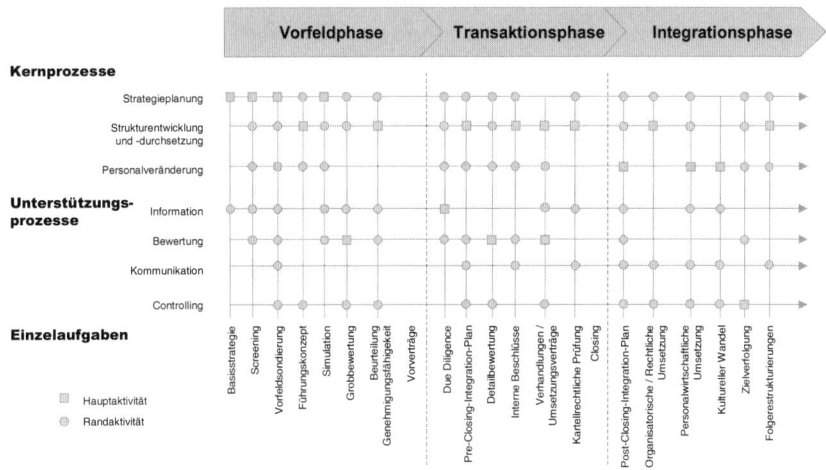

Abb. 11-1: Teilprozesse und Einzelaufgaben im M&A-Prozessmodell von Lucks/Meckl (2002: 59)

Aus dieser Abbildung geht hervor, dass in jeder Phase des Zusammenschlusses eine Reihe von Einzelaufgaben zu erledigen sind, die meist mehrere Kern- und Unterstützungsprozesse betreffen.

11.1.3 Einzelaufgaben im Prozessmodell von Lucks/Meckl

Einzelaufgaben zur Erstellung des Pre- und Post-Closing-Integrationsplans auf Basis des Prozessmodells von Lucks/Meckl (2002)

Schritte zur Erstellung des Pre-Closing-Integrationsplans

Lucks/Meckl (2002: 59) nennen folgende acht Einzelaufgaben des Prozesses zur Erstellung des Pre-Closing-Integrationsplans:

1. Basisstrategie
2. Screening
3. Vorfeldsondierung
4. Führungskonzept
5. Simulation
6. Grobbewertung
7. Beurteilung der Genehmigungsfähigkeit
8. Due Diligence

Basisstrategie

Im Rahmen dieser Einzelaufgabe ist zu klären, welche strategischen Ziele durch einen Zusammenschluss erreicht werden können (Lucks/Meckl 2002: 78). Lucks/Meckl unterscheiden hierbei drei Kategorien von strategischen Zielen (Lucks/Meckl 2002: 78f.):

- Portfoliooptimierung als geschäftsfeldorientiertes Ziel: Einkaufen in einen attraktiven Markt dank Übernahme eines Geschäftsfeldes
- Internationalisierung als regionalorientiertes Ziel: gezielter Kauf von Aktivitäten in Ländern, die bisher noch nicht durch das eigene Unternehmen besetzt sind
- Produkt-/Prozess-Know-how als technologieorientiertes Ziel: gezielte Verstärkung in Produkt- und Abwicklungsbereichen, in denen Schwächen bestehen oder in denen die kritische Größe noch nicht erreicht ist

Diese Ziele stellen die Grundlage für die Integration dar und damit für die Maßnahmen, die im Pre-Closing-Integrationsplan aufgeführt werden.

Screening

Beim Screening werden potenzielle Kandidaten nach verschiedenen Anforderungen beurteilt, v. a. in strategischer („strategic fit"), kultureller („cultural fit") und finanzieller Sicht („financial fit") und eine Rangordnung für die anschließende Kontaktierung erstellt (Lucks/Meckl 2002: 79f.). Im Rahmen der Ermittlung des „strategic" und „financial fits" sind erste Kooperations- und Organisationsmodelle zu bestimmen. Mit ihrer Hilfe sind anschließend die Wertsteigerungspotenziale abzuleiten (Lucks/Meckl 2002: 96).

Diese ersten Modelle und Annahmen über Wertsteigerungspotenziale geben erste Hinweise auf die Gestaltung der Zielwelt, die mit Hilfe der Integration angestrebt wird. Diese Modelle sind daher ebenfalls als Rahmen für den Pre-Closing-Integrationsplan anzusehen und müssen in den nächsten Schritten weiter verfeinert werden.

Vorfeldsondierung

Die Vorfeldsondierung beinhaltet die Kontaktaufnahme mit potenziellen Akquisitionsobjekten entsprechend der Reihenfolge, die sich durch das Screening ergeben hat (Lucks/Meckl 2002: 86f.). Aufgrund der Kontaktaufnahme verbessert sich die Informationsbasis, so dass die Screeningannahmen überprüft werden und ggf. die Organisations-/Kooperationsmodelle modifiziert werden (Lucks/Meckl 2002: 87). Diese Modifikationen beeinflussen damit auch die Inhalte des Pre-Closing-Integrationsplans.

Führungskonzept

Gegenstand der Einzelaufgabe „Führungskonzept" ist die Festlegung einer gewünschten gesellschaftsrechtlichen und organisatorischen Struktur, inklusive der Verteilung der Entscheidungskompetenzen (Lucks/Meckl 2002: 97). Aus diesen Festlegungen werden entscheidende Rahmenbedingungen für den Pre-Closing-Integrationsplan gesetzt. Die im Plan enthaltenen Maßnahmen müssen Schritte enthalten, die die Erreichung dieser Strukturen unterstützen und auf diese abgestimmt sind (Rahmen für spätere aufbauorganisatorische Integration; Lucks/Meckl 2002: 100).

Aus diesen organisatorischen Festlegungen ergibt sich auch der anzustrebende Integrations-
grad, der ebenfalls eine starke Auswirkung auf den Pre- und Post-Closing-Integrationsplan hat
(Lucks/Meckl 2002: 104): In Abhängigkeit vom Integrationsbedarf des kaufenden Unternehmens (Bedarf an strategischer Interdependenz) und des Autonomiebedarfs des gekauften Unternehmens werden vier Integrationsgrade unterschieden: Erhaltung, Symbiose, Finanz-
Holding und Absorption (Haspeslagh/Jemison 1991: 145). Diese sind in folgender Abbildung
dargestellt.

Faktor		Bedarf an strategischer Interdependenz	
Bedarf nach organisation aler Autonomie	Ausprägung	Niedrig	Hoch
	Niedrig	Holdingstruktur	Absorption
	Hoch	Erhaltung (Stand Alone)	Partielle Integration (Symbiose)

Abb. 11-2: Integrationsansätze in Anlehnung an Haspeslagh/Jemison (1991: 145) und Wirtz (2003: 285)

Simulation

Mit Hilfe einer Simulation sollen frühzeitig Notwendigkeiten und Möglichkeiten für die integrierten Aktivitäten bzw. Einheiten geschätzt werden (Lucks/Meckl 2002: 88). Die Simulation stellt zwei Varianten gegenüber: Ermittlung des Geschäftswertes für die zu kaufende
Einheit ohne Integration (Stand-Alone-Variante) und für eine Variante mit Integration (Ver-
bund-Variante). Letztere beinhaltet ein grobes Integrationskonzept, inklusive der wichtigsten
Realisierungsmaßnahmen und trägt damit zu einer *„zielgerichteten inhaltlichen Ausrichtung
der Einzelaktivitäten im M&A-Prozess"* bei (Lucks/Meckl 2002: 88). Dieses grobe Integrationskonzept konkretisiert die bisherigen Vorstellungen zur Gestaltung der Zielwelt und bietet
wertvolle Hinweise für den Pre-Closing-Integrationsplan (Lucks/Meckl 2002: 111).

Grobbewertung

Die Grobbewertung bildet den Ausgangspunkt für die Konkretisierung der Wertvorstellung
über das Akquisitionsobjekt. Aufgrund der eingeschränkten Zahlengrundlage können jedoch
noch keine belastbaren Zahlen ermittelt werden (Lucks/Meckl 2002: 174). Für den Pre-
Closing-Integrationsplan ergeben sich aus dieser Einzelaufgabe keine neuen Informationen.

Beurteilung der Genehmigungsfähigkeit

Diese Einzelaufgabe beurteilt, ob die im Führungskonzept vorgesehenen Standort- und Wett-
bewerbskonstellationen aus kartell- und anderen rechtlichen Gründen genehmigungsfähig
sind (Lucks/Meckl 2002: 108). Die Prüfung durch die Kartellbehörden kann zu einer Genehmigung ohne Auflagen, mit Auflagen oder zu einer Ablehnung der Transaktion führen. Für
den Fall, dass die Transaktion nur mit Auflagen genehmigt wird, können sich Auswirkungen
auf den Pre-Closing-Integrationsplan ergeben (Lucks/Meckl 2002: 108). Solche Auflagen
sind daher zu antizipieren und im Pre-Closing-Integrationsplan zu berücksichtigen.

Due Diligence

Die Due Diligence („erforderliche Sorgfalt") umfasst die detaillierte und systematische Prüfung des Akquisitionsobjektes (Lucks/Meckl 2002: 163). Sie hat das Ziel, die Informationsgrundlage des Käufers wesentlich zu verbessern und beinhaltet beispielsweise folgende Prüfungsbereiche: Strategic/Market, Financial, Legal, Tax, Human Resource, Organizational/IT, Environmental Due Diligence (Lucks/Meckl 2002: 165f.). In jedem Prüfungsbereich werden käufer-relevante Informationen über das Kaufobjekt beschafft und bewertet sowie Risiken eingeschätzt, z. B. hinsichtlich Garantie- und Gewährleistungsansprüche (Lucks/Meckl 2002: 163). Die durch diese Prüfungen erlangte Informationsdetaillierung über das Akquisitionsobjekt erlaubt eine Detaillierung der Integrationsmaßnahmen des Pre-Closing-Integrationsplans (Lucks/Meckl 2002: 169).

Prozessschritte zur Erstellung des Post-Closing-Integrationsplans

Zwischen der Erstellung des Pre-Closing-Integrationsplans und der Erstellung des PostCIP werden folgende vier Einzelaufgaben von Lucks/Meckl (2002: 59) genannt, deren Bedeutung für die Erstellung des PostCIP zu spezifizieren ist:

1. Detailbewertung
2. Interne Beschlüsse
3. Verhandlungen/Umsetzungsverträge
4. Kartellrechtliche Prüfung

Detailbewertung

Im Rahmen dieser Einzelaufgabe wird der Unternehmenswert auf Basis gesicherter Daten ermittelt (Lucks/Meckl 2002: 172).

Für den PostCIP ergeben sich hieraus insofern inhaltliche Implikationen, als dass aus der Bewertung der einzelnen Maßnahmen ihre Bedeutung für die Wertsteigerung erkenntlich wird. Für die Maßnahmen mit hoher Bedeutung für die Wertsteigerung empfehlen Lucks/Meckl eine exaktere Planung als für weniger bedeutende Maßnahmen (Lucks/Meckl 2002: 193).

Interne Beschlüsse

Nach Abschluss der Detailbewertung kann endgültig entschieden werden, ob die Transaktion durchgeführt oder gestoppt werden soll (Lucks/Meckl 2002: 117). Diese Einzelaufgabe umfasst die für die Durchführung der Beschlussfassung notwendigen Schritte. Hierzu gehört die Ermittlung der einzuhaltenden Vorschriften sowie das Durchlaufen des entsprechenden internen Prozesses. Die endgültige Entscheidung obliegt den Eigentümern, bei einer Aktiengesellschaft den Aktionären im Rahmen einer Hauptversammlung (Lucks/Meckl 2002: 117).

Aus dieser Einzelaufgabe ergeben sich keine inhaltlichen Implikationen für die Integrationsplanung.

Verhandlungen/Umsetzungsverträge

Im Rahmen dieser Einzelaufgabe werden die Verhandlungen geführt, die Kaufverträge geschlossen und die Umsetzungsverträge detailliert ausformuliert (Lucks/Meckl 2002: 118).

Durch das Verhandlungsergebnis und aus der Formulierung der Verträge können sich Implikationen für den PostCIP ergeben. Die Verträge und die sich daraus ergebenden Implikationen für die Integrationsplanung sind daher bei der späteren Erstellung des PostCIP zu berücksichtigen (Lucks/Meckl 2002: 142).

Kartellrechtliche Prüfung

Diese Einzelaufgabe beinhaltet die Zusammenarbeit mit den relevanten Kartell- und nationalen Behörden, wie z. B. Börsenaufsichts- oder Regulierungsbehörden für bestimmte Branchen (Lucks/Meckl 2002: 119). Ziel dieser Einzelaufgabe ist die Minimierung der Dauer des Genehmigungsprozesses. Im Rahmen dieser Einzelaufgabe sind bei absehbaren Transaktionsauflagen Anpassungen an die Transaktion und an die Integration vorzunehmen, z. B. aufgrund notwendiger Veräußerungsmaßnahmen, um die Transaktionsgenehmigung zu erhalten (Lucks/Meckl 2002: 120).

Post-Closing-Integrationsplan

Für die endgültige Erstellung des Post-Closing-Integrationsplans ist zu überprüfen, inwiefern die Überlegungen des Pre-Closing-Integrationsplans aufgrund der Verhandlungen und abgeschlossener Verträge zu modifizieren sind (Lucks/Meckl 2002: 142).

Die Bestimmung eines realistischen Zeithorizonts für die einzelnen Maßnahmen hängt von der übergeordneten Integrationsgeschwindigkeit ab: sowohl eine langsame als auch eine schnelle Integration haben spezifische Vorteile (Lucks/Meckl 2002: 145). Für eine langsame Integration spricht die Möglichkeit zur Einbeziehung der betroffenen Mitarbeiter in die Integrationsplanung sowie eine fundierte Strategieumsetzung und Begrenzung der Arbeitsbelastung für die Führungskräfte. Eine hohe Integrationsgeschwindigkeit erleichtert die Umsetzung neuer Strukturen, da nach dem Closing eine höhere Veränderungsbereitschaft existiert (Lucks/Meckl 2002: 145). Zudem wird die Phase der Unsicherheit verkürzt und den Wettbewerbern weniger Zeit gegeben, die Integrationsphase für sich zu nutzen (Lucks/Meckl 2002: 145).

11.2.1 Arbeiten der Akquisitionsforschung

Arbeiten der Akquisitionsforschung, die Gestaltungsaktivitäten der Verantwortlichen untersuchen

Autor (Jahr)	Berücksichtigte Stakeholder				Berücksichtigte Gestaltungsdimensionen			Berücksichtigte Zusammenschlussphasen		
	Mitarbeiter	Kunden	Outs.-partner / Lief.	Sonstige	Inh.	Proz.	Inst.	Akq.	Trans.	Int.
Hawranek (2004)					--					
Schwarz (2004)										
Bauch (2004)	--	--	--	--				--	--	
Blöcher (2004)		--	--	--	--	--		--		--
Carleton/ Lineberry (2004)		--	--	--	--	--		--		--
Ellis (2004)		--	--	--						
Biberacher (2003)		--	--	--	--	--				
Wisskirchen/ Naujoks/ Matoushek (2003)			--	--					--	
Gerpott (2003; 1993)		--	--	--						
Kolisch (2003)		--	--	--						
Jansen (2004; 2000)				--						
Büttgenbach (2000)		--	--	--						
Salecker (1995)										
Diese Arbeit										

Tab. 11-1:   Übersicht über Arbeiten der Akquisitionsforschung mit Gestaltungsaktivitäten-Bezug

Grün (dunkel) = Fokus der Arbeit
Gelb (hell)   = wird erwähnt
--   = nicht erwähnt

11.2.2 Codeliste der Fallstudien

Framework-element	Lfd. Nr.	Code-Bezeichnung	Code-Erläuterung
Bezugspunkt – Stakeholdertypen	1	Bp str 3 Gesells./Aktionär	Ressourcenbasis: Gesellschafter oder Aktionär
	2	Bp str 4 Kunde	Ressourcenbasis: Kunde (Vertriebspartner, Immobiliengesellschaft, etc.)
	3	Bp str 4b Endkunde	Ressourcenbasis: Endkunde (Fonddepotbesitzer)
	4	Bp sti 5 Outsourcingpartner	Branchenstruktur: Outsourcingpartner (IT-Dienstleister)
	5	Bp sti 6 M&A-Experten	Branchenstruktur: M&A-Experten (Steuerberater, Unternehmensberater, etc.)
	6	Bp sti 8 BAFin	Branchenstruktur: Bundesanstalt für Finanzdienstleistungsaufsicht
	7	Bp st nicht eindeutig	Textpassage/Aussage nicht eindeutig einem Stakeholder zuordenbar
Bezugspunkt – Wertschöpfungsbeiträge	8	Bp wsb Nutzenproduzent	Stakeholder stiftet durch seine Aktivitäten einen Nutzen
	9	Bp wsb Nutzenempfänger	Stakeholder genießt durch seine Aktivitäten einen Nutzen
	10	Bp wsb Risikoproduzent	Stakeholder stiftet durch seine Aktivitäten ein Risiko
	11	Bp wsb Risikoträger	Stakeholder trägt durch seine Aktivitäten ein Risiko
	12	Bp wsb nicht eindeutig	Beitrag des Stakeholders geht nicht eindeutig aus Textpassage/Aussage hervor
Bezugspunkt – Stakeholderinteressen	13	Bp int finanzielle Interessen	Finanzielle Interessen der Stakeholder, z. B. Interesse, schnell an erschlossenen Wertsteigerungspotenzialen zu partizipieren
	14	Bp int inhaltliche Interessen	Inhaltliche Interessen der Stakeholder, z. B. Interesse, zukünftige Prozesse in einer gewissen Ausprägung umzusetzen
	15	Bp int institutionelle Interessen	Institutionelle Interessen der Stakeholder, z. B: Interesse, Mitglied einer Projektinstitution zu sein
	16	Bp int int.prozessuale Interessen	Integrationsprozessuale Interessen der Stakeholder, z. B. Interesse, Daten nur zu bestimmten Zeitpunkten zu migrieren
	17	Bp int Vertiefung der Gesch.bez.	Interesse, Vertiefung der Geschäftsbeziehung anzustreben
Inhaltliche Gestaltungsdimension – Festlegung der Planungsprobleme	18	Ih gl entsch.kriterien	Entscheidungskriterien zur Priorisierung von Integrationsaktivitäten (Grundlagen-Element)
	19	Ih gl int.leitlinien	Integrationsleitlinien als übergeordnete Richtlinien für Integrationsaktivitäten (Grundlagen-Element)
	20	Ih gl ist-unt.analyse	Ist-Unternehmensanalyse deckt sämtliche Aktivitäten zur Analyse der Unternehmen ab (Grundlagen-Element)
	21	Ih gl sth-analyse	Stakeholderanalyse deckt sämtliche Aktivitäten zur Analyse der Stakeholdern ab (Grundlagen-Element)
	22	Ih gl ws-potenziale	Wertsteigerungspotenziale deckt sämtliche Aktivitäten zur Identifikation der Potenziale ab (Grundlagen-Element)
	23	Ih gl Ziele	Ziele deckt die Akquisitions-/Integrationsziele ab (Grundlagen-Element)
	24	Ih maßn Maßnahmen	Maßnahme deckt sämtliche Aktivitäten zur Konzeption und Umsetzung der Konzeptionen ab
	25	Ih ziele Zielwelt	Zielwelt deckt sämtliche Aktivitäten zur Formulierung der Zielwelt ab

	26	Ih ib-1 sthint.n.ber.	Code wird vergeben, wenn aus der Textpassage/Aussage hervorgeht, dass die inhaltlichen Stakeholderinteressen nicht berücksichtigt wurden
	27	Ih ib0 sthint.n.eindeutig	Code wird vergeben, wenn aus der Textpassage/Aussage nicht eindeutig hervorgeht, ob die inhaltlichen Stakeholderinteressen berücksichtigt wurden
	28	Ih ib1 sthint ber	Code wird vergeben, wenn aus der Textpassage/Aussage hervorgeht, dass die inhaltlichen Stakeholderinteressen berücksichtigt wurden
	29	Ih bez1 akt/gesell	Code wird vergeben, wenn das Planungsproblem einen Bezug zu den Aktionären/Gesellschaftern aufweist
	30	Ih bez1 kunden	Code wird vergeben, wenn das Planungsproblem einen Bezug zu den Kunden aufweist
	31	Ih bez1 outsourcingp.	Code wird vergeben, wenn das Planungsproblem einen Bezug zu den Outsourcingpartnern aufweist
	32	Ih bez2 gesch.prozessbezogen	Code wird vergeben, wenn das Planungsproblem einen Bezug zu den Geschäftprozessen aufweist
	33	Ih bez2 IT	Code wird vergeben, wenn das Planungsproblem einen Bezug zur IT aufweist
	34	Ih bez2 kompetenzbezogen	Code wird vergeben, wenn das Planungsproblem einen Bezug zu den Unternehmenskompetenzen aufweist
	35	Ih bez2 marktbezogen	Code wird vergeben, wenn das Planungsproblem einen Bezug zum Markt aufweist
	36	Ih bez2 organisationsbezogen	Code wird vergeben, wenn das Planungsproblem einen Bezug zur Unternehmensorganisation aufweist
	37	Ih bez2 performancebezogen	Code wird vergeben, wenn die Performance in der Textpassage/Aussage eine Bedeutung hat
	38	Ih bez2 prod./dienstl.bezogen	Code wird vergeben, wenn das Planungsproblem einen Bezug zu den Produkten/zur Dienstleistung des Unternehmens aufweist
	39	Ih bez2 strategiebezogen	Code wird vergeben, wenn das Planungsproblem einen Bezug zur Unternehmensstrategie aufweist
	40	Ih bez unklar	Code wird vergeben, wenn der inhaltliche Bezug des Planungsproblems nicht klar ist
Prozessuale Gestaltungsdimension – Festlegung der integrationsrelevanten Prozessschritte	41	Pp pre-closing	Sämtliche integrationsrelevante Prozessschritte der Pre-Closingphase
	42	Pp post-closing	Sämtliche integrationsrelevante Prozessschritte der Post-Closingphase
Prozessuale Gestaltungsdimension – Festlegung der Ausgestaltung der integrationsrelevanten Prozessschritte	43	Pp prozessbeteiligte	Sämtliche Textpassagen/Aussagen mit Hinweisen zu den prozessual beteiligten Stakeholdern
	44	Pp zeitliche Parameter	Sämtliche Textpassagen/Aussagen mit Hinweisen zu den zeitlichen Parametern der Prozessschritte
Prozessuale Gestaltungsdimension – Festlegung der Implementierungsart der stakeholderbezogenen Prozessschritte	45	Pp implementierungsart	Sämtliche Textpassagen/Aussagen mit Hinweisen zu der Implementierungsart der stakeholderbezogenen Prozessschritte
Prozessuale Gestaltungsdimension – sämtliche Gestal-	46	Pp ib-1 sthint.n.ber.	Code wird vergeben, wenn aus der Textpassage/Aussage hervorgeht, dass die prozessualen Stakeholderinteressen nicht berücksichtigt wurden

tungsaspekte	47	Pp ib0 sthint.n.eindeutig	Code wird vergeben, wenn aus der Textpassage/Aussage nicht eindeutig hervorgeht, ob die prozessualen Stakeholderinteressen berücksichtigt wurden
	48	Pp ib1 sthint ber	Code wird vergeben, wenn aus der Textpassage/Aussage hervorgeht, dass die prozessualen Stakeholderinteressen berücksichtigt wurden
Institutionelle Gestaltungsdimension – Festlegung der Institutionenstruktur	49	Is Festl. Inst.struktur	Sämtliche Textpassagen/Aussagen mit Hinweisen zur Institutionenstruktur
Institutionelle Gestaltungsdimension – Festlegung der Institutionenmitglieder	50	Is Festl. Inst.Mitglieder	Sämtliche Textpassagen/Aussagen mit Hinweisen zu den Institutionenmitgliedern
Institutionelle Gestaltungsdimension – Festlegung der Kommunikationsstrukturen	51	Is Festl. Komm.struktur	Sämtliche Textpassagen/Aussagen mit Hinweisen zur Kommunikationsstruktur der Institutionen
Institutionelle Gestaltungsdimension – sämtliche Gestaltungsaspekte	52	Is ib-1 sthint.n.ber.	Code wird vergeben, wenn aus der Textpassage/Aussage hervorgeht, dass die institutionellen Stakeholderinteressen nicht berücksichtigt wurden
	53	Is ib0 sthint.n.eindeutig	Code wird vergeben, wenn aus der Textpassage/Aussage nicht eindeutig hervorgeht, ob die institutionellen Stakeholderinteressen berücksichtigt wurden
	54	Is ib1 sthint ber	Code wird vergeben, wenn aus der Textpassage/Aussage hervorgeht, dass die institutionellen Stakeholderinteressen berücksichtigt wurden

Tab. 11-2:   Codeliste der Fallstudien

11.3　Anhang zu Kapitel 6

11.3.1　Datenquellen der Fallstudien

Wie in Kapitel 5.2.2.2 erwähnt, wurden als Datenquellen Dokumente und Interviews verwendet. Auf die zur Verfügung stehenden Dokumente und Interviewpartner wird in den folgenden Abschnitten näher eingegangen.

1. Dokumente

Für die Fallstudie DAB/FSB wurden die in nachfolgender Tabelle aufgeführten 14 Dokumente verwendet:

Dok.-Nr.	Dokument	Erstellungsphase/-zeitpunkt	Wesentliche Inhalte
1	Due Diligence Bericht	Pre-Closing (4.10.2004)	Detaillierte Untersuchung des Akquisitionsobjektes (strategische, technische, betriebswirtschaftliche Aspekte)
2 - 9	Präsentationen der Lenkungsausschuss-sitzungen	Post-Closing (8 Sitzungen Januar-August 2005)	Aufbereitung kritischer Themen, Zusammenfassung der Statusreports
10	Präsentation der Kick-Off-Veranstaltung für das Integrationsprojekt (für Führungskräfte)	Post-Closing (09.12.2004)	Vorstellung der Projekt-Organisation
11 - 12	Interne Newsletter (für Mitarbeiter)	Post-Closing (25.02. und 26.04.2005)	Überblick über den aktuellen Projektstand, wesentliche Entscheidungen und weiteres Vorgehen
13	Kommunikationsplan Vertriebspartner (Kunden)	Post-Closing (13.06.2005)	Zeitpunkte, Verantwortliche, Kommunikationsinhalte und -medien
14	Fragenkatalog des größten Vertriebspartners der FSB	Post-Closing (02.06.2005)	Offene Fragen hinsichtlich verschiedener Aspekte (IT, Kommunikation, Projekte, etc.)

Tab. 11-3:　Übersicht der verwendeten Dokumente für die Fallstudie DAB/FSB

Es wurden hauptsächlich Dokumente der Post-Closingphase verwendet, da diese detaillierte Informationen hinsichtlich durchgeführter Gestaltungsaktivitäten bzw. der Ergebnisse dieser Aktivitäten enthielten. Hierbei konnte glücklicherweise auf Dokumente zurückgegriffen werden, die für unterschiedliche Adressaten, wie z. B. Führungskräfte, Mitarbeiter oder Kunden, verfasst wurden und damit potenziell unterschiedliche (Informations-)Bedürfnisse aufgreifen mussten.

Die folgende Tabelle enthält die Dokumente, die bei der Fallstudie ISTA/USI als Grundlage dienten:

Dok.-Nr.	Dokument	Erstellungsphase/-zeitpunkt	Wesentliche Inhalte
1	Vortreffen mit USI	Pre-Closing (März 2004)	Mögliche Integrationsszenarien
2	Due Diligence-Zeitplan	Pre-Closing (08.11.2004)	Schwerpunkte und grober Zeitplan der Integrationsaktivitäten
3	Vor-Due Diligence- Bericht	Pre-Closing (09.11.2004)	Due Diligence mit Fokus auf IT
4	Due Diligence-Ergänzungen	Pre-Closing (10.11.2004)	Angaben über Berichte der M&A-Experten
5	Bericht der externen IT-Beratung	Pre-Closing (16.12.2004)	IT Due Diligence
6	Investmentvorschlag	Pre-Closing (08.02.2005)	Entscheidungsvorlage hinsichtlich Kauf von USI
7	Operational Due Diligence	Pre-Closing (08.02.2005)	Vergleich der Geschäftsprozesse und ihrer Performance
8	Schreiben des Gesellschafters von ISTA	Pre-Closing (09.02.2005)	Stellungnahme zum Akquisitionsvorhaben
9 - 15	Lenkungsausschuss-präsentationen	Post-Closing (6 Präsentationen, 30.03.2005-15.01.2006)	Status hinsichtlich Projektziele, Synergiecontrolling, eingeleitete Maßnahmen

Tab. 11-4:   Übersicht der verwendeten Dokumente für die Fallstudie ISTA/USI

Der Schwerpunkt der Anzahl der Dokumente liegt bei dieser Fallstudie auf der Pre-Closingphase. Ursache hierfür ist, dass die Dokumentenanalyse in der Zentrale in Essen durchgeführt wurde und dort hauptsächlich Dokumente der Pre-Closingphase aufbewahrt wurden. Einen Einblick hinsichtlich der Integrationsaktivitäten konnte aus diesen bereits gewonnen werden, weitere relevante Informationen konnten aus den Lenkungsausschusspräsentationen extrahiert werden.

2. Interviews

Im Rahmen der Fallstudie DAB/FSB wurden insgesamt mit 9 Personen über 10 Stunden Interviews geführt, darunter mit einer Person zwei Interviews. Die Interviewdauer variierte zwischen 40 Minuten und 1:30 Stunden. Die Interviewpartner deckten Mitarbeiter der beiden beteiligten Unternehmen sowie Mitarbeiter von Outsourcingpartnern ab, die bei den Integrationsaktivitäten kontinuierlich mitgearbeitet haben und in der Projektorganisation fest eingebunden waren, wie z. B. Mitarbeiter eines IT-Dienstleisters. Die 9 Interviewpartner stammten aus sämtlichen vier Hierarchieebenen der Integrationsprojektorganisation (Siehe weiter unten für die Projektorganisation). Außerhalb der Projektorganisation waren sie Bereichsleiter, Abteilungsleiter oder Angestellte ohne Führungsverantwortung (Mitarbeiter). Sie sind in folgender Tabelle aufgeführt:

Int.-Nr.	Unternehmen (vor der Akquisition)	Projektfunktion (Hierarchieebene)	Unternehmens-funktion
1 und 10	DAB	Due Diligence Teammitglied (1-Pre-Closing), Steuerungskreismitglied (2-Post-Closing), Kernprojektleiter (3-Post-Closing), Teilprojektleiter (4-Post-Closing)	Abteilungsleiter
2	DAB	Teilprojektmitglied (4-Post-Closing)	Betriebsrat
3	DAB	Teilprojektleiter (4-Post-Closing)	Abteilungsleiter
4	Outsourcingpartner	Teilprojektmitglied (4-Post-Closing)	n. a.
5	Outsourcingpartner	Teilprojektmitglied (4-Post-Closing)	n. a.
6	FSB	Projektoffice (2-Post-Closing)	Mitarbeiter
7	DAB	Teilprojektleiter (4-Post-Closing)	Bereichsleiter
8	FSB	Teilprojektleiter (4)	Abteilungsleiter
9	DAB	Integration Board- (1), Steuerungskreismitglied (2)	Bereichsleiter

Tab. 11-5:   Übersicht der Interviewpartner für die Fallstudie DAB/FSB

Auch bei der zweiten Fallstudie wurden Personen beider Unternehmen interviewt. Sie deckten nicht nur sämtliche drei Integrationsprojekthierarchien ab, sondern auch zwei Hierarchieebenen der Akquisitionsprojektorganisation (siehe weiter unten für die Projektorganisation). Die Gesamtlänge der Interviews betrug zwischen 30 Minuten und 2:45 Stunden, insgesamt ca. 8:30 Stunden.

Int.-Nr.	Unternehmen (vor der Akquisition)	Projektfunktion (Hierarchieebene)	Unternehmens-funktion
1	ISTA Zentrale	Due Diligence Teamleiter (2-Pre-Closing)	Abteilungsleiter
2	ISTA Zentrale	Due Diligence Teammitglied (3-Pre-Closing)	Mitarbeiter
3	ISTA NA	Lenkungsausschussmitglied (1-Post-Closing)	Vorstand
4	ISTA NA	Teilprojektleiter (3-Post-Closing)	Vorstand
5	USI	Teilprojektleiter (3-Post-Closing)	Bereichsleiter
6	ISTA NA	Integrationsprojektleiter (2-Post-Closing)	Mitarbeiter
7	ISTA NA	Teilprojektleiter (3-Post-Closing)	Abteilungsleiter

Tab. 11-6:   Übersicht der Interviewpartner für die Fallstudie ISTA/USI

Diese Ausführungen zeigen, dass in beiden Fallstudien eine sehr ausführliche Datengrundlage existiert. Diese bildet damit eine gute Basis, um valide und reliable Erkenntnisse zu den stakeholderbezogenen Bezugspunkten und den Gestaltungsdimensionen des Integrationsmanagements zu erhalten. Diese Erkenntnisse werden in den folgenden Abschnitten vorgestellt.

3. Involvierte Institutionen in den Fallstudien

3.1. Institutionen beim Zusammenschluss DAB/FSB

3.1.1. Institutionen der Pre-Closingphase

Bestandteile des Due Diligence Teams (Hierarchieebene)	Wesentliche Aufgaben
Vorstand (1)	Entscheidung über Vollzug der Transaktion
Leitung des Due Diligence-Teams (2)	Überwachung der Arbeit der fachlichen Teams und externen Berater
Fachliche Teams (3)	Durchführung entsprechender Recherche-Aktivitäten, Erstellung abgrenzbarer Bestandteile des Due Diligence-Berichts, z. B. IT-Team
M&A-Experten (3)	Unterstützung der Leitung des Due Diligence-Teams durch spezielle Expertise, Mitarbeit bei oder Übernahme von Aspekten/Bestandteilen des Due Diligence-Berichts

Tab. 11-7:   Übersicht über die Institutionen der Pre-Closingphase beim Zusammenschluss DAB/FSB

3.1.2. Institutionen der Post-Closingphase

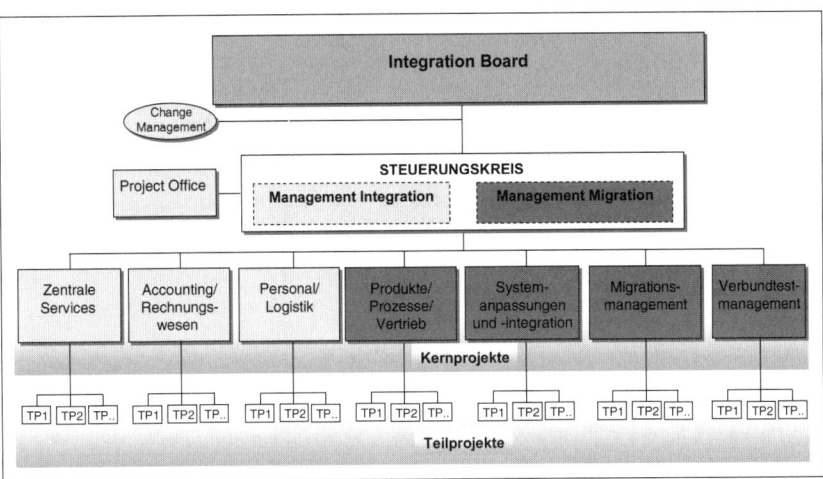

Abb. 11-3: Übersicht über die Institutionen der Post-Closingphase beim Zusammenschluss DAB/FSB

3.2. Institutionen beim Zusammenschluss ISTA/USI

3.2.1. Institutionen der Pre-Closingphase

Analog der Institutionen beim Zusammenschluss DAB/FSB

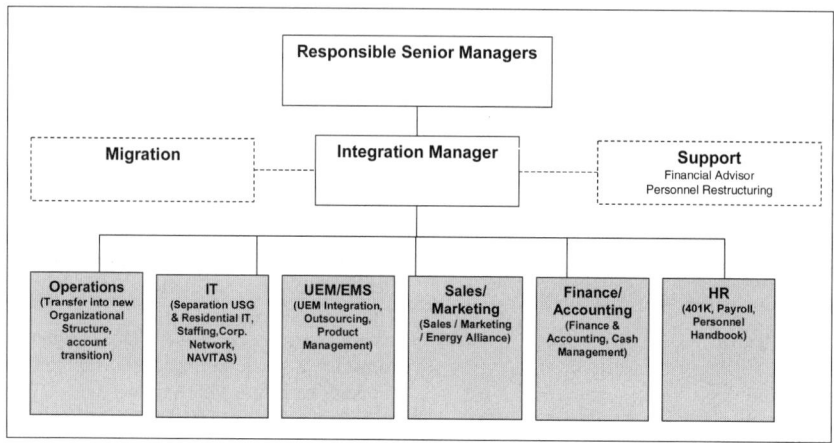

Abb. 11-4: Übersicht über die Institutionen der Post-Closingphase beim Zusammenschluss ISTA/USI

11.3.2 Einzelne Zitate aus den Fallstudien

Zitat 1

"We had a detailed workshop with our major client. And we said: 'Okay, what we like about ISTA, the way we are structured, the way we provide service and the tools we use. And what do you like about USI, the way they provide service, you know, the way you interface with them and the tools they use.' We did that. And we came away with, kind of a, what they will consider, best of both worlds. And honestly that's the easiest piece. The harder piece is actually coming out with the solution that incorporates the best of both worlds."

Zitate 2 & 3

„Glücklicherweise hatten wir im Vorfeld eine Marktstudie gerade in Auftrag gegeben, die wir dann kurzfristig zu einer Market-Due Diligence erweitern konnten. Diese umfasste neben Aussagen zu Marktwachstum und -entwicklungen einen spezifischen und ausführlichen Wettbewerbsvergleich, welcher u.a. die USI-Marktpositionierung und die Einschätzung der Kunden zu Produkten und Services beinhaltete."

„Wir haben im Oktober begonnen, eine sehr ausführliche Kundenumfrage zu machen. Die hat eine externe Beratungsgesellschaft für uns durchgeführt. In erster Linie ging es um Marktwachstum und eine Ausweitung der Penetration. Das hat insofern auch mit in die Modellierung des Joint Cases hereingespielt."

Zitate 4 und 5

„Eine wichtige Phase vor dem Closing bildeten die Gespräche mit unserem Shareholder. Inhalt der Gespräche war letztendlich die Synergie-Kalkulation und die Wirtschaftlichkeitsbe-

rechnung des Projektes, um die Akquisition zu rechtfertigen sowie die Finanzierung bewilligt zu bekommen."

„Der ursprüngliche Plan mit den acht Hauptsynergiefeldern, der im Rahmen der Due Diligence erarbeitet worden ist, wurde in die Finanzplanung übernommen und nicht mehr angepasst. Budget ist Budget, das ändert man nicht. Und genauso haben wir die ursprüngliche Synergieplanung nie geändert. Das war das Commitment, unser Versprechen gegenüber unserem Shareholder."

Zitat 6 und 7

Folgendes Zitat aus dem Zusammenschluss ISTA/USI zeigt, dass die stakeholderbezogenen Prozessschritte hinsichtlich der Migration der Kundenkonten integriert mit sämtlichen anderen Realisierungsmaßnahmen konzipiert wurden.

"Then after we completed the post-closing due diligence phase we put together our project plans, including not only the approach we planned for the migration of accounts from our system, but also all other aspects of the integration. These included the consolidation of all departments and in detail how we would approach the clients with regards to the migration impact on them. Since then we have being actively working on subprojects to achieve that."

Beim Zusammenschluss DAB/FSB kann folgende Aussage ebenfalls als Beleg für eine integrierte Implementierung verwendet werden. Dort wurden stakeholderbezogene Entscheidungskriterien zusammen mit anderen verwendet, nicht losgelöst.
„Bei der Bestimmung der zu verwirklichenden Alternativen hinsichtlich der Sollprozesse standen immer die Kriterien Prozesseffizienz und Kosteneinsparung im Vordergrund, oder Vertriebsnutzen. Wobei bei so einer Migration, wenn Du die Vorgabe hast, mal nach Möglichkeit einen Status quo zu migrieren, dann versuchst Du den Status quo möglichst kosteneffizient abzubilden. Und dann natürlich das Kriterium Einhalten des Zeitplans und des Budgets."

11.3.3 Zitate zur Bestätigung des Bezugspunktes ‚Stakeholdertypen'

Zur Begründung dieser Erkenntnis werden nachfolgend ein Beispiel für die Konsequenz der Existenz und Kenntnis des Stakeholdertypen *Kunden*, *Gesellschafter/Aktionäre* und *Outsourcingpartner* erläutert.

Beispiel für die Konsequenz der Existenz und Kenntnis des Stakeholdertypen ‚Kunden'

In der Fallstudie DAB/FSB richten die Verantwortlichen extra für den bzw. für die wichtigsten *Kunden* eine eigene Projektorganisation ein. In diesem Rahmen wird ein Team eingerichtet, in dem sämtliche Aspekte, die diese Kunden betreffen, besprochen und erläutert werden. Diese Aktivitäten sind nur möglich, da sich die Verantwortlichen der Existenz dieser Stakeholder bewusst sind.

„Mit den wichtigsten Vertriebspartnern haben wir separate Kommunikations- und Projektstrukturen aufgebaut. Hier tauschen wir uns mindestens alle vier Wochen über den Projektstand aus und halten uns so auf dem Laufenden. Das haben wir mit keinem anderen Vertriebspartner der Fondsservicebank so intensiv gemacht wie mit dem größten Vertriebspartner der FSB."

Beispiel für die Konsequenz der Existenz und Kenntnis des Stakeholdertypen ‚Gesellschaf-ter/Aktionäre'

In der Fallstudie ISTA/USI hat der *Gesellschafter* von ISTA eine klare Vorstellung hinsichtlich der Geschwindigkeit, mit der sämtliche Integrationen zu bewerkstelligen sind. Diese Vorstellung war den Verantwortlichen bekannt. Sie kürzten daraufhin ihren ursprünglichen Zeitplan für die Integration, worauf sie sich aber im Nachhinein bei einer nächsten Akquisition und Integration nicht einlassen würden. Dieses Beispiel zeigt ebenfalls, welchen Einfluss die Existenz gewisser Stakeholder auf die Gestaltungsaktivitäten der Verantwortlichen hat, in diesem Fall auf die Gestaltung der Dauer der Integrationsaktivitäten (prozessuale Gestaltungsdimension).

„Der Gesellschafter von ISTA hat die Vorstellung, dass unabhängig von der Transaktion, diese nach einem halben bis maximal einem Jahr zusammengeführt sein muss. Das war der Punkt, den der Gesellschafter von ISTA bezogen hat. Und unser lokales Management bei ISTA NA hat im Prinzip gesagt, Integration und Migration brauchen Zeit. Das lokale Management hat dann auch gesagt, dass es bestimmte Positionen gibt, wo es Engpässe gibt, was Training angeht, also Training der Kunden, die mit unseren Prozessen und Programmen arbeiten, usw. und hat, was diese Zeiteinschätzung angeht, letztendlich Recht behalten."

„When we were actually going through the investment proposal, that was when we actually said, to get the dollars in line we shrink the initial three months assessment. I wouldn't do it again. I would say no. This deal will live and die based on a proper execution. You know, we take way too much risks by taking out things that we know are proper procedure. It doesn't mean that we don't have to be fast, and we don't have to be consequent in our actions. But if you know that, there's a proper way to doing something, don't skip it, don't short-cut it. Because it will only cost you more in the long run if you short-cut it. So, that's probably a big do, I would fight harder with the board and say this is the correct approach and if you don't go this direction you shouldn't have the same level of commitment to it. Because you know there is too much risk."

Beispiel für die Konsequenz der Existenz und Kenntnis des Stakeholdertypen ‚Outsourcing-partner'

Der Einfluss der *Outsourcingpartner* wird bei der Fallstudie DAB/FSB deutlich. Aufgrund Ressourcen- und Systemrestriktionen auf Seiten der Outsourcingpartner können gewisse Vorstellungen der DAB/FSB nicht ohne weiteres realisiert werden. Die Outsourcingpartner machen hierbei gezielt Vorschläge, die dann teilweise übernommen werden. Die Verantwortlichen müssen daher die Konzeptions- und Realisierungsmaßnahmen bzw. die Formulierung der Zielwelt in einzelnen Aspekten entsprechend der Möglichkeiten bei den Outsourcingpartnern anpassen.

„Ja, das ist ein partnerschaftliches Verhältnis, jetzt mal pragmatisch ausgedrückt. Wir geben den Outsourcingpartnern C. und E. Termine vor und wenn sie sie nicht halten können, müssen wir eine Lösung finden. Aber letztendlich können wir nichts verlangen, was nicht darstellbar ist. Da haben wir ein partnerschaftliches Verhältnis, dass wir mit denen im Detail diskutieren können und dass die uns einfach offen legen und sagen, was geht und was geht nicht, und warum, und dann findet man einen Kompromiss. Also, so gesehen berücksichtigen wir weniger Anforderungen, ich würde es mal so sagen: sie geben uns die Rahmenbedingungen, was möglich ist und was nicht, und auf die müssen wir eingehen."

Diese Beispiele zeigen deutlich, dass die Existenz und Kenntnis unterschiedlicher Stakeholdertypen die Gestaltungsaktivitäten der Verantwortlichen beeinflusst. Diese Tatsache belegt, dass die *Stakeholdertypen* einen Bezugspunkt für die Verantwortlichen darstellen. In den Fallstudien sind diesbezüglich die Stakeholder der Ressourcenbasis und der Branchenstruktur relevant, nicht die Stakeholder der sozialpolitischen Arena.

11.3.4 Zitate zur Bestätigung des Bezugspunktes ‚Wertschöpfungsbeiträge der Stakeholder'

Erkenntnis 6 (1.6): *Die Stakeholder leisten verschiedene Beiträge zur Erschließung der Wertsteigerungspotenziale. Diese Beiträge beeinflussen die Gestaltungsaktivitäten der Verantwortlichen. Die ‚Wertschöpfungsbeiträge der Stakeholder' bilden damit tatsächlich einen stakeholderbezogenen Bezugspunkt für die Ausrichtung der Integrationsaktivitäten der Verantwortlichen.*

Zur Begründung dieser Erkenntnis werden nachfolgend Beispiel für verschiedene Stakeholdertypen vorgestellt.

Beispiel für den Einfluss des Wertschöpfungsbeitrags der ‚Kunden' auf die Gestaltungsaktivitäten der Verantwortlichen bei der Fallstudie DAB/FSB

Beim Zusammenschluss DAB/FSB dienen die *Kunden* (Vertriebspartner) als wesentliche Inputgeber für die Formulierung der Zielwelt (Bereitstellung von Know-how über die Endkunden). Diese Inputs werden von den Verantwortlichen für die Gestaltung spezifischer Abrechnungsprozesse (Änderungen müssen in den Fachkonzepten berücksichtigt werden) oder endkunden- und depotbezogener Formulare verwendet. Der Wertschöpfungsbeitrag dieser Stakeholder beeinflusst also die Gestaltungsaktivitäten der Verantwortlichen.

„Aus den Fachkonzepten heraus wurden Deltalisten ermittelt mit den Prozessänderungen. Die Prozessänderungen wurden im gemeinsamen Gespräch mit den einzelnen Vertriebspartnern diskutiert und anschließend umgesetzt. Wenn ein Vertriebspartner partout etwas nicht wollte, mussten Fachkonzepte wieder angepasst werden, was dann auch geschehen ist."

„Man hat den größten Vertriebspartner M. sehr früh in das Projekt eingebunden, d. h. wirklich von Anfang an informiert. Dinge, die ihn betreffen, hat man einfach besprochen und auch in gewissen Punkten für alle anderen Vertriebspartner übernommen, wie z. B. bei der Erstellung der AGBs und bei den neuen Richtlinien der Depotführung. Da wurden mit dem größten Vertriebspartner M. die Muster erarbeitet, die man jetzt für alle anderen Vertriebspartner umsetzt. Dies hat man gemacht, weil man wusste, dass der größte Vertriebspartner M. hier am meisten Befindlichkeiten hat. (...) Mit ihm haben wir alles ausführlich durchgearbeitet, um ihn zufrieden zu stellen. Die Ergebnisse nehmen wir jetzt als Vorlage für die anderen Vertriebspartner."

Beispiel für den Einfluss des Wertschöpfungsbeitrags des ‚Gesellschafters' auf die Gestaltungsaktivitäten der Verantwortlichen bei der Fallstudie ISTA/USI

Beim Zusammenschluss ISTA/USI hat der Gesellschafter von ISTA seine Zustimmung zur Akquisition gegeben und damit auch die notwendigen finanziellen Mittel bereitgestellt, ohne die die Akquisition und Integration gar nicht möglich gewesen wäre. Insofern stellt dieser Beitrag (Bereitstellung finanzieller Ressourcen) die Grundlage für sämtliche Integrationsaktivitäten und Gestaltungsaktivitäten der Verantwortlichen dar. Die finanziellen Interessen des

Gesellschafters von ISTA führten anschließend zu den bereits dargestellten Auswirkungen auf die Gestaltungsaktivitäten der Verantwortlichen (Verkürzung der geplanten Dauer der Integrationsaktivitäten).

Beispiel für den Einfluss des Wertschöpfungsbeitrags der ‚Kunden' auf die Gestaltungsaktivitäten der Verantwortlichen bei der Fallstudie ISTA/USI

Das Beispiel stammt aus der Post-Closingphase. Eines der großen Wertsteigerungspotenziale bei der Akquisition von USI bestand in der gemeinsamen Nutzung der Abrechnungsplattform von USI. Für die Erschließung dieses Wertsteigerungspotenzials mussten die Kundenkonten von der ISTA-Plattform auf die angepasste USI-Plattform migriert werden. Die Verantwortlichen haben zur Festlegung der jeweiligen Migrationszeitpunkte die Kunden gefragt, wann die Migration ihrer Daten durchgeführt werden kann. Entsprechend ihrer Angaben wurden die Zeitpunkte für die Datenmigration geplant. Die Kunden haben insofern unerlässliche Informationen bereitgestellt, damit die Migration reibungslos verlaufen konnte. Die Kunden haben damit einen wertvollen Beitrag zur Erschließung der Wertsteigerungspotenziale geliefert und die Gestaltungsaktivitäten der Verantwortlichen beeinflusst (Festlegung der zeitlichen Prozessparameter, prozessuale Gestaltungsdimension).

„Unsere Kunden sind extrem eingebunden in der Festlegung, wann wir ihren Abrechnungsbestand migrieren. Mit sehr vielen Kunden haben wir einen automatisierten Datenaustausch zwischen deren internen Property-Management-Systemen und unseren Systemen entwickelt. Wenn wir ein Projekt durchführen, das unsere Abrechnungs-Software betrifft, wird dies häufig automatisch auch ein IT-Projekt auf der Seite des Kunden. Wenn der Kunde momentan im Jahresabschluss steckt oder andere IT-relevante Themen auf der Agenda hat, stimmt er keiner Datenmigration zu, sondern vereinbart mit uns einen späteren Termin. Somit sind die Kunden extrem eingebunden. Die Migration ist eben eine der wesentlichen Kernthemen dieser Integration. Einer der Hauptarbeitsschritte hierbei ist eine kontinuierliche, monatliche Abstimmung mit dem Kunden, die festlegt, welche Teile seines Portfolios wann auf der Migrationsliste stehen."

Diese Beispiele verdeutlichen, dass die Wertschöpfungsbeiträge der Stakeholder einen Einfluss auf die Gestaltungsaktivitäten der Verantwortlichen ausüben. Diese Tatsache bedeutet, dass die Wertschöpfungsbeiträge der Stakeholder einen Bezugspunkt für die Verantwortlichen sind. Erfreulicherweise werden die Wertschöpfungsbeiträge der Stakeholder vorwiegend aus einer Nutzenperspektive gesehen, was die Bedeutung der Stakeholder für die Erschließung der Wertsteigerungspotenziale unterstreicht.

11.3.5 Zitate zur Bestätigung des Bezugspunktes ‚Stakeholderinteressen'

1. Inhaltliche Interessen

Beispiel für den Einfluss der inhaltlichen Interessen der ‚Outsourcingpartner' auf die Gestaltungsaktivitäten der Verantwortlichen bei der Fallstudie DAB/FSB

Beim Zusammenschluss DAB/FSB haben die *Outsourcingpartner* ein inhaltliches Interesse hinsichtlich der Gestaltung der zukünftigen Prozesse. Die Outsourcingpartner stellen die wesentlichen IT-Systeme für die DAB bereit und programmieren als Teil der Integrationsaktivitäten die Funktionalitäten, die für die systemseitige Darstellung des FSB-spezifischen Fondsgeschäfts erforderlich sind. Die entsprechende Umsetzung kostet sie zeitkritische Ressourcen, so dass sie mitwirken, um die Prozesse so zu konstruieren, dass sie mit möglichst geringem

Aufwand umgesetzt werden können. Hieraus ergeben sich Diskussionspunkte und Anpassungen in den Fachkonzepten. Diese müssen die Verantwortlichen berücksichtigen, so dass die inhaltlichen Interessen dieser Stakeholder die Aktivitäten der Verantwortlichen beeinflussen.

„Das ist genau das, warum wir den Outsourcingpartner E. [IT-Dienstleister, Anmerkung des Verfassers] beim Fachkonzept schon mit eingebunden haben. E. kennt natürlich das System deutlich besser als wir, so dass sie uns schon sagen, wie die Prozesse entsprechend abgebildet werden sollen, damit sie aus Qualitäts- und aus Kostengründen am besten laufen. Denn ich muss ja auch die Folgekosten wie Wartung, Administrationsaufwand usw. beim Fachkonzept mitberücksichtigen."

„Der Outsourcingpartner T. [Abwicklungsdienstleister, Anmerkung des Verfassers] hat zum einen ein Interesse, das Transaktionsvolumen weiter zu steigern. (...) Zum anderen möchte T. die Prozesse, die mit der DAB bestehen, weiter vereinheitlichen und noch mehr Straight-through-processing zu erhalten. T. verwendet die Integration als Möglichkeit, die aktuellen Prozesse, vor allem an den Stellen, an denen Prozessbrüche vorliegen, schlanker zu gestalten. Er hat daher ein Interesse an der Gestaltung der Soll-Prozesse."

Beispiel für den Einfluss der inhaltlichen Interessen der ‚Kunden' auf die Gestaltungsaktivitäten der Verantwortlichen bei der Fallstudie ISTA/USI

In der Fallstudie ISTA/USI haben die *Kunden* einige inhaltliche Interessen bzw. Bedürfnisse und Erwartungen, die einen Einfluss auf die Formulierung der Konzeptions- und Realisierungsmaßnahmen bzw. Zielwelt haben. Sie möchten, dass das Beste aus beiden Welten als zukünftige Dienstleistung angeboten wird. Zur Umsetzung dieser Erwartungshaltung müssen entsprechende Funktionalitäten im zukünftigen gemeinsamen IT-System vorhanden sein. Dies bedeutet, dass diese Erwartung Implikationen auf die Ausgestaltung der Programmieraktivitäten hat. Die Kunden wünschen, dass die Preise für die Dienstleistungen harmonisiert werden und die Kontaktpersonen zusammengeführt werden sowie die Dienstleistungsqualität kontinuierlich aufrechterhalten wird.

„Dieser Kunde hat uns nach Einbeziehung grünes Licht gegeben und seine Unterstützung zur Akquisition zugesichert, solange wir [der neue Unternehmensverbund, Anmerkung des Verfassers] das Beste aus beiden Unternehmen zusammenbringen und dementsprechend eine verbesserte Leistung anbieten."

"The clients also were concerned about the features. 'Okay, we like this feature in this system [IT-System von USI, Anmerkung des Verfassers], and this feature in this system [IT-System von ISTA, Anmerkung des Verfassers]. You know, whichever way you are going to migrate, you are telling us you are going to migrate into this system', which is something we told them upfront, 'then we will move into this system.' And than they said:' Great, because we like these features a lot, but when you migrate these accounts into this system, the people that are working with this system like these features and we would like to make sure that we do not loose anything. You know, so we want the best of both systems.'"

"Another point, and this was something that a lot of the large clients talked about, was consolidation of their pricing. Cross over clients had a pricing with USI and a pricing with ISTA. These clients that were in both, they wanted to consolidate pricing and of course lower it if possible. They also wanted to consolidate points of contact. For them it's very important that they don't have multiple service managers to talk to them but that they have one single contact point."

„Die Position eines Kunden in unserer Industrie ist ziemlich einfach: Macht eure Hausaufgaben und liefert uns einen guten Service! Solange wir unseren Servicelevel beibehalten, funktioniert die Zusammenarbeit gut und der Kunde unterstützt uns auch insofern, dass keine Portfolios umhergeschoben werden. Bei konstant guter Qualität schenken uns die Kunden Vertrauen und gehen sogar das Risiko ein, eine Single-Provider-Beziehung einzugehen."

„Unser Versprechen, welches wir allen Kunden nach der Akquisition gegeben haben, war, dass sie nicht durch die Integration leiden werden, d. h., dass sie mindestens das gleiche Service-Niveau erhalten, wir ihnen aber mehr Produkte anbieten können. Dieses Commitment allein determiniert schon einen Großteil der notwendigen Verbesserungen und legt Prioritäten fest, an welchen Themen gearbeitet werden muss, um die funktionalen Defizite zwischen den Systemen und Prozessen zu beseitigen."

2. *Prozessuale Interessen*

Beispiel für den Einfluss der prozessualen Interessen der ‚Kunden' auf die Gestaltungsaktivitäten der Verantwortlichen bei der Fallstudie DAB/FSB

Beim Zusammenschluss DAB/FSB haben die *Kunden* (Vertriebspartner) und auch die *Aktionäre* der DAB das prozessuale Interesse, dass die Integration zügig und reibungslos verläuft. Diese prozessualen Interessen sind nachvollziehbar vor dem Hintergrund, dass die Vertriebspartner möglichst zügig wieder sorgenfrei ihre Produkte verkaufen möchten und dass die Aktionäre, möglichst zügig an den Synergiepotenzialen teilhaben möchten. Des Weiteren wird von den Kunden auch das prozessuale Interesse geäußert, am Integrationsprozess beteiligt zu sein. Diese Interessen werden letztlich in der Planung berücksichtigt, d. h. sie haben die Aktivitäten der Verantwortlichen beeinflusst.

„Die Vertriebspartner haben das prinzipielle Interesse, dass die Integration reibungslos verläuft, im Zeitplan verläuft und sich für sie in den bestehenden Prozessen möglichst wenig ändert."

„Ich glaube, in Richtung unserer Shareholder war gar nichts anderes als diese ehrgeizige Zeitplanung zu verkaufen. Das musste letztendlich auch durchgesetzt werden. Denn wenn man jetzt wirklich Verschiebungen hat, hat das natürlich bedeutende wirtschaftliche Auswirkungen für uns für das nächste Jahr. Ich sage mal, zwei Monate, die kosten schon richtig viel Geld. Und ich denke, das war der Faktor, warum man wirklich auch gesagt hat, das muss eigentlich in diesem Jahr klappen."

„Die Vertriebspartner haben wir eingebunden oder die haben sich eingebunden, weil sie einfach ein Interesse daran haben."

Beispiel für den Einfluss der prozessualen Interessen der ‚Kunden' auf die Gestaltungsaktivitäten der Verantwortlichen bei der Fallstudie ISTA/USI

Die *Kunden* haben in der Fallstudie ISTA/USI ebenfalls prozessuale Interessen geäußert, die die Gestaltungsaktivitäten der Verantwortlichen beeinflusst haben. So haben die Kunden klare Anweisungen gegeben, in welcher Reihenfolge welche Daten zu migrieren sind. Die tatsächliche Datenmigration wurde entsprechend von den Verantwortlichen durchgeführt.

"They told us, how they would like to proceed, in which regions they would like to migrate first. This particular client, they use 'rocs', regional operational centers. And they said: 'Okay, I want you to start with this roc, then I want you to go to this roc, and then I want you

to go to this roc.' And so that discussion was very fluent between the client and ISTA. They were pretty much well up to date on every decision that was made and they had a very big role in making those decisions on how to proceed."

Beispiel für den Einfluss der prozessualen Interessen der ,Gesellschafter' auf die Gestaltungsaktivitäten der Verantwortlichen (Fallstudie ISTA/USI)

Der Gesellschafter von ISTA hat auf eine rasche Integration gedrängt. Dieses Interesse wurde von den Verantwortlichen auch in den Planungen aufgenommen, auch wenn letztlich die geplanten Zeitfenster doch nicht eingehalten werden konnten. Das zeitliche Interesse vom Gesellschafter von ISTA hatte einen Einfluss auf die prozessualen Gestaltungsaktivitäten der Verantwortlichen (Festlegung der zeitlichen Prozessparameter für die integrationsrelevanten Prozessschritte). Diese Tatsache ist ein weiterer Beleg dafür, dass die *prozessualen Interessen* der Stakeholder einen Bezugspunkt des Integrationsmanagements darstellen.

„Die Interessen des Gesellschafters von ISTA sind relativ klar. Und insofern wurden dessen Interessen sehr wohl abgefragt im Zusammenhang mit der Vorstellung von Integrationskonzepten. Und das war dann auch relativ klar, dass er auf eine sehr rasche und sehr aggressive Integration drängt."

„Ich glaube, dass wir letztlich einen guten Kompromiss gefunden haben. Letztlich ist das ein Integrationsprozess, der sich deutlich länger hinzieht als er eigentlich dauern sollte. (...) Auf der anderen Seite waren die Befürchtungen, die das lokale Management geäußert hat, gerechtfertigt. Und es zeigt sich jetzt, dass wir letztlich mehr Zeit brauchen werden. Auf der andern Seite haben wir es trotzdem geschafft, unsere finanziellen Ziele möglichst weit zu erreichen. Insofern glaube ich, haben wir das schon richtig gemacht."

"Well, we had certain restrictions at the beginning, at the very beginning before we started planning anything. We were given a time frame from our shareholders because they were planning on an exit strategy. And they wanted us to, at least, almost finish the migration before they began their exit process. And that's what kind of started us. And from there we kept building down into the details. We built a major project plan that reasonably fit into this time frame. (...) Then from this time frame we worked into it. And it was not like that it was something that we just had to commit to at the beginning, it was something that we felt we could really achieve. So we committed to it. And knowing how important it was for the whole strategy of the company we made every effort to make sure that we did things on time to achieve that goal. And then each sub-project was given a certain time frame in order to achieve this."
3. *Institutionelle Interessen*

Beispiel für den Einfluss der institutionellen Interessen der ,Kunden' auf die Gestaltungsaktivitäten der Verantwortlichen bei der Fallstudie DAB/FSB

Beim Zusammenschluss von DAB/FSB hat auf *Kundenseite* lediglich der größte Vertriebspartner sein Interesse an einer institutionellen Beteiligung geäußert. Diesem Interesse wurde durch die Einführung einer gesonderten Projektorganisation Rechnung getragen, so dass dieses institutionelle Interesse die Aktivitäten der Verantwortlichen beeinflusst hat. Von anderen Kunden ist kein institutionelles Interesse geäußert worden. Allerdings war der DAB/FSB und dem bedeutendsten Outsourcingpartner, dem Abwicklungspartner T., klar, dass die Konsequenzen der systemseitigen Integration eine institutionalisierte Beteiligung erforderlich machten, so dass auch hierfür eine eigene Projektorganisation eingerichtet wurde.

„Der größte Vertriebspartner der FSB hat gesagt, dass er institutionell im Projekt eingebunden sein möchte. Beim Outsourcingpartner T. [Abwicklungspartner, Anmerkung des Verfassers] ist die institutionelle Einbindung einfach zwingend notwendig gewesen, weil wir da die Daten rüberschieben und wenn du es mit denen dann nicht machst als größtem Partner, der die Daten empfängt, dann landen wir bzw. die Daten irgendwo im Nirwana und im totalen Chaos. Das heißt, der Outsourcingpartner T. brauchte dieses Interesse gar nicht zu äußern, das war allen per se klar. Die anderen Vertriebspartner haben kein Interesse an einer institutionalisierten Beteiligung geäußert. Wir haben keine systematische Abfrage gemacht, weil wir einfach davon ausgehen, dass ein Partner dieses Interesse geäußert hätte, wenn er irgendwie ein Interesse daran gehabt hätte."

Beispiel für den Einfluss der institutionellen Interessen der ‚Kunden‘ auf die Gestaltungsaktivitäten der Verantwortlichen bei der Fallstudie ISTA/USI

Beim Zusammenschluss ISTA/USI haben die *Kunden* nicht geäußert, dass sie gerne Mitglied einer Projektinstitution sein wollen. Ihr Interesse beschränkte sich auf die bereits dargestellte prozessuale Beteiligung.

„Es ist mir nicht bekannt, dass Kunden mit der Bitte an uns herangetreten sind, mehr als nur prozessual eingebunden zu werden, sondern auch als Mitglied eines Integrations-Gremiums."

„Der überwiegende Teil der Kunden hat ein ganz gesundes Selbstbewusstsein. Sie fordern von uns als Dienstleister, dass wir unsere Hausaufgaben gut machen, die Vereinbarungen erfüllen und Eckdaten oder Anforderungen der Kunden berücksichtigen."

"The clients wanted to be involved, but they did not want to be a member of a project group."

Beispiel für den Einfluss der institutionellen Interessen der ‚Outsourcingpartner‘ auf die Gestaltungsaktivitäten der Verantwortlichen (Fallstudie ISTA/USI)

Von den *Outsourcingpartnern* wurde beim Zusammenschluss ISTA/USI ebenfalls nicht aktiv geäußert, dass sie gerne Mitglied einer Projektinstitution sein wollen. Allerdings wurde mit dem größten Outsourcingpartner eine eigene Projektorganisation unter seiner Leitung eingerichtet. Diese Lösung erfolgte unter anderem aufgrund knapper Projektmanagementressourcen bei ISTA/USI.

"But we also made the decision to re-design the bill. For that particular project you have to do it together, and that's when you really do have participants from the vendors, from a print vendor. We outsource all of our printing and mailing, and there actually was the print vendor as the project manager. Because most of the changes, or just as much changes, would be made on their side than would be on our side, we asked them when and how to set up the project. (...) So, they told us that they could do it first quarter of 2006, and we said, 'Okay, we are going to wait until the first quarter 2006 and that's when we are going to do this, and you are going to manage that.' So they had a project manager on their side and she created the project plan, she involved participants from ISTA, (...) and put together the team and started the specifications. And that project is actually in progress. That was a case where we received a lot of input from our vendor, and it was really good for us because we were getting limited on our number of project management resources."

Die Tatsache, dass die Outsourcingpartner die Projektleitung übernommen haben, belegt, dass sie ihre institutionelle Beteiligung letztlich als notwendig erachtet haben, d. h. ihre institutionelle Interessen wurden ihnen nach erfolgter Kontaktaufnahme seitens der Verantwortlichen deutlich. Dieses Beispiel ist zwar kein Beleg dafür, dass die Stakeholder von sich aus institutionelle Interessen haben. Es zeigt jedoch, dass sie institutionelle Interessen bzw. Bedürfnisse entwickeln, sofern ihnen der Umfang der für sie relevanten Integrationsaktivitäten klar wird. Insofern zeigt dieses Beispiel, dass die (geweckten) institutionellen Interessen der Stakeholder ebenfalls die Gestaltungsaktivitäten der Verantwortlichen beeinflussen und daher einen Bezugspunkt für das Integrationsmanagement darstellen.

4. Sonstige Interessen

Beispiel für den Einfluss der sonstigen Interessen der ‚Outsourcingpartner' auf die Gestaltungsaktivitäten der Verantwortlichen (Fallstudie DAB/FSB)

Beim Zusammenschluss DAB/FSB haben die *Outsourcingpartner* ein Interesse zur Vertiefung der Geschäftsbeziehung oder dem Erhalt von finanzprodukt- und -prozesstechnischem Know-how, das sie bei weiteren Entwicklungen verwenden können. Diese Interessen wurden zwar nicht explizit von den Outsourcingpartnern geäußert, wurden aber den Verantwortlichen deutlich. Sie haben sie aufgegriffen, so dass diese Interessen ihre Gestaltungsaktivitäten beeinflusst haben.

„Die beiden Outsourcingpartner C. und E. haben das Interesse, uns [DAB/FSB, Anmerkung des Verfassers] noch weiter an sich zu binden, weil wir natürlich einfach noch mehr auf sie angewiesen sind."

„Ein Beispiel für das Know-how, das der Outsourcingpartner E. durch seine Beteiligung im Integrationsprojekt erhält, ist beispielsweise der systematische Umgang mit der Riester-Rente. Vielleicht hat sich E. noch nie mit der Riester-Rente im Detail beschäftigt, auch wie man das systemtechnisch darstellen kann. Wenn sie es bei der DAB/FSB machen, wissen sie es beim nächsten Kunden und können da auf sehr viel zurückgreifen, nicht nur auf Produkt- und Prozess-Know-how, sondern auch schon auf einen Programmcode, der wahrscheinlich wiederverwertbar ist. Das technische Know-how, wie man es dann umsetzt, haben sie schon. Aber dadurch, dass der Outsourcingpartner E. in Richtung Standardsoftware geht, werden Komponenten programmiert, die für andere Kunden weiter verwendet werden können. Natürlich ist vertraglich geregelt, wie das geht und so weiter, aber theoretisch und auch praktisch ist es natürlich möglich, zumindest mit einem gewissen Zeitversatz."

Beispiel für den Einfluss der sonstigen Interessen der ‚Kunden' auf die Gestaltungsaktivitäten der Verantwortlichen (Fallstudie ISTA/USI)

Beim Zusammenschluss ISTA/USI sind zusätzlich in den Interviews Interessen von *Kunden* erwähnt worden, die sich auf die Qualität des laufenden Geschäfts beziehen. Die Kunden haben bei den regelmäßigen Kundentreffen geäußert, dass sie zu jedem Zeitpunkt die bisherige bzw. eine höhere Dienstleistungsqualität erwarten. Bei einem Absinken der Qualität haben sie mit einem Weggang gedroht. Diese geäußerten Interessen haben die Gestaltungsaktivitäten der Verantwortlichen beeinflusst, da sie mit Nachdruck Aktivitäten ergriffen haben, um das gewohnte Qualitätsniveau wieder zu erreichen.

"Usually the clients were open-minded, but some of them were sceptical. But in the end they all said the same thing. 'Hey, as long as our quality is as good or better, then we are happy. If it is in anyway worse, then we are not happy.' So, if one plus one at some point of time equals one point nine, they are not happy."

"We still haven't implemented some of the changes our major client expressed. So the client has been increasingly dissatisfied with our service over the last nine months. And to the point of three weeks ago they came to Jacksonville and said: 'Hey, you guys have three months to fix this or we have to move our accounts.' Now since that three weeks we have been working steadily out of plan. We made pretty good improvements in the last three weeks. And I just saw that client yesterday, as a matter of fact. They expressed, that they have already seen some good, positive improvement but we really, we strayed away from what they said, they liked about ISTA, the way they communicated, and the structure and how we interfaced with them."

Diese Beispiele verdeutlichen, dass die Stakeholder über eine Reihe von Interessen verfügen, die sie äußern oder die den Verantwortlichen bewusst sind. Hierbei haben die institutionellen Interessen eine wesentlich geringere Bedeutung für die Stakeholder als ihre inhaltlichen oder prozessualen Interessen. Zusätzlich existieren auch Interessen ohne direkten Bezug zu einer Gestaltungsdimension *(sonstige Interessen)*. Die Interessen der Stakeholder beeinflussen die Gestaltungsaktivitäten der Verantwortlichen. Die *institutionellen Interessen* werden daher weiterhin als stakeholderbezogener Bezugspunkt des Integrationsmanagements betrachtet.

11.3.6 Zitate zur Bestätigung der inhaltlichen Gestaltungsdimension

Folgende Aussagen zeigen beispielhaft, dass sämtliche Planungsprobleme bei den Fallstudien eine Rolle gespielt haben und auch von den Verantwortlichen mitgestaltet wurden:

1a. Akquisitions-/Integrationsziele

Beim Planungsproblem Akquisitions-/Integrationsziele konnte lediglich bei der Fallstudie DAB/FSB eine Textpassage bzw. Aussage gefunden werden, die belegt, dass die Verantwortlichen die Ziele mitgestaltet haben. Ansonsten geht aus den Textpassagen und Aussagen hervor, dass sie von den Gesellschaftern gesetzt wurden bzw. sich quasi automatisch aus dem Akquisitionsobjekt ergeben haben. Diese Tatsache bedeutet, dass die Akquisitions-/Integrationsziele nur teilweise ein Planungsproblem darstellen, das die Verantwortlichen gestalten können. Aufgrund dieser Tatsache ist in den Interviews mit Integrationsexperten (Kapitel 7) besonders zu untersuchen, inwiefern die Akquisitions-/Integrationsziele von den Verantwortlichen gestaltet werden konnten oder nicht, um ihre Legitimität für den Verbleib im Framework weiter zu stützen. Die Fallstudien zeigen allerdings, dass die Akquisitions- und Integrationsziele einen Bestandteil des Rahmens für die weiteren Gestaltungsaktivitäten der Verantwortlichen bilden. Sie beeinflussen also die weiteren Gestaltungsaktivitäten und stellen somit tatsächlich einen Bezugspunkt dar. Sie bilden daher weiterhin bis auf Weiteres einen Bezugspunkt im Framework.

Fallstudie DAB/FSB: *„Die übergeordneten Akquisitionsziele sind Ertragsstabilität und eine Ausdehnung der Kundenbasis. (...) Um das übergeordnete Ertragsziel zu realisieren, sind auf der Integrationsseite vom Due Diligence Team Kostensynergien identifiziert worden. Zweites Ziel der Integration ist eine möglichst reibungslose kulturell personelle Integration, das heißt de facto eine kulturelle Integration des übrig gebliebenen Personalbestandes nach Realisierung der Kostensynergien. Auf der Integrationsseite ferner auch die Harmonisierung der IT-Landschaft."*

Fallstudie ISTA/USI: *„Mit der Akquisition wurden primär drei Ziele verfolgt: Erstens Bestandswachstum, weil im Moment der US Markt verteilt wird. Wer heute in der Lage ist, sich in diesem relativ jungen Markt an der Spitze zu etablieren, kann auch auf lange Sicht einer der Marktführer hier in den USA bleiben. Das zweite Ziel für uns, welches wir ohnehin auf* der Agenda hatten, war die Ablösung vom Haupt-IT-System von ISTA, weil dieses System zwar eine sehr solide Massenverarbeitungsplattform ist, aber im Hinblick auf Innovation, Reporting- und Internet-Capabilities sehr beschränktes Potenzial besitzt. Es basiert auf einer alten Technologie. Das IT-System von USI besitzt eine moderne Technologie. Die Hoffnung des Vorstandes ISTA NA war, mit Hilfe der Akquisition den Wechsel in eine neue Systemtechnologie zu schaffen, also diesen anstehenden Wechsel zu beschleunigen. Das dritte Ziel der Akquisition war es, die Industry-Leading-Solution von USI hinsichtlich UEM, das Synonym für Utility Expense Management, mit den damit verbundenen Tools und Know-how zu erwerben und damit unabhängig von externen Partnern zu werden."

Fallstudie ISTA/USI: „Die Interessen des Gesellschafters von ISTA sind relativ klar. Und insofern wurden deren Interessen sehr wohl im Zusammenhang mit der Vorstellung von Integrationskonzepten abgefragt. Und das war dann auch relativ klar, dass der Gesellschafter auf eine sehr rasche und sehr aggressive Integration drängt."

1b. Wertsteigerungspotenziale

Fallstudie DAB/FSB: „Man kann jetzt schon erkennen, dass man sich hinsichtlich der Kostensynergien oder der Wirtschaftlichkeit des Projektes wahrscheinlich ein wenig verkalkuliert hat. Deswegen haben auch Runden stattgefunden, in denen man sagt, man versucht die Anforderungen an die Systemwelt runterzufahren, also Verzicht auf Anforderungen und Funktionalitäten. Man ist auch noch mal in Diskussionen bzw. in das Kostenpaket für das relevante IT-System bzw. mit dem Abwicklungspartner T. gegangen, um zu sehen, wo noch Potenziale sind."

Fallstudie ISTA/USI: „Die Geschäftsführung unserer amerikanischen Gesellschaft muss den Integrationsprozess durchführen und die Synergien realisieren, die wir vorher in Absprache mit ihnen geplant haben."

1c. Stakeholderanalyse

In beiden Fallstudien konnten keine Belege gefunden werden, dass eine explizite Stakeholderanalyse durchgeführt worden ist. Diese Tatsache würde dafür sprechen, dass diese Subgestaltungskategorie in der Praxis keine Rolle spielt und daher aus dem Framework zu entfernen ist.

Beim Zusammenschluss ISTA/USI sind jedoch gewisse Stakeholder als Risikoproduzent identifiziert (Kunde, Abwanderung als Risiko) und entsprechende Strategien umgesetzt worden (aktive Kontaktaufnahme, Abprüfen der Abwanderungsneigung). Aufgrund dieser impliziten Stakeholderanalyse wird weiterhin davon ausgegangen, dass die Stakeholderanalyse ein relevantes Planungsproblem darstellt und von den Verantwortlichen gestaltet wird. Sie bleibt daher weiterhin Bestandteil des Frameworks. Aufgrund der geringen Relevanz dieser (Sub-) Gestaltungskategorie in den beiden Fallstudien ist verstärkt auf die Relevanz dieser Kategorie bei den Interviews mit den Integrationsexperten zu achten, um ihren Verbleib im Framework zu begründen bzw. zu beenden.

Fallstudie DAB/FSB: „Eine explizite Analyse, wer von der Integration betroffen ist bzw. welchen Beitrag jemand für die Integration stiften kann, haben wir nicht gemacht."

Fallstudie ISTA/USI: „Während der Due Diligence Phase haben wir zu einem frühen Zeitraum unseren größten Kunden relativ stark einbezogen. Das ist nicht ganz üblich, weil es *normalerweise einen Bruch der Vertraulichkeitsvereinbarung mit dem Übernahmekandidaten bedeutet. In unserem Fall erfolgte dieser Schritt allerdings mit Zustimmung von USI, weil es für uns ein K.o.-Kriterium gewesen wäre, wenn unser Hauptkunde nicht seine Zustimmung zu der Akquisition signalisiert hätte. Hintergrund war, dass dieser Kunde der größte Immobilienbesitzer in den USA ist, der sein Abrechnungsportfolio praktisch 50/50 zwischen ISTA und USI aufgeteilt hat. Damit hatte der Kunde einen signifikanten Anteil am gesamten Abrechnungsvolumen auf der USI-Seite. Wenn dieser Abrechnungsbestand auf der USI-Seite infrage gestellt gewesen wäre, wäre USI kein interessantes Akquisitionsziel gewesen. Insofern gab es also frühe Gespräche mit diesem Kunden, ob eine Akquisition von USI für ihn ein Grund wäre, diese Hälfte oder einen Teil seines Portfolios aus Risiko-Aspekten heraus zu einem anderen Anbieter zu verlagern. Dieser Kunde hat uns nach Einbeziehung grünes Licht gegeben und seine Unterstützung zur Akquisition zugesichert, solange wir das Beste aus beiden Unternehmen zusammenbringen und dementsprechend eine verbesserte Leistung anbieten."*

1d. Ist-Unternehmensanalyse

Fallstudie DAB/FSB: *„Die Fachkonzepte wurden nach den Prozessen erstellt. Also, man hat gesagt, man nimmt jetzt einen Prozess Kauf, Wertpapierkauf, und geht den Prozess durch. Dabei untersucht man, welche Anforderungen sich daraus für die Systemwelt ergeben. Und zwar haben hier die verschiedenen fachlichen Bereiche, wie beispielsweise Konto, Kontoführung, Back-Office, und Clearing, für ihren Bereich die Prozesse gemacht und ein umfangreiches Fachkonzept erstellt."*

Fallstudie ISTA/USI: *"The due diligence began back the beginning of 2005 and it ran for approximately two months. The due diligence phase was made up of a process and system analysis, from an IT-perspective and also from a company financial perspective."*

1e. Integrationsleitlinien

Fallstudie DAB/FSB: *„Mit der Due Diligence bzw. mit der Übernahme war klar, dass eine weitestgehende prozess-, systemseitige und personelle Integration die Grundmarschrichtung sein wird. Es war dem Due Diligence Team und letztlich dann dem Vorstand ganz klar, dass das die Prämisse dieser Integration ist."*

Fallstudie ISTA/USI: *„Ja, wir haben ganz am Anfang einige Leitlinien festgelegt. Eine dieser Leitlinien legt fest, welche Funktionen wir in der neuen Struktur auch auf lange Sicht zentral betreiben wollen und welche Funktionen wir dezentral betreiben wollen. Auch wurde mit Hilfe von Leitlinien für die Funktionen, die wir zentral organisieren wollen, festgelegt, ob und wo diese Funktion durch ISTA betrieben oder outgesourct werden.*

Wir haben auf einer sehr detaillierten, funktionalen Ebene diese Entscheidungen ganz am Anfang der Integration auf Basis der Leitlinien gefällt. Diese Leitlinie zur Strukturfestlegung wurde vom Vorstand ISTA NA entwickelt und an das gesamte Integrationsteam kommuniziert. Wir haben die Leitlinie diskutiert und uns auch auf eine kleine Modifikation im Team geeinigt.

Solche Leitlinien sind extrem hilfreich und vermeiden langwierige Diskussionen und Glaubenskriege, wenn zwei eigenständige, etablierte Gesellschaften und Kulturen zusammengeführt werden müssen. Die Ausrichtung der Integration war jedem von vornherein klar, und das hat uns eine Menge Zeit gespart. (...) Jedes Team folgt dem gleichen, richtungsweisendem Motto."

1f. Entscheidungskriterien

Fallstudie DAB/FSB: „*Für die Sollprozessdefinition ist wichtig, dass natürlich ein vernünftiger Prozess dabei herauskommen muss. Er muss gut lebbar sein. Ein schlanker Prozess ist das Ziel, d. h. ein Prozess, der weitestgehend automatisiert ist. Vor allem bei Tätigkeiten, die immer wieder anfallen, wo keine Entscheidungen aktiv von einem Sachbearbeiter getroffen werden müssen, ist das Ziel, dort eine Automation hinzubekommen.*

Das zweite Kriterium ist die Kostenseite, also zu versuchen, wirklich kostenseitig sehr schmal unterwegs zu sein. Und ein dritter Punkt ist dann noch, den muss man halt immer gegen die Kostenseite so ein bisschen abwiegen, dass man letztendlich die Kundenbedürfnisse erfüllt. Es können zwar superschlanke Prozesse mit sehr geringen Kosten realisiert werden, aber dabei kommt dann nicht das beim Kunden an, was der Kunde haben möchte, und das bringt dann letztendlich auch nichts.
So haben wir z. B. ganz aktiv einen Prozess Rücklastschriften manuell gehalten, weil dadurch beim Kunden eine Abbuchung drei Tage später erfolgt und das war nach Rücksprache mit unseren Vertriebspartnern denen schon sehr viel Wert, so dass wir dann auf unserer Seite gesagt haben, okay, dann müssen wir da einen manuellen Prozess draus machen, weil sonst das System viel früher hätte anfangen müssen zu arbeiten, um dann systematisch diese Sachen erkennen zu können."

Fallstudie ISTA/USI: "*We started with the simplest accounts to migrate, i.e. RUBS water/sewer for our biggest client. This client had accounts with both USI and ISTA, before the merger, so they were already familiar with the future system [IT-System von USI, Anmerkung des Verfassers] and were receptive to migrating.*"

1g. Projektrisiken

Fallstudie DAB/FSB: „*Wir pflegen für die Integration-Board-Meetings eine Projekt-Risiko-Matrix. Sie beinhaltet eine Übersicht der kritischen Punkte, Bewertung mit Ampellogik. Sie enthält auch abgeleitete Maßnahmen, was man gegen die Risiken unternimmt.*"

Fallstudie ISTA/USI: "*We didn't model worst case scenarios, but the risks were discussed.*"

2. Formulierung der Zielwelt

Fallstudie DAB/FSB: „*Die Vertriebskollegen sind zu den Zentralen der Vertriebspartner gegangen und haben vorgeschlagen, was man vor hat. Und dann kam das Feedback der Vertriebspartner: ‚Also darüber wären wir jetzt nicht wirklich begeistert und das solltet ihr euch noch mal gut überlegen.‘ Und dann ist man damit zurückgekommen und das Feedback hat dann zu den Veränderungen in der Sollprozessdefinition geführt.*"

Fallstudie ISTA/USI: "*With all software you eventually reach your limit and you must look to the future. We were approaching that limit with the IT-system of ISTA. USI had a windows based product with very good reporting, as clients often pointed out, that we believe will fulfil that need. The Software does require enhancement to get us to 1 million accounts or 2 million accounts, but then again, any new software would require enhancements.*"

Fallstudie DAB/FSB: *„Das Testkonzept haben wir in einem Workshop mit dem Outsourcing-partner T. [Abwicklungspartner, Anmerkung des Verfassers] erarbeitet. Alles, was hier ange-stoßen wird, wird hier im Hause auch besprochen und definiert und dem Outsourcingpartner T. nur vorgelegt. Und alles, was vom Outsourcingpartner T. angestoßen wird, wurde von ihm als Vorschlag gebracht, der hier im Hause geprüft wurde, und der wurde auch – Tatsache – so akzeptiert. Das war eigentlich schon fast ein bekanntes, bewährtes Verfahren aus der DAB-Migration in das jetzige Abwicklungssystem der DAB. Neu war diese Pretest-Phase di-rekt bei den Softwareherstellern vor Ort, die gab es damals nicht. Die wurde aber auch nur aufgrund der Eilbedürftigkeit so durchgeführt. "*

Fallstudie ISTA/USI: *„Auf Grundlage der Ergebnisse der Post-Closing Due Diligence wur-den detaillierte Projektpläne für jede zu integrierende Funktion des Unternehmens erarbeitet. Darüber hinaus wurden Projektteams aus Mitarbeitern der betroffenen Bereiche beider Un-ternehmen zusammengestellt, die jeweils ihre relevanten Projekte durchzuführen hatten. Pa-rallel zu den Integrationsprojekten - mehr auf der Cultural- oder Informationsebene - wurden viele Kommunikations-Aktivitäten von beiden Geschäftsführern durchgeführt, die sämtliche Unternehmensbereiche und Standorte in den USA abdeckten - eine Art Road-Show. Ziel war es, viele Gespräche mit den Mitarbeitern zu führen, um Ängste und Befürchtungen der Beleg-schaft zu adressieren, während die Integrationsprojekte schrittweise in die Umsetzung über-gingen. "*

11.3.7 Zitate zur Bestätigung der prozessualen Gestaltungsdimension

1a. Festlegung der integrationsrelevanten Prozessschritte der Pre-Closingphase

Fallstudie DAB/FSB: *„Im Zuge der Due Diligence haben wir einen Businessplan aufgestellt, in dem die Kostenschätzungen und die Ertragsschätzungen aufgeschrieben und gegenüber ge-stellt wurden. "*

Fallstudie ISTA/USI: *„Der Mitarbeiter der Abteilung Corporate Business Development aus Essen hat eigentlich fast die komplette Projektleitung vor Ort gemacht. Dies bedeutete u.a. die Steuerung und Betreuung der Schnittstellen zu und zwischen den Beratern, die als Unter-stützung für die Beurteilung der verschiedenen Aspekte des Targets, wie Finanzen, Steuern oder Markt, an Bord geholt worden sind. Im Rahmen der Operational Due Diligence war er auch für die Konzeption und Steuerung dieses Parts verantwortlich, d. h. er musste mit den weiteren Projektmitarbeitern insbesondere einen Ansatz und Vorgehensweise für das entwi-ckeln, was die Leute vor Ort machen sollen und wie sie es machen sollen. "*

Fallstudie ISTA/USI: *"Once we found out that we were somehow within the range of making some type of deal, we began to outline the due diligence process. So we actually planned the due diligence process. Which is actually quite critical. Who would be involved, what roles they would play, what the expected output was. "*

1b. Festlegung der integrationsrelevanten Prozessschritte der Post-Closingphase

Fallstudie DAB/FSB: *„Die Gesamtprojektleitung hat den groben Fahrplan aufgestellt, in dem stand, dass die Integration bis Ende des Jahres abgeschlossen sein sollte. Und letztendlich ist man dann zusammen mit den Teilprojektleitern rangegangen und hat dann die Rückwärtspla-nung gemacht, d. h. wenn wir das schaffen wollen, welche weiteren Meilensteine müssen dann* *festgelegt werden. Und so ist man letztendlich auf einen sehr ambitionierten Projektplan ge-kommen, der dann ja auch nicht immer in allen Teilbereichen auch so eingehalten wurde."*

Fallstudie ISTA/USI: *"Immediately following the acquisition we went back through our inte-gration plan with the management team that had been acquired. So we kind of got a common understanding of the path forward. And of course we began to evolve the plan. We began to compress the plan initially."*

Fallstudie ISTA/USI: *"The integration manager was very involved in talking to the appropri-ate people to set up the integration plan. What do we need to do and when do we need to do it. She kind of facilitated it and got what needed to be done. And put it all together again."*

2a. Festlegung der Prozessbeteiligten

Fallstudie DAB/FSB: *„Wir haben den Outsourcingpartner T. [Abwicklungspartner, Anmer-kung des Verfassers] schon in der Due Diligence Phase eingebunden. Denn da musste man ja letztendlich schon beurteilen, ist das überhaupt lohnenswert, was wir da machen wollen. Da-zu brauche ich den Abwicklungspartner T., der mir z. B. sagen kann, ob er denn wirklich in der Lage ist, vier Millionen Transaktionen, die ja dann auch bestimmte Facetten haben, ein-fach mit abzuwickeln, und ob er überhaupt in der Zeit auch das Projekt unterstützen kann. Denn, was nützt es mir, wenn ich ein Projekt beginne, wenn meine externen Dienstleister sa-gen, 'Ja sorry, aber ich bin über beide Ohren voll, zu dem Zeitpunkt passt mir das jetzt gera-de nicht.'"*
Fallstudie ISTA/USI: *„Also, was ich auf jeden Fall für einen der ganz wichtigen Erfolgsfak-toren dieser Akquisition und Integration halte, war das Bestehen auf die Einbeziehung unse-res Hauptkunden, und das bereits im Vorfeld. Diese Vorgehensweise schätze ich als unheim-lich wichtig ein und ich würde sie bei jeder neu anstehenden Akquisition sicherlich wieder versuchen. Wahrscheinlich muss man sich dabei realistischer Weise auf ein, zwei große, stra-tegische Kernkunden beschränken. Mehr wird man nicht erreichen können, aber das halte ich schon für sehr, sehr wichtig."*

Fallstudie ISTA/USI: *"We decided to make a list of all our major clients. And it was the job of the executive vice president of sales, the CEO and the president to personally visit everyone of these clients and discuss with them the changes that we were going to do, also the benefits to that client and what kind of things to expect."*

2b. Festlegung der zeitlichen Prozessparameter

Fallstudie DAB/FSB: *„Der initiale Projektplan wurde von der Gesamtprojektleitung erstellt und mit dem Vorstand abgestimmt und die einzelnen Meilensteine und Teilschritte werden in-nerhalb der Gesamtprojektplanung, innerhalb der Gesamtprojektleitung grundierend disku-tiert und auch angepasst. Das passiert nach Bedarf und aktuell diskutieren wir den Integrati-onszeitpunkt. Solche Diskussionen sind etwas intensiver, insofern wird dann der Plan auch häufiger angepasst. Das heißt nicht, dass wir keine Ahnung haben, wie der Plan ist, sondern eher, dass ständig neue Informationen eingearbeitet werden. Da kann man genauso gut sa-gen, ich warte jetzt mal vier Wochen, bis ich alle Infos habe und dann passe ich den Plan an. Also von daher existiert da jetzt kein fixes Zeitschema, es wird nach Bedarf angepasst."*

Fallstudie ISTA/USI: *„Die Zeitplanung hinsichtlich Startpunkt und Dauer einer Hauptaktivi-tät erfolgte in Abstimmung zwischen dem Präsident von ISTA NA und den Integrationsver-antwortlichen. Am Anfang haben diese beiden klare Meilensteine mit dem Gesellschafter von ISTA bzw. der Geschäftsführung Deutschland vereinbart. Dies waren die Eckpfeiler unserer*

Planung gewesen. Die Hauptaktivitäten in Arbeitsschritte herunter zu brechen, erfolgte später in den Teams. "

11.3.8   Zitate zur Bestätigung der institutionellen Gestaltungsdimension

1. Festlegung der Institutionenstruktur

Fallstudie DAB/FSB: *„Mit den wichtigsten Vertriebspartnern haben wir separate Kommuni-kations- und Projektstrukturen aufgebaut. Wir tauschen uns hierbei, wenigstens alle vier Wo-chen über den Projektstand aus. Wir halten uns hier auf dem Laufenden. Das haben wir sehr intensiv gemacht. Das haben wir mit keinem anderen Vertriebspartner der Fondsservicebank so intensiv gemacht wie mit dem größten Vertriebspartner der FSB. (...) Mit dem Abwick-lungspartner T. ist auch ein separater Projektstrang aufgemacht worden, wo dann alle vier bis sechs Wochen ein Projektleitungsmeeting stattfindet. Da haben wir auch eine eigene Kommunikationsstruktur analog zum größten oder vergleichbar zum größten Vertriebspart-ner der Fondsservicebank. "*

Fallstudie DAB/FSB: *„Der größte Vertriebspartner hat gesagt, dass er eine eigene Projekt- und Kommunikationsstruktur möchte. Und bei dem Outsourcingpartner T. [Abwicklungspart-ner, Anmerkung des Verfassers] ist es einfach zwingend notwendig, weil wir da die Daten hinsenden. Und wenn du es mit denen als größtem Partner, der die Daten empfängt, nicht machst, dann landen die Daten im Nirwana. "*

Fallstudie ISTA/USI: *„Ich fange mal an der Spitze der Projektorganisation an. Dort haben wir ein Steering-Committee gebildet, welches sich im Wesentlichen aus der Geschäftsführung in Deutschland zusammensetzt. (...) Dieses Steering-Committee führt komplett die Kommuni-kation mit unserem Shareholder. (...). Als Mitglied dieses Steering-Committees, aber auch als Mitglied des lokalen Managements, wurde dem Präsident von ISTA NA die Gesamtverantwor-tung des Integrationsprojektes anvertraut - nennen wir diese Rolle ,verantwortlicher Pro-jektmanager' oder ,Projektleiter'. Er hat zu seiner Unterstützung anderthalb Vollzeitkräfte für dieses Projekt abgestellt: eine operative Projektmanagerin und einen Controller zu 50 % seiner Zeit. (...) Die operative Projektmanagerin hat fünf Projektteams geführt. Jedes Team hatte einen Teamsprecher. Diese Teams wurden nach funktionalen Gesichtspunkten aufge-stellt und repräsentierten daher alle Bereiche, die irgendwie von der Integration betroffen waren. "*

Fallstudie ISTA/USI: *"But we also made the decision to re-design the bill. For that particular project you have to do it together, and that's when you really do have participants from the vendors, from a print vendor. We outsource all of our printing and mailing, and there actually was the print vendor as the project manager. Because most of the changes, or just as much changes, would be made on their side than would be on our side, we asked them when and how to set up the project. (...) So, they told us that they could do it first quarter of 2006, and we said, 'Okay, we are going to wait until the first quarter 2006 and that's when we are going to do this, and you are going to manage that.' So they had a project manager on their side and she created the project plan, she involved participants from ISTA, (...) and put together the team and started the specifications. And that project is actually in progress. That was a case where we received a lot of input from our vendor, and it was really good for us because we were getting limited on our number of project management resources. "*

278

2. Festlegung der Institutionenmitglieder

Fallstudie DAB/FSB: „*Bei den Teilprojekten haben wir schon darauf geachtet, dass sie weitestgehend paritätisch besetzt sind oder nach Kompetenz. Es kann also durchaus sein, dass es Teilprojekte gibt, in denen die FSB den Projektleiter stellt und Teilprojekte, wo die DAB den Projektleiter gibt.*"

Fallstudie ISTA/USI: „*Wir hatten zunächst den ehrenvollen Ansatz gewählt, jeweils zwei Verantwortliche bzw. einen Teamleiter und einen stellvertretenden Teamleiter pro Projektteam zu ernennen: jeweils einen Mitarbeiter von der ISTA-Seite und einen von der USI-Seite. Dieses Konzept haben wir nicht konsequent durchgehalten, überwiegend bedingt dadurch, dass wir uns schrittweise von Mitarbeitern getrennt haben. Praktisch durchgeführt haben wir letztendlich eine Mischung der Verantwortlichkeiten, d. h. die unterschiedlichen Teams wurden nach einiger Zeit entweder von einem ehemaligen ISTA-Manager oder auch von einem ehemaligen USI-Manager geleitet. Aber der Tandemansatz, den wir am Anfang gewählt hatten, hat sich praktisch bei uns nicht bewährt und wurde aufgegeben.*"

3. Festlegung der Kommunikationsstrukturen

Fallstudie DAB/FSB: "*Mit dem Outsourcingpartner T. [Abwicklungspartner, Anmerkung des Verfassers] haben wir eine eigene Projektstruktur aufgebaut. Der Outsourcingpartner T. hat ja auf seiner Seite auch eine Projektorganisation aufgebaut. Und da haben wir im Sinne des institutionellen Informationsaustausches einmal im Monat ein gemeinsames Lenkungsausschuss-Meeting durchgeführt. In diesem kommt die beidseitige Projektleitung einfach zusammen und tauscht sich aus. Und mit dem großen Vertriebspartner M., der ebenfalls ein eigenes Projekt aufgesetzt hat, fand ebenfalls ein deutlich institutionalisierter Informationsaustausch statt. Also mit dem großen Vertriebspartner M. hat es im Schnitt alle vier bis sechs Wochen ein Update-Meeting gegeben. Das hat es mit den anderen Vertriebspartnern in dieser Form nicht gegeben. Insofern sind das parallele Institutionalisierungen.*"

Fallstudie ISTA/USI: „*Und dann während der Projekte hatten wir monatliche Meetings von den ganzen Abteilungsleitern, um sicherzustellen, ob wir noch im Projektplan liegen oder, wenn z. B. eine Abteilung nicht im Zeitplan liegt, dann hat dies natürlich auch eine Auswirkung auf eine andere Abteilung. Dann mussten wir uns wieder andere Überlegungen machen, um zu sehen, wie wir das wieder optimieren können.*"

Fallstudie ISTA/USI: "*And each month we met, all of these project managers which are on VP level. They all met and they all presented the status of the projects. And we discussed any possible barriers, we discussed concerns, we discussed decision points that needed to be made and where we were with the entire project.*"

11.3.9 Prozessuale Beteiligung der Stakeholder

Folgende Tabelle gibt eine Übersicht über die prozessual beteiligten Stakeholder für den Zusammenschluss DAB/FSB. Es sind nur solche Prozessschritte aufgeführt, in denen Erkenntnisse zur Erschließung der Wertsteigerungspotenziale gewonnen wurden. Weiter unten stehend befindet sich eine detailliertere Darstellung der einzelnen Prozessschritte.

| Planungsstufe/ Prozessschritt | Beteiligte Stakeholder | | | | | |
| | Ressourcenbasis | | | Branchenstruktur | | |
	Kunden	Endkunden	Gesellschafter/ Aktionäre	Outsourcing-partner	M&A-Experten	BAFin
1 Erstellung Management Case	--	--	--	--	--	--
2 Strategische Due Diligence	--	--	--	--	ja	--
2 Business Case	--	--	--	--	ja	--
2 IT-Betrachtung	--	--	--	ja	ja	--
3.1 Arbeitspaketpl.	--	--	--	--	ja	--
3.2 Prozessanalyse	ja	--	--	ja	--	--
3.2 Fachkonzepte	ja	--	--	ja	--	--
3.2 DV-Konzepte	--	--	--	ja	--	--
3.3 Programmierung	--	--	--	ja	--	--
3.4 Tests	--	--	--	ja	--	--
3.5 Migration	ja	--	--	ja	--	ja
3.6 Abschließende Maßnahmen	--	--	--	--	--	--
Beteiligungsquote (Anteil der Schritte mit Stakeholderbeteiligung)	25 % (3/12)	0 % (0/12)	0 % (0/12)	58 % (7/12)	25 % (3/12)	8 % (1/12)

Tab. 11-8:   Prozessuale Stakeholderbeteiligung beim Zusammenschluss DAB/FSB

Planungsstufe/ Prozessschritt	Beteiligte Stakeholder				
	Ressourcenbasis		Branchenstruktur		
	Kunden	Gesellschafter/ Aktionäre	Outsourcing-partner	M&A Experten	Finanz. Banken
1 Vorgespräche	--	ja	--	--	--
2 Due Diligence	ja	ja	--	ja	--
3 Analysephase (Post-Closing Due Diligence)	ja	--	ja	--	--
4 Implementie-rungsphase	ja	--	ja	--	--
Beteiligungsquote (Anteil Schritte mit Stakeholderbeteili-gung)	75 % (3/4)	50 % (2/4)	50 % (2/4)	25 % (1/4)	0 % (0/4)

Tab. 11-9:   Prozessuale Stakeholderbeteiligung beim Zusammenschluss ISTA/USI

Detaillierung der integrationsrelevanten Prozessschritte bei der Fallstudie DAB/FSB

Pla-nungs-stufe	Zeit-raum	Prozess-schritt mit Erkenntnis-gewinn für die Integration	Erkenntnisgewinn für die Integration	Beteiligte Institutionen	Beteiligte Stakeholder
1: Vor-planung	Vor Ok-tober 04	Erstellung Ma-nagement Case	- Angenommene Synergie-bereiche	- Vorplanungsteam - Vorstand des kaufenden Unter-nehmens	
2: Due Diligence basiert	Oktober 04 - 18.11. 04				
		Strategische Due Diligence	- zukünftiges Leistungs-spektrum	- Due Diligence-Team	- M&A-Experten
		Erstellung Busi-ness Case	- Detailliertere Annahmen über Synergien (Personal-aufwand, Sachaufwand	- Due Diligence-Team	- M&A-Experten
		IT-Betrachtung	- zukünftige Systemwelt	- Due Diligence-Team	- M&A-Experten - Outsourcingpartner
3.1: Post-merger-Initial-planung	18.11.04-31.01.05	Arbeitspaketpla-nung der Teilpro-jekte	- Planung sämtlicher Ar-beitspakete, inkl. Zeitdau-er und Verantwortliche	- Teilprojektteams - Kernprojektleitung - Projektleitung	- M&A-Experten
3.2: Kon-zep-tionsba-sierte Planung	01.02.05-31.03.05				

		Durchführung Prozessanalyse (Ist, Gaps, Soll)	- Konkretisierung Zielwelt (Zielprozesse) (-> Infos für weitere System-Maßnahmen)	- Teilprojektteams - Kernprojektleitung - Projektleitung - Steuerungskreis	- M&A-Experten - Outsourcingpartner - Vertriebspartner
		Erstellung Fachkonzepte	- Fachliche Anforderungen an Zielsysteme (-> Infos für weitere System-Maßnahmen)	- Teilprojektteams - Kernprojektleitung - Projektleitung - Steuerungskreis	- M&A-Experten - Outsourcingpartner - Vertriebspartner
		Erstellung DV-Konzepte	- Infos für Programmierungs-Planung (Systemmaßnahmen)	- Teilprojektteams - Kernprojektleitung - Projektleitung - Steuerungskreis	- M&A-Experten - Outsourcingpartner
3.3 Realisationsbasierte Planung	01.04.-30.06.05	Programmierung	Infos für Testplanung (-> Infos für Test-Integrations-Maßnahmen)	- Teilprojektteams - Kernprojektleitung - Projektleitung - Steuerungskreis	- M&A-Experten - Outsourcingpartner
3.4 Testbasierte Planung	01.07.-30.09.05	Tests	Infos für die Datenmigrationsmaßnahmen	- Teilprojektteams - Kernprojektleitung - Projektleitung - Steuerungskreis	- M&A-Experten - Outsourcingpartner
3.5 Migrationsbasierte Planung	01.10.-31.12.05		Infos für abschließende Integrationsmaßnahmen	- Teilprojektteams - Kernprojektleitung - Projektleitung - Steuerungskreis	- M&A-Experten - BAFin - Vertriebspartner - Outsourcingpartner
3.6 Abschließende Planung	Ab 01.01.06	Abschließende Maßnahmen		- operative Einheiten	

Tab. 11-10: Übersicht über die integrationsrelevanten Prozessschritte pro Planungsstufe sowie prozessual beteiligte Stakeholder der Fallstudie DAB/FSB

11.3.10 Institutionelle Stakeholderbeteiligung

Folgende Tabelle zeigt, welche Stakeholder in welchen Institutionen der Projektorganisation beim Zusammenschluss DAB/FSB Mitglied sind:

| Stakeholder | Involvierte Institutionen | | | | | | | Beteiligungs-quote |
| | Pre-Closing-Phase | | Post-Closing-Phase | | | | | |
	Leitung DD-Team	Fachliche Teams / Due Diligence Team	Integration Board	Steuerungs-kreis	Kernpro-jektleiter	Teilpro-jektteams	Extra-Projekt-Institutio-nen	
Kunden	--	--	--	--	--	--	Ja	14 % (1/7)
Endkunden	--	--	--	--	--	--		0 %
Gesellschafter/ Aktionäre	--	--	--	--	--	--		0 %
Outsourcing-partner	--	--	--	--	--	Ja	Ja	28 % (2/7)
M&A-Experten	--	Ja	Ja	Ja	--	Ja		57 % (4/7)
BAFin	--	--	--	--	--	--		0 %
Stakeholder-quote (Anteil der Stakeholder an Institutionen-mitgliedern)	0 %	17 % (1/6)	17 % (1/6)	17 % (1/6)	0 %	33 % (2/6)	33 % (2/6) über alle Extra-Projektin-stitutionen	17 % (7/42) / 17 % (7/42)

Tab. 11-11: Involvierte Institutionen und ihre Mitglieder, getrennt nach Pre- und Post-Closingphase für die Fallstudie DAB/FSB

Beim Zusammenschluss ISTA/USI ergibt sich das in folgender Tabelle dargestellte Bild:

Stakeholder	Involvierte Institutionen					Beteiligungs-quote
	Pre-Closing-Phase	Post-Closing-Phase				
	Due Diligence Team	Steering Committee	Operative Projektleitung	Projektteams	Extra-Projekt-Institutionen	
Kunden	--	--	--	--	--	0 %
Gesellschafter/ Aktionäre	--	--	--	--	--	0 %
Outsourcing-partner	--	--	--	Ja	Ja	40 % (2/5)
M&A-Experten	Ja	--	--	--	--	20 % (1/5)
Finanz. Banken	--	--	--	--	--	0 %
Stakeholder-quote (Anteil der Stakeholder an möglichen Stakeholder-mitgliedern)	20 % (1/5)	0 %	0 %	20 % (1/5)	20 % (1/5) 8 % (2/25)	12 % (3/25)

Tab. 11-12: Involvierte Institutionen und ihre Mitglieder, getrennt nach Pre- und Post-Closingphase für die Fallstudie ISTA/USI

11.3.11 Zitate zur Berücksichtigung inhaltlicher Stakeholderinteressen

Beispiele für die Berücksichtigung der inhaltlichen Interessen der ‚Kunden'

Fallstudie DAB/FSB: „*Es gab eine Vertriebspartnerbefragung, die ergeben hat, dass das Logo der Servicebank einen gewissen Wert hat und als Logo so gewünscht wird, auch im Sinne der Endkunden. Weil hier immer vielfach das emotionale Argument gebracht wurde: ‚Na ja, wenn da jetzt DAB-Bank draufsteht, dann befürchten wir als Vertriebspartner oder eben unser Vertrieb da draußen, dass die Kunden dann direkt zur DAB-Bank abwandern'. Und dieses emotionale Gefühl wird eben durch das Logo der Fondsservicebank deutlich weniger vermittelt. Und da die Kosten hier eben entweder gar nicht zu Buche geschlagen haben oder überschaubar waren, war das ein vertretbares und durchaus sinnvolles Zugeständnis an die Vertriebsseite, das Logo der FSB weiter zu verwenden.* "

Fallstudie DAB/FSB: „*Bei der Konzeption des zukünftigen Umgangs mit Rücklastschriften war eigentlich erst intern die Meinung gewesen: ‚Ja, unsere Vorstellungen können wir den Vermittlerzentralen beibringen'. Aber als man es dann versucht hat, dann kam doch das Feedback, dass das auf stärkere Ablehnung stößt als man gedacht hat. Und dann war wirklich hier jetzt ganz gut sichtbar, dass wirklich der Kunde in dem Fall entschieden hat, wie der Prozess am Ende tatsächlich aussieht.* "

Fallstudie ISTA/USI: "*Now at the same time, you know, as with the project of changing the design of the bill, we would also bring in the expertise of the clients again. We would show it to our clients before we would program it and get their input.* "

Fallstudie ISTA/USI: *"When a company decides to change software they need to be aware of the impact on the client. Many clients are using ISTA today because of our billing capabilities. Our new software should be able to offer those same services or we will have dissatisfied customers. The client should not be terribly inconvenienced because of our decision to make the change."*

Beispiele für die Berücksichtigung der inhaltlichen Interessen der ‚Outsourcingpartner'

Fallstudie DAB/FSB: *„Ja, also ein einfaches Beispiel: Wenn man vorher auf der FSB-Seite im Prinzip Sparpläne an jedem Tag ausführen konnte, dann haben wir einfach gesagt, um die Order besser bündeln zu können, macht es einfach Sinn, die Ausführung auf gewisse Tage zu reduzieren. Das ist auch für die Technik leichter, das ist auch für den Outsourcingpartner T. [Abwicklungspartner, Anmerkung des Verfassers] leichter und letztendlich aus unserer Sicht, ob der Kunde nun die Möglichkeit hat, am Dritten, Vierten, Fünften, Sechsten eines Monats seinen Sparplan auszuführen oder ob man ihm vorgibt, nur am Fünften auszuführen, dann ist das eigentlich aus Kundensicht und aus unserer Sicht egal."*

Fallstudie DAB/FSB: *„Wir sind mit gewissen Ideen auf die Dienstleister zugegangen. Beispielsweise für einen Aspekt im FSB-System hat man halt eine bestimmte Idee gehabt, wie man das umsetzen kann. Man hat das dann mit den Outsourcingpartnern C. und E. [IT-Dienstleistern, Anmerkung des Verfassers] durchdiskutiert und dann kamen da vielleicht von C. und E. andere Vorschläge, wie man es vielleicht besser machen kann. Oder eben auch, dass von C. und E. dann schon die Rückfragen auf unser Fachkonzept kamen, was wir C. und E. zur Verfügung gestellt hatten: ‚Ja, wollt ihr es jetzt linksherum oder wollt ihr es jetzt rechtsherum machen?', oder ‚Wenn ihr das und das haben wollt, dann können wir aber das und das eigentlich nicht mehr anbieten.' So dass da wirklich ein starker Austausch mit den beiden Outsourcingpartnern C. und E. vorhanden war."*

Fallstudie ISTA/USI: *"We send our print vendor a file to print. So, when we were designing our bills we had to define what file format we wanted to use. And we really wanted something that was very compatible to the vendor and flexible to ISTA, so that we could change it quite easily, like a HTML-format. We wanted more control over changing it without having to ask our vendors to change it for us. (...) which gives us more control on the bill. But of course, the print vendor would advice us on which methodology is easiest and most flexible for them. So, in that case they would give us a lot of input on the restrictions and limitations of what we could choose, or what their system could deal with, or what they just think is a good way of doing it. (...) And we would have to build that into the project scope."*

11.3.12 Zitate zur Berücksichtigung prozessualer Stakeholderinteressen

Beispiele für die Berücksichtigung der prozessualen Interessen der ‚Kunden'

Fallstudie DAB/FSB: *„Die Vertriebspartner haben wir eingebunden oder die haben sich eingebunden, weil sie einfach ein Interesse daran haben."*

Fallstudie DAB/FSB: *„Der große Vertriebspartner A. ist nicht so stark beteiligt, aber da hat man auch nicht das Gefühl, dass die so stark beteiligt werden wollen. Der große Vertriebspartner M. ist da sehr empfindlich."*

Fallstudie DAB/FSB: *„Wenn ein weiterer Vertriebspartner auch einen Workshop wünscht, dann machen wir das natürlich auch."*

Fallstudie ISTA/USI: *„Wir diskutieren mit dem Kunden, welcher Termin für die Migration seiner Konten passt – aus Sicht des Kunden und aus unsere Sicht. Insofern haben wir einen Masterplan."*

Fallstudie ISTA/USI: *„Einer der Meilensteine im Bereich UEM war es, zu einem gewissen Zeitpunkt die Kunden, die unsere Dienstleistung mittels eines externen Partners beziehen, in die interne Lösung von USI zu migrieren. Hierfür wurden Migrationspläne oder Meilensteine in Abhängigkeit von Kundenwünschen und laufenden Verträgen, die wir mit diesem externen Partner haben, festgelegt."*

Beispiele für die Berücksichtigung der prozessualen Interessen der ‚Outsourcingpartner'

Fallstudie DAB/FSB: *„Ja, das ist ein partnerschaftliches Verhältnis, jetzt mal pragmatisch ausgedrückt. Wir geben den Outsourcingpartnern C. und E. Termine vor und wenn sie sie nicht halten können, müssen wir eine Lösung finden. Aber letztendlich können wir nichts verlangen, was nicht darstellbar ist. Da haben wir ein partnerschaftliches Verhältnis, dass wir mit denen im Detail diskutieren können und dass die uns einfach offen legen und sagen, was geht und was nicht geht, und warum, und dann findet man einen Kompromiss. Also so gesehen berücksichtigen wir weniger Anforderungen, ich würde es mal so sagen: sie geben uns die Rahmenbedingungen, was möglich ist und was nicht, und auf die müssen wir eingehen."*

Fallstudie ISTA/USI: *"Vendors were involved in particular projects. Nobody expressed to be involved that wasn't involved. So we didn't cut anybody out and say: 'No, you don't have to be involved.'"*

11.3.13 Zitate zur Berücksichtigung institutioneller Stakeholderinteressen

Beispiele der Fallstudie DAB/FSB, die den Umgang mit den institutionellen Interessen der Stakeholder zeigen

„Der größte Vertriebspartner der FSB hat gesagt, dass er institutionell im Projekt eingebunden sein möchte. Bei dem Outsourcingpartner T. [Abwicklungspartner, Anmerkung des Verfassers] ist die institutionelle Einbindung einfach zwingend notwendig gewesen, weil wir da die Daten rüberschieben und wenn du es mit denen dann nicht machst als größtem Partner, der die Daten empfängt, dann landen wir bzw. die Daten irgendwo im Nirwana und im totalen Chaos. Das heißt, der Outsourcingpartner T. brauchte dieses Interesse gar nicht zu äußern, das war allen per se klar. Die anderen Vertriebspartner haben kein Interesse an einer institutionalisierten Beteiligung geäußert. Wir haben keine systematische Abfrage gemacht, weil wir einfach davon ausgehen, dass ein Partner dieses Interesse geäußert hätte, wenn er irgendwie ein Interesse daran gehabt hätte."

„Die institutionellen Interessen der Stakeholder, die geäußert wurden, sind auch berücksichtigt worden."

Beispiele der Fallstudie ISTA/USI, die den Umgang mit den institutionellen Interessen der Stakeholder zeigen

"The clients wanted to be involved, but they did not want to be a member of a project group. They would like you to take care of it."

"We have a Lockbox vendor. A lockbox is where a resident pays by cheque, they send a cheque to a lockbox, the lockbox opens the cheque, takes the cheque out of the envelope, scans it, processes it and finally deposits the money into a bank account and sends us the file. So we, ISTA, don't do that in-house, we have outsourced it. But we have an in-house solution in one part of the USI company, we have an outsourced solution in another side of the USI company, and we have the outsourced solution for the ISTA company. So we wanted to consolidate all processing centers through that vendor we use for the ISTA company. And there again we have a project manager on the vendor side. The planning of that was mostly on their side because they have to close down lockboxes, they have to open up new lockboxes, on our side it's really just changing the mailing address that they send the remittance to. So here again it was more project management from their perspective and they took us in as participants."

11.4   Anhang zu Kapitel 7

11.4.1   Zitate – Einfluss der Stakeholdertypen

Beispiele für den Einfluss der ‚lokalen politischen Akteure' auf die Gestaltungsaktivitäten der Verantwortlichen

„Die Führungskräfte beider Unternehmen haben sich innerhalb der ersten zwei Wochen nach dem Closing mit kommunalen Vertretern in der Türkei getroffen und haben ihnen mitgeteilt, dass die Produktionsstätten vor Ort erhalten bleiben. (...) Dieser Schritt hat zur Stimmung und zum Renommee des Unternehmens vor Ort extrem positiv beigetragen. Hierdurch konnten indirekt Synergien erzielt werden, denn dieser Schritt hat das Image des Unternehmens positiv beeinflusst. Dieses positive Image ist vorteilhaft bei der Rekrutierung von Arbeitskräften."

Beispiele für den Einfluss der ‚Lieferanten' auf die Gestaltungsaktivitäten der Verantwortlichen

„Beim Zusammenschluss von einem Caterer und einem Retailer für Getränke haben sich Projektmitglieder in der Integrationsphase mit den Einkäufern bzw. Lieferanten getroffen und mehrere Aspekte besprochen. Unter anderem ging es um den Anlieferungsprozess, der an den gestiegenen und modifizierten Bedarf angepasst werden sollte. Aufgrund des Zusammenschlusses mussten wesentlich mehr Orte beliefert werden. Hierbei galt es zum einen zu klären, ob Teile der Wertschöpfungskette geändert werden, beispielsweise ob das Unternehmen die umfangreichere regionale Verteilung zukünftig selbst übernimmt oder ob der Lieferant die Belieferung weiter abdecken kann und wie der Anlieferungsprozess im Detail ausgestaltet wird. (...) Diese intensiven und umfangreichen Diskussionen haben ca. drei bis vier Monate gedauert. (...) Am Ende stand aber eine Win-Win-Situation für den neuen Unternehmensverbund und für die Lieferanten."

Beispiele für den Einfluss der ‚finanzierenden Banken' auf die Gestaltungsaktivitäten der Verantwortlichen

„Banken gehen verstärkt dazu über einen Integrationsplan zu verlangen, bevor sie eine Transaktion mitfinanzieren. Sie wollen damit überprüfen, ob die betreffenden Unternehmen die Transaktion professionell durchführen, d. h. entsprechende Ressourcen haben, und welche Synergien in welchem Zeitraum in welcher Höhe erzielt werden sollen."

11.4.2   Zitate – Wertschöpfungsbeitragsarten der Stakeholder

Folgende Zitate zeigen beispielhaft die unterschiedlichen Beiträge zur Wertsteigerung für verschiedene Stakeholder.

Beispiel ‚Lokale politische Akteure' als ‚Nutzenproduzent' und ‚Risikoproduzent'

„In China müssen die Verantwortlichen die Eigentumsverhältnisse mit besonderem Augenmerk analysieren, um festzustellen, ob eine direkte/indirekte Beteiligung des Staates, staatlicher Einfluss oder kein staatlicher Einfluss vorliegt. Diese genaue Kenntnis ist ein wichtiger Erfolgsfaktor. Es gibt in China einen Vergabeplan. Bei dieser Analyse geht es deshalb vor al-

lem darum, herauszufinden, ob der potenzielle Zusammenschlusspartner protegiert wird oder nicht."

Beispiel ‚Kunden' und ‚Lieferanten' als ‚Nutzenproduzent' und ‚Nutzenempfänger'

„In Diskussionen mit einem wichtigen Kunden haben die Verantwortlichen Vorschläge gemacht, wie der gesamte Ablauf der Zusammenarbeit professioneller gestaltet werden könnte. Hierbei ging es vor allem um Risikominimierungsaspekte, um Zeitaspekte, dass man gewisse Prozessschritte systematisch definiert und einhält, etc. Für den umgestalteten und nun durchorganisierten Prozess, der am Ende der Diskussionen herauskam, wurde sogar ein Handbuch erstellt. In diesem Fall ergab sich also eine Win-Win-Situation für diesen Kunden und für den Unternehmensverbund, da die Prozessqualität und Schnelligkeit im Sinne des Kunden verbessert wurde und aufgrund der gestiegenen Menge aus Unternehmenssicht ein größerer Spielraum für die Preisgestaltung entstand."

„Je komplexer die Vorprodukte sind, umso stärker kann man in einen Diskussionsprozess mit den Lieferanten treten und zusätzliche Wertschöpfungsmöglichkeiten identifizieren. Es geht hierbei um die zukünftige Aufteilung der Wertschöpfungskette, wer macht welche Stufe. Durch die Ergebnisse dieser Diskussionen können neue Formen der Zusammenarbeit entstehen. Die Lieferanten haben insofern zur Verbesserung der Zusammenarbeit beigetragen und haben selbst von der gefundenen Lösung profitiert."

Beispiel für ‚Kunden' als ‚Risikoträger'

„Der Kunde erwartet, dass es keine negativen Veränderungen gibt. Er erwartet, dass sich seine bisherige gute Betreuung durch die Bank nicht durch den Zusammenschluss verschlechtert, dass er keine technischen Probleme zu spüren bekommt, wie beispielsweise dass er kein Geld am Geldautomaten mehr abheben kann. In den Integrationsaktivitäten wurde deshalb darauf geachtet, dass genügend Zeit für eine sehr genaue Planung der technischen Integration und für ausgiebige Tests zur Verfügung stand."

Beispiel für ‚finanzierende Banken' als ‚Nutzenproduzent'

„Banken gehen verstärkt dazu über einen Integrationsplan zu verlangen, bevor sie eine Transaktion mitfinanzieren. Sie wollen damit überprüfen, ob die betreffenden Unternehmen die Transaktion professionell durchführen, d. h. entsprechende Ressourcen haben, und welche Synergien in welchem Zeitraum in welcher Höhe erzielt werden sollen."

11.4.3 Zitate – Stakeholderinteressensarten und ihr Einfluss auf die Gestaltungsaktivitäten

1. Inhaltliche Interessen

Beispiele für inhaltliche Interessen der ‚lokalen politischen Akteure' und ihren Einfluss auf die Gestaltungsaktivitäten der Verantwortlichen

„Die Erwartungshaltung der politischen Akteure ist, dass bei einem Jointventure ein großer Teil der Wertschöpfung lokal erfolgt. (...) Es ist daher wichtig, dass wir beim Auswahlprozess ein Gefühl dafür bekommen, dass der potenzielle Jointventure-Partner über ein politisches Netzwerk verfügt, so dass er beim Vergabeprozess überhaupt in die engere Wahl kommt."

Beispiele für inhaltliche Interessen der ‚Kunden' und ihren Einfluss auf die Gestaltungsaktivitäten der Verantwortlichen

„Bei einem Zusammenschluss haben die Verantwortlichen im Vorfeld mit den wichtigsten Kunden gesprochen. In diesen Gesprächen haben die Kunden bestimmte Qualitätsfragestellungen gehabt. Diese Fragen beschäftigten sich häufig mit der Logistikkette und mit der Fertigungsseite. Hierbei interessierte sie, wie unsere Vorstellungen für deren zukünftige Gestaltung aussieht. (...) Der Kunde hat in diesen Gesprächen aktiv Inputs hinsichtlich des absehbaren Technologiewechsels gegeben. Mit Hilfe dieser Informationen konnten unsere Techniker anschließend direkt Entwicklungen anstoßen, wie die Technologie weiterentwickelt werden kann, obwohl diese Inputs eigentlich erst in der Post-Mergerphase gewonnen und umgesetzt werden sollten."

Beispiele für inhaltliche Interessen der ‚Gesellschafter/Aktionäre' und ihren Einfluss auf die Gestaltungsaktivitäten der Verantwortlichen

„Kommt es bei Sparkassen zu einer Fusion, stellt sich die Frage, auf welche und wie viele Standorte die zentralen Verantwortungsbereiche aufzuteilen sind. Da bei den Sparkassen Gemeinde, Städte und Landkreise in den Verwaltungsräten vertreten sind, werden diese Entscheidungen häufig nicht nur aus betriebswirtschaftlichen Überlegungen heraus getroffen."

2. Prozessuale Interessen

In einem Interview wurden im Zusammenhang mit dem Stakeholdertyp *BAFin* prozessuale Interessen deutlich.

„Die BAFin ist daran interessiert, dass der gesamte Akquisitions- und Integrationsprozess ordentlich abläuft. Sie haben Interesse an einer einwandfreien Dokumentation und an einem professionellen Projektmanagement. (...) Die BAFin ist daran interessiert, dass möglichst alle Betriebsrisiken ausgeschlossen werden, dass die Betriebsbereitschaft nicht durch den Integrationsprozess gefährdet ist, so dass es zu keinen Kundenbeschwerden kommt. Sie sind insofern an einem reibungslosen Integrationsprozess interessiert. Diese Interessen haben sie nicht explizit geäußert, sie waren den Verantwortlichen von Anfang an klar."

In den anderen Interviews konnten sich die Integrationsexperten nicht an prozessuale Interessen von Stakeholdern erinnern.

„So weit ich mich erinnern kann, hat kein Stakeholder von sich aus gesagt, dass er am Integrationsprozess beteiligt sein möchte."
„Die Stakeholder begrüßen, dass man sie rechtzeitig über Änderungen informiert. Lieferanten und Kunden schätzen es, wenn die Konditionen frühzeitig neu verhandelt werden. Die Initiative, sich hinsichtlich der Verbesserung gemeinsamer Schnittstellen zusammenzusetzen und auszutauschen, kommt meistens jedoch von den handelnden Unternehmen, nicht von den Stakeholdern."

3. Institutionelle Interessen

Folgende Zitate zeigen beispielhaft, dass die Stakeholder keine institutionellen Interessen geäußert haben.

„Die Outsourcing-Dienstleister für den Zahlungsverkehr waren prozessual bei den Integrationsaktivitäten beteiligt. Sie haben geholfen, die Daten von zwei Systemen auf ein System zu

integrieren. Hierbei haben sie aber nicht besondere Interessen geäußert, d. h. auch keine Interessen, dass sie Mitglied bestimmter Projektgremien sein wollen."

„In den Zusammenschlüssen, die ich begleitet habe, hat kein Stakeholder von sich aus geäußert, dass er Mitglied einer Projektinstitution sein möchte."

4. Sonstige Interessen

Beispiele für sonstige Interessen der ‚Gesellschafter' und ihren Einfluss auf die Gestaltungsaktivitäten der Verantwortlichen

„Der Gesellschafter hat verschiedene strategische Vorgaben hinsichtlich der Hauptbereiche gegeben, in denen die Bank im Zuge der Integration saniert werden sollte. Er war daran interessiert, dass frühzeitig ein Turnaround erzielt wird. Aufgrund dieser finanziellen Interessen wurde zu Beginn ein entsprechender Businessplan erstellt. Dieser war stark personal- und kostenorientiert."

Beispiele für sonstige Interessen der ‚Lieferanten' und ihren Einfluss auf die Gestaltungsaktivitäten der Verantwortlichen

„Der Lieferant ist natürlich daran interessiert, mehr Geschäft zu machen. Er hofft, dass durch den Zusammenschluss zweier Banken das Bestellvolumen beider Banken auf ihn konzentriert wird. Anderseits weiß der Lieferant natürlich auch, dass die Marktmacht des Kunden größer geworden ist. Das Ergebnis wird sich zwischen den beiden Polen abspielen."

11.4.4 Zitate – Inhaltliche Gestaltungsdimension

1. Formulierung der Grundlagen der Integrationsplanung

1a. Akquisitions-/Integrationsziele

„Das Management bzw. der Integrationsmanager müssen sich überlegen, was sie sich von der Akquisition versprechen, beispielsweise die Reduktion der Cost-Income-Ratio oder die Verbesserung der Eigenkapitalrentabilität, etc. Hinsichtlich dieser Ziele ist ein konkreter Wert festzulegen, z. B. das Unternehmen möchte in 5 Jahren X Prozent erreicht haben. Der Integrationsmanager muss dann für die einzelnen Integrationsfelder Subziele festlegen, um das übergeordnete Ziel zu erreichen. Meistens werden die Ober- und Subziele in einem Strategieworkshop zu Beginn der Integration festgelegt. Der Integrationsmanager erarbeitet im Vorfeld Vorschläge und moderiert diesen Workshop, Teilnehmer sind die Vorstände und eventuell weitere Führungskräfte."

1b. Wertsteigerungspotenziale

„Bei einem Zusammenschluss hat der Käufer die Synergien auf einer sehr geringen Datenbasis ermitteln müssen, da das Target vor der Transaktion kaum Informationen herausgegeben hat. Auf dieser Datenbasis hat das Due Diligence Team Synergien in Höhe von 17 Mio. Euro ermittelt. Von diesen stammten 12 Mio. aus Ertragssynergien aufgrund von Marktmacht und fünf Mio. aus Kostensynergien. Nach der Durchführung der Transaktion sind die Synergien vom Integrationsteam exakt evaluiert worden. Dieses Team kam ebenfalls auf 17 Mio. Euro Synergien, allerdings stammten nur drei Mio. aus dem Umsatz und 14 Mio. aus den Kosten. (...) Diese Veränderungen musste der Integrationsmanager in seinem Integrationsfahrplan

berücksichtigen. Kostensynergien können tendenziell schneller als Ertragssynergien erschlossen werden. Es lag dann an ihm, den ursprünglichen Integrationsplan zu ändern."

1c. Ist-Unternehmensanalyse

„In der Analysephase wurden hauptsächlich die Prozesse untersucht, d. h. wie sieht ein Prozess in der einen Bank aus, wie sieht er in der anderen Bank aus, und wie viele Mitarbeiterkapazitäten werden dafür jeweils benötigt. Anschließend wurden die Unterschiede bewertet. Falls ein Prozess bzw. Prozessschritt nur in einer Bank existierte, wurde überlegt, ob dieser Prozess bzw. Prozessschritt zukünftig notwendig ist. In der Analysephase wurden also auch die relevanten Abweichungen ermittelt."

1d. Integrationsleitlinien

„Es ist wichtig, am Anfang eines Projektes grundsätzliche Leitlinien zu formulieren: welche strategische Richtung das Unternehmen verfolgt und welche Grundsätze für den Zusammenschluss gelten. Diese müssen wohl formuliert sein, bevor sie veröffentlicht werden und dürfen sich dann nicht ändern. Das müssen Leitplanken sein, auf die sich die Mitarbeiter fixieren können, auf die sich der Integrationsmanager immer beziehen kann. Diese Leitlinien haben klare Implikationen auf die Teilprojekte, so dass gewisse Diskussionen dort nicht mehr geführt werden müssen, da die Grundsätze gelten und nicht in Frage gestellt werden. Bei einem Zusammenschluss existierten diese Leitlinien. Sie waren allerdings nicht gut durchdacht, so dass sie im Laufe des Projektes in Frage gestellt und korrigiert wurden. Das war ein wenig kontraproduktiv. Aber ich denke mir, wenn sie mit Hilfe des Integrationsmanagers vernünftig aufgestellt werden, dann können sie wirklich ein gutes Instrument sein."

1e. Entscheidungskriterien

„Bei jedem Transaktionsvorhaben fragt sich das Due Diligence Team, wie die Wertsteigerung erzielt wird. Hierbei beleuchtet das Team besonders das Thema Kundennutzen, d. h. es fragt immer, warum der Kunde dieses Zusammenschlussprojekt begleiten sollte und was der Mehrwert für den Kunden ist. (...) Es ist unsere Unternehmensphilosophie, dass jedes Gemeinschaftsprojekt einen Mehrwert auf der technologischen und auf der Kundennutzenseite für unser Unternehmen erzielen muss. Und zur Ermittlung dieses Mehrwertes haben wir neben dem Thema der abstrakten finanztheoretischen Wertsteigerung acht qualitative Fragen, die wir uns stellen. (...) Und diese Fragen müssen sehr positiv bewertet werden, bevor wir ein Projekt überhaupt richtig beginnen."

1f. Projektrisiken

„Wir haben uns in den Teilprojektleiter-Sitzungen immer über projekt- und teilprojektspezifische Risiken unterhalten. Beispielsweise haben wir darüber gesprochen, welches Risiko daraus folgt, dass eine Maßnahme nicht wie geplant durchgeführt oder zu spät umgesetzt wird. Für die Lenkungsausschusssitzungen mit der Geschäftsführung und den Eigentümern haben wir diese eher operativen Risiken zu strategischen Risiken verdichtet. Hierfür haben wir jeweils überlegt, welche Auswirkungen für das Unternehmen entstehen könnten. Im Bedarfsfall haben wir entsprechende Maßnahmen ergriffen, um zu vermeiden, dass die Risiken tatsächlich eintreten."

1g. Stakeholderanalyse

„Leider wird der Zusammenschluss zu selten genutzt, um bestehende Beziehungen zu verbessern. Die beteiligten Unternehmen laden zu selten entsprechende Kunden oder Lieferanten ein und fragen sie daher zu selten, was aus deren Sicht verbessert werden könnte. Daraus folgt, dass zu selten auf solche Verbesserungsideen konkret eingegangen wird. Aus meiner Sicht hängt das beispielsweise damit zusammen, dass die Unternehmen generell in Deutschland das Thema Kundenbedürfnis unterschätzen oder dass Unternehmen ihre Marktposition einsetzen und sich daher nicht besonders für die Bedürfnisse der Kunden bzw. Lieferanten interessieren."

2. Beispiel für die ‚Formulierung der Zielwelt' und für den Gestaltungsbeitrag der Verantwortlichen

Die Interviews mit den Integrationsexperten haben bestätigt, dass die Formulierung der Zielwelt durch die Konzeptions-/Realisierungsmaßnahmen beeinflusst wird. Folgendes Beispiel verdeutlicht diese Tatsache:

Die Verantwortlichen haben bei einem Zusammenschluss frühzeitig die zukünftige organisatorische Struktur und die Leiter der entsprechenden Integrationsfelder festgelegt. Hierdurch konnten diese Leiter ihre entsprechenden Synergiepotenziale analysieren. Die Konzeptionsmaßnahmen „Festlegung der organisatorischen Struktur", „Festlegung der Leiter der Integrationsfelder" und „Analyse der Synergiepotenziale" beeinflussen die Formulierung der Zielwelt (zukünftige organisatorische Struktur).

„In Integrationsprojekten haben wir sehr rasch die zukünftige organisatorische Struktur festgelegt. Daran anschließend wurden gemeinsam mit dem Vorstand die Leiter der jeweiligen Verantwortungsbereiche (zumeist nach Durchführung eines „Audits" aller Führungskräfte) und die Integrationsfelder definiert. Die frühe Festlegung der Führungsverantwortung ist wichtig, damit die Verantwortlichen in den Integrationsfeldern sehr schnell daran arbeiten, die Synergiepotenziale zu analysieren, zu bewerten und dann auch relativ schnell umzusetzen."

3. Beispiel für die ‚Formulierung von Konzeptions- und Realisierungsmaßnahmen' und für den Gestaltungsbeitrag der Verantwortlichen

„In der Initialisierungsphase hat sich der Integrationsmanager mit den Teilprojektleitern und stellvertretenden Teilprojektleitern zusammengesetzt und hat mit ihnen ihre Aufgaben im Teilprojekt besprochen. Zusätzlich hat er das gültige Regelwerk und den übergeordneten Projektplan vorgestellt. Dabei sind die Aufgaben, die im Laufe des Projektes zu erarbeiten sind, diskutiert worden. (...) Durch diese Diskussionen holte sich der Integrationsmanager das Commitment der Teilprojektleiter hinsichtlich der inhaltlichen Teilprojektziele, hinsichtlich der Beachtung des übergeordneten Projektplans, hinsichtlich der gemeinsam gesetzten Termine, hinsichtlich der Bereitschaft, zu den Teilprojektsitzungen zu kommen usw."

11.4.5 Zitate – Prozessuale Gestaltungsdimension

Beispiel für die Gestaltungskategorie ‚Festlegung der integrationsrelevanten Prozessschritte der Pre-Closingphase' und Mitgestaltung der Verantwortlichen

„Manche Unternehmen betrachten erfreulicherweise die Due Diligence, den Vertragsabschluss und die Integration als einen Prozess. Hierzu gehört, dass sie den Integrationsprozess schon während der Due Diligence Phase beginnen. Während der Due Diligence Phase sollte hinsichtlich der Integration auf den Tag nach dem Closing hingearbeitet werden, den sogenannten Day-One, also den Tag, an dem das Unternehmen rechtlich den Besitzer wechselt. (...)

Die Verantwortlichen verfolgen parallel zum eigentlichen Due Diligence Prozess, welche Auswirkungen ihre strategischen Überlegungen auf die Synergien haben – und damit auf den Kaufpreis – und auf die Integration. Wichtige Überlegungen sind beispielsweise, stark oder weniger stark zu integrieren, eine organisatorische Eigenständigkeit zu belassen oder nicht, usw.

So kann bei der Betrachtung der IT analysiert werden, wie schwierig sich eine technische Integration gestaltet und wie viel Zeit und Geld sie kostet. Ab einem bestimmten Zeitpunkt stellt der Akquisitions- bzw. Integrationsverantwortliche einen Integrationsplan auf und hält fest, welche Schritte durchzuführen sind und welche Teams er dafür benötigt. Und wenn dieser Prozess mit dieser Dynamik schon frühzeitig begonnen wird, dann ist das sicherlich eines der Erfolgsrezepte."

Beispiel für die Gestaltungskategorie ‚Festlegung der integrationsrelevanten Prozessschritte der Post-Closingphase' und Mitgestaltung der Verantwortlichen

„Ein wesentliches Element der Integrationspläne bilden die darin aufgeführten Meilensteine. Diese werden von den Verantwortlichen auf Basis ihrer Erfahrung aus anderen Zusammenschlüssen, auf Basis des Knowledge-Transfer-Managements sowie durch die spezifischen Gegebenheiten des Integrationsprojektes bestimmt. (...) Hierbei müssen die Verantwortlichen auch priorisieren, welche Ziele sie bis zu welchem Zeitpunkt erreicht haben wollen. So müssen sie beispielsweise überlegen, ob sie zuerst auf die Customer-Retention achten wollen, zuerst die Kostenbasis verbessern oder das Cross-Selling intensivieren möchten. In der Regel geht es im qualitativen Integrationsplan darum, überhaupt die Voraussetzungen zu schaffen, also die Prozesse aufzusetzen und die Guidance festzulegen, um die jeweiligen Aktivitäten zu einem bestimmten Zeitpunkt umzusetzen."

Beispiel für die Gestaltungskategorie ‚Festlegung der Prozessbeteiligten' und Mitgestaltung der Verantwortlichen

„Die Verantwortlichen haben vor dem Zusammenschluss insbesondere mit einem Kunden die Investmentthese sehr intensiv diskutiert. Für diese Diskussionen wurden sogar Telefonkonferenzen zwischen Vorstandsmitgliedern von unserem Unternehmen und dem potenziellen Partner durchgeführt, um zu ermitteln, ob der Vorstand des Partners unsere These mitträgt. Hinsichtlich zwei weiterer Kunden waren sich die Verantwortlichen relativ sicher, so dass sie dort keine Notwendigkeit für Diskussionen im Vorfeld gesehen haben."

Beispiel für die Gestaltungskategorie ‚Festlegung der zeitlichen Prozessparameter' und Mitgestaltung der Verantwortlichen

„Der Integrationsmanager gibt einen groben Rahmen für den Gesamtablauf der Integration vor. Er muss festlegen, in welche Module und in welche Phasen er die Integration aufteilt. Für diese Phasen muss er feste Zeitvorgaben herausgeben, damit allen Beteiligten deutlich ist, bis zu welchem Zeitpunkt welche Ziele erreicht sein müssen."

11.4.6 Zitate – Institutionelle Gestaltungsdimension

1. Gestaltungsaspekt: Festlegung der Institutionenstruktur

„Bei sämtlichen Zusammenschlüssen gab es einen Integrationsverantwortlichen. Falls die Integration von einer externen Unternehmensberatung unterstützt wurde, gab es einen internen und einen externen Projektleiter. Die Integrationsarbeit erfolgte in sogenannten Integrationsteams. Integrationsteams wurden in der Regel für alle Verantwortungsbereiche der neuen Organisationsstruktur definiert. Mitglieder der Integrationsteams waren Mitarbeiter der zu fusionierenden Sparkassen (...) Die Aufgabe der Integrationsteams war es, alle Aufgaben und Verantwortungsbereiche, Funktionen, Hilfsmittel usw. zu vereinheitlichen"

Beispiel für den Gestaltungsaspekt ‚Festlegung der Institutionenmitglieder' und für die Mitgestaltung der Verantwortlichen

„Die Integrationsfeldleiter wirken bei der Entscheidung mit, wer Mitglied in ihrem Team ist. Sie stimmen ihre Vorschläge mit den Integrationsverantwortlichen ab. Anschließend setzt sich das Team zusammen und der Teamleiter legt fest, welche Person für welches Einzelthema verantwortlich ist"

Beispiel für den Gestaltungsaspekt ‚Festlegung der Kommunikationsstrukturen' und für die Mitgestaltung der Verantwortlichen

„Da das Projekt über eine gewisse Zeit läuft, müssen die Verantwortlichen regeln, wie sie untereinander kommunizieren. (...) Hierzu gehört eine gewisse Institutionalisierung, wann sich die Teilprojekte treffen, z. B. in einem 14-tägigen Rhythmus, und welche Inhalte jeder in einem solchen Treffen zu präsentieren hat. Durch die jeweilige Vorstellung, welche Aktivitäten in den Projekten stattfinden, welche Probleme auftauchen und welcher Handlungsbedarf existiert, stellen die Teilprojektleiter fest, dass sie sich untereinander abstimmen müssen. Diese positive Eigendynamik ist wichtig für den Projekterfolg. Es ist daher zentrale Aufgabe der Integrationsverantwortlichen, für eine gewisse Institutionalisierung der Kommunikationsstrukturen zu sorgen."

11.5 Anhang zu Kapitel 8

11.5.1 Stakeholder-Ursprungsebenen gemäß Hawranek (2004)

Ursprungsebenen der Stakeholder, die von Hawranek (2004: 61f.) genannt werden:

Stakeholdertyp	Ressourcen-basis	Branchen-struktur	Sozial-politische Arena	Ausgegrenzt (da als Mitar-beiter zählend)
Geschäftsleitung Käuferunternehmen				X
Bereichsmanagement Käuferunternehmen				X
Funktionen/Stäbe Käuferunternehmen				X
M&A-Abteilung Käuferunternehmen				X
Betriebsrat				X
Geschäftsleitung Zielunternehmen				X
Management/Stäbe Zielunternehmen				X
Mitarbeiter				X
Eigentümer Käuferunternehmen	X			
Eigentümer Zielunternehmen	X			
Aufsichtsrat	X			
Kreditinstitute	X			
Kunden	X			
Öffentliche Institutionen			X	
(Sozial-)Verbände			X	
Lieferanten		X		
(Branchen-)Verbände		X		
Gewerkschaften		X		
Investmentberater		X (M&A-Exp.)		
Unternehmensberater		X (M&A-Exp.)		
Unternehmensmakler		X (M&A-Exp.)		
Juristen		X (M&A-Exp.)		
Wirtschaftsprüfer		X (M&A-Exp.)		
Steuerberater		X (M&A-Exp.)		
Sonstige Spezialisten (PR-Berater)		X (M&A-Exp.)		
Summe	5	4 (9)	2	(8)

Tab. 11-13:   Stakeholder von Zusammenschlüssen gemäß Hawranek (2004: 61f.) und ihre grundsätzlichen Ursprungsebenen

Literaturverzeichnis

Asher, C. C./Mahoney, J. M./Mahoney, J. T. (2005): Towards a property rights foundation for a stakeholder theory of the firm, Journal of Management and Governance, 9 (2005) 1, 5-32

Ashkenas, R. N./Francis, S. C. (2000): Integration Managers: Special Leaders for Special Times, Harvard Business Review, 78 (2000) 6, 108-116

Atteslander, P. (2000): Methoden der empirischen Sozialforschung, Berlin

Baker, G./Gibbons, R./Murphy, K. J. (2002): Relational Contracts and the theory of the firm, Quarterly Journal of Economics, 117 (2002) 1, 39-83

Bamberger, B. (1994): Der Erfolg von Unternehmensakquisitionen in Deutschland – Eine theoretische und empirische Untersuchung, Bergisch Gladbach

Bauch, C. (2004): Planung und Steuerung der Post-Merger-Integration, Wiesbaden

Becker, D. R. (2005): Ressourcen-Fit bei M&A-Transaktionen - Konzeptionalisierung, Operationalisierung und Erfolgswirkung auf Basis des Resource-based View, Wiesbaden

Beitel, Patrick (2002): Akquisitionen und Zusammenschlüsse europäischer Banken - Wertsteigerung durch M&A-Transaktionen, Wiesbaden

Berens, W./Mertes, M./Strauch, J. (2002): Unternehmensakquisitionen, in: Berens, W./Brauner, H. U./Strauch, J. (Hrsg.): Due Diligence bei Unternehmensakquisitionen, Stuttgart , 3. Aufl., 25-75

Berman, S. L./Wicks, A. C./Kotha, S./Jones, T. (1999): Does Stakeholder orientation matter? The relationship between stakeholder management models and firm financial performance, Academy of Management Journal, 42 (1999) 5, 488-506

Besanko, D./Dranove, D./Shanley, M. (2000): Economics of strategy, New York

Biberacher, J. (2003): Synergiemanagement und Synergiecontrolling, München

Birkinshaw, J./Bresman, H./Hakanson, L. (2000): Managing the post-acquisition integration process: how the human integration and task integration processes interact to foster value creation, Journal of Management Studies, 37 (2000) 3, 395-425

Blöcher, A. (2004): Cultural Due Diligence: Möglichkeiten und Grenzen der Erfassung und Bewertung von Unternehmenskulturen bei Unternehmenszusammenschlüssen, Aachen

Böckli, A.-M. (2003): Megafusionen: Erfolgs- und Prozessaspekte, Bern

Böhi, D. M. (1995): Wettbewerbsvorteile durch die Berücksichtigung der strategisch relevanten gesellschaftlichen Anspruchsgruppen, Zürich

Bragado, J. F. (1991): Setting the Correct Speed For Postmerger Integration, M&A Europe, 4 (1991) 3, 24-31

Bruhn, M. (2002): Integrierte Kundenorientierung – Implementierung einer kundenorientierten Unternehmensführung, Wiesbaden

Bucerius, M./Schulze-Wehninck, R. (2004): Post-Merger-Integration: Typische Gestaltungsformen und ihre Erfolgsauswirkungen, M&A Review, 5 (2004) 11 (Dez.), 518-523

Büttgenbach, M. (2000): Die erfolgreiche Integration nach Firmenübernahmen: wie Fehler vermieden werden können, Marburg

Buono, A. (2003): A review of redefining the corporation: Stakeholder management and organizational wealth, Business and Society Review, 108 (2003) 2, 279-284

Burghardt, M. (1997): Projektmanagement – Leitfaden für die Planung, Überwachung und Steuerung von Entwicklungsprojekten, Erlangen, 4. Aufl.

Butterfield, K./Reed, R./Lemak, D. (2004): An Inductive Model of Collaboration From the Stakeholder's Perspective, Business & Society, 43 (2004) 2, 162-195

Caldwell, C. (2004): Book review essay: effective governance in managing change – common perspective from two lenses, Academy of Management Review, 29 (2004) 2, 296-301

Capron, L. (1999): The Long-Term performance of horizontal acquisitions, Strategic Management Journal, 20 (1999) 11, 987-1018

Carleton, J./Lineberry, C. (2004): Achieving Post-Merger Success – a stakeholder's guide to cultural due diligence, assessment and integration, San Fransisco

Cartwright, S./Cooper, C. (1992): Mergers & acquisitions: the human factor, Oxford

Caytas, I. G./Mahari, J. I. (1988): Im Banne des Investment Banking – Fusionen und Übernahmen überleben den Crash '87, Stuttgart

Chatterjee, S. (1986): Types of synergy and economic value: the impact of acquisitions on merging and rival firms, Strategic Management Journal, 7 (1986) 2, 119-139

Clarkson, M. (1995): A stakeholder framework for analysing and evaluating corporate social performance, Academy of Management Review, 20 (1995) 1, 92-117

Clever, H. (1993): Post-Merger-Management, Stuttgart

Coley, S. C./Reinton, S. E. (1988) : The hunt for value, The McKinsey Quarterly, 24 (1988) Spring, 29-34

Crane, A./Livesey, S. (2003): Are you talking to me? Stakeholder communication and the risks and rewards of dialogue, in: Andriof, J./Waddock, S./Husted, B./Sutherland, R. (Hrsg.): Unfolding stakeholder thinking 2: relationships, communication, reports and performance, 39-52, Sheffield

Dabui, M. (1998): Postmerger-Management: Zielgerichtete Integration bei Akquisitionen und Fusionen, Wiesbaden

Dey, I. (1995): Reducing fragmentation in qualitative research, in: Kelle, U. (Hrsg.): Computer-aided qualitative data analysis, London, 69-79

Dionne, J. L. (2004) : The art of acquisitions, The Journal of Business Strategy, 9 (1988) 6, 13-17

Donaldson, T./Preston, L. E. (1995): The stakeholder theory of the corporation: concepts, evidence, and implications, Academy of Management Review, 20 (1995) 1, 65-91

Duncan, A. (2004): Speed in M&A Integration: The First 100 Days, European Management Journal, 22 (2004) 4, 418-430

Dyer, J. H./Singh, H. (1998): The relational view: cooperative strategy and sources of interorganizational competitive advantage, Academy of Management Review, 23 (1998) 4, 660-679

Eckhardt, A. (1979): Strategien der organisatorischen Gestaltung. Konzeptionelle und empirische Grundlagen einer Gestaltungstheorie unter besonderer Beachtung der Gestaltungsträger und der Formen der Zusammenarbeit, Frankfurt/M.

Eisenhardt, K. (1989): Building theories from case study research, Academy of Management Review, 14 (1989) 4, 532-550

Ellis, K. (2004): Managing the Acquisition Process: Do Differences Actually Exist Across Integration Approaches?, in: Pablo, A./Mansour, J.: Mergers and acquisitions: creating integrative knowledge, Malden, 113-132

Ellis, K./Lamont, B. (2004): "Ideal" acquisition integration approaches in related acquisitions of equals: a test of long-held beliefs, in: Cooper, C./Finkelstein, S. (Eds.): Advances in Mergers and Acquisitions, New York, 81-101

Epstein, M. J. (2004): The drivers of success in Post-Merger integration, Organizational Dynamics, 33 (2004) 2, 174-189

Floyd, S. W./Wooldridge, B. (1999): Knowledge Creation and Social Networks in Corporate Entrepreneurship: The renewal of organizational Capability, 23 (1999) 3, 123-143

Franck, E. (2002): Mergergewinner ... Mergerverlierer, zfo Zeitschrift Führung und Organisation, 71 (2002) 1, 55-56

Franck, E./Meister, U. (2006): Vertikale und horizontale Unternehmenszusammenschlüsse – Ökonomische Grundlagen der Entscheidung über die Unternehmensgrenzen, in: Wirtz, B. (Hrsg.): Handbuch Mergers & Acquisitions Management, Wiesbaden, 79-108

Freeman, R. E. (1984): Strategic Management: A stakeholder approach, Marshfield

Freeman, R. E. (2005): The development of stakeholder theory – an idiosyncratic approach, in: Smith, K. G./Hitt, M. A. (Hrsg.): Great minds in management – the process of theory development, 418-435, Oxford

Galpin, T. J./Herndon, M. (2000): The Complete Guide to Mergers and Acquisitions – Process Tools to Support M&A Integration at Every Level, San Francisco

Gartner, P./Wuttke, T. (2000): Projektmanagement - A Guide to the project management body of knowledge, dt. Ausgabe, Berlin

Gates, S./Very, P. (2003): Measuring performance during m6a integration, Long range planning, 36 (2003) 2, 167-185

Gerds, J./Schewe, G. (2004): Post Merger Integration – Unternehmenserfolg durch Integration Excellence, Berlin

Gerpott, T. J. (1993): Integrationsgestaltung und Erfolg von Unternehmensakquisitionen, Stuttgart

Gerpott, T. J. (1995): Mitarbeiterorientierte Informationspolitik bei der Integration von Akquisitionen, in: Lonsert, M./Preuss, K.-J./Kucher, E. (Hrsg.), Handbuch Pharma-Management, Wiesbaden, Band 2, 875-898

Gerpott, T. J. (2003): Organisatorische und personalbezogene Gestaltung der Integration von Unternehmensakquisitionen, in: Wurl, H-J. (Hrsg.): Industrielles Beteiligungscontrolling, Stuttgart, 461-480

Gerpott, T. J./Schreiber, K. (1994): Integrationsgeschwindigkeit nach Unternehmensakquisitionen, Die Unternehmung, 48 (1994) 48, 99-116

Gläser, J./Laudel, G. (2004): Experteninterviews und qualitative Inhaltsanalyse, Wiesbaden

Glaser, B./Strauss, A. (1999): The discovery of grounded theory: Strategies for qualitative research, Chicago

Gocke, Andreas (1997): Die Vermeidung von Abschmelzverlusten nach horizontalen Unternehmensakquisitionen, Bamberg

Gödecke, J. (2000): Wie werden Kultur und Kommerz vermittelt, in: Henckel v. Donnersmarck, M. (Hrsg.): Fusionen gestalten und kommunizieren, Bonn, 3. Aufl., 63-86

Gomez, P./Weber, B. (1989): Akquisitionsstrategie. Wertsteigerung durch Übernahme von Unternehmungen, Stuttgart

Goodpaster, K. E. (1991): Business Ethics and Stakeholder Analysis, Business Ethics Quarterly, 1 (1991) 1, 53-73

Greenley, G. E./Foxall. G. R. (1997): Multiple Stakeholder Orientation in UK companies and the implications for company performance, Journal of Management studies, 34 (1997) 2, 259-284

Greenley, G. E./Graham, J. H./Broderick, A. M./Rudd, J. M. (2004): Strategic planning differences among different multiple stakeholder orientation profiles, Journal of Strategic Marketing, 12 (2004) 3, 163-182

Greenley, G. E./Graham, J. H./Rudd, J. M. (2005): Market orientation in a multiple stakeholder orientation context: implications for marketing capabilities and assets, Journal of Business Research, 58 (2005), 1483-1494

Grüter, H. (1991): Unternehmensakquisitionen: Bausteine eines Akquisitionsmanagements, Bern et al.

Guthrie, J/Steane, P./Fletcher, A./Pike, S./Roos, G. (2002): Stakeholder analysis of performance values: intellectual capital in the third sector, Paper präsentiert auf ANZAM/IFSAM 6th World Congress: Management and Global Context: Prospects for the 21st Century, Gold Coast, Queensland, 10.-13. Juli 2002

Gut-Villa, C. (1997): Human-Resource-Management bei Mergers & Acquisitions, Bern

Haksever, C./Chaganti, R./Cook, R. G. (2004): A Model of Value Creation: Strategic View, Journal of Business Ethics, 49 (2004) 2, 291-305

Harrison, J. S./St. John, C. H. (1994): Strategic Management of Organizations and Stakeholders, St. Paul

Harrison, J. S./St. John, C. H. (1996): Managing and partnering with external stakeholders, Academy of Management Executive, 10 (1996) 2, 46-60

Hartmann, I. (2002): Integration akquirierter Unternehmen in den neuen Bundesländern: eine empirische Analyse zu Erfolgswirkungen von Maßnahmen der Integrationsgestaltung, Frankfurt/M.

Hawranek, F. (2004): Schnittstellenmanagement bei M&A-Transaktionen, Wiesbaden

Hase, S. (1996): Integration akquirierter Unternehmen, Berlin

Haspeslagh, P. C. (1986): Making acquisitions work, Acquisitions Monthly, 12 (1986) 1, 14-16

Haspeslagh, P./Jemison, D. (1991): Managing acquisitions: creating value through corporate renewal, New York

Haspeslagh, P./Jemison, D. (1991b): Postmerger Integration: The Crucial Early Steps, 3 (1991) May/June, 47-57

Hawranek, F. (2004): Schnittstellenmanagement bei M&A Transaktionen, Wiesbaden

Heugens, P. P. M. A. R./Van den Bosch, F. A. J./Van Riel, C. B. M. (2002): Stakeholder Integration – Building mutually enforcing relationships, Business & Society, 41 (2002) 1, 36-60

Heugens, P. P. M. A. R./Van Oosterhout, H. (2002): The confines of stakeholder management: evidence from the dutch manufacturing sector, Journal of Business Ethics, 40 (2002) 4, 387-403

Hill, C. W. L./Jones, T. M. (1992): Stakeholder-agency theory, Journal of management studies, 29 (1992) 2, 131-154

Hitt, M./Harrison J./Ireland, R./Best, A. (1998): Attributes of Successful and Unsuccessful Acquisitions of US Firms, British Journal of Management, 9 (1998) 2, 91-114

Hoffmann, W. H./Friedinger, A. (1998): Integrationsmanagement im Zuge von Akquisitionen – Ziele, Strategien und Controllingaufgaben, Controlling, 10 (1998) 1, 20-28

Hopf, C. (1979): Soziologie und qualitative Sozialforschung, in: Hopf, C./Weingarten, E. (Hrsg.): Qualitative Sozialforschung, Stuttgart, 11-37

Homburg, Ch./Bucerius, M. (2004): Marktorientierte Post Merger Integration, M&A-Review, 5 (2004) 4, 153-160

Hornung, F. (1998): Integrationsmanagement: die Integration von Banken im M&A-Prozess unter besonderer Berücksichtigung der Behandlung von Dissynergien, Bern

Ivancevich, J. M./Schweiger, D. M./Power, F. R. (1987): Strategies for Managing Human Resources During Mergers and Acquisitions, Human Resource Planning, 10 (1987) 1, 19-35

Jansen, S. (2001): Mergers & Acquisitions: Unternehmensakquisitionen und -kooperationen: Eine strategische, organisatorische und kapitalmarkttheoretische Einführung, Wiesbaden

Jansen, S. (2004): Management von Unternehmenszusammenschlüssen – Theorien, Thesen, Tests und Tools, Stuttgart

Jemison, D. B./Sitkin, S. B. (1986) : Corporate Acquisitions : a process perspective, Academy of Management Review, 11 (1986) 1, 145-163

Jensen, M. C./Ruback, R. S. (1983): The market for corporate control: the scientific evidence, Journal of Financial Economics, 11 (1983) 1, 5-50

Johnson-Cramer, M. E./Berman, S. L./Post, J. E. (2003): A comparative study of stakeholder-oriented social audit models and reports, in: Andriof, J. et al. (Hrsg.): Unfolding Stakeholder Thinking 2: relationships, communication, reporting and performance, Sheffield, 145-161

Käslin, D. (2005): Comparative Qualitative Case Analysis in the Telecommunications Industry: A comparison of the Customer Retention of Orange, Sunrise and Swisscom, Diplomarbeit, Universität Zürich

Karpoff, J./Wessels, D. (2002): Large Mergers during the 1990s, in: Gup, B. E. (Hrsg.): Megamergers in a Global Economy, Westport, 45-63

Keller, A./Treichler, C. (1993): Unternehmenskulturstrategien im Zürcher Ansatz, Die Unternehmung, 47 (1993) 1, 55-66

Körner, K. (2001): Der Kunde im Post-Merger-Integration-Prozess – Stellenwert und Konsequenzen, M&A Review, 2 (2001) 5, 205-209

Kogeler, R. (1992): Synergiemanagement im Akquisitions- und Integrationsprozess von Unternehmungen, München

Kolisch, R. (2003): Projektmanagement als Methode zur Unternehmensintegration, in: Wurl, Hans-Jürgen (Hrsg.): Industrielles Beteiligungscontrolling, 203-216, Stuttgart

Krogh, G. Von (1994): Implementing Strategy in a newly acquired firm, in: Krogh, G. von/ Sinatra, A. et al. (Hrsg.): The Management of Corporate Acquisitions, London, S. 307-337

Kumar, A./Paddison, R. (2000): Trust and collaborative planning theory: the case of the Scottish planning system, International Planning Studies, 5 (2000) 2, 205-223

Lamnek, S. (2005): Qualitative Sozialforschung, Weinheim

Lamont, B. T. (2004): Book review on Post, J. E./Preston L. E./Sachs, S.: Redefining the corporation: stakeholder management and organizational wealth, Administrative Science Quarterly, 49 (2004) 1, 145-146

Larsson, R./Finkelstein, S. (1999): Integrating Strategic, Organizational, and Human Resource Perspectives on Mergers and Acquisitions: A Case Survey of Synergy Realization, Organization Science, 10 (1999) 1, 1-26

Lechner, H./Meyer, A. (2003): Quantifizierung von Synergiepotenzialen bei Unternehmenszusammenschlüssen, M&A Review, 4 (2003) 8/9, 311-316

Lindgren, U. (1982): Foreign Acquisitions: Management of the Integration Process, Stockholm

Löw, E./Weide, T. (2000): Das Management von Stakeholder Benefits als Werttreiber in Banken, in: Wagenhofer, A./Hrebicek, G. (Hrsg.): Wertorientiertes Management - Konzepte und Umsetzungen zur Unternehmenswertsteigerung, 239-257, Stuttgart

Lorange, P. (1980): Corporate Planning: an executive viewpoint, Englewood Cliffs

Lucks, K./Meckl, R. (2002): Internationale Mergers & Acquisitions: der prozessorientierte Ansatz, Berlin

Lucks, K./Meckl, R. (2002a): Strukturierung von M&A-Projekten – Der prozessorientierte Ansatz, M&A Review, 3 (2002) 10, 494-501

Luk, C.-L./Yau, O. H. M./Tse, A. C. B./Sin, L. Y. M./Chow, R. P. M. (2005): Stakeholder Orientation and Business Performance: The case of service companies in China, Journal of International Marketing, 13 (2005) 1, 89-110

Maignan, I./Ferrell, O. C./Ferrell, L. (2005): A stakeholder model for implementing social responsibility in marketing, European journal of marketing, 39 (2005) 9/10, 956-977

Marks, L. M (1982): Merging human resources – a review of current research, Mergers and Acquisitions, 17 (1982) 2, 38-44

Marks, L./Mirvis, P. (1997): Revisiting the merger syndrome: Crisis management, Mergers & Acquisitions, 32 (1997) 1, 34-40

Mattingly, J./Greening, D. (2002): Public-interest groups as stakeholders, in: Andriof, J. et al. (Hrsg.): Unfolding Stakeholder Thinking 1: theory, responsibility and engagement, Sheffield, 267-279

Mayring, P. (2002): Qualitative Sozialforschung, Weinheim

Miles, M./Huberman, A. (1994): Qualitative Data Analysis, Thousand Oaks

Mirvis, P. H./Marks, L. M. (1992): Managing the merger. Making it work, Englewood Cliffs

Mitchell, D. (1989): The importance of speed in postmerger reorganization, M&A Europe, 1 (1989) 3, 44-48

Müller-Stewens, G. (1991): Personalwirtschaftliche und organisationstheoretische Problemfelder bei Mergers & Acquisitions, in: Ackermann, K.-F./Scholz, H. (Hrsg.): Personalmanagement für die 90er Jahre: neue Entwicklungen - neues Denken - neue Strategien, 157-171

Müller-Stewens, G./Lechner, Ch. (2003): Strategisches Management – Wie strategische Initiativen zum Wandel führen, Stuttgart

Müller-Stewens, G./Schreiber, K. (1993): Zur organisatorischen Anbindung des Akquisitionsprozesses im Käuferunternehmen, Die Unternehmung, 47 (1993) 4, 275-292

Muhr, T. (1997): ATLAS.ti 4.1 - Short User's Manual, Berlin

Nahavandi, A./Malekzadeh, A. R. (1988): Acculturation in Mergers and Acquisitions, Academy of Management Review, 13 (1988) 1, 79-80

Nupponen, P. (1995): Post-Acquisition Performance, Helsinki

Opitz, C. (2000): Organisation der geteilten Nutzung: Das Beispiel der Baumaschinenvermietung, Wiesbaden

Osterloh, M./Grand, S. (1994): Modelling oder Mapping? – Von Rede- und Schweigeinstrumenten in der betriebswirtschaftlichen Theoriebildung, Die Unternehmung, 48 (1994) 4, 277-294

Pablo, A. L. (1994): Determinants of Acquisition Integration Level : a Decision-making Perspective, Academy of Management Journal, 37 (1994) 4, 803-836

Pausenberger, E. (1989): Zur Systematisierung von Unternehmenszusammenschlüssen, Das Wirtschaftsstudium, 18 (1989) 11, 621-626

Pausenberger, E. (1993): Unternehmenszusammenschlüsse, in: Wittmann, W. (Hrsg.): Handwörterbuch der Betriebswirtschaft, 4436-4448, Stuttgart

Picot, G. (2000): Gestaltung von Mergers & Acquisitions, Betriebswirtschaftliche Forschung und Praxis, 52 (2000) 4, 345-357

Picot, A./Dietl, H./Franck, E. (2002): Organisation: Eine ökonomische Perspektive, Stuttgart, 3. Aufl.

Picot, A./Franck, E. (1993): Vertikale Integration, in: Hauschildt, J.; Grün, O. (Hrsg.): Ergebnisse empirische betriebswirtschaftlicher Forschung: Zu einer Realtheorie der Unternehmung, Stuttgart, 179-219

Pinzer, R. (2004): Die Integration von VDO und Siemens Automotive, in: Lucks, K. (Hrsg.): Mergers & Acquisitions Jahrbuch 2004, S. 37-41, Frankfurt

Porter, M. E. (1980): Competitive Strategy: techniques for analyzing industries and competitors, New York

Post, J. E./Preston, L. E./Sachs, S. (2002): Redefining the corporation, Stanford

Prahalad, C. K./Hamel, G. (1990): The core competence of the corporation, Harvard Business Review, 68 (1990) 3, 79-91

Ramaswamy, K. (1997): The performance impact of strategic similarity in horizontal mergers: Evidence from the U.S. banking industry, Academy of Management Journal, 40 (1997) 3, 697-715

Reineke (1989): Akkulturation von Auslandsakquisitionen – Eine Untersuchung zur unternehmenskulturellen Anpassung, Wiesbaden

Reissner, S. (1992): Synergiemanagement und Akquisitionserfolg, Wiesbaden

Roller, E./Mathes, R./Eckert, T. (1995): Hermeneutic-classificatory content analysis: A Technique Combining Principles of Quantitative and Qualitative Research, in: Kelle, U. (Hrsg.): Computer-Aided qualitative data analysis, London, 167-176

Rühli, E. (1988): Unternehmungsführung und Unternehmungspolitik, Band 2, Bern

Rühli, E. (1995): Das Corporate-Culture-Konzept als Herausforderung für die Führungslehre, in: Wunderer, R.: Betriebswirtschaftslehre als Management- und Führungslehre, 3. Aufl., Stuttgart

Rühli, E. (1996): Unternehmungsführung und Unternehmungspolitik, Band 1, 3. Aufl., Bern

Rühli, E./Sachs, S. (2002): Core competencies in a stakeholder view, Paper to the IMD conference on resource-based-view, Lausanne

Rutter, K. (2003): From measuring clouds to active listening, Management learning, 34 (2003) 4, 465-480

Sachs, S./Maurer, M. (2005): Advancing methods of business and society research - hermeneutic-classificatory content analysis to study firms implementing the stakeholder view, internes Arbeitspapier, Kompetenzzentrum Stakeholder View, Fachhochschule Zürich, Zürich

Sachs, S./Rühli, E. (2004): Stakeholder View – A case research, Paper presented at the Academy of Management Conference, division Social Issues in Management, New Orleans 2004

Sachs, S./Rühli, E. (2006): Strategic Management: a new challenging perspective, Paper for the Academy of Management Conference, division Social Issues in Management, Atlanta 2006

Salecker, J. (1995): Der Kommunikationsauftrag von Unternehmen bei Mergers & Acquisitions, Bern u. a.

Sandler, G. G. R. (1991): Synergie: Konzept, Messung und Realisation – Verdeutlicht am Beispiel der horizontalen Diversifikation durch Akquisition, St. Gallen

Sauter-Sachs, S. (1992): Die Unternehmerische Umwelt – Konzept aus der Sicht des Zürcher Ansatzes zur Führungslehre, Die Unternehmung, 46 (1992) 3, 183-204

Sautter, M. T. (1989): Strategische Analyse von Unternehmensakquisitionen: Entwurf und Bewertung von Akquisitionsstrategien, Frankfurt/M.

Schäfer, T. (1999): Konzept zur Erstellung und Entwicklung von Unternehmenskultur am Beispiel eines mittelständischen Unternehmens, nicht veröffentlichte Diplomarbeit, Universität Karlsruhe (TH), Karlsruhe

Schein, E. (1980): Organisationspsychologie, Wiesbaden

Scheiter, D. (1989): Die Integration akquirierter Unternehmen, St. Gallen

Scholz, C./Hofbauer, W. (1990): Organisationskultur: Die 4 Erfolgsprinzipien, Wiesbaden

Schuppisser, S. W. (2002): Stakeholder Management – Beziehungen zwischen Unternehmungen und nicht-marktlichen Stakeholder-Organisationen – Entwicklung und Einflussfaktoren, Bern

Schwarz, Ch. (2004): Erfolgsfaktoren des Post-Merger-Managements - Zielorientierte Unternehmensintegration nach M & A mittels Integrationsscorecard, Stuttgart

Schwarz, G. (1989): Strategien und personalwirtschaftliche Maßnahmen der Gestaltung der Unternehmungskultur, Zeitschrift für Personalforschung, 3 (1989) 1, 35-59

Sewing, N. (1996): Steigerung des Erfolges von grenzüberschreitenden Akquisitionen durch gezielte Integration der Mitarbeiter differierender Landeskulturen, Wiesbaden

Shleifer, A./Summers, L. H. (1988): Breach of trust in hostile takeovers, in: Auerbach, A. J. (Hrsg.): Corporate takeovers. Cases and consequences, Chicago, 33-56

Shrivastava, P. (1986): Postmerger integration, The Journal of Business Strategy, 7 (1986) 1, 65-76

Singh, H./Zollo, M. (1998): Creating Value in Post-Acquisition Integration Processes, Working Paper, The Wharton Financial Institutions Center, Philadelphia

Sirower, M./O'Byrne, S. (1998): The measurement of post-acquisition performance: Toward a value-based benchmarking methodology, Journal of Applied Corporate Finance, 11 (1998) 2, 107-121

Speckbacher, G. (2004): Shareholder Value und Stakeholder Ansatz, in: Schreyögg, G./ Werder, A. v. (Hrsg.): Handwörterbuch Unternehmensführung und Organisation, 1319-1326

Spickers, J. (1995): Unternehmenskauf und Akquisition, Bern

Staehle, W. (1994): Management: eine verhaltenswissenschaftliche Perspektive, München, 7. Aufl.

Stark, T. (1999): Die Rolle der Unternehmenskultur bei Unternehmenszusammenschlüssen in der Kreditwirtschaft, nicht veröffentlichte Diplomarbeit Universität Karlsruhe (TH), Karlsruhe

Steinbock, H.-J. (2000): Management in Zeiten der Diskontinuitäten - Postmerger Management der UBS AG, zfo Zeitschrift Führung und Organisation

Strauss, A./Corbin, J. (1994): Grounded theory methodology, in: Denzin, N./Lincoln, Y. (Hrsg.): Handbook of qualitative research, Thousand Oaks, 273-285

Svendsen, A. (1998): The stakeholder strategy – Profiting form collaborative business relationships, San Francisco

Teece, D. J./Pisano, G./Shuen, A. (1997): Dynamic capabilities and strategic management, Strategic Management Journal, 18 (1997) 7, 509-533

Tetenbaum, T. (1999): Seven key practices that improve the chance for expected integration and synergies, Organizational Dynamics, 28 (1999) 2, 22-35

Thommen, J.-P./Achleitner, A.-K. (2003): Allgemeine Betriebswirtschaftslehre, Wiesbaden, 4. Aufl.

Topp, S. (1999): Die Pre-Fusionsphase von Kreditinstituten. Eine Untersuchung der Entscheidungsprozesse und ihrer Strukturen, Sternenfels

Very, P./Lubatkin, M./Calori, R./Veiga, J. (1997): Relative Standing and the Performance of Recently Acquired European Firms, Strategic Management Journal, 18 (1997) 8, 593-614

Veser, M. (2004): The influence of culture on stakeholder management – Social policy implementation in multinational corporations, Bern u. a.

Waco, M./Wery, R. (2004): How to integrate international acquisitions to realize lasting synergies: a disciplined approach is key, World Trade, 17 (2004) 1: 48-51

Waddock, S./Bodwell, C./Graves, S. (2002): Responsibility: The new business imperative, Academy of Management Executive, 16 (2002) 2, 132-148

Walsh, J. P. (2005): Book review essay: Taking stock of stakeholder management, Organizational Dynamics, 30 (2005) 2, 426-438

Weber, Y. (1996): Corporate Cultural Fit and Performance in Mergers and Acquisitions, Human Relations, 49 (1996) 9, 1181-1202

Welge, M. K./Al-Laham, A. (2003): Strategisches Management. Grundlagen, Prozesse, Implementierung, Wiesbaden, 4. Aufl.

Williamson, O. (1984): Corporate Governance, The Yale Law Journal, 93 (1984) 7, 1197-1230

Wilmerhale (2006): Publications, M&A Report 2005, www.wilmerhale.com [abgefragt am 07.08.06]

Wirtz, B. (2003): Mergers & Acquisitions Management – Strategie und Organisation von Unternehmenszusammenschlüssen, Wiesbaden

Wisskirchen, C./Naujoks, H./Matoushek, G. (2003): Post-Merger Integration, in: Balz, U./ Arlinghaus, O.: Das Praxisbuch Mergers & Acquisitions, 305-336

Witzel, A. (1982): Verfahren der qualitativen Sozialforschung, Frankfurt

Yin, R. K. (1993): Applications of case study research, Newbury Park

Yin, R. K. (2003): Case Study Research: design and methods, Thousand Oaks, 3. Aufl.

Zingales, L. (2000): In search of new foundations, Journal of Finance, 55 (2000) 4, 1623-1653

Stichwortverzeichnis